Prof. Dr. Edmund von Lippmann

STUDIEN
ZUR
GESCHICHTE DER CHEMIE

FESTGABE

EDMUND O. v. LIPPMANN

ZUM SIEBZIGSTEN GEBURTSTAGE

DARGEBRACHT AUS NAH UND FERN
UND IM AUFTRAGE DER DEUTSCHEN GESELLSCHAFT FÜR
GESCHICHTE DER MEDIZIN UND DER NATURWISSENSCHAFTEN

HERAUSGEGEBEN VON

JULIUS RUSKA

MIT EINEM BILDNIS

BERLIN
VERLAG VON JULIUS SPRINGER
1927

ISBN 978-3-642-51236-0 ISBN 978-3-642-51355-8 (eBook)
DOI 10.1007/978-3-642-51355-8

Hochgeehrter Herr!

Als wir im September 1925 in dem herrlichen Brückenau unsere Vorbereitungen für die Jubelfeier der Deutschen Gesellschaft für Geschichte der Medizin und der Naturwissenschaften trafen und unsere Entschlüsse für die Verleihung der SUDHOFF-Medaille zu fassen hatten, die Sie nun als erster deutscher Forscher auf dem Gebiet der Chemiegeschichte besitzen, wurde auch Ihres bevorstehenden siebzigsten Geburtstags gedacht. Ihnen zu diesem Tage eine Festgabe zu weihen, schien uns nicht so sehr eine Aufgabe unserer Gesellschaft zu sein, als die der Chemiehistoriker auf dem ganzen Erdenrund. So hat es der Unterzeichnete im Einverständnis mit dem Vorstand unserer Gesellschaft unternommen, die Chemiehistoriker im In- und Ausland zur Mitwirkung an einer gemeinsamen Festschrift einzuladen. Wenn er nicht alle erreicht hat, die bereit gewesen wären, sich anzuschließen, und wenn manche sich bei der Kürze der Zeit nicht haben beteiligen können, so darf er doch sagen, daß der Band, der Ihnen gewidmet ist, ein vollgültiges Zeugnis ablegt für die Verehrung und Hochschätzung, die Ihnen die ganze wissenschaftliche Welt entgegenbringt.

Gaben mannigfacher Art sind aus Nah und Fern zusammengeströmt, vielfarbig und formenreich wie die Blumen eines Gartens. Sie zu einem anmutigen Strauße zusammenzufassen, war die Aufgabe des Herausgebers. Eine historische Folge, die von den Fragen der babylonischen Chemie durch die griechische und islamische Welt bis herab zu den neuesten chemischen Spekulationen führt und den Wandel der Zeiten wie die Fortschritte der Erkenntnis widerspiegelt, schien von allen möglichen Anordnungen die beste zu sein.

Mit dem Danke an die Herren Mitarbeiter verbindet der Herausgeber den Dank an den Verlag Julius Springer in Berlin, dessen verständnisvoller Förderung die Durchführung des Planes vor allem zu verdanken ist, nicht zuletzt auch den Dank an Sie selbst, der Sie unserm Wunsche entsprochen haben, den Band mit Ihrem Bildnis schmücken zu dürfen.

Möchten Ihnen, hochverehrter Herr Professor, in geistiger Frische noch lange Jahre der Muße beschieden sein, in denen Sie uns weiterhin Meister und Führer bleiben und uns mit den reifen Früchten Ihrer wissenschaftlichen Arbeiten beschenken können.

Heidelberg, den 9. Januar 1927.

JULIUS RUSKA.

Inhaltsverzeichnis.

Der babylonisch-assyrische Lasurstein.

Von

Ernst Darmstaedter.

Die Einheit der unserer Beobachtung zugänglichen Welt, die unserer Zeit durch naturwissenschaftliche Methoden, z. B. durch die Spektralanalyse klar geworden ist, wird vom alten Orient geahnt, gefühlt und in der ihm geläufigen und entsprechenden Weise ausgesprochen. Das Irdische, Untere ist ein, allerdings schwächeres, Abbild des Oberen, Himmlischen, und diese Lehre vom Makrokosmos und Mikrokosmos geht so weit, daß nach ihr die Urbilder aller Dinge auf Erden, wie Länder, Städte, Bauwerke, am Himmel in manchen Sternbildern schon bestehen.[1]) Die Entstehung, Entwicklung und Bevorzugung der Astrologie in Babylonien hängt mit solchen Auffassungen zusammen. Die Lehre von den Zusammenhängen zwischen Planeten, Farben und Metallen, die später in der Alchemie bedeutungsvoll wurde, hat dagegen im alten Babylonien (wenigstens in klarer Form) noch nicht bestanden, und auch die Nachrichten über diese Dinge für die spätbabylonische (chaldäische) Zeit sind nicht einwandfrei.[2])

Auch in der altägyptischen und altbabylonischen Zeit lag es wohl schon nahe, Gold und Silber mit Sonne und Mond zu vergleichen, aber von da bis zu einer Gleichsetzung von Planeten und Metallen mußte, wie die einfachste Überlegung zeigt, noch ein weiter Weg sein.

Erscheint der Vergleich der Edelmetalle mit Sonne und Mond naheliegend und wahrscheinlich, so ist eine andere Zusammenstellung, die bisher kaum beachtet wurde, wohl ebenfalls nicht zu bezweifeln. Wir meinen den Parallelismus: Himmel–Lasurstein.

Die außerordentliche Wertschätzung des Lasursteins (Lapis Lazuli) in Babylonien-Assyrien kann, wie wir glauben, nur durch die Stellung erklärt werden, die er in der Kosmologie und Theologie, bzw. Mythologie, einnahm.

Der Himmelsraum besteht nach babylonischem Glauben aus drei Abteilungen. Der oberste Raum ist der Bezirk des Himmelsgottes Anu, des Vaters der Götter, und in der mittleren Abteilung thront der «Herr» – wahrscheinlich der Gott Marduk – in einer Zelle aus *uknû*, d. i. Lasurstein. Der unterste Himmel, der uns sichtbare Himmel mit seinen Sternen, ist aus «blauem Jaspis». Wahrscheinlich war aber auch hier der Lasurstein

---

[1]) B. Meissner, *Babylonien und Assyrien* II, S. 107 ff.

[2]) Edmund O. v. Lippmann, *Entstehung und Ausbreitung der Alchemie,* Berlin 1919, S. 202 und S. 211 ff.

gemeint, zumal Jaspis selten eine schöne, klare, blaue Farbe hat. Wenn man nun weiter hört, daß nach babylonischem Glauben der Bart des Mondgottes Sin, des Gottes der Nacht, aus Lasurstein besteht[1]), so kann man kaum zweifeln, daß dieser blaue, geschätzte Stein das Symbol des Himmels und zwar besonders des Sternhimmels war. An dieser Auffassung wird sich auch dadurch kaum etwas ändern, daß auch anderen Göttern ein Bart aus Lasurstein, als Zeichen der Würde, zugeschrieben wurde. Bei dem Sonnengott Schamasch ist dies ohne weiteres verständlich, da nach der Auffassung des Orients der Tag aus der Nacht entsteht und der Sonnengott deshalb der Sohn Sins, des Mondgottes, ist. Daß man dieses Zeichen der Würde dann auch anderen Göttern zuteilte, ist begreiflich.

Vielleicht hat man verwandte Anschauungen bisher in diesem Zusammenhange nicht beachtet. So heißt es im zweiten Buch Mose 24, 9 und 10:

«Da stiegen Mose und Aaron, Nadab und siebenzig von den Ältesten Israels hinauf. Und sahen den Gott Israels. Unter seinen Füßen war es wie ein schöner Sapphir und wie die Gestalt des Himmels, wenn's klar ist.»[2])

Es kann wohl kein Zweifel sein, daß dieser «Sapphir» der Lasurstein ist, wie unter dem σάπφειρος der Antike auch nicht unser Sapphir, ein blauer Korund, sondern Lasurstein zu verstehen ist.

Der Vergleich des Himmels mit dem Lasurstein und die symbolische Bedeutung und Verehrung dieses Halbedelsteins wird klar und bekommt Bedeutung und Leben, wenn man einen schönen Lasurstein aus Badachschan nicht nur kritisch-wissenschaftlich untersucht, sondern wie ein Kunstwerk betrachtet, und wenn man dabei alte Zusammenhänge gefühlsmäßig zu ergründen versucht. Von einem wundervollen, dunkeln, schimmernden Blau heben sich goldglänzende Pyritflitter ab, wie Sterne vom Himmel einer klaren Nacht im Süden, und die Phantasie des Orientalen mag Anordnungen und Zusammenstellungen dieser Kristallpunkte suchen und finden, die an Sternbilder und an die Milchstraße erinnern.

So wird die Wertschätzung des Lasursteins im alten Orient verständlich, die den Beter zur Gottheit sprechen läßt: «Wie Lasurstein sei mein Leben teuer vor dir».[3])

Auf der anderen Seite mußte natürlich die Vorliebe für dieses schöne Mineral die mystische Betrachtungsweise beeinflussen und verstärken.

Das alte Ägypten kannte ähnliche Anschauungen. Die Knochen des altgewordenen Sonnengottes Rê wurden zu Silber, sein Fleisch zu Gold und sein Haar zu Lasurstein.[4]) Die Frage, ob diese Legende sich vielleicht auf den Wechsel der Jahreszeiten und auf den von Tag und Nacht bezog, kann hier nur angedeutet werden.

Die Vorliebe für den Lasurstein im alten Orient führte zu einer vielseitigen Verwendung dieses Minerals, das man sich mit Mühe und Kosten

---

[1]) Vgl. z. B. FR. HOMMEL, *Der Gestirndienst der alten Araber* ... (Vortrag vom Dezember 1899), München, Franzsche Buchhandlung, 1901, S. 23 f., Mondhymne von Ur.

[2]) Nach E. KAUTZSCH, *Die heilige Schrift*, 3. Aufl., 1909, S. 118: «Zu seinen Füßen baute es sich auf wie aus Sapphirplatten und war wie der Himmel selbst so glänzend hell».

[3]) MEISSNER, *Babylonien* I, 269.

[4]) ERMAN-RANKE, *Ägypten*, Tübingen 1923, S. 301.

verschaffte.[1]) Eines der wichtigsten Vorkommen des Lasursteins ist von jeher das von Badachschan, nördlich vom Hindukusch, gewesen. Die dortigen Gruben im Tale des oberen Koktscha, eines Nebenflusses des Oxus, wurden schon von MARCO POLO im Jahre 1271 besucht, und von Capitän JOHN WOOD 1837–1838 untersucht und beschrieben.[2]) Von dort bekamen wohl auch die Babylonier den Lasurstein, auf dem Weg über Medien. Assyrische Nachrichten nennen, wie MEISSNER mitteilt, den Bikniberg im fernen Medien das «Gebirge des Lasursteins» und bezeichnen das Mineral als «das vorzüglichste Produkt dieses Gebirges».[3])

Sehr beliebt war der Lasurstein auch in Ägypten. Man bezog ihn dort als Handelsware aus Babylonien. Man kennt Berichte über Sendungen von echtem Lasurstein und von «Blaustein von Babel», die Thutmes III. vom Fürsten von Assur als Tribut erhielt; und in anderen Fällen wurde der babylonische Lasurstein *uknû* gegen gutes Gold nach Ägypten geschickt.[4])

Wenn die Unterscheidung von echtem Lasurstein und von «Blaustein aus Babel» so aufzufassen ist, daß dieser «Blaustein» ein Kunstprodukt war, so kann man daraus die interessante Tatsache entnehmen, daß neben echtem Lasurstein schon in früher Zeit auch «künstlicher Lasurstein» von Ägypten aus Babylonien-Assyrien bezogen wurde.

Daß man im alten Ägypten natürlichen und künstlich hergestellten *chesbet*, d. i. Lasurstein, unterschied und in Inschriften nannte, hat schon LEPSIUS nachgewiesen.[5]) Farbige, besonders kupferhaltige, blaue und grünliche Glasuren auf Gefäßen und sonstigen Geräten stellte man in Ägypten schon in der Frühzeit her, zum Teil wohl mit der Absicht, den kostbaren Lasurstein und Malachit zu ersetzen; und auch eigentliches Glas kannte man dort schon sehr früh. Ganze Glasgefäße sind in Ägypten schon etwa 1500 vor Chr. angefertigt worden.[6]) Es kann nicht der Zweck dieser Arbeit sein, auf die Herstellung des eigentlichen Glases einzugehen, und es muß

---

[1]) Die moderne Mineralogie stellt den Lasurstein in die Sodalith-Hauyn-Gruppe, deren chemische Natur etwa durch die Formel $(Na_2, Ca)_5 Al_6 Si_6 O_{24} \cdot S_2 O_8$ ausgedrückt werden kann, und nimmt ferner an, daß der blauen färbenden Substanz des Lasursteins die Formel $Na_4 [Al \cdot (S_3 Na)] Al_2 Si_3 O_{12}$ zukommt. C. HINTZE, *Handbuch d. Mineralogie* II, S. 894 f. und S. 909 f.

[2]) Auch heute werden bisweilen persische Lasurstein-Fundorte angegeben, die unsicher sind, wie z. B. in Aserbeidschan in Nordwest-Persien. Vielleicht handelt es sich hier, wie bei den assyrischen Berichten, um Lasurstein, der über Persien aus Badachschan (Afghanistan) eingeführt wurde. Vgl. auch DAMMER-TIETZE, *Die nutzbaren Mineralien*, Stuttgart 1914, 2. Bd.

[3]) MEISSNER, a. a. O. I, 350. Der Bikniberg kann nicht wohl dem Demawend gleichgesetzt werden, denn es gibt und gab am Demawend keinen Lasurstein, und er liegt auch nicht im fernen Medien. (Red.)

[4]) MEISSNER, a. a. O. I, 351.

[5]) R. LEPSIUS, *Die Metalle in den ägyptischen Inschriften*. Abhandl. d. Berliner Akademie 1871. Vgl. auch BLÜMNER, *Technologie und Terminologie der Gewerbe und Künste bei Griechen und Römern*, Bd. 4, S. 502 f. und PAULY-WISSOWA, *Real-Encyclopädie der Class. Altert.-Wissenschaft*, Stuttgart 1922, 22. Halbbd., Sp. 2238 ff. «κύανος» und Zweite Reihe, 2. Halbbd., Sp. 2238 ff. «Sapphir», endlich BERTHELOT, *Collection*, I, S. 245.

[6]) ERMAN-RANKE, a. a. O. S. 546 f. – A. WIEDEMANN, *Das alte Ägypten*, Heidelberg 1920, S. 327.

auf die genannten Werke und auf das Buch von A. Kisa, *Das Glas im Altertume.* Leipzig 1908, verwiesen werden.

Ägyptische farbige Glasuren und Farben auf Gegenständen sind schon oft untersucht worden. Eine besondere Rolle hat dabei das «Ägyptische Blau» gespielt.

Humphry Davy hat sich mit der Untersuchung antiker Farben befaßt[1]) und vor ihm schon Chaptal.[2]) Hier waren es allerdings zum Teil römische Funde, die untersucht wurden. Weitere Forschungen auf diesen Gebieten wurden von Vauquelin, Fontenay, Darcet, Fouqué und W. J. Russell unternommen. Ich erwähne ferner eine Arbeit *Egyptian Blue* von Laurie, Mc. Lintock und Miles.[3]) Bei diesen Arbeiten handelt es sich einerseits um Untersuchungen von «Ägyptischem Blau» und dann um Versuche, dieses Blau möglichst ähnlich wieder herzustellen. Man vermißt aber hier bisweilen exakte Angaben über Art und Herkunft der untersuchten Materialien.

Es sei noch kurz erwähnt, daß F. Fouqué 1889 das «Ägyptische Blau» als ein Kupfer-Calcium-Doppelsilikat bezeichnete, mit der Formel $CaO \cdot CuO \cdot 4SiO_2$. – Laurie und seine Mitarbeiter (s. oben) schlossen sich dieser Auffassung an.[4])

Das Ägyptische Blau sollte, seiner ganzen Art und Färbung nach, kaum ein Ersatz für Lasurstein sein, oder gar als «künstlicher Lasurstein» gelten. Es diente als Farbe für verschiedene Zwecke, aber nicht wie echter und «künstlicher» Lasurstein auch als Material für die Herstellung von Gegenständen. Wenn man echten und «künstlichen» Lasurstein aus Babylonien bezog, so ist das offenbar ein Beweis dafür, daß man ihn in Ägypten nicht so gut herstellen konnte – trotz der bekannten Stelle bei Theophrast (Περὶ λίθων 55) über die Herstellung des künstlichen, gegossenen Blausteins in Ägypten, wo es heißt: «. . . Es gibt echten Blaustein (κύανος) und solchen, der künstlich hergestellt wird, z. B. in Ägypten . . .».

Ein Glasfluß, der dem echten Lapislazuli einigermaßen ähnlich sein soll, muß eben besondere Eigenschaften haben.

Untersuchungen über die Natur der babylonisch-assyrischen Glasuren und Glasflüsse sind nicht so zahlreich wie diejenigen über ägyptische Gläser und Farben. So kommt es auch, daß einige Angaben über babylonische Glasuren, die immer wieder gemacht wurden und auch bei Meissner, *Babylonien* II, S. 385 vorkommen, auf recht alte Analysen zurückgehen, die von H. de la Beche und Percy ausgeführt wurden und von A. H. Layard, *Discoveries in the ruins of Nineveh and Babylon*, London 1853,

---

[1]) *Some experiments and observations on the colours used in painting by the Ancients.* Philosophical Transactions of the Royal Society of London 1815, S. 97f.

[2]) *Sur quelques couleurs trouvées à Pompéi,* Annales de Chimie, Vol. LXX, 1809.

[3]) Proceedings of the Royal Society of London, Series A. Vol. LXXXIX (1914), p. 418, mit Literaturangaben. Vgl. auch E. O. v. Lippmann, *Alchemie,* S. 261 f.

[4]) F. Fouqué, *Sur le bleu égyptien ou vestorien.* Compt. rend. 108, p. 325 (1889). Vgl. auch H. Hecht, *Über türkisblaue Kupferglasuren.* Sprechsaal 48, 201 (1915) und Keram. Rundschau 23, 133, 1915, sowie Zeitschr. f. angew. Chemie 1915, II, S. 492. Laurenz Bock, *Über ägyptisch Blau,* Zeitschr. f. angew. Chemie 1916, S. 228. Über eine Untersuchung antiker Gläser berichtet in neuester Zeit B. Neumann, *Antike Gläser, ihre Zusammensetzung und Färbung,* Zeitschr. f. angew. Chemie XXX 1925, Nr. 36 und 38.

p. 166 mit einiger Ausführlichkeit erwähnt werden. Selten sind wohl die Resultate einer chemischen Untersuchung so wie hier sieben Jahrzehnte, mehr oder weniger richtig, immer wieder zitiert worden.

Einige ältere Abhandlungen haben philologisch-historischen Charakter und erörtern vor allem die Frage, ob unter dem assyrischen Ausdruck *ugnû* der Lasurstein zu verstehen ist. Hier ist vor allem ein Aufsatz von H. V. Hilprecht, «*Zur Lapislazuli-Frage im Babylonischen*» in der Zeitschrift für Assyriologie, VIII. Bd., 1893, S. 185 ff. zu nennen, in welchem für die Identität *ugnû* = Lasurstein eingetreten wird.[1] Hilprecht erwähnt u. a. die Briefe des Kassitenkönigs Burnaburias an seinen königlichen Kollegen in Ägypten und die darin besprochenen geschäftlichen Transaktionen, die, wie schon oben angegeben, die Lieferung von *ugnû* nach Ägypten, gegen Gold, zum Inhalt hatten. Daß *ugnû* der Lasurstein ist, unterliegt heute keinem Zweifel mehr.

Daß man bisweilen eine Verwandtschaft der Worte «*uknû*» und κύανος angenommen hat, kann hier nur kurz erwähnt werden. Vgl. J. B. Koldewey, *Das wieder erstehende Babylon*, Leipzig 1925, S. 45. Nach Hilprecht besteht auch ein großer Teil der kassitischen Tempelgaben in Nippur, also Weihgeschenke wie Hämmer, Ringe, Votiv-Täfelchen und andere Gegenstände, aus Lasurstein und zwei Drittel davon sind, wie Hilprecht betont, aus künstlich hergestelltem Lasurstein. Bei den Ausgrabungen, die von der Expedition der University of Pennsylvania in Niffer (Nippur) unter der Leitung Hilprechts angestellt und deren erste Resultate 1891 bekannt wurden, fand man solche Gegenstände, aber auch Vorräte von künstlich hergestelltem «Lasurstein» in Form von länglichen Barren, von je zwei Pfund (1 Mine) Gewicht.

Hilprecht ließ damals eine Probe des «künstlichen Lasursteins» von G. A. Koenig untersuchen und teilt das Ergebnis mit, indem er den englisch geschriebenen Brief Koenigs abdruckt (a. a. O. S. 189).

Koenig schreibt hier, daß der übersandte «Lapis lazuli» ein opakes Glas ist, dessen blaue Farbe durch die Gegenwart von Kobalt verursacht sei, während ein anderes helleres Stück Kupfer enthalte. Koenig erwähnt auch, daß das Material eine hellere Rinde oder Kruste besitze, die u. a. Magnesium und Aluminium enthalte. Eine genauere Analyse scheint aber nicht gemacht worden zu sein, und eine Mitteilung G. A. Koenigs über diesen Gegenstand an anderer Stelle konnte ich bisher nicht feststellen.

Das Erscheinen des zweiten Bandes von B. Meissners «*Babylonien und Assyrien*» (Heidelberg 1925), der wichtige Mitteilungen über die Naturwissenschaft und Technik in diesen Ländern brachte, bedeutete für mich eine starke Anregung, mich mit diesen Dingen zu beschäftigen und mich mit Professor Meissner und dann mit Professor Zimmern in Verbindung zu setzen.

Bald darauf erschien dann auch ein Buch von R. Campbell Thomson, «*On the chemistry of the ancient Assyrians*», London 1925, und eine Arbeit von H. Zimmern, «*Assyrische chemisch-technische Rezepte, insbesondere für Herstellung farbiger glasierter Ziegel, in Umschrift und Übersetzung*», sowie «*Vorläufige Bemer-*

[1]) Früher hatte sich u. a. schon Steindorff (Z. A. VII, S. 194 ff.) in ähnlichem Sinne geäußert.

kungen zu den assyrischen chemisch-technischen Rezepten» von E. DARMSTAEDTER an der gleichen Stelle [1]), die in der Hauptsache eine Erwiderung auf einen Aufsatz von R. EISLER, «*Der babylonische Ursprung der Alchemie*» waren.[2]) Schließlich ist noch ein weiterer Aufsatz von EISLER, «*Die chemische Terminologie der Babylonier*»[3]) und eine Erwiderung von E. DARMSTAEDTER, «*Nochmals Babylonische 'Alchemie'*» [4]) zu nennen.

Günstige Umstände machten es mir möglich, mich auch praktisch mit dem babylonischen «Lasurstein» zu befassen.

Professor FR. HOMMEL in München war im Besitze einer Probe, die er vor 20 Jahren von Professor HILPRECHT erhalten hatte. Laut einer Mitteilung an Prof. HOMMEL vom 1. Oktober 1905 hatte HILPRECHT dieses «echte Stück Lapislazuli», das nach seiner Angabe aus der «Cassitenperiode» stammt, 6 – 7 Jahre vorher aus Nippur mitgebracht. Die Freundlichkeit Prof. HOMMELS machte es nun möglich, das seltene Material zu untersuchen.

Es handelt sich um drei dunkelblaue Stückchen, die zum Teil mit einer bräunlichen Kruste überzogen waren. Eines dieser Stücke, mit ovalem Durchschnitt, ca. 3 cm lang, ebenso breit, 2 cm hoch, schien ein Bruchstück eines Gegenstandes zu sein, vielleicht einer Tempelgabe. Man könnte z. B. an den Henkel eines Gefäßes denken. Die Oberfläche war abgerundet und ziemlich glatt; der blaue undurchsichtige Kern zeigt glasige Beschaffenheit und kann mit Sicherheit als Kunstprodukt bezeichnet werden. Ob HILPRECHT mit den Worten ein «echtes Stück Lapislazuli . . . . aus Nippur» nur die Herkunft bezeichnen wollte, oder ob er glaubte, daß es sich um natürlichen Lasurstein handelte, muß dahingestellt bleiben.

Nach einigen Vorversuchen, bei denen von dem kostbaren Material gar zu wenig verwendet worden war und die deshalb beinahe zu weitgehenden Irrtümern geführt hätten, ließ sich eine gründliche Untersuchung ermöglichen, über die hier berichtet werden kann.

Bei einer vorläufigen Untersuchung stellte Herr GEORG BUCHNER in München die Gegenwart von Kupfer und Kobalt mit Sicherheit fest; ebenso Professor PRANDTL, der dann die Ausführung einer regelrechten quantitativen Analyse im Laboratorium des bayr. Staates durch Herrn CARL BERTRAND ermöglichte. Herzlicher Dank sei Herrn Professor PRANDTL und ebenso Herrn BERTRAND hier ausgesprochen.

Über Gang und Ergebnis der Untersuchung ist folgendes zu sagen:

Für jeden Trennungsgang wurden ca. 900 mg des Glases verwendet. Nach Abrauchen der Kieselsäure mittels Flußsäure wurde der Rückstand in Wasser gelöst und das Blei durch Zugabe von konzentrierter Schwefelsäure als Sulfat gefällt.

Aus dem bleifreien Filtrat erfolgte die Abscheidung des Kupfers auf elektrolytischem Wege in schwefelsaurer Lösung. Alsdann wurden Eisen und Aluminium mit Ammoniak gefällt. Das Filtrat wurde eingeengt, mit

---

1) Zeitschrift für Assyriologie, N. F., Bd. II, (XXXVI), S. 177 – 208, bzw. S. 302 – 304.
2) Chemiker-Zeitung 1925, Nr. 83 und 86.
3) Zeitschrift für Assyriologie, N. F., Bd. III, (XXXVII), S. 109 – 131.
4) Zeitschrift für Assyriologie, N. F., Bd. III, (XXXVII), S. 205 – 213; mit Nachwort von ZIMMERN, S. 213 und 214.

25 ccm konz. Ammoniak versetzt und mit einem Strom von 0,6 – 0,8 Ampère elektrolysiert. Die Kobalt-Abscheidung war nach zwei Stunden vollendet und an der Platin-Winklerelektrode deutlich als graublauer Überzug erkennbar. Das Kobalt wurde zur weiteren Identifizierung nach dem Wägen mit warmer Salpetersäure von der Elektrode gelöst, die Lösung wurde in einer Porzellanschale eingeengt. Bei einiger Konzentration zeigte sich die rosa Färbung des Kobaltnitrats, die beim weiteren Eindampfen unter Zurücklassung eines braunschwarzen Pulvers – Kobaltdioxyd – verschwand. Auch mit der Boraxperle und mit Ammonrhodanat ließ sich Kobalt nachweisen.

Im weiteren Gange der Analyse wurden geringe Mengen Kalk als Oxalat abgeschieden, geglüht und als Sulfat zur Wägung gebracht. Die Alkalien wurden als Sulfat bestimmt. Die Kieselsäure wurde in einem besonderen Soda-Aufschluß bestimmt. Eine quantitative Bestimmung des durch Heparreaktion festgestellten Schwefels mußte wegen Materialmangels unterbleiben.

Um jeden Irrtum zu vermeiden, wurde die Kupfer- und Kobalt-Bestimmung viermal wiederholt. Die erhaltenen Resultate stimmten weitgehend überein.

Ergebnisse der Analyse.

SiO_2	57,78 %
PbO	15,83 %
CuO	1,19 %
CoO	0,42 %
$Fe_2O_3 + Al_2O_3$ ...	2,92 %
CaO............	3,04 %
$Na_2O + K_2O$	16,98 %.

Auf der blauen Masse befand sich eine gelbliche Kruste, die mit einem Messer leicht und sauber abgelöst werden konnte. Durch Analyse wurde festgestellt, daß es sich um ein Verwitterungsprodukt der blauen Substanz handelt, nicht etwa um eine Farbe, einen Lack oder dergleichen. Beim Abrauchen mit konzentrierter Schwefelsäure zeigte sich Verkohlung, die wohl auf äußerliche Verunreinigungen aus dem Erdboden zurückzuführen ist. Kieselsäure, Kupfer und Kobalt wurden fast in den gleichen Mengen wie in dem blauen Glas gefunden, dagegen weniger Blei.

Außer dem dunkelblauen «Lasurstein» besaß Professor Hommel noch ein hellblaues Stückchen mit grünlichem Schimmer, das man etwa als «künstlichen Türkis» bezeichnen könnte. Die Farbe dieses Glases sowohl, als die des bisher besprochenen dunkelblauen Produktes entspricht übrigens vollkommen den Tönungen assyrischer Glasuren.[1])

Auch dieses hellblaue Glas wurde untersucht. Infolge der geringen zur Verfügung stehenden Menge war hier aber nur eine qualitative Analyse möglich, bei der außer Kupfer auch Mangan gefunden wurde. Die Menge des Kupfers schien etwas geringer zu sein als in dem dunkelblauen Glas.

Besonders bemerkenswert dürfte die Gegenwart von Kobalt in dem dunkelblauen Glas sein, die wir auf Grund sorgfältigster, mehrfacher Unter-

---

[1]) Vgl. z. B. Andrae. *Assur*, *Farbige Keramik*. Berlin 1923.

suchungen ebenso entschieden feststellen, wie sie von Professor B. Neumann, allerdings auf Grund der Untersuchung anderer antiker Gläser, bestritten wird.[1]) B. Neumann gibt in dieser schönen Arbeit einen historischen Überblick über die Herstellung von Glas und die Ergebnisse einer Anzahl von Analysen ägyptischer, alexandrinischer, römischer, rheinischer und byzantinischer Gläser. Von babylonisch-assyrischen Glasflüssen ist nicht die Rede.

Wenn nun in den 38 von Neumann bzw. Frl. Kotyga analysierten Gläsern «niemals Kobalt nachgewiesen werden konnte, trotzdem wir besonders darauf gefahndet haben» (B. Neumann, a. a. O.), so kann man überzeugt sein, daß jene Gläser tatsächlich kein Kobalt enthalten, und man kann vielleicht annehmen, daß nur ganz bestimmte Glasflüsse Kobalt enthielten, nämlich solche, die Nachahmung und Ersatz von echtem Lasurstein sein sollten. Ich möchte sogar glauben, daß der eigenartige Charakter dieses «künstlichen Lasursteins» – das eigentümliche Dunkelblau – gerade durch eine geringe Menge Kobalt neben Kupfer erzielt wurde. Weiter kann man sich vorstellen, daß man in früher Zeit nur in Babylonien-Assyrien dieses Geheimnis kannte, das wirtschaftliche und sogar politische Vorteile bringen konnte, und daß aus diesem Grunde «künstlicher Lasurstein», d. h. kupfer- und kobalthaltiger Glasfluß solcher Herkunft in Ägypten besonders begehrt war. Die ägyptischen blauen Gläser, ohne Kobalt, hatten sehr wahrscheinlich einen anderen Charakter, und das sogenannte «Ägyptische Blau» war, zerrieben, in erster Linie als Malerfarbe brauchbar.[2])

Daß in dem einzigen, mir bekannten älteren Bericht über die Zusammensetzung eines babylonischen Glasflusses – der oben erwähnten Mitteilung von G. A. Koenig – ebenfalls Kobalt festgestellt wird, ist im Zusammenhang mit dem hier geschilderten Befunde gewiß bemerkenswert. Wenn auch in älteren Analysen anderer antiker Gläser bisweilen Kobalt genannt wird – von H. Davy und späteren Forschern – so kann man vielleicht doch nicht ohne weiteres, wie Neumann, von «Gelegenheitsanalytikern» sprechen. In seinem Buche «*Die Metalle*», Halle 1904, S. 347, betont übrigens B. Neumann noch die Anwendung von Kobalterzen im Altertum zur Blaufärbung von Glasflüssen.

Die Art und Herkunft der Rohprodukte der Babylonier für die Herstellung ihrer Glasflüsse und für sonstige technische Zwecke gehört einem besonderen Fragenkomplex an, der, ebenso wie das wichtige Gebiet der babylonisch-assyrischen chemisch-technischen Rezepte, hier nicht behandelt werden soll und kann.

---

[1]) *Antike Gläser, ihre Zusammensetzung und Färbung.* Nach Analysen von Frl. Gertrud Kotyga, Zeitschr. f. angew. Chemie 1925, Jahrg. 38, N. 36 und 38.

[2]) Vgl. hierzu: Fr. Rose, *Die Mineralfarben*, Leipzig 1916 und Schnabel, *Metallhüttenkunde*, Bd. II (Berlin 1904), S. 759 f., sowie Ullmann, *Enzyklopädie der techn. Chemie*, Bd. 7, S. 24 ff.

Transmutation by Color.

A Study of Earliest Alchemy.

By

ARTHUR JOHN HOPKINS.

No one has previously propounded a theory of alchemy which systematically and comprehensively explains the activities of the earliest alchemists.[1])

Many of our writers, while not attempting to explain alchemy, have described it; and in these descriptions have given much space to the impossibility of understanding the language of alchemy, often intentionally veiled. But it seems possible that this difficulty is, in part, subjective with us. Much has been made also of the strange mystical or magical side of alchemy.

But let us, leaving both these accidental particulars aside as irrelevant, strike directly, for the sake of conciseness, to the fundamental developments which governed the alchemist of Alexandria. Let us attempt a theory which may make clear to the modern mind the underlying purpose of these ancient workers and philosophers who could, unabashed, claim enthusiastically and conscientiously that transmutation into gold was by them crowned with successful practice.

The ground-work of alchemy was laid by workers and philosophers. There was a definite Art interpreted by a popular philosophy, both of which at the time were far from being novelties. Thus in philosophy we find that the theory of transmutation was not an invention of the alchemists but was received as an inheritance from Greece. More definitely, in seeking the origin of this transmutation theory, we are led back to the *Timaeus* of PLATO and to the nature-philosophy of ARISTOTLE. In the matter of the Art, also, we remember that the practice (upon which this philosophy was applied) was a phase of the wide-spread *Art of Imitation* centered in Alexandria, as E. O. VON LIPPMANN has shown.

---

[1]) It is true that BERTHELOT explains the text of ZOSIMUS thus: – «In other words, the quality ‚gold' is independent of the metallic substance which is its support. When one possesses a material in which this quality exists, just as the essential color-principle exists in a dye, he has the philosophers' stone and then he can tint the other metals into gold and thereby prepare true gold.» (BERTHELOT, *Collection des alchimistes grecs*, Trad. 134, Note 3.) It is also true that Mrs. HAMMER-JENSEN has developed a theory of alchemy which explains the mystical (Christian) phase, but this seems to neglect an important practical side which was alchemy *in potentia*.

Among the theories of the Greek philosophers it is proper to recall a few which were later applied to the art of alchemy. Foremost was PLATO's insistance that matter was a «universal». The neglect of matter, which characterized alchemy, was a consequence of this supposition. PLATO also thought that qualities were accidental but this opinion was contested by ARISTOTLE who argued that qualities were important to us, however dependent they might be on our sense-perceptions. His treatment of qualities as real factors appealed to the Egyptian practical mind. It was ARISTOTLE also who found between the four old Greek elements, Earth, Water, Air and Fire, the two intermediary Qualities, moisture and heat; from which it easily developed that two of the four elements, Water and Fire, became fundamental – those elements which in the metal work of the alchemists became mercury and sulphur. Another statement of PLATO in the *Timaeus*, that «nothing exists which is not good», was modified by ARISTOTLE to emphasize the idea of goodness being progressive. The qualities which define individual substances are real and are all striving, like man, towards perfection, to become as perfect as possible. The qualities, thus individualized, which make up all nature, are striving towards the perfect element Fire – striving to rise from the earthy to the spiritual.

The particular Art which served as the practical side of Alchemy was the art now called metal-bronzing. The discovery of surface colors on metals was apparently made by the worker in dyes who was accustomed to fix his colors, and produce from them a variety of shades, by the use of mordants. This dyer of fabrics became a bronzer of metals by the accident of dipping the metals into the same mordant bath and thereby obtaining colors similar to those produced on fabrics. The word «dipping» (βαπτίζω) is found in the dye industry and also in the descriptions of alchemistic transmutations. It is our word *Baptize*. The artizan who made this discovery, although he was not an alchemist, was a nascent alchemist – the originator of alchemy. Some of his crude methods are given in the Leyden Papyrus X; and the recipes for coloring metals, there found[1]), are the recipes quoted by the real alchemist-philosopher who later attempted to explain the color changes.

Metals were to the Egyptians that class of minerals which is distinguished by having the quality Water, that is, fusibility. (Of all these, mercury, the most fusible, was called the «Mother of the metals».) Raised above the ordinary minerals by this quality, the metals were said to have been, in the origin of things, purely spirits; but they sought out Earth on which to become fixed. By this, the Earth was raised to the condition of Water and now they needed only application of more of the spirit to be transformed into Fire – the perfect fire-metal, gold. Substances, like unto Air and Fire, substances finely pulverized or sublimed or vola-

---

[1]) Besides recipes for dyeing, there are found many for metal work which latter have two objectives:

1. to increase the body of the precious metals without changing the color;
2. to change the color of the base metals or alloys to make them appear like silver or gold.

tilized, are all spiritual. Moreover, as ZOSIMUS says «All sublimed vapor is a spirit and *such are the tinctorial qualities.*» Not only are the «sublimed vapors» allied with the spirits of the air (imparting more of perfection to the metals) but so are colors themselves, so are dyes; and the changes produced in the metals are indicated by the changes in color; for color is like fire, spiritual. PLATO in the *Timaeus* speaks of «colors which consist of a flame streaming off from every object.» Thus is the spirit of copper changed into the white of silver and the silver into gold, these changes being indicated by the color-change because the change or improvement induced is one of spirit, that is of color.

All the early methods are by dipping as in the dye-process. But later we find the term used is *tinting* or *tincturing*, which refers to the method of MARY where the two important spirits, mercury and sulphur, were sublimed in the reflux condenser fitted with the kerotakis-palette so that the sublimed vapor was allowed to fall upon the «little leaf of copper», while through the sides of the glass container could be seen the change of color. The vapor of mercury, first, would change the copper to silver and then the sulphur would change it to gold; or, rather, the spiritual color of sulphur would transmute the silvery white into the yellowness of gold. Thus silver and gold were produced artificially. No claim was made that this «silver» was the same as natural silver from the mine. From the artistic point of view, alchemistic silver was superior. This silver made from copper by improving its color could in its turn be used to color more copper into silver. Alchemistic gold, if obtained, would be able to tint any metal into gold. Such gold, among the metals, represented ARISTOTLE's final cause or entelechy, for like the oak in the organic process, it could reproduce itself. In this connection, ZOSIMUS says «when the preparation is colored, then it, itself, colors in its turn»; and, again, «Here is the great mystery that the quality becomes gold and it then makes gold.» Note that these qualities of the alchemist were not substantive but kinetic qualities, capable of producing higher qualities in a spiritual sense, somewhat as HAMMER-JENSEN has already argued.[1])

It is to be kept in mind that the artizans whose work was thus interpreted were artists in color. They applied their philosophy, and obtained for themselves an explanation of their marvellous new results in color, from their own standpoint – that of the artist. All alchemy is art and decoration. Color words abound in the literature.[2]) In other ways the artist was closely in touch with alchemy. PLINY tells us that the colors employed by the ancient artist were four: black, white, yellow and red.[3]) It is notable that nearly the same colors, in the unwavering

---

[1]) This conception was quite lost after the transmission of alchemy to Islam. JABIR, according to HOLMYARD, states that gold is a mixture of mercury and sulphur. This qualitative composition is never indicated in Egyptian alchemy where always yellowness was the «ability to yellow» and qualities were spiritual and kinetic.

[2]) Even, the word *Alchemy* may be explained by the Egyptian *kem*, black. Note also the words *tincturing* and *baptizing*.

[3]) H. N. XXXV. Chap. 32. Elsewhere PLINY speaks of violet, also.

sequence following, form the four categories of the transmutation process: μελάνωσις, λεύκωσις, ξάνθωσις and ἴωσις. Again, the kerotakis apparatus received its name from the artist's palette upon which he mixed his colors in warmed wax (κηρός), of which SYNESIUS says «As wax takes the color which it has received, so also mercury whitens all metals and attracts their spirits .... It forms the permanent base, as colors have no foundation of their own.» Indeed, all the Imitation industry was artistic – an effort to supply the people with substitutes for costly purple dyes, for colored gems and for silver and gold ornaments. Is was natural that the color industry of Alexandria should have been interpreted by a philosophy of color, a philosophy which defined gold as the result of the progressive action of mercury, increasing the Water, and sulphur increasing the Fire. This yellow «gold» (which is made today in our bronze works by the same recipes) became for these artists «their gold» which could act as a permanent ferment or Elixir to produce gold indefinitely. Later, with the thirteenth and fourteenth century encyclopedists and pseudo-alchemists, «transmutation by color», we remember, was a frequent topic for discussion.

As the logical result of implanting Greek philosophy upon a color industry, Egyptian alchemy became a complete unit, developing a well defined thought to cover all angles of the work. The theory of «occult properties», the theory that each color conceals an opposite color, was developed in Egypt; also the crude original idea of «affinity»; the ferment idea, as well as that of the super-ferment or Philosophers' stone. In the space of a short report, there is no opportunity to discuss these various phases of alchemy. It is sufficient to say that nothing essential was added to these Egyptian theories by either Islamic or Christian adoption. It is true that the conception of color as a kinetic force was no longer understood either in Baghdad or in Western Europe, but still the color-terminology and the old sequence of colors was insisted upon in the literature as a requirement for success. The gradual development of the substantive conception from the spiritual or quality-idea leads us directly back to Egypt as the origin of all the theories of alchemy. But particularly the object of the alchemist's activity and the interpretation of his work is embodied in the words *Transmutation by color* and it is therefore to this topic that this paper has been limited.

Quotations from the original sources could be multiplied but the following, arranged in chronological order, will serve to illustrate the argument presented.

First and earliest, the pseudo-DEMOCRITUS gives us a very clear statement of his idea of transmutation:

> Make yellow with anything which can yellow, for gold is made from gold and the gold-bath.
>
> Cast a sulphur preparation upon silver to get gold.
>
> Cast on it also white cadmia or magnesia or chalk in order that one metal may be made from another.

SYNESIUS:

Mercury has been classed in both catalogues, both in the yellow, which means gold, and in the white, which means silver.

ZOSIMUS:

It is the tinctorial principle which causes the vapor to develop the gold.

Common gold has only sufficient yellowness for itself.

STEPHANUS. The following is from the Poem of the Philosopher THEOPHRASTUS, regarded by REINESIUS as a versification of portions of the work of STEPHANUS (C. A. BROWNE, Sci. Monthly, XI, 1920, 193):

The white augmented thrice within a fire
In three days time is altogether changed
To lasting yellow; and the yellow then
Will give its hue to every whitened form.
This power to tinge and shape produces gold
And thus a wondrous marvel is revealed.

AIDAMĪR AL-JILDAKĪ:

Common gold does not produce a tincture by which metals may be transmuted, since it contains only sufficient color for its own body. It contains no surplus tincture.

If anyone is able to increase the yellow of gold or the whiteness of silver, he can transmute by color.

ROGER BACON:

He who knows the formulas and necessary processes for producing the yellow color . . . will know the methods . . . to join these qualities in such or such metal, whence will result his transmutation into gold.

The pseudo-ROGER BACON:

Nature has always had for an end and tries ceaselessly to reach perfection, that is gold.

The pseudo-GEBER:

Surely, dear friend, the true substance is the thing which colors.

The pseudo-LULLUS:

Mare *tingerem* si mercurius esset.

And lastly, the French poet, JEAN DE MEUNG, in the *Roman de la Rose* (Thirteenth Century):

Ou d'Alqemie tant aprengne
Que tous metauz en color taingne.

On reading these selections, covering perhaps one thousand years, one feels convinced that the writers – far from being unintelligible – are urging us to see the truth as they see it: – are declaring to the world, in their own quaint language, that *transmutation by color* is the effective means of preparing gold. What if their definition of gold was different from ours? It was formulated, as are many of ours, on the uses to which their gold was to be put. For artistry and decoration, these substitutes for real gold served a real purpose.

To the alchemist the very production of these new and wonderful colors was an ecstasy; but the orderly sequence of colors, ending in the yellowness of gold or the iridescent violet, more than confirmed the old theories, such as that «nature like man is striving to become as perfect as possible». To them the product was gold. Philosophy for the first time found its theories confirmed by laboratory demonstration. By the time of Zosimus (circ. 400), someone had already established that unvarying sequence of color upon which all alchemical practice was based: *Black*, the absence of all colors and the vehicle for all; next *white* and then *yellow* for silver and gold; and, lastly *violet*, the ideal, the acme of colors, sometimes iridescent «like the peacock's tail», standing for the Elixir.

Alchemistic philosophy which had given to the Art a guiding theory, appealed, as never before, to the practical man of the world. Greek philosophy, when reinforced by practical alchemy, asserting itself, controlled the thought of the early Christian fathers, was accepted by Islam and on reaching Western Europe influenced the minds of the great thinkers even to the seventeenth and eighteenth centuries.

Transmutation by color, thus established for us by the earliest writers of Egypt, reflected in the works of the Mohamedans of Baghdad, continually discussed by the encyclopedists and reaffirmed as glad tidings by the pseudo-alchemists, appears to have been in the Egyptian period the absorbing topic of alchemy; and in the succeeding periods to have become, mainly through our blindness, more and more the cause of that strange «mystery» with which we are tempted to enshroud the writings of these thoughtful «Expositors of Plato and Aristotle».

Über die Heimat des Oberpriesters Johannes der griechischen Alchemie.

Von

Otto Lagercrantz.

Bei den griechischen Alchemisten, soweit sie durch die Ausgabe von M. Berthelot, *Collection des Alchimistes Grecs*, repräsentiert sind, erscheint an drei Stellen ein Oberpriester bzw. Priester mit dem Namen Johannes. Ich gebe zunächst den griechischen Wortlaut und füge zwecks rascheren Verständnisses die französische Übersetzung von Berthelot hinzu.

1. Der anonyme Philosoph, d. h. Alchemist, zählt die Hauptvertreter der Kunst auf und läßt sich dabei so aus (Berthelot, *Coll.* II, 424, 8): πρῶτος τοίνυν Ἑρμῆς ὁ Τρισμέγιστος προσαγορευόμενος ἀναφέρεται προσενεγκάμενος τὴν ἐπωνυμίαν . . .. οὗτος πρῶτος γενόμενος συγγραφεὺς τοῦ μεγάλου τούτου μυστηρίου, ἀκόλουθον ἔσχεν Ἰωάννην ἀρχιερέα γενόμενον τῆς ἐν εὐαγίᾳ τυθίας καὶ τῶν ἐν αὐτῇ ἀδύτων. So M, dessen Text ich an dieser Stelle mit Hilfe einer guten Photographie nachgeprüft habe, während A und K durch τῆς ἐνευαγίας τῆς θείας abweichen. Berthelot III, 406: 'Le premier, Hermès, appelé Trismégiste, nous est donné comme ayant reçu cette dénomination... Celui-ci est le premier qui ait écrit sur le grand mystère; il eut pour disciple Jean, devenu archiprêtre en Sainteté (Évagie) de la Tuthie et des sanctuaires qu'elle renferme'.

2. In der Goldmacherliste eines unbekannten Verfassers findet man (Berthelot, *Coll.* II, 25, 7): Ἰωάννης ἱερεὺς τῆς ἐν Εὐασίᾳ τῇ θείᾳ. Die Handschriften: ἀρχιερεὺς τῆς ἐν Εὐαγίᾳ τ. θ. EL; τῆς ἐνευασία τ. θ. A[1]; τῆς ἐνεβαγία τ. θ. A.[2] Berthelot, *Coll.* III, 26: 'Jean le grand prêtre dans la divine Évagie'.

3. Die Überschrift einer umfangreichen Abhandlung lautet (Berthelot, *Coll.* II, 263, 1): Ἰωάννου ἀρχιερέως τοῦ ἐν Ἐβειγίᾳ περὶ τῆς θείας τέχνης. Die Handschriften: ἐνεβειγία A; ἐνευειγεία A[2]; ἐν Ἑβειγίᾳ KL c. Berthelot, *Coll.* III, 252: 'Jean l'archiprêtre en Évagie sur l'art divin'.

Wie aus den Übersetzungen erhellt, nimmt Berthelot eine schwankende Haltung ein. Es heißt bei ihm *Coll.* III, 406, N. 3: «Évagie peut signifier un lieu déterminé, ou bien représenter une désignation mystique: sainteté, c'est-à-dire archiprêtre de Sainte mémoire. Le mot Tuthie s'applique-t-il à un nom de lieu? ou bien désigne-t-il la tuthie chimique, c'est-à-dire l'ancienne cadmie ou oxyde de zinc impur? Peut-être le nom du lieu où l'on faisait la préparation a-t-il passé à la matière préparée. Le mot même, avec ce dernier sens, serait alors plus ancien qu'on ne l'a cru jusqu'ici.»

E. O. v. Lippmann, *Alchemie*, S. 71 sagt: «Ein ägyptischer Eigenname Thutia kommt zwar vor, – u. a. trägt ihn, nach A. Wiedemann, ein Feldherr, der um 1500 v. Chr. die Stadt Joppe eroberte –, doch kann dieser hier ebensowenig in Frage stehen wie die Bezeichnung 'Tutia' für Zinkoxyd, die erst zu arabischer Zeit auftritt . . . Aber auch um einen (sonst unbekannten) Ort Thutia handelt es sich wohl schwerlich, da andere Handschriften, statt der von Berthelot bevorzugten Lesart ἐν Εὐαγίᾳ τυθίας, die Worte ἐν Εὐαγίᾳ τῇ θείᾳ bieten, d. h. im heiligen Euagia, im Tempel zu Euagia, der offenbar als Sitz des Oberpriesters Johannes bezeichnet werden soll.» v. Lippmann erwähnt N. 7 die Ansicht von Stephanides, Arch. f. d. G. d. Natw. u. d. Techn., Bd. 3, 185, bezeichnet sie aber als ganz unglaublich. Dieser liest θυίας statt τυθίας und denkt an einen Mörser im Tempel-Laboratorium, dessen Leiter Johannes war.

In den Nachträgen lesen wir bei v. Lippmann, *Alchemie* 664: «Euagia. Einen angeblichen Ort dieses Namens gibt es in Wirklichkeit nicht, Johannes wird vielmehr bezeichnet als Oberpriester τῆς ἐν εὐαγίᾳ θυσίας, bei dem in frommem Sinne dargebrachten Opferfeste (Reitzenstein)». Gegen diesen Vorschlag erheben sich jedoch schwerwiegende Einwände. Reitzenstein ersetzt teils τ durch θ, teils θ durch σ. Jede dieser Annahmen ist schon an und für sich bedenklich, um so mehr aber beide zusammen. Zu einem Amtstitel der behaupteten Form vermag ich ferner keine Parallelen anzuführen. Das αὐτῇ, das Reitzenstein ganz außer acht läßt, muß endlich auf εὐαγίᾳ oder auf θυσίας bezogen werden. Aber «ein in frommem Sinne dargebrachter Tempel» klingt in diesem Zusammenhang ebenso wunderlich wie «ein bei dem Opferfeste dargebrachter Tempel».

Wie unsere älteste Handschrift M die fraglichen Worte faßt, läßt sich unschwer erraten. Die Bedeutung ist nach ihr «Verwalter der in Frömmigkeit zu benutzenden Tuthia und des bei dem Gebrauch zu benutzenden Tempels». Für ἱερεύς im übertragenen Sinn fehlt es nicht an Belegen, z. B. Aesch., *Agam.* 735 ἱερεύς τις ἄτας δομοις προσεθρέφθη, Aristoph., *Wolken* 359 λεπτοτάτων λήρων ἱερεῦ. Aber wie schon angedeutet, haben wir hier einen wirklichen Amtstitel zu erwarten. Erwähnung verdient vielleicht ein Umstand, dem meine Vorgänger keine Aufmerksamkeit geschenkt haben: wie stark die griechische Gestalt der Thutia auch wechselt (τουτία θουθία), die erste Silbe bietet nur hier υ, im übrigen aber immer ου. Worttrennung und Orthographie spielen natürlich eine nicht unwesentliche Rolle, wenn es gilt, eine Stelle zu begreifen. Da einerseits die Handschriften keine brauchbare Lesung bieten und andererseits die Kritiker zu keinem annehmbaren Ergebnis gelangt sind, dürfte es kaum unangebracht erscheinen, einen ganz anderen Weg einzuschlagen. Statt τῆς ἐν εὐαγίᾳ τυθίας befürworte ich: τῆς ἐν Νεβαϊατι θεᾶς. Die Aussprache ist in beiden Fällen gleich, die Orthographie aber verschieden. Daß das für das heutige Griechisch zutrifft, bedarf keines Nachweises. Aber auf derselben Stufe steht schon das ägyptische Griechisch des 2. Jh. v. Chr., also lange vor der Abfassung unserer alchemistischen Schriften. Wegen ν = νν vgl. z. B. Papyrus Weil I, 27 ἐὰ νῦν = ἐὰν νῦν (vor 161 v. Chr.). Wegen υ = β vgl. z. B. *Papyri Parisini* 40, 33 ῥαύδους = ῥάβδους (156 v. Chr.). Unsere Handschriften bieten ja auch ἐβαγία neben εὐαγία. Wegen γι = ι vgl. z. B. *Papyrus* Weil VI, 2, 6 εἰγερόν = ἱερόν (vor 161 v. Chr.). Weil εὐαγία als *evaja* gesprochen wurde, lag es nahe, εὐαια als εὐαγία zu deuten und die hierbei richtige Orthographie einzuführen. Eine andere Alternative ist die, daß man αγι zur Bezeichnung von *aj* verwendete, weil αι den Wert *e* schon bekommen hatte. Wegen ι = ε vor Vokalen vgl. z. B. *Papyri* Petrie II, 45(2)23 τὸν βασιλεία (c. 246 v. Chr.). Die Beispiele aus den Papyri stehen alle bei Mayser, *Gramm. der griech. Papyri*, Bd. 1, 216. 115. 168. 71.

Ein arabisches Volk wird unter dem Namen *Nabajāti*, *Niba'āti* in babylonisch-assyrischen Urkunden einige Male erwähnt. So sagt Assurbanipal, König von Assyrien 669 – 625 v. Chr., in seinem Bericht über den Feldzug gegen die Araber (Taylor-Prisma 7, 82 – 9, 114): «Hinter Uaite'u, dem König von Arabien, und hinter Abi-iati'a, die beide mit den Streitkräften des Landes Nabajāti kamen, her zogen und marschierten meine Truppen ... dem Stamm I-samme'u, den Schwurleuten des Gottes Atar-samāin und dem Land Nabajāti brachte ich eine Niederlage bei; Menschen, Esel, Kamele und Kleinvieh erbeutete ich ohne Zahl» (Hommel, *Grundr. d. Geogr. u. Gesch.* 587). Der Bericht gibt keinen genauen Aufschluß über die Heimat des fraglichen Volks, Hommel will es aber zwischen Djebel Schammār und Jemāma verlegen.

Zu *Nabajāti* hat das Alte Testament eine völlige Entsprechung in *Nebajōth* (Ναβαιώθ in der Septuaginta). Im Hebräischen geht betontes *a* in *o* und *t* hinter Vokalen in *th* über (Brockelmann, *Grundr. d. vergl. Gr. d. sem. Spr.* 1, 142. 204). Die Endung *-āti* bzw. *-ōth* dient hier als Ausdruck des Plurals. Die Aufzählung der zwölf Ismaelstämme Gen. 13 – 15 fängt mit *Nebajōth* an. Es heißt ferner Jesaja 60, 9: «Alles Kleinvieh Ḳedars wird sich zu dir versammeln, die Widder der Nebajōth werden dir zu Diensten stehen, als wohlgefälliges Opfer werden sie auf meinen Altar kommen und mein herrliches Haus will ich verherrlichen.» Hommel a. a. O. 591 gibt zwar zu, daß das ganze Kapitel erst nachexilisch ist, will aber im Passus 60, 6 – 7 einen alten, nur vom Propheten neu angewendeten Spruch erblicken und ihn für gleichzeitig mit Assurbanipal halten. Nachdem Cyrus Babylon 539 erobert hatte, gestattete er den exilierten Juden in ihre Heimat zurückzukehren. Wieviel später Jesaja 60, 6 – 7 abgefaßt sein kann, läßt sich schwer entscheiden. Daß aber der Passus die politischen Verhältnisse nach dem Anfang des 5. Jh. v. Chr. widerspiegelt, bleibt jedenfalls auf Grund des Inhalts ganz unwahrscheinlich.

Von den *Nabajāti* bzw. *Nebajōth* sind ganz verschieden die Nabatäer (*Nabaṭ Nabiṭ*), die gegen Ende des 4. Jh. v. Chr. auf den Plan treten und dann ein mächtiges Reich bilden, aber 105 n. Chr. den Römern unterlagen. Wenn man auch geschichtlichen Erwägungen keinen Wert beimißt, so lassen sich doch ihre Namen lautlich nicht vereinigen. Hierüber siehe Hommel a. a. O. 590, N. 1.

Kehren wir nun zurück zu unserem Text: ἀκόλουθον ἔσχεν Ἰωάννην ἀρχιερέα γενόμενον τῆς ἐν Νεβαϊάτι θεᾶς καὶ τῶν ἐν αὐτῇ ἀδύτων 'Hermes erhielt zum Jünger Johannes, ehemaligen Oberpriester der Göttin bei den Nabajāti und zwar des Allerheiligsten, das sie in ihrem Tempel hatte'. Wenn jemand das -υ der Handschriften in Νεβαϊατι beibehalten will, so läßt sich das dadurch rechtfertigen, daß der Nom. Pl. in den babylonisch-assyrischen Urkunden auf *-atu* endigt, während später zwischen Nom. *-atu* und Gen. *-ati* kein Funktionsunterschied besteht. Auf das -υ darf indessen nicht zu viel Gewicht gelegt werden, da dieser Laut schon unter den Ptolemäern zu *i* geworden war, vgl. z. B. P. Grenf. 1, 38, 3 φιλακείτου = φυλακίτου (2. – 1. Jh. v. Chr., Mayser, Gramm. 1, 102).

Herodot sagt 3, 8, 3 Διόνυσον δὲ θεῶν μοῦνον καὶ τὴν Οὐρανίην ἡγέονται εἶναι (sc. οἱ Ἀράβιοι) . . . ὀνομάζουσι δὲ τὸν μὲν Διόνυσον Ὀροτάλτ, τὴν δὲ Οὐρανίην Ἀλιλάτ, vgl. 1, 131, 3 καλέουσι δὲ Ἀσσύριοι τὴν Ἀφροδίτην Μύλιττα, Ἀράβιοι δὲ Ἀλιλάτ, Πέρσαι δὲ Μίτραν. Es ist vielleicht mit der Möglichkeit zu rechnen, daß die Göttin unserer Stelle den Namen *al-Ilat* hatte. Aber andererseits ist die Bezeichnung 'Göttin bei den Nebajāti' in keiner Weise unvollständig. Ich brauche nur zu erinnern an die 'syrische Göttin' (gr. συρία θεά, lat. *dea syria*) und an die 'Herrin von Byblos', die in einer Inschrift durchweg so ohne irgendwelchen Eigennamen heißt (Ed. Meyer bei Roscher, *Lex. d. gr. u. röm. Mythologie* 1, 650).

Dieselbe Konstruktion wie in τῶν ἐν αὐτῇ ἀδύτων begegnet z. B. in *Oxyrhynchos Papyri* 487, 16 τὰ ἐκ τῆς χρίας ἐν ἐμὺ ὀφλήματα ἀποδοῦναι 'meine Schulden für meine Liturgien bezahlen', *Berliner Gr. Urkunden* 1131, 51 τὸ ἐν ἐμοὶ μέρος 'mein Teil' 1144, 10 ἕκαστος τὸ ἐν ἑαυτῷ κεφάλαιον 'jeder sein Kapital', vgl. *Pap. Paris.* 5, 2, 2 χωρὶς τοῦ εἰς αὐτὴν οἶκον (l. οἴκου) 'außer ihrem Haus', *Pap. Tebt.* 16, 9 οὐ λήγοντες τῆι εἰς αὐτοὺς αὐθαδίᾳ 'ohne von ihrem gewalttätigen Benehmen abzustehen'. Drei dieser Beispiele bei Kuhring, *De praepositionum graec. in chartis aeg. usu* 12. Wenn man will, kann man hier, da in τῆς θεᾶς auch τοῦ ναοῦ τῆς θεᾶς mit einbegriffen wird, wortgenau durch 'des Allerheiligsten bei ihr' übersetzen. Wegen ἄδυτα vgl. z. B. Caes., *De bello civ.* 3, 105, 5 in occultis ac reconditis templi, quo praeter sacerdotes adire fas non est, quae Graeci adyta appellant. Der Ausdruck hat offenbar den Zweck, hervorzuheben, daß Johannes auf Grund seines Amtes in alle Geheimnisse der Göttin eingeweiht worden war. So heißt es Berthelot, *Coll.* II, 108, 12 ἐγώ εἰμι ὁ Ἴων ὁ ἱερεὺς τῶν ἀδύτων.

Bis jetzt habe ich nur auf die Lesung τῆς ἐν εὐαγίᾳ τυθίας Rücksicht genommen. Sie findet sich bei dem ersten Beleg in M, unserer ältesten Handschrift. Auf diese Lesung können die übrigen zurückgeführt werden. Ihnen allen gemeinsam ist die Zerlegung von τυθίας in zwei Worte. In τῆς ἐνευαγίας τῆς θείας, wie bei dem ersten Beleg in A usw. steht, haben die Schreiber zwei σ hinzugefügt, in τῆς ἐνεβαγίᾳ (ἐνευασίᾳ) τῇ θείᾳ bei dem zweiten Beleg, der in M fehlt, ein σ ausgemerzt und in τοῦ ἐνευειγίᾳ bei dem dritten Beleg, der ebenfalls in M fehlt, den Schluß wegen des folgenden περὶ τῆς θείας τέχνης schlechtweg übergangen. Die Formen ἐνευασία und ἐνευειγία können nicht für mehr als reine Verschreibungen gelten. Für mein Verfahren, M hierbei in den Mittelpunkt zu rücken, lassen sich auch Gründe aus der Art der Überlieferung anführen.

Der Traktat des anonymen Philosophen umfaßt Berthelot, *Coll.* II, 424, 3 – 433, 10 + 118, 14 – 138, 4 + 263, 3 – 267, 15. Während M dies alles als eine einheitliche Darstellung überliefert, legt A nur 424, 3 – 433, 10 dem anonymen Philosophen, aber 118, 14 – 138, 4 dem Zosimos und 130,

5 – 138, 4 + 263, 3 – 267, 15 dem Oberpriester JOHANNES bei. Die Dreiteilung streitet ganz entschieden gegen den Zusammenhang. So z. B. genügt ein flüchtiger Blick, um zu konstatieren, daß 118, 14 die unmittelbare Fortsetzung von 433, 10 bildet. Infolge eines eigentümlichen Versehens basiert BERTHELOT seine Ausgabe in dieser Beziehung auf A.

Gleich im Anfang nennt der anonyme Philosoph als Hauptvertreter der Alchemie HERMES, JOHANNES, DEMOKRITOS, ZOSIMOS, OLYMPIODOROS, STEPHANOS. Wo er in der Fortsetzung Aussagen von Autoritäten braucht, zitiert er – ich lasse die tatsächliche Reihenfolge ganz außer acht – HERMES, DEMOKRITOS, ZOSIMOS, OLYMPIODOROS, STEPHANOS, OSTANES, SOPHAR, AGATHODAIMON, aber wohl gemerkt nicht JOHANNES. OSTANES und SOPHAR stammen beide aus Persien her. In der alchemistischen Literatur wird OSTANES ungemein häufig erwähnt. Wenn man nach diesem Verhältnis urteilen darf, hat es den Anschein, als ob bezüglich des Einflusses vom Osten streitige Ansichten einander gegenüber ständen. Der anonyme Philosoph läßt ruhig beide zur Sprache kommen und kümmert sich um den Widerspruch ebenso wenig wie andere Verfasser auf diesem Gebiet.

Die Goldmacherliste, die nicht in M, sondern nur in A usw. erhalten ist, bietet 28 Namen. Sie fängt an mit PLATON, ARISTOTELES, HERMES, JOHANNES, DEMOKRITOS, ZOSIMOS, OLYMPIODOROS, STEPHANOS. Man beachte: dieselben sechs Alchemisten und zwar in derselben Reihenfolge wie bei dem anonymen Philosophen. Daß eine Abhängigkeit vorliegt, dürfte niemand bestreiten wollen. Der anonyme Philosoph sagt, daß OLYMPIODOROS und STEPHANOS Ausleger von PLATON und ARISTOTELES sind. Das wird hier auf alle sechs Alchemisten ausgedehnt, was die Stellung an der Spitze erklärt. Mehr im Vorbeigehen erwähne ich, daß hier zwar SOPHAR aus Persien, aber OSTANES aus Ägypten gebürtig ist. Wie späten Ursprungs die Liste ist, geht daraus hervor, daß sie den anonymen Philosophen am viertletzten Platz namhaft macht.

Die Überschrift BERTHELOT, *Coll.* II, 263, 1 – 2 findet sich in A usw., während M sie ausläßt und das Ganze als den Traktat des anonymen Philosophen gibt. Irgendein Schreiber wurde vermutlich gewahr, daß bei diesem der Oberpriester JOHANNES zwar unter den Hauptvertretern der Alchemie genannt, aber in der Fortsetzung nicht zitiert worden war. Um diesen Übelstand aus dem Wege zu räumen, trennte er 130, 5 – 138, 4 + 263, 3 – 267, 15 als einen besonderen Traktat ab und fertigte die hierbei nötige Überschrift ohne weiteres an. Für eigene Ansichten, geschweige denn für eine schriftstellerische Tätigkeit des JOHANNES fehlt es, soweit die griechisch geschriebene Literatur in Betracht kommt, an sicheren Anzeichen.

Wie weit verdient der Bericht des anonymen Philosophen unseren Glauben? Tatsache ist die Existenz eines arabischen Volks assyr. *Nabajāti*, hebr. *Nebajōth*. Wie es sich selbst nannte, wissen wir nicht, aber allem nach zu urteilen Nabajāti. Auf welchem Weg die Ägypter es kennen gelernt haben, läßt sich schwer entscheiden, da viele Möglichkeiten zu Gebote stehen. Vermittlung durch die Juden bleibt indessen wegen der lautlichen Form ausgeschlossen. Sehr wahrscheinlich ist ferner, daß die Nabajāti eine Göttin hatten und sie in einem Tempel verehrten. Der Oberpriester trägt aber einen hebräischen Namen. Dieser Umstand, der den Gedanken an eine Erfindung der Alchemisten nahelegen muß, braucht an und für sich keinen Stein des Anstoßes zu bilden. Denn es könnte sich um eine Entlehnung des Namens oder um den Glaubenswechsel eines Juden handeln. Wo der anonyme Philosoph die Hauptvertreter der Alchemie aufzählt, scheint er die Zeitfolge genau innezuhalten. Er nennt ja Johannes vor Demokritos (etwa um 350 v. Chr. gestorben). Und die Nabajāti schwinden spätestens mit dem Anfang des 5. Jh. aus der Geschichte. Damit ist doch nur gesagt, daß sie ihre führende Rolle, nicht aber daß sie ihre Existenz einbüßten. In einem Punkte herrscht unter allen Umständen keine Unsicherheit: Johannes kann, wenn er einer so frühen Zeit angehört, sich mit der Alchemie ebenso wenig befaßt haben wie Demokritos. Der Grund ist schlechthin der, daß es vor dem 2. Jahrh. n. Chr. keine Alchemie gab.

Heliodors Gedicht von der Alchemie.

Von

Günther Goldschmidt.

Die Gelegenheit, zu meiner Arbeit «*Heliodori carmina quattuor*»[1]) Ergänzungen zu geben, habe ich um so freudiger ergriffen, als ich dabei dem verehrten Meister auf dem Gebiete der historischen Chemie wieder einen Beitrag zu seinen umfassenden Studien darbringen darf. So verworren und schwülstig in Stil und Diktion ist wohl kaum eine alchemistische Abhandlung der byzantinischen Zeit wie unser Dichter, der sich noch erdreistet, seine schlechten Verse vor den Thron eines Herrschers zu bringen. Als ich ihn 1923 herausgab, habe ich auf kleinliche philologische Bedenken verzichtet und aus praktischen Gründen mich auf e i n e, zweifellos gute, Handschrift gestützt. Für diese Handschrift bürgte zudem der Name eines ansehnlichen Arztes und Alchemisten des Mittelalters, Johannes Dee. Durch meine Übersetzung, die ich im folgenden von dem ersten Heliodorgedicht und einem Stück des dritten geben werde, möchte ich den Forschern, die es angeht, in erster Linie dienen. Der Naturwissenschaftler, im besonderen der Chemiker, welcher die Anfänge seiner Wissenschaft zu belauschen sich vorgesetzt hat, kann unmöglich an Texten vorübergehen, in deren rätselhaften Worten ein gut Stück Geschichte der Anfänge chemischer Kunst aufbewahrt ist. Einsichtige Deutung wird nach und nach den Kern selbst der Gedichte Heliodors herausschälen, das philosophische Wortgeklingel ausscheiden und die Experimente erfassen, zu denen letzten Endes die Rezepte führen sollen. Wenn zum Beispiel der bildliche Ausdruck «*Pontos*», das Meer, für ein Gefäß, von dem wir uns durch Zeichnungen in alchemistischen Handschriften eine gute Vorstellung machen können, längst für die Geschichte der chemischen Geräte bewertet ist, so ist zu hoffen, daß noch zahllose andere Umschreibungen und Rätselworte ihre Erklärung finden, damit man d a s aus den Alchemisten herausarbeiten kann, was für uns wirklich noch wesentlich ist: welcher Art waren ihre Geräte, ihre Experimente, nicht zum letzten freilich auch, mit welchen Vorstellungen traten sie an ihre Arbeiten heran? Mir scheint, daß hier der Erforschung der L e h r e v o n d e n E l e m e n t e n, wie sie eben bei Heliodor einen wichtigen Niederschlag gefunden hat, noch viel vorbehalten ist. Die vergleichende Methode wird unbedingt noch manches ergeben; denn im lateinischen Mittelalter waren die griechischen Alchemisten lebendig und

---

[1]) Religionsgeschichtl. Versuche und Vorarbeiten, 1923, XIX, 2. Gießen, Töpelmann.

wir gehen sicher an manchen Stellen lateinischer Bücher vorüber, ohne zu merken, daß sie nichts als Übersetzung sind. Ich halte es für dringend erforderlich, daß sämtliche Marginalien, die JOHN DEE zum *Codex Casselanus* gegeben hat, gesammelt und gesondert herausgegeben werden. In ihnen spricht, wie ich hervorhebe, ein uns (auch durch sein lesenswertes *Private Diary* und das höchst interessante Verzeichnis seiner Bibliothek) erfaßbarer Gelehrter zu uns. In M. RULANDS *Lexicon alchemiae*[1]) ist mir mancher Anklang an meine Alchemisten aufgefallen. Rezepte wie: «Item wann man die Säfft oder die Früchte offt von der materia abzeucht vnd wider daran geust / das heist man cohobieren» und: «Draco ist Mercurius, auch der schwartze Raab / oder die schwärtz am bodē / frisset den Schwantz / trincket den Mercurium, heisset Saltz / vnd Sulphur draconicum, ist die Erde von der Sonnen Cörper / wird getödtet / wann sie die Seel verlieret / vnnd aufferwecket / wan sie wider kompt. Er frist den Mercurium / als ein Gifft / vnd stirbt / saufft ihn wiederumb / vnd wirdt lebendig / vnd so legt er ab alle vnreinigkeit / dan er wirdt weiß vnnd lebt. Disser wirdt auch daß Weib genennet / die ihren Mann tödtet / darumb sie wiederumb getödet wirdt» und: «*Lac virginis*, ist aqua Mercur, der Drachenschwantz / wäschet / vnd coagulirt ohn aller Handwerck; ist Mercurius philosophorū, succus Lunariae & Solariae, auss Catholischer Erd vn Wasser» und: «*Filius*, id est, der Sohn / das Kindt. *Moriens*: Diss hat Vatter vnd Mutter / durch welche es genehret wirdt / vnnd ist doch eins mit ihnen / doch wo das Hünlein nicht aussgehecket vnnd geboren wird / so stirbt es im Ey: gleich wie das Brodt / so genug gebacken / vnd Seyffe / so genug gekocht ist» müßten zur Interpretation einiger bedeutungsvoller Stellen gerade in den vier Heliodorgedichten herangezogen werden (vgl. z. B. Gedicht 2, Vers 141 ff.). Es würde zu weit führen, diese Dinge an diesem Ort weiter auszuspinnen, der Hinweis möge genügen. Auch was die Steinlehre der Alten betrifft, bieten die Gedichte Material, welches nicht ungenutzt liegen bleiben darf. Der Milchstein, den wir nicht kennen und der bei PLINIUS besprochen wird, ist ja wohl auch ein Produkt der Experimentierkunst HELIODORS.

Nunmehr folge die Übersetzung, welche ich im deutschen Stil dem Wortschwall HELIODORS möglichst anzupassen versucht habe.

Heliodors Gedicht von der Alchemie.

«Die Szepterverwalter der Erde, die an den Mysterien teilnehmen und all dem, was Licht bringt, mit feinstem Spürsinn nachgehen, die den vollen Genuß weiser Lehren herbeisehnen und den Wunsch haben, als Eingeweihte die klugen Gedanken einer allesumfassenden Bildung zu erwerben und die Auflösung der Rätsel und den Zweck aller einführenden Worte kennen zu lernen, die den sprachlichen Ausdruck philosophischen Geheimnisses und den Begriff der Worte genau einzusehen begehren, die erachten solche Leute jeder Ehre wert, welche von ihren Mühsalen kunstvoll berichten. Sie pflegen die Forscher in die ehrende Gunst reicher Geschenke zu setzen und zu Ruhm und Ansehen zu bringen, weil diese ihnen die Begriffe einer

[1]) Frankfurt 1612.

tätigen Philosophie und die Gedanken der alten, jedes Geheimnis ergründenden Weisen zum Zwecke der Erkenntnis vermitteln.

Da Du, von Gott gekrönter König und besonnener Herrscher, Dich nach Einsicht sehntest, so empfange denn alle Erkenntnis und geschickte Handhabung, da sie die Kenntnis in sich trägt, die zum Ziele führt, zum Ruhm und zur Ehre. Die weiterhin das göttliche Ziel edler Bildung bringt und unnennbaren Gewinn und Macht, die man ausnutzen kann zur Befreiung von Kummer und Gewährung von Reichtümern an solche, die es verdienen. Unsere Kunst vertreibt die Last der Armut, erfüllt das Leben mit unaufhörlichem Ruhme, erfreut die Sinne, bringt den Freunden, welche wohlgesinnt sind, Vergnügen und schafft dagegen dem Herzen der Feinde dauernden Kummer bis ans Ende infolge der Betrübnis, welche der Neid stiftet.

Du nun, Herrscher, Du verständiges, frömmstes und gottähnliches Bild der Erziehung, sei mein Vertrauter und Freund und bringe vor meinen Lehrstuhl gebildete, verständige und weise Männer, welche eingeweiht sind in die geheimnisvollen Lehren Deiner Sehnsucht. Neige dein Ohr und vernimm rasch die Unterredungen und ausführlichen Darlegungen, empfange willig ihre verheißungsvollen Sprüche. Höre, welche Anreden sie gebrauchen, lausche den Rätselworten und gewichtigen Sätzen! Denn diese Männer bringen Deinem Leben Gewinn und schmücken es wohl aus, damit Du eine angenehme Lebensführung habest! Sie erheitern durch die Erfindung ihrer Worte Deine Macht, da sie sich ja auf die Mysterien trefflich verstehen und kluge Philosophen sind. Sie neiden es denen, die begehren, nicht, das tief in ihren Worten ruhende Geheimnis kennen zu lernen: im Gegenteil, sie breiten ohne Mißgunst das Wort der verborgenen Weisheit vor den Würdigen aus, so daß Reichtum über diese kommt und Vergebung ihrer Sünden vor Gott, wenn sie die Frucht der Mühe durch die beste Lehre ernten!

Tritt Du nun herzu, Adept, höre meine Lehre, die mühevoll nach unendlichen Anstrengungen gepredigt wird, achte verständig auf dies vielfältige Gewebe meiner Worte und die geheimnistiefe Zusammensetzung meiner Gedanken! Dann wirst Du wohlbekannt und vertraut mit noch nie ausgesprochener Weisheit. Meine Gedanken enthalten für diejenigen, die sich gern der Mühe des Suchens unterziehen und Tag und Nacht nicht müde werden, zu forschen, den Versuch der geheimen Kunst und der heiligen göttlichen Kunstfertigkeit. Der erfüllt dann aufs beste nach göttlichem Ratschluß Anfang und Ende!

So nun kommt es mir zu, den Beginn des Wortes anzufangen und zu reden:

Ich bin gegenwärtig. Wer das Wort beschaut, wird das Werk aus einer Grundgestalt vollenden! *Eine* Grundgestalt führt zur Offenbarung nicht von anderswoher, sondern aus *einer* Wurzel kommt das geschmückte Werk. Es kommt aus dem geweihten Meere, und die Wurzel wird zur Betrachtung emporgehoben wie Hauch zur Wolke; durch Vereinigung und Verbindung von *Feuchtem* und *Warmem*, indem beide zu einer Mischung verbunden werden, die das Wesen beider in sich zu bewahren imstande ist, wird die Operation ausgeführt.

Männliches strebt zu Weiblichem, und sie sättigen sich an der Vereinigung und erzeugen eine Gestalt, fremdartig von Anblick; und es entsteht als Frucht der rote Milchstein.[1]) Nach der Zusammenkunft mit dem männlichen Elemente bringt das Weib ein Kindlein zur Welt und ergreift es, welches ein Wahrzeichen des Ruhmes für die Sterblichen ist, voll von Reichtum und Macht!

Es bringt den geliebten, mit Reichtum wohlversehenen Fremdling, den Ersehnten, den Erhofften und Gesuchten. Den Unwürdigen aber erscheint das Kind ganz und gar nicht beim Versuche und zeigt seinen Anblick nicht; sondern es hält sein Gesicht im Mutterleibe versteckt.

Infolge der weißen Färbung seiner glänzenden Außenseite entschlüpft der Schatz, der bunte, der Berührung der Hände. Niemand ist imstande, seine Schönheit zu betrachten, solange er im Mutterleibe weilt, sondern er selber ruft laut: Ich bin gegenwärtig für die, die mich suchen, da stehe ich mitten in ihrem Gesichtskreis! Die Sehenden wissen gar nicht, wen sie mit ihren Mühen suchen und warum sie sich abplagen wie da und dort Irrende, so daß sie ins Leere hinein arbeiten.

Ich aber, der ich ein mißachteter Diener und Sklave aller Suchenden bin, stehe zur Verfügung; denn ich bin Sklave der Besitztümer. Du wirst mich aber finden und meiner habhaft werden dort, wo überhaupt Menschen ihre Wohnung haben, und Du hast es nicht nötig, erst einen weiten Weg zu durchmessen und weit zu wandern!

Ich befinde mich nämlich nicht mehr im Wasserbad, wenn ich dorthin aus dem 'Meere' steige und in die Wolke übergehe, um darin gefunden zu werden.

Denn ich schreite gleich einem Hauche mitten aus dem Wasserbade heraus, mein Gewand sind Nebelwolken, ich bin verhüllt durch die Finsternis des Dunstes und mich deckt die Schwärze. Wie ein ganz dünnes, Rauchwölkchen steige ich hinauf, von der Luft getragen, welche mich vollständig in sich birgt. Ich werde aber erfunden als ein glänzendes, überaus strahlendes Ding, sobald Du mich mit einem Wassergusse ausgespült, in göttlichem Feuer gekocht und gebraten haben wirst.

Ferner ist es nötig, daß Du mir das Wasser aus dem Wasserbade mit einem Maßgefäß wiederum und wiederum ins Gesicht schüttest. Dann werde ich zwiefach geteilt werden, eine Dreiheit werde ich bilden, auf und ab schwebend mit dem Vater und der Erzeugerin. Diese ist weiß gefärbt und bringt mich mitten aus dem Mutterleibe zur Welt, der Vater aber, welcher mich zeugt, wird rötlich heraustreten, am Leben jedoch zugrunde gehen, denn ich töte ihn als Mörder, indem ich ihn aus dem Hause vertreibe und an der Materie nicht teilnehmen lasse, in der er sich erst befand, damit er keine Spur mehr davon trage! Doch was ich von ihm annehme, das ist die Kraft; ja man soll sehen, daß ich eine vorzüglichere Gestalt besitze und eine weit bessere Leibesbeschaffenheit habe, als das Vorbild meiner Eltern sie mir zeigte. Ich bin goldgelb anzuschauen, aber bald kommt die Stunde, da ich schwarz und buntfarbig

---

[1]) Vgl. Plinius 37, 162.

erscheine, wenn ich Goldsamen und Goldhefe[1]) hervorsprossen lasse. Dies ist die Blüte aus Gold, das Wesen des goldenen Metalls, mannigfach gestaltet, blaßgelb, ein Goldsilberstaub, von goldgelber Farbe und wiederum purpurn.

Wenn ich diese Farben herausbringe und wenn all diese Blüten keimen, dann bin ich gelb wie grün, feurig leuchtend, eine Goldkoralle.

Sobald Du diese Farben, wie sie sich auf meiner Oberfläche ausgeprägt haben, deutlich erblicken wirst, dann komm herzu und empfange das neugeborene Kind! Ich bin schwarz, versteckt in Finsternis und Dunkel, aber im Innern da glänzt und schimmert es wie Schmuck.

Sauge an den mütterlichen Brüsten der Frau, melke die Milch und ernähre mich, ziehe mich von klein an auf; ich bin ein winziges Knäblein, bis die Kraft kommt, die mich erstarken läßt und mich zur Mannbarkeit führt. Dann werden meine Glieder wohl und harmonisch gebildet sein, die Umrisse meiner Gestalt werden klar und meine Bildung wird vollendet sein. Wenn ich zur Reife gekommen bin, werde ich dünn werden, man soll mich schwertlilienartig (?) aufziehen. Ich werde, ein Jüngling, in Blüte stehen durch die Beschaffenheit der vier Elemente, und in der Wolke sitze ich wie dünner Atem. Denn die Luft wird mich in der Höhlung des Gefäßes erwärmen und aufheben. In mir befindet sich Feuer, so daß ich in die Höhe gehe; wenn ich hoch hinauf gehoben sein werde, wird man mich als Rauch sehen. Ich nehme erdige Bestandteile an, und schließlich gewinnt das göttliche Naß meiner Natur Macht, so daß ich die Beschaffenheit der Elemente wohlgemischt in mir enthalte, in einer geradezu übernatürlichen Weise. Mit dem Wasser wird die Erde überflutet, es entstehen mannigfaltigste Arten von Blumen, junge Keime sprossen hervor.

Denn, wenn der Dunst Festigkeit gewinnt, wird er aus Erde in der Wolke aus der feuchten Beschaffenheit heraus Wasser, welches die Erde benetzt, dann schlagen die zahlreichen Gattungen der Pflanzen aus und tragen Früchte.

Denn so wird die Natur des Trockenen aufgelöst werden, indem sie zum Feuchten hinfließt und die Flut wird wunderbarerweise ins Göttliche gewandelt werden und die schwarze Farbe in weiße verändern.

Denn diese Weißfärbung ist die zweite Operation, welche die Schar der weisen Männer zu erblicken sich sehnt, sobald die Schwärze aus der Erde umgewandelt wird. Die Erde ist tot, aus dichtem Gefüge gestaltet; die schwarze Farbe läßt göttlichen Nektar mitten aus erdigen Stoffen zum lieblichen Anblick der weißen wie Schnee hervorquellen und trägt im Leibe das Gesuchte, das Goldgelbe: den Selenit![2])

Die hervorblitzende Schönheit bringt Strahlen hervor; es zeigt sich ein weißer Anblick ganz voll Schimmer, goldblütenhafte Koralle, körperlos, und doch wohlgestaltet, fein glänzend, wie ein Blitz gefärbt, mit goldenen Gürteln, welche junge Keime tragen. Sie strahlt Glanz und Schein der Sonne aus; wie eine Hülle trägt sie außen die weiße Farbe, innen jedoch erscheint sie den Sehenden als feuertragende Fackel, flammenbringend, ein großer Leuchtstein, der die vielartigen Farben aller Steine von sich ausstrahlt.

---

[1]) Vgl. E. O. von Lippmann, *Alchemie*, S. 80.

[2]) Vgl. E. O. von Lippmann, *Alchemie*, S. 113.

Er läßt – im Gleichnis – einen Weinstock hervorwachsen mit grünen Blättern, dessen Blüte reif und wohlgestaltet ist. Vier vereinigte Schößlinge bilden den Weinstock, eine gemeinsame Wurzel verbindet sie, und fruchtbar trägt er die Weintraube, die durch gute Bewässerung ihre Reife erlangte, wie Honig schmeckt und vollkommen weiß von Ansehen, eine Zierde bildet. Diese weiße Weintraube sprießt gar schön hervor; wenn man sie ganz fein mit den Händen zerreibt, strömt sie Wein aus – einen Wein, der rot ist wie Blut, milde im Geschmack, von feinstem Duft. Daraus wird die Purpurfarbe gewonnen, die rote, welche man im Gefäße mitten aus dem Wasserbad heraus zu mischen hat.

Wie der Hauch in die Wolke gelangt, so steigt die glänzende Milch der wie eine Braut geschmückten Jungfrau aus dem Meere herauf, um zu erscheinen und zur Ernährung des eben geborenen Kindes zu dienen. Wenn es gereift ist, wird es mit der Mutter sich verbinden, mit ihr verbunden aber wiederum als eine Siegesträgerin erschaut werden, wenn es das Weibliche hervorgelockt hat zur Zusammenkunft und innigen Verbindung. Wenn das Weibliche sichtbar mit dem Männlichen verschmolzen ist, um eine zweite Verflechtung und abermals eine Mischung zu bilden, wird es ganz leuchtend sein, wird die Schatten der Finsternis und die erdige Materie von sich abstreifen, um zum Ziel zu gelangen. Die innige Verbindung tritt ein, das Weibliche steht nicht ab von der zweiten Zusammenkunft, sondern vollendet rasch die Erfüllung des ersten Schlüssels und, sobald der Kranz der Weißfärbung beschlossen ist, auch das Werk des zweiten. Es fordert nichts zur Vollendung, den ganzen Körper weiß zu färben, wie es auch will; es färbt die Natur der vier Körper. Im ersten Schlüssel wird es weiß und verfolgt die Schatten, die sich verborgen halten wie versteckter Nebel, ja es zeigt die Dunkelheit glänzend und schimmernd, voll Mondeslicht, und alles ist weiß: besiegt mit weißem Licht noch alle weiße Färbung!

Nachher aber beginnt der zweite Schlüssel: die weiße Farbe mit gelber zu überziehen und zu gelber zu verwandeln, dann zeigt sich die ganze Gestalt goldgelb. Dann wiederum wie vordem wird die Arbeit verrichtet. In dieser Art und Weise nämlich bringt die Gelbfärbung die beste, schmuckvolle Vollendung, die Reihenfolge und das Ende der erfüllten Färbungen zum Ziele.

Wie die Weißfärbung, so wird das Werk der Gelbfärbung vollendet, bringt alle Mühe zu reichem Gewinn und zu Besitz und Wonne, führt die Mühen ans Ende, die Du vordem ausgesäet hattest, so daß du reich mehr Fuhren Garben heraustragen kannst, und zeigt Dir den beredten Lohn zur Vertreibung der Armut, Auffindung des Reichtums und göttlichen Genuß des Lebens. Denn so tun wir Weisen Gutes, bedürfen nichts von irgendeinem Sterblichen und sehen, wie wir uns im Leben überhaupt rastlos betätigen, nur um das Lob des Gottesdienstes zu erlangen, zu lieben und zu ersehnen den herbeigeschafften Reichtum, mühelose Freude und Ruhm und ewigen Dank. Wir wollen den Bettlern das Schuldige zuerteilen und wünschen, alle Seelen zu retten und Vergebung der Sünden zu gewähren und allen die Hand der Verzeihung zu reichen und Gutes zu stiften, nichts Böses zu reden oder gar üble Nachrede zu führen über den Nachbar; nein im Gegenteil, wir sind freundlich zu allen, die selbst umgängliche Menschen sein wollen. Wir möchten reichlichen Anteil am Leben haben, da wir durch göttliche Werke Nachahmer des Herrn Jesus in göttlichem Sinne sind und durch die Tat wie Schimmer glänzen, nichts nutzlos reden, sondern verständig überlegen, mit den Armen Mitleid haben und ihnen wohltun, damit wir, wenn wir den Reichtum auf sie entleeren, den vorbereiteten Lohn unserer Taten finden, nachdem wir, wie es weisen Männern gebührt, außer Landes gingen. Denn dies ist der göttliche Wettkampf der Frömmigkeit und die heiße Sehnsucht (vollendet zu göttergleicher Nachahmung in Mannhaftigkeit der Sinne) und die Reinigung des Leibes wie der Seele.

Denn wenn wir so Gutes stiften, sind wir würdig des Ruhmes vor Christus, wir tragen die Krone und sind für wert gehalten des Loses derer, die für edle Taten mit Szeptern geziert werden!

Wir strahlen im Lichte des Ruhmes und im Glanze der Ehre und bringen den frömmsten und treuen Herrschern ehrerbietig diesen Glanz dar, ihnen, denen die Macht und die Szepter der Erde anvertraut sind; auch sie sind Diener Christi, voll von Ruhm.

Wir besingen, wir loben den ewigen Gott, den Vater des Lichtes, den Erschaffer des Lebens, ihn, der gewollt hat, daß die Menschen Erlösung von allen Nöten fänden.

Am versprochenen Ruhme werden wir wiederum teilhaftig und bringen ihm, dem einzigen Gotte, dem Logos mit dem Vater und dem heiligen Geiste unsern Dienst dar. Von Ewigkeit zu Ewigkeit Amen.»

Hierotheos v. 142 ff.

«Und es entsteht eine Frucht: goldgelb ist sie, schwarz. Die Mutter ist der gänzlich weiß leuchtende Mond, der Vater der rote feuertragende '*Pyrrhakes*'.[1]) Das Kind trägt die Gestalt des Goldes, welche wie ein Schmuck anzusehen ist, es ist ferner geziert mit einem buntartigen Gewande und ist bekleidet mit einem griechischen Kleide, welches es erworben, und welches bunt ist, mit goldnen Blüten und feuertragend. Aus den Farben der Steine hat das Kind eine Binde, diese ist mit goldenen Zieraten verlötet; wie Edelsteine sind die Punkte anzusehen, und die Binde strahlt einen schimmernden Glanz von sich aus. Der Gürtel des Gewandes ist mit Gold überzogen, umschließt wie ein Kranz die Hüfte, und ist silbergebunden seiner Art nach. Und die Schönheit erstrahlt in anderer Weise, leuchtend durch die Färbungen der Blumen; das Antlitz in seiner Zierde läßt einen Schimmer von sich ausgehen, denn es ist von unendlicher Schönheit; goldgelb zwar, aber es trägt wohlfarbenes Feuer in sich, es ist verhüllt in die bunten Arten der Färbungen, es läßt hervorblühen alle Farben in jungen Keimen.

Diese gesuchte Form nunmehr . . . spricht es aus, welche Farbe sie hat. Das Kind bringt aus sich und verkündet den Sterblichen das Gesuchte.

Komm herzu, Adept, tritt heran, betrachte nunmehr mit eigenen Augen den Stein der Weisen, denn ich bin Zeuge für ihn!»

---

[1]) Ein rotes oder goldgelbes Gebilde.

An Essay on Jâbir ibn Hayyân.

By

Eric John Holmyard.

The progress of research continually emphasizes the overwhelming importance of the influence of Jâbir ibn Ḥayyân upon the early development of chemistry. An arresting and enigmatical figure, he pervades the literature of mediaeval alchemy to an extent which, obvious in a superficial way to the merely casual observer, cannot be fully appreciated except by one who is thoroughly familiar with Jâbirian ideas and modes of expression. No other chemist is more frequently quoted – whether with or without acknowledgment – and no other has ever held a like position of authority. What Aristotle was for philosophers, Jâbir was for chemists, and a full investigation of his life and writings would unquestionably be of the utmost value for the history of chemistry. It is therefore with great satisfaction that I am able to say that M. Paul Geuthner, the well known Orientalist publisher of Paris, has generously undertaken to bear the expense of the publication of a complete edition of Jâbir's Arabic works, accompanied by English translations; and that the first fascicule of this edition will probably appear almost simultaneously with these pages.

In the meanwhile, it will be interesting to consider the information we possess about Jâbir's life and to examine briefly some of the facts concerning him which can be gleaned from his books. Since but a tithe of these books has so far been studied, it is clearly impossible to arrive at finality, but an interim review is not without its uses, as long as it is definitely understood that future work may entail some revision and correction.

The chief difficulty that one encounters in attempting to reconstruct the life of Jâbir is an embarrassing conflict of authorities. Unlike Ibn Sînâ, Jâbir left no autobiography, and we therefore have to depend upon the statements of others, of whom it is hard to decide which are the most reliable. In partial compensation for the lack of an autobiography, however, we possess at secondhand Jâbir's own list of the titles of his books. This was preserved for us by Ibn al-Nadîm in his *Kitâb al-Fihrist*, whence we learn that Jâbir made two lists of his writings: (a) a long list which included all his works, and (b) a short list which contained merely the titles of his works on alchemy. Apparently both these lists were known to Ibn al-Nadîm, who, however, does not reproduce them in their entirety, but gives the names of only those books which he had himself seen or which had been described to him by men whose word he could trust. Incomplete as this list is, it has the great merit of probable authenticity, and by a close examination of it we can gather a not inconsiderable amount of detail about Jâbir, his life and his attainments. The necessary critical investigation of the passage in the *Fihrist* has been made by Professor Ruska with his usual careful and penetrating scholarship, and the results at which he has arrived shed a new light upon the problem.[1] Two of his conclusions, however, appear to be open to criticism, and as they are of a fundamental character it will be well to consider them here.

Stated shortly, they are as follows: (I) Jâbir was a Persian from Khurasan. (II) Ja'far al-Ṣâdiq, the reputed master of Jâbir, could not have been an alchemist and therefore his supposed relation with Jâbir is a myth.

The evidence and arguments which have led Professor Ruska to this position are weighty and cogent, and upon the data at his disposal the conclusions at which he arrived were perhaps inevitable. The facts I shall adduce below, however, will show that there is much to be said against them; for my own part, I have never been able to bring myself to accept the second, and though for a time there seemed to be no escape from the other, I think this too may have to be rejected.

1. Was Jâbir a Persian?

The chief reasons for considering that Jâbir was a Persian have been given by Prof. Ruska in the paper mentioned above, so that they need not be repeated here. There is, however, a tradition that Jâbir was a member of the great South Arabian tribe of al-Azd, and that he was a pupil in his young days of Ḥarbî of al-Yaman. Practically all the authorities, again, agree in stating that he spent part of his life at al-Kûfa, while al-Jildakî says definitely that Jâbir was born at al-Kûfa and was a Ṭûsî by extraction. Now, it is well known that when al-Kûfa was founded, the Banû Azd settled in a particular quarter of the town, as is described by Caetani[2]: – «Nella parte wad'ah al-ṣaḥn (ossia in quella posteriore ove erano state tracciate cinque vie) si stabilirono i Sulaym ed i T̲haqīf su due vie, dalla parte più prossima alla moschea i Hamdān sopra una via, i Baǵīlah sopra un'altra ed i Taym al-Lāt ed i Tag̲h̲lib sopra l'ultima delle cinque. Dalla parte qiblah al-ṣaḥn (anteriore, che guardava il mezzodì) si disposero i banū Asad sopra una via; una seconda li separava poi dai banū-l-Nak̲ha': questi erano separati per una terza via dai Kindah, ed una quarta via separava i Kindah dagli al-Azd. Dal lato orientale della moschea si disposero gli Anṣār o abitanti di Madīnah, insieme con i Muzaynah sopra una via, i Tamīm ed i Muh̲ārib sopra un' altra, gli Asad e gli 'Āmir sopra una terza.» It is clear, therefore, that the Banû Azd were represented at al-Kûfa in sufficient numbers to have a definite quarter assigned to them. There is thus no inherent impossibility in reconciling Jâbir's two titles al-Azdî and al-Kûfî.

---

1) *Über das Schriftenverzeichnis des Ǵābir ibn Ḥajjān* etc., Archiv f. Gesch. d. Med., Bd. 15. 1923. pp. 53–67. Cf. also *Arabische Alchemisten* II (Heidelberg 1924).

2) *Annali dell' Islam* III. 858.

We are still left with the difficulty that Jâbir is much more frequently called al-Ṭûsî than would be expected if he really had been born at al-Kûfa, and it is necessary to offer an explanation of this nomenclature. In this connection, Prof. H. E. Stapleton has drawn my attention to a passage in al-Dînawarî's *Kitâbu'l-Akhbâr al-Ṭiwâl* (Book of Lengthy Narratives)[1]) which appears to throw light on the problem. In A. D. 719-720 began "the celebrated 'Mission' or 'Propaganda' (*da'wa*) of the 'Abbásids, which, working silently but surely on the abundant elements of disaffection which already existed, undermined the Umayyad power, and within thirty years overthrew the tottering edifice of their dynasty. The agents of this propaganda (*dá'í*, plural *du'át*) – able, self-devoted men, who, though avoiding any premature outbreak, were at any moment ready to sacrifice their lives for the cause – worked especially on the ferment which leavened the Persian province of Khurásán."[2]) According to al-Dînawarî, in the year abovementioned (A. H. 101), "the Shí'ites sent deputations to the Imám Muḥammad ibn 'Alí ibn 'Abdullah ibn 'Abbás ibn 'Abdu'l-Muṭṭalib ibn Háshim, whose abode was in the land of Syria, at a place called Al-Ḥumayma. The first of the Shí'ites who thus came forward were Maysara al-'Abdí, Abú 'Ikrima the saddler, Muḥammad ibn Khunays, and Ḥayyán the druggist.[3]) These came to him, desiring to swear allegiance to him, and said, 'Stretch out thine hand that we may swear allegiance to thee in the endeavour to secure for thee this sovereignty, that perchance by thee God may quicken justice and slay oppression; for verily now is the time and season of this, which we have found handed down from the most learned among you'. Muḥammad ibn 'Alí answered them saying, 'This is the season of what we hope and desire herein, because of the completion of a hundred years of the calendar. For verily never do a hundred years pass over a people but God maketh manifest the truth of them that strive to vindicate the right, and bringeth to naught the vanity of them that countenance error, because of the word of God (mighty is His Name): *Or like him who passed by a village when it was desolate and turned over on its roofs, and said, How shall God revive this after its death? And God made him die for a hundred years, then He raised him up.*[4]) Go therefore, O men, and summon the people cautiously and secretly, and I pray that God may fulfil your undertaking and make manifest [the fruits of] your Mission; and there is no power save in Him.' Then sent he Maysara al-'Abdí and Muḥammad ibn Khunays to 'Irâq, and Abú 'Ikrima and Ḥayyân the druggist to Khurásán, of which place the governor at that time was Sa'íd ibn 'Abdu'l-'Azíz ibn al-Ḥakam Abu'l-Áṣ.

"The two last named began to move about in Khurásán from district to district, inviting the people to swear allegiance to Muḥammad ibn 'Alí, and seeking to disgust them with the rule of the Umayyads by reason of

---

1) Ed. v. Guirgass, Leyden 1888, pp. 334–336. The transcript was kindly provided for me by Mr. Stapleton.

2) E. G. Browne, *Literary History of Persia*, vol. I, pp. 236–237.

3) Emphasis mine. – E. J. H.

4) *Qur'ān* II, 261.

their evil conduct and their grievous tyranny. Many in Khurásán responded to their call, but somewhat of their doings becoming known and bruited abroad reached the ears of Sa'íd. So he sent for them, and when they were brought before him said, 'Who are ye'? 'Merchants', they replied. 'And what', said he, 'is this which is currently reported concerning you'? 'What may that be'? they asked. 'We are informed', said he, 'that ye be come as propagandists for the house of 'Abbás'. 'O Amír', they answered, 'we have sufficient concern for ourselves and our own business to keep us from such doings'. So he let them go; and they went out from before him, and, departing from Merw, began to journey through the province of Khurásán and the villages thereof in the guise of merchants, summoning men unto the Imám Muḥammad ibn 'Alí. Thus they continued to do for two years, when they returned to the Imám Muḥammad ibn 'Alí in the land of Syria, and informed him that they had planted in Khurásán a tree which they hoped would bear fruit in due season. And they found that there had been born unto him his son Abu'l-'Abbás, whom he commanded to be brought forth unto them, saying, 'This is your master'; and they kissed his limbs all over.

"There was at that time with Al-Junaid ibn 'Abdu'l-Raḥmán, governor of Sind, a Shí'ite called Bukair ibn Máhán. He had amassed great wealth in Sind and on his return to his native place, Kúfa, he was met by Maysara al-'Abdí and Ibn Khunays, who informed him of the matter they were engaged upon and asked him to join them. He agreed and actively assisted them, spending all the money he had acquired in Sind on the Cause.

"Then Maysara died in 'Iráq, upon which the Imám Muḥammad ibn 'Alí wrote to Bukair to take the place of Maysara. Bukair was called Abú Háshim, and by this name he was known to the people. He was a good speaker and exerted himself to the utmost in advancing the propaganda both in Kúfa and Baṣra. His piety was so great that when letters reached him from the Imám he used to wash them in water, and with the washings make dough for a loaf which he gave every one of his family to eat.

"After a time Bukair fell sick, of the sickness of which he died, and he appointed Abú Salama al-Khallál – who also was one of the Heads of the Shí'ites – to be his successor. He wrote to the Imám informing him of what he had done, whereupon Muḥammad ibn 'Alí wrote to Abú Salama, confirming his appointment as Chief of the Mission, and ordering him to continue Abú Háshim's policy. Letters were also sent to Abú 'Ikrima and Ḥayyán who were in charge of the propaganda in Khurásán, directing them that they should correspond with Abú Salama and abide by his orders and decisions. Abú Salama himself had two friends Yaqṭín and al-Walíd ibn al-Azraq. He invited them to join him, and they did so, and were of much assistance to him.

"Then Yazíd ibn 'Abdu'l-Malik deposed his brother Maslama from 'Iráq and Khurásán, and appointed in his stead Khálid ibn 'Abdu'llah al-Qaṣrí, who appointed in turn his brother Asad ibn 'Abdullah over Khurásán. News of Abú 'Ikrima and Ḥayyán coming to the ears of Asad ibn 'Abdullah he ordered that search should be made for them, and on their being taken and brought before him, they were beheaded and afterwards impaled. When this tidings reached Muḥammad ibn ʿAlí he exclaimed, ʿPraise be to God who has manifested this sign! Verily there still remain among my followers men who shall gain martyrdom.ʾ

"ʿOn the completion of four years and a few months of the reign of Yazíd ibn ʿAbdu'l-Malik, he died at Balqáʾ, near Damascus. His death occurred in the year 105, at the age of 38. He was succeeded by Hishám ibn ʿAbdu'l-Malik who was then 34 years of age. Hishám dismissed Asad ibn ʿAbdullah from Khurásán and appointed over it the Yemenite al-Junaid ibn ʿAbdu'l-Rahmán, a man of talent and liberality."

Is it unreasonable to suggest that in Ḥayyân the Druggist we may have the father of Jâbir? Let us, at least, accept the relationship for the moment and see what it explains. In the first place, if his father was a druggist it is easy to imagine how Jâbir's steps were first led to the study of chemistry. We have other examples of the same occurrence, the one that springs first to the mind being that of Paracelsus. Secondly, we may suppose that Jâbir was born at Ṭûs during his father's tour of the province of Khurásán in the interests of the ʿAbbâsids. If so, he could rightly be called al-Ṭûsî, while if we assume that Ḥayyân himself was a member of the Azd settled in al-Kûfa, Jâbir could with equal right bear the titles of al-Azdî and al-Kûfî. All this is, of course, pure conjecture, but it fits the facts very well, and we have not yet finished. One of the most frequent statements concerning Jâbir is that he was closely connected with the Sixth Imâm Jaʿfar al-Ṣâdiq, and that he was himself a Ṣûfî. Now we know from al-Dînawarî that Ḥayyân the druggist was a Shîʿite, and we know equally well the veneration in which Jaʿfar al-Ṣâdiq was held by Shîʿites. It is not unlikely that the son of one who had worked so valiantly for the Shîʿite cause (unfortunately as the event turned out) should find himself welcomed later on by the great Imâm.

If, therefore, the tentative suggestion I have made be correct, Jâbir was the son of Ḥayyân the druggist, and was born at Ṭûs somewhere about the years 721 – 722 A. D., while his father was on a political mission in Khurâsân on behalf of the ʿAbbâsids. This would make him a man of 44 or 45 at the time of Jaʿfar's death in 765. Flimsy as the evidence is, it must be admitted that the evidence that Jâbir was a Persian is not, at bottom, any more reliable, and we can only hope that further facts will come to light later on and so enable us to settle the question definitely.

2. Was Jâbir a Disciple of Jaʿfar al-Ṣâdiq?

We have seen that Ḥayyân was a Shîʿite, so that if he was the father of Jâbir we can understand how Jâbir himself may have become connected with the Imâm. According to Ibn Khallikân, "Jaafar was born A. H. 80 [A. D. 699], (which year is denominated *the year of the Torrent*): but according to another statement, his birth happened before the daybreak of Tuesday 8th Ramadan, A. H. 83. He died in the month of Shawwâl, A. H. 148 [A. D.

765], and was buried in the cemetery of al-Bakî at Medina."[1]) The basic condition, viz. that of agreement of dates, is therefore fulfilled, as Ja'far would have been some 20 years older than Jâbir. If we turn to the *Fihrist*, we find that uncertainty about Jâbir's life had arisen as early as 980 A. D., the year in which the *Fihrist* was completed: – "Son nom était Abou Abdallah Djâber ben Hayyân ben Abdallah El-Koufi; il était connu sous le nom d'Eç-Çoufi. Les auteurs ne sont pas d'accord à son sujet. Les Chiites prétendent qu'il fut un de leurs notables et un de leurs chefs de doctrine; ils disent qu'il fut un des compagnons de Dja'far Eç-Çâdeq (que Dieu soit satisfait de lui!) et qu'il était un des habitants de Koufa . . . . . Selon certains auteurs, Djâber faisait partie du groupe des Barmécides, auxquels il était entièrement dévoué, et en particulier, à Dja'far ben Yahya. Ceux qui sont de cet avis ajoutent que par son maître Dja'far, Djâber entendait parler du Barmécide de ce nom, tandis que les Chiites estiment qu'il voulait indiquer Dja'far Eç-Çâdeq".[2])

There is no reasonable doubt that Jâbir had a master named Ja'far, of whom he speaks with reverence and whom he frequently invokes. But from what one knows of the characteristics of the Barmakides one can scarcely imagine Ja'far ibn Yaḥyâ acting as instructor in alchemy to a tyro much older than himself, and so far as I am aware Ja'far ibn Yaḥyâ was not specially interested in mysticism. Ja'far al-Ṣâdiq, on the other hand, was just the sort of man to attract disciples and was himself an object of mystical adoration. On *a priori* grounds, therefore, if the choice lay between the two Ja'fars, we should choose Ja'far al-Ṣâdiq. But it is possible to go further than this, and to reconcile the two conflicting opinions. According to al-Jildakî[3]), whose knowledge of Muslim chemists was unrivalled, "Jâbir was a disciple of Ḥarbî al Himyarî of al-Yaman . . . When, from Ḥarbî, Jâbir had acquired in his youth a good knowledge of the sciences, he departed to the Imâm Ja'far al-Ṣâdiq ibn Muḥammad al-Bâqir ibn 'Alî al-Ḥusain (peace be upon them!), through whom he became an Imâm. He then joined himself with the Barmakides, in whose company he carried out much experimental work . . . . Through the medium of the Vizier Ja'far[4]), Jâbir was brought into relation with the Caliph Al-Rashîd, and wrote for him a book on the Noble Art entitled *The Book of the Blossom*."[5])

Although al-Jildakî allows his imagination to take the wildest flights when he is discussing the theory of alchemy, he is very reliable indeed in biographical and bibliographical particulars. If the account of Jâbir's training and career he gives in the above paragraph is correct, we can easily see how confusion may have arisen: Ja'far al-Ṣâdiq was Jâbir's master in what we may call the academic sense, while Ja'far the Barmakide was his master in the sense of patron or employer.

---

[1]) De Slane's Translation, 1, 300.

[2]) *Trans.* O. Houdas (Berthelot, *Chimie au Moyen Âge*, III, 31).

[3]) Oxford, Bodleian Library, Ms. Hunt., 68.

[4]) I. e. Ja'far ibn Yaḥyâ the Barmakide.

[5]) Or the *Book of Venus* (copper). This is mentioned in the *Fihrist*.

Against the traditional relation between JÂBIR and JAʿFAR AL-ṢÂDIQ, Professor RUSKA brings forward the argument that JAʿFAR could not possibly have been an alchemist. Marshalling his reasons with great skill, he certainly makes out a good case, but it seems to me that there is one fatal objection to it. I am perfectly willing to admit that JAʿFAR may not have been a practising alchemist, though I am not convinced even of this, but, assuming it for the moment, does the fact that he was not a practising alchemist inevitably entail that he had no knowledge of the elaborate and involved theoretical literature of the subject? A glance at the history of alchemy will show us innumerable instances of alchemists who never set foot inside a laboratory, but nevertheless were courageous or stupid enough to write treatises on transmutation and the elixirs. Moreover, since the time of ZOSIMOS, alchemy has always been closely interwoven with occultism of all kinds, and in the days when Imâms were credited with Divine inspiration on all matters, there would have been every reason to assume that they had a knowledge of the secret of *al Kîmiyâ.*' In short, admitting that the alchemical tracts ascribed to JAʿFAR are spurious and admitting that he never saw an alembic, it appears to me that to ascribe some knowledge of alchemical ideas and jargon to such a centre of occult mysticism as a Shîʿite Imâm is far more reasonable than the reverse.

Fortunately, we need not be content with a mere weighing of probabilities, for JÂBIR himself has left a perfectly definite statement on the point. In the list of his works given in the *Fihrist*, the first three titles are as follows: I. *Kitâb Usṭuquss al-ʾUss al Auwal ilâ al-Barâmika.* II. *Kitâb Usṭuquss al-ʾUss al-Thânî ilaihim.* III. *Kitâb al-Kamâl huwa al-Thâlith ilaihim.* Now in an Indian lithographed edition of eleven works of JÂBIR these three books are included. The first two bear the titles given in the *Fihrist*, while the third is divided into two parts, the first of which is called *Kitâb Usṭuquss al-ʾUss al-Thâlith*, while the second is called *Tafsîr Kitâb al-Usṭuquss* at the beginning and *Kitâb al-Kamâl* at the end. These three books form a homogeneous whole, and I think we are justified in identifying them with those mentioned in the *Fihrist.* I regard them as undoubtedly authentic, and as I shall include them in the first volume of the complete edition of JÂBIR'S works to which I have referred above, other investigators will have an opportunity of judging whether my opinion is sound.

It is to the third of the series that we must turn for JÂBIR'S mention of JAʿFAR AL-ṢÂDIQ as his master. On page 2 of part 2 of the lithograph JÂBIR uses the words: – "My master JAʿFAR IBN MUḤAMMAD and my teacher ḤARBÎ "سيّدى جعفر بن محمّد ومعلّمى حربى". The passage in which these words occur is an integral part of the argument and there is no reason to suppose that it is an interpolation. Neither does it seem possible that the words "IBN MUḤAMMAD" have been inserted by a copyist, for if the latter had wished to make it certain that the Imâm was intended he would almost certainly have added "AL-ṢÂDIQ" rather than "IBN MUḤAMMAD". I think, therefore, that we may take it as definitely established that JÂBIR was, as Muslim tradition asserts, a disciple of the Sixth Imâm, leaving quite open the question whether Ja'far was himself a practising alchemist. The importance of this conclusion will be apparent, since if we were compelled to admit that the Jâbir – Ja'far connection never existed we should be driven – as Professor Ruska perceived – to reject as spurious all those books attributed to Jâbir in which this connection is mentioned or implied. The fact that many if not most of such books have in other respects every appearance of authenticity would merely have provided another difficulty in a problem which is already difficult enough.

A further point in support of the Jâbir – Ja'far relation is as follows. In Dînawarî's account of the Mission on behalf of the 'Abbâsids, it is mentioned that Abû Salama had two friends who assisted him in his propaganda; one of them was Yaqṭîn. As the various missionaries must have kept in touch with one another, we may suppose that Yaqṭîn became acquainted with Ḥayyân the druggist. In after years we find the Yaqṭîn family in close connection with Ja'far al-Ṣâdiq, and we find too that Jâbir wrote a book dedicated to 'Alî ibn Yaqṭîn. There is nothing, I believe, to show what relation 'Alî ibn Yaqṭîn was to the Yaqṭîn mentioned by Dînawarî; he could scarcely have been a son, for he was born in 741 A. D. and died in 798, while his father did not die until 801. Yet the fact that we meet Yaqṭîn with Ḥayyân, 'Alî ibn Yaqṭîn with Jâbir ibn Ḥayyân, 'Alî ibn Yaqṭîn with Ja'far al-Ṣâdiq, and Jâbir ibn Ḥayyân with Ja'far al-Ṣâdiq is certainly most suggestive and lends verisimilitude to the picture.

That Ja'far ibn Yaḥyâ could not have been Jâbir's teacher is clear from the fact that Ja'far was not born until 767 A. D., when Jâbir was presumably already a middle-aged man. There is, however, nothing incredible in the hypothesis that Ja'far ibn Yaḥyâ may later have acted as Jâbir's patron. We are told over and over again that Jâbir was in close association with the Barmakides, and al-Jildakî avers that he had to fly to al-Kûfa when al-Rashîd extirpated them. Jâbir frequently mentions Yaḥyâ, Ja'far and al-Faḍl in his books, as I have noted elsewhere[1]), and all three of them appear to have been interested in alchemy, but it is much more likely that Jâbir acted as Ja'far's instructor than that Ja'far taught Jâbir.

The detailed study of those passages in which Jâbir refers to his master Ja'far (al-Ṣâdiq) would be well worth undertaking, since it might be expected to throw light upon the chronological order of his books. The number of these books is so large that the task of arranging them in proper sequence will be a heavy one, but it is of course essential if we are fully to understand the development of Jâbir's thought. Now in certain cases it is clear from the phraseology that a particular book was written during Ja'far's lifetime, while in other books indications are given that they were written after his death. Thus, through the courtesy of Prof. H. E. Stapleton I have recently acquired a copy of Jâbir's *Testament* or *Kitâb al Waṣiyya.* This book, although not the same as the Latin *Testamentum Geberi*, appears to

[1]) Proc. Roy. Soc. Med. (Sect. of Hist. of Med.), 1923, XVI, p. 47.

be genuine since, as Prof. STAPLETON pointed out to me, it is quoted in the *Mafâtîh al-olûm*[1]) which was written about 980 A. D. The passage quoted runs as follows:

نفس الحمرة فالكبريت واما نفس البياض فالزرنيخ والزيبق روحها جميعا والنوشادر
وهو بمنزلة الماء ينقى الاوساخ ويزيل القشور والاصداف ويلحم بين جواهر الاركان *

The version given in the *Mafâtîh al-olûm*[1]) reads:

الزرنيخ نفس البَيَاض والكبريت نفس الحُمرة والزيبق روحهما جميعا والاكسير
مركّب من جسد وروح *

Earlier in the book the following paragraph occurs, from which it will be seen that the *Waṣiyya* must have been written during JA'FAR's lifetime, *i. e.* before 765 A. D.: – "My master JA'FAR, on whom be peace! was angry when I showed him this book and said, 'O Jâbir, you have revealed the Mighty Secret of God.' (I replied) 'It was in my mind to be liberal and I wished to be bountiful and generous, for, in thy service, generosity and truth and frank explanation have remained with me, and I have imitated thy nature. But if thou so orderest, I will burn the book and will deliver it to no one.' He smiled, being well pleased at my words, (and said), 'Do not so, for the Most High God has aided thee in this matter and has made it easy for thee. So oppose not the will of God in the revelation of this book, for no one in our time, or after us, will attain thereto except the Most High God help him and rightly direct him.' And I assented to his counsel and augured good from his advice and from the undertaking of his command."

سيدى جعفر عليه السلام حين عرضت عليه هذا الكتاب فهو غضب وهو قال
يا جابر لقد كشفت سر الله الاعظم يا سيدى ان نفسى تحسب لتكرم وترغب فى السماحة
والسخاء قد تخلفت بالسماحة والصدق والبضّحة فى خدمتك والاقتداء باخلاقك فان امرتنى
حرّقت الكتاب ولم اخرجه الى احدٍ فتبسم راضيا فى قولى قال لا تفعل فان الله تعالى
قد وفّقك لذلك وسهّله عليك فلا تخالف ارادة الله فى كشف هذا الكتاب فلن يناله
احد فى زماننا ولا بعدنا اِلّا من وفّقه الله تعالى وارشده وقبلت رأيه وتبرّكتُ باستشارته
والاخذ بامره *

By internal evidence of this kind, and by a careful collation of the citations from his books which JÂBIR scatters throughout his works, it will probably be possible to arrive at a more or less satisfactory idea of chronological sequence. An examination of internal evidence will help also to solve the question whether JÂBIR knew Greek, or whether he was dependent for his knowledge of Greek authors upon translations into Syriac or Arabic.

---

[1]) Ed. VAN VLOTEN. Leyden 1895. p. ٢٦٦.

The difficulty here lies partly in the fact that he usually is content with conveying the sense of a passage he wishes to use and does not quote the exact words or even the title of the book he is using. There are exceptions, however, one of the most interesting being his mention of the *Timaeus*[1]) in his *Muṣaḥḥiḥât Iflâṭûn*, a work which I hope to be able to include in the forthcoming edition of Jâbir's writings.

Here this brief essay must be brought to a close. It will have been very obvious that much work on Jâbir remains to be done, but that every advance made serves only to enhance his greatness. As he himself said in a snatch of verse[2]) which Abû Tammâm has preserved for us in his *Ḥamâsa*:

"My wealth let sons and brethren part,
Some things they cannot share –
My work well done, my noble heart,
(Ṭawîl) These are mine own to wear."

فان يَقتسمْ مالى بنىَّ واخوتى ☆ فلن يَقسموا خُلقَ الكريمَ ولا فعلى

---

[1] كتاب طيماؤس. The *Muṣaḥḥiḥât Iflâṭûn* is mentioned in the *Fihrist*.

[2] The complete poem runs as follows:

فان يَقتسمْ مالى بنىّ واخوتى * فلن يقسموا خُلقى الكريمَ ولا فعلى
اُهينُ لهم مالى واَعلَمُ انى * ساورِثه الاحياَء سيرة مَن قبلى
وما وجد الاضيافُ فيما ينوبهم * لهم عند عِلّات الزمان اباً مثلى

[Calcutta edition, 1856, p. 192.]

Die siebzig Bücher des Ǵābir ibn Hajjān.

Von

Julius Ruska.

In der Einleitung zum zweiten Teil des Ersten Bandes seiner *Chimie au Moyen Âge* (1893) kündigt M. Berthelot S. 241 die Analyse der Handschrift Ms. lat. 7156 der Bibliothèque Nationale, *Liber de Septuaginta translatus a Magistro Renaldo Cremonensi de lapide animali* mit folgenden Worten an:

«Dans le *Chapitre IX*, je présenterai une analyse d'un grand traité latin jusqu'ici inédit, transcrit dans les manuscrits de la fin du XIIIe siècle et qui porte le titre de *Livre des Soixante-dix.* Ce titre est aussi celui d'un ouvrage du Djâber arabe, et le traité latin parait en effet en contenir la traduction, d'après son contexte et les titres de ses chapitres, comparés à ceux que donne le *Kitâb-al-Fihrist.* Le traité a dû d'ailleurs être altéré et interpolé fortement. Néanmoins, cet ouvrage est plus voisin qu'aucun autre des livres arabes de Djâber; il est d'ailleurs fort dissemblable des œuvres latines qu'on lui attribue. En tout cas, comme ce traité offre les caractères non douteux d'un livre traduit de l'arabe, il fournit un terme de comparaison précieux.»

Das genannte Kapitel bietet a. a. O. S. 322 bis 324 eine Vergleichung der Titel der lateinisch vorhandenen Abhandlungen mit den entsprechenden des *Fihrist,* und von S. 328 an einen Auszug aus dem *Liber divinitatis* nebst kurzen Andeutungen über den Inhalt der übrigen Bücher. Erst kurz vor seinem Tode entschloß sich der unermüdliche Gelehrte zur vollständigen Herausgabe der Handschrift, indem er sie 1906 als Anhang zu seiner großen Abhandlung *Archéologie et Histoire des Sciences* im Band 49 der Mémoires de l'Académie des Sciences veröffentlichte. Hier schließt er aus der Übereinstimmung der Titel mit denen des *Fihrist* schon mit größerer Bestimmtheit, daß die lateinische Übersetzung, soweit sie erhalten ist, tatsächlich das alte Werk des Ǵābir darstellt:

«Il est permis d'en conclure que nous possédons réellement dans le *Livre des Soixante-Dix* la traduction latine du texte arabe, aujourd'hui perdu; traduction en grande partie mutilée d'ailleurs, comme le montrent de nombreuses et importantes lacunes.

Elle est écrite dans un style barbare et rempli de fautes de tout genre, attribuables en partie aux copistes, mais aussi au traducteur, qui y a inseré un grand nombre de mots arabes mal transcrits et qu'il ne comprenait pas. . .»

Berthelot bemerkt dann weiter, daß er weder Stil noch Orthographie oder Grammatik in Ordnung zu bringen versucht habe; nur die Interpunktion sei soweit geändert, daß die Texte einen einigermaßen verständlichen Sinn gäben. Bei dieser Beurteilung von Inhalt und Stil der Übersetzung hatte es auch sein Bewenden, als E. O. von Lippmann S. 367 bis 369 seiner Geschichte der Alchemie einen Auszug aus den von Berthelot veröffentlichten Kapiteln gab. Man lernt begreifen, warum sich niemand eingehender mit den *Siebzig Büchern*, die in Berthelots Ausgabe 55 große Quartseiten umfassen, zu beschäftigen getraute, wenn man ein paar Kapitel aufmerksam durcharbeitet und die ganze Barbarei dieses Lateins samt dem kaum verständlichen Inhalt auf sich wirken läßt.

Ich selbst konnte nicht vermeiden, mich eingehend mit dem Text zu beschäftigen, nachdem ich bei meinen Studien zur Geschichte des Salmiaks bemerkt hatte, daß an zahlreichen Stellen der *Siebzig Bücher* bereits ein ausgedehnter Gebrauch von diesem merkwürdigen Körper gemacht wird. Die Nachprüfung des lateinischen Textes ergab, abgesehen von einer Reihe von Verbesserungen und zahlreichen Auflösungen der stehengebliebenen arabischen Termini, die volle Bestätigung der Feststellungen Berthelots.[1]) Doch zeigte sich auch, daß zahlreiche Fehler im Text erst verbessert werden mußten, und daß Berthelots Verbesserung der Interpunktion auf halbem Wege stehen geblieben war. Man mußte bedauern, daß die Form der Veröffentlichung nicht gestattete, zu unterscheiden, was die Pariser Handschrift bot, und was Berthelot daran geändert hatte.

Schon war ein ausführliches Kapitel über die lateinischen Reste der *Siebzig Bücher* geschrieben – ich habe im Jahr 1923 auf der Tagung der Deutschen Gesellschaft für Geschichte der Medizin und der Naturwissenschaften zu Steben darüber berichtet[2]) – als ich von Dr. Max Meyerhof in Kairo Nachrichten erhielt, die eine vollständige Umwälzung unserer Kenntnis von Ǵābirs chemischem Wissen herbeizuführen geeignet schienen. Ich hatte ihn gebeten, für das inzwischen gegründete Heidelberger Institut Abschriften oder Photographien von arabischen Handschriften naturwissenschaftlichen Inhalts herstellen zu lassen, von denen er Kenntnis erhalte, und war dadurch schon in den Besitz wertvoller, bisher unbekannter Texte gelangt. Da erhielt ich Ende Juni 1925 die Mitteilung, daß sich im Besitz zweier ägyptischen Notabeln alchemistische Handschriften befänden, die

[1]) D. h. soweit sie sich auf den Charakter der Übersetzung beziehen. Berthelots Ansicht, daß zahlreiche Interpolationen vorhanden seien und die Kapitel 24 ff. einen ganz andern Charakter hätten als die vorhergehenden, habe ich schon 1923 in dem nachher erwähnten Vortrag als unhaltbar zurückgewiesen.

[2]) Aus der nun überflüssig gewordenen Abhandlung sei wenigstens die Stelle abgedruckt, die den Stand von 1923 darstellt: «Wenn nun auch kein Zweifel darüber möglich ist, daß in dem lateinischen Text . . . ein Abbild der Alchemie Ǵābir ibn Ḥajjāns vorliegt, so sind wir doch nicht imstande, die Art und Größe der Verzerrungen des Bildes festzustellen, die die ungeschickte Feder und mangelhafte Vorbildung des Übersetzers verschuldet hat. Gewißheit ließe sich hier nur erlangen, wenn sich irgendwo auf Bibliotheken noch Teile des Originaltextes, die mit den Stücken der lateinischen Bearbeitung zusammenfallen, gefunden hätten. Leider haben die Nachforschungen von Holmyard gerade im Bereich der *Siebzig Bücher* wenig Erfolg gehabt . . .»

zahlreiche Werke ǴĀBIRS enthielten. Ein Verzeichnis des Inhalts der einen dieser Handschriften bestätigte vollauf diese Angabe, und schon im Oktober 1925 war ich im Besitz einer Abschrift des Ganzen. Schwieriger war es, auch die zweite angekündigte Handschrift zu gewinnen; allein auch von dieser erhielt ich dank den Bemühungen Dr. MEYERHOFS und der vornehmen Gesinnung ihres Besitzers photographische Kopien.

Die Sendung gelangte im Februar 1926 in meine Hände; doch erst im Juni und Juli konnte ich an eine genauere Untersuchung und Vergleichung der beiden Handschriften herangehen. Es stellte sich heraus, daß – vorbehaltlich einzelner Lücken – durch die Verbindung der beiden arabischen Handschriften mit der lateinischen Übersetzung ein fast vollständiger Text der *Siebzig Bücher* zu gewinnen ist. Eine erste Übersicht über den unvergleichlich kostbaren Fund soll auf den folgenden Seiten gegeben werden.

Von den beiden Handschriften muß der im Besitz von Exzellenz AḤMED PASCHA TAIMŪR befindlichen die erste Stelle eingeräumt werden; nicht nur, weil sie von den siebzig Abhandlungen 61 vollständig oder teilweise enthält, sondern auch deshalb, weil mir nur diese Handschrift in photographischen Kopien vorliegt. Es sind 89 doppelseitige Tafeln, der Schriftspiegel in der Wiedergabe etwa 12/7 cm, auf den Rändern mit Nachträgen oder anderen Bemerkungen der gleichen Hand. Ich bezeichne diese Handschrift mit **A**.

Von der zweiten, im Besitz von NŪREDDĪN BEY MUṢṬAFĀ befindlichen Handschrift besitze ich eine sorgfältige Abschrift. Sie enthält etwa 56 der Abhandlungen, leider in mehrfach gestörter Folge; eine Untersuchung der Einzelheiten habe ich noch nicht vornehmen können. Sie soll im folgenden mit **N** bezeichnet werden.

Zu der von M. BERTHELOT veröffentlichten Handschrift, ich nenne sie **B**, ist vor kurzem noch eine andere gekommen, die ERNST DARMSTAEDTER in einem von ihm erworbenen Sammelbande, der aus der Bibliothek von SALMASIUS stammt, entdeckt hat. Sie enthält fast die gleichen Kapitel wie **B**, am Anfang einige weniger, am Ende einige mehr, den Kern, die Bücher 24 bis 40, in gleicher Weise. Ich habe die Handschrift mit **D** bezeichnet.

Ich gehe von dem im *Fihrist* gegebenen Titel jeder Abhandlung aus, stelle das Vorkommen in den vier Handschriften fest und füge Bemerkungen bei, die sich mir bei der ersten Durchsicht aufgedrängt haben. Der *Fihrist* führt von den 70 Titeln nur 38 an; der Vergleich zeigt, daß 23 und 24 ausgefallen sind, und daß an die Stelle der letzten 30 Titel eine Zusammenfassung in drei Gruppen von je zehn Abhandlungen getreten ist.

Übersicht der siebzig Bücher des Ǵābir ibn Ḥajjān.

1. Kitāb ilāhūt, Buch der Gottheit. Arabisch nur in A. In B D Liber divinitatis. In A fehlt die erste Seite der Hs., der Text beginnt mit فان عزت هذه كلها. Nur B D sind vollständig. – Nach der Doxologie und gelegentlichen andern Zusätzen folgt in jeder der 70 Abhandlungen die Wiederholung des Titels und die Angabe der Stelle, die dem Buch zukommt, mit der Bemerkung, daß soundsoviel Bücher vorangegangen seien. In

diesem ersten, dem Buch der Gottheit, sind die Prinzipien der Kunst auseinandergesetzt. Zur Darstellung des Magisteriums bedarf man nicht der Steine oder Pflanzen, man benützt am besten die tierischen Stoffe. Am vorzüglichsten sind diejenigen, die von Menschen cholerischen Temperaments herrühren, das gut ausgeglichen ist, wie bei den Bewohnern von Alam[1]) und andern Inseln[2]) und denen des eigentlichen Indiens, noch besser von denen, die im südlichen und westlichen Indien und in den inneren (südlichen) Teilen Ägyptens wohnen. – Doch da dies alles schwierig zu erlangen ist, behilft man sich mit dem Rind und den Gazellen und dem Wildesel und dem zahmen Esel, aber von jeder einzelnen dieser Arten für sich allein; es darf durchaus nicht eine Art mit der andern gemischt werden.

Ich habe die letzten Sätze nach A übersetzt, und stelle BD gegenüber: «Sumant ergo calorem ipsorum, sicut vaccarum et ovium et reliquorum animalium. Et quod ex unoquoque animalium acceptum fuerit, separatim per se ponatur, et tunc apparebit in eis.» Man darf aus den Unterschieden in der Bezeichnung der Tiere und den andern Abweichungen nicht ohne weiteres auf schlechte Übersetzung des Renaldus schließen, sondern muß mit Unterschieden in der arabischen Vorlage rechnen. Dies ergibt sich aus zahlreichen von mir beobachteten Fällen, die hier anzuführen unmöglich ist.

Welche tierischen oder menschlichen Stoffe zur Gewinnung des Elixirs angewandt werden sollen, wird in mehrfachen Anspielungen, aber nicht in eindeutigen Worten gesagt. Es ist etwas dem Blut Verwandtes, wer aber die Andeutungen nicht versteht, soll die Hände von der Kunst lassen. Durch eine Art fraktionierter Destillation wird ein Wasser, ein Feuer, ein Öl und als Rückstand eine Erde gewonnen. Die weitere Behandlung dieser vier Elementarteile führt endlich zur Gewinnung des Elixirs.

Von den stehengebliebenen arabischen Ausdrücken ist *alkerasem*, später auch *alkeiseran*, *alcaisseran*, *althrysam* und *althesaram* das Wort الخيزران *alḫaizurān*, das Rohr, Meerrohr, Bambus bedeuten kann. Das in BD auftretende *digon* wäre ohne das arabische Original völlig unverständlich, es ist das Wort نضج *nuḍǵ*, die Reife. Aber ebensowenig wäre ohne den arabischen Text zu erraten, daß im Lateinischen *aptandi* statt optandi, *cerare* statt certare, *colorem* statt calorem, *dicere* statt discere, *radices* statt indices zu lesen ist, oder daß in andern Fällen der Lateiner gegen das arabische unserer Handschriften recht hat.[3])

2. Kitāb albāb, Buch des Kapitels (w.: des Tores). A und N. BD Liber capituli. Von diesem Kapitel bringen B und D nur ein Stück der Einleitung. Der Text von N beginnt einige Sätze später und umfaßt etwa drei Fünftel des nur in A vollständigen Buches.

---

[1]) Der Versuch, Alam in *al-aḥmar* zu verbessern und auf Äthiopien zu beziehen, wie Berthelot in einer Fußnote tut, hat keine haltbare Unterlage. Die Lesart von D aliam̄ führt auf اليمن *aljaman*, d. i. Jemen.

[2]) B et insulis aliis, D salicis: dies führt auf جزائر الغرب *ǵazā'ir alǵarb*, Inseln des Westens, also liegt eine Verwechslung von *alǵarb* mit dem konsonantisch gleich geschriebenen *alǵarab* = salix vor.

[3]) So hatte die Vorlage des Renaldus richtig تثبت statt A تثلث, ثابتا statt A ثانيا usw.

3. Kitāb al'Īḍāḥ, Buch der klaren Auseinandersetzung. A und N. Fehlt B D. Es heißt noch *Kitāb ṯalāṯīna kalima*, Buch der dreißig Worte bzw. Sätze oder Paragraphen, weil ǴĀBIR darin die Darstellung des Elixirs in 30 durchgezählten kleinen Abschnitten beschreibt. Die von E. J. HOLMYARD herausgegebene indische Lithographie von 1891 enthält unter anderem auch den Text des *K. al'Īḍāḥ*; außerdem hat HOLMYARD eine lateinische Übersetzung *Liber de XXX verbis* im Brit. Mus. (Arundel 164) festgestellt.[1])

Dieses Buch ist eines der wenigen, in denen Autoren genannt sind. Gleich in der Einleitung nimmt ǴĀBIR Bezug auf den Imām ǴA'FAR IBN MUḤAMMAD. Es ist die einzige Erwähnung des Imāms, die ich in den *Siebzig Büchern* gefunden habe. Sie bezieht sich aber nicht auf chemische Dinge, sondern auf eine Beseitigung religiöser Skrupel, die ǴĀBIR quälten.[2]) Der andere Autor wird im zehnten Paragraphen genannt. Man soll das vorbereitete Pulver in einer *Sukurraǵa*, d. h. einer Zuckerschale, gelinde erwärmen, wie sie im *Buch des Andrijā* erwähnt sei. Wir kennen einen ANDRIJĀ aus dem *Fihrist*, wo S. 354, Z, 22 ein Buch des ANDRIJĀ aus Ephesus an NĪSĀFARAS angeführt wird, auch nennt ihn ALRAZĪ im *Kitāb alšawāhid*[3]) und ABU'LḤAKĪM MUḤAMMAD ALKHWĀRAZMĪ um 1034 in seiner von H. E. STAPLETON herausgegebenen chemischen Abhandlung.[4]) Wenn sich beweisen ließe, daß NĪSĀFARAS der Kaiser NIKEPHOROS ist, der 802 bis 811 regierte, so wäre der Verfasser ein Zeitgenosse des ǴĀBIR. Aber wie viele Männer des Namens ANDREAS oder NIKEPHOROS gab es doch! Man muß sich hüten, mehr aus solchen Erwähnungen herauspressen zu wollen, als man durch positive Anhaltspunkte erweisen kann.

Wie vorsichtig man zu sein hat, zeigt die Untersuchung von N. Hier finden sich zwei als *Drittes Buch* bezeichnete Abhandlungen. Die erste, S. 159 meiner Abschrift, hat keinen weiteren Titel und erzählt am Anfang von einer Freundschaft zwischen ǴĀBIR und einem eifrigen Alchemisten, für den ǴĀBIR das Buch verfaßt habe; es wird aber kein Name genannt, und der Text hat nichts mit dem von A zu schaffen. Das andere Buch, S. 173 beginnend, ist mit dem *Buch der 30 Sätze* identisch, besitzt aber weder die auf ǴA'FAR bezügliche Stelle von A, noch die Durchzählung der Sätze. Nur der Name ANDRIJĀ ist an der entsprechenden Stelle genannt.

4. Kitāb almanā oder almunā, Buch des Geschickes oder Buch der Wünsche.[5]) A und N. B Liber fiducie, aus arab. *K. alimāna*, Buch des Vertrauens, zu erklären. Fehlt in D. In diesem Buch findet sich eine Menge technischer Dinge, die mir noch nicht ganz klar geworden sind.

---

[1]) E. J. HOLMYARD, *Jâbir ibn Hayyân.* Proc. Roy. Soc. Med., 1923, vol. XVI, pp. 46–57, Nummer (37).

[2]) Vgl. J. RUSKA, *Ǵābir ibn Ḥajjān und seine Beziehungen zum Imām Ǵa'far.* Der Aufsatz erscheint in «Der Islam», Bd. XVI, 1927.

[3]) Vgl. H. E. STAPLETON und R. F. AZO, *An Alchemical Compilation of the Thirteenth Century, A. D.*, Mem. As. Soc. Bengal III, 2, 1910, S. 72.

[4]) H. E. STAPLETON und R. F. AZO, *Alchemical Equipment in the Eleventh Century, A. D.*, Mem. As. Soc. Bengal I, 4, S. 52.

[5]) Ich bemerke, daß zahlreiche Titel nur durch eine nach Gutdünken herausgegriffene Bedeutung des arabischen Wortes wiedergegeben werden konnten.

5. Kitāb alhudā, Buch der Führung. A und N. B Liber ducatus, fehlt in D. Von diesem Buch enthält A nur den Anfang, eine halbe Seite, dann folgt eine Lücke in der Handschrift, der das ganze Buch 6 und der Anfang von Buch 7 zum Opfer gefallen ist. In N ist Buch 5 vollständig enthalten, in B geht es dem Buch 4 voraus.

6. Kitāb alṣifāt, Buch der Eigenschaften. Dies Buch scheint leider fast vollständig verloren zu sein, denn auch in N sind nur einige Zeilen davon vorhanden, ohne richtigen Anfang und ohne Schluß.

7. Kitāb alʿašara, Buch der Zehn. Nur in A, vgl. unter 5. Der Name bezieht sich auf die Darstellung des Elixirs in 10 Tagen.

8. Kitāb alnuʿūt, Buch der Beschreibungen. Nur in A. Darstellung des Elixirs in 9 Tagen.

9. Kitāb alʿahd, Buch des Vertrags. Vollständig in A, ein großer Teil des Textes auch in N. Darstellung des Elixirs in 8 Tagen.

10. Kitāb alsabʿa, Buch der Sieben. A und N. In B unrichtig als 11. Buch bezeichnet. Der Rückblick auf die vorangegangenen Bücher ist in B stark gekürzt. Darstellung des Elixirs in 7 Tagen.

11. Kitāb alḥajj, Buch des Lebendigen. A, die Einleitung auch in N. Mit Erreichung der sieben Tage ist der erste Teil der Darstellung abgeschlossen. Das *Buch des Lebendigen* hat seinen Titel davon, daß die prinzipiellen Erörterungen über die tierischen Stoffe hier einsetzen. Es ist weiterhin besonders wichtig durch die Anführung verschiedener Autoren und Schulen. Der erste Name, der uns begegnet, ist Balīnās mit einem Satze aus der *Tabula Smaragdina*: ان الامر الاعلى من الاسفل «siehe, das höchste Ding kommt vom niedersten». Weitere Namen sind Arijus und Sasalsasīs (so nach der Randglosse; im Text Sasāsasīs), sein Bruder, sowie Suqrāṭ (Sokrates). Als Schulen werden genannt die Anhänger der Lehre von den vier Naturen, die Anhänger der Lehre vom Schwefel und Quecksilber, vom Stein und vom Lebendigen, mit den besonderen Gruppen derer, die das Haar, das Blut, den Harn, den Kot, den Samen, das Hirn, die Knochen oder das Ei anwenden. Hier begegnen wir endlich am Schluß auch der ersten Erwähnung der *Nušādirāt*, d. h. der salmiakartigen Stoffe; man muß sie gewinnen, um die Unreinigkeiten der für das Elixir angewandten Stoffe auszuwaschen.

12. Kitāb alḥukūma, Buch der Regierung. Arabisch nur in A. Bei B Liber indicum, wofür iudicum zu lesen ist; Verwechslung von *alḥukūma* mit *alḥukamāʾ*. Dieses Buch ist von grundlegender Bedeutung für die Geschichte der aus tierischen Stoffen dargestellten Salmiake.

13. Kitāb albalāġa, Buch der Beredsamkeit. Arabisch nur A; in B D Liber applicationis, durch Verwechslung von *balāġa* mit *bilāġ* oder *mubālaġa*, Anstrengung. Weitere wichtige Ausführungen über den Salmiak. In den Hss. B D fehlen die Bücher 14 bis 23 bzw. 24.

14. Kitāb almašākila, Buch der ähnlichen Dinge. Nur in A, und auch hier nur eine halbe Seite Text. Der Rest ist verloren.

15. Kitāb ḫamsata ʿašara, Buch der Fünfzehn. Nur in N. Nach

E. J. Holmyard ist diese Abhandlung in lateinischer Übersetzung in einer Hs. des Trinity College vorhanden.[1])

16. Kitāb alkaf(w), Buch des Entsprechenden. Nur in N. Handelt über die Farbenwandlungen der bei der Darstellung des Elixirs verwendeten tierischen Stoffe.

17. Kitāb al'iḥāṭa, Buch des Umfassens. Nur in N. Es heißt so, weil es die vorhergehenden Bücher zusammenfaßt, doch ist das nicht wörtlich zu nehmen. Das Zinn wird unter dem Namen *alqalaʿī* angeführt.

18. Kitāb alrāwūq, das Buch des Filters. A und N. Im *Fihrist* als *rāwuq*, in N *riwāq* geschrieben. Erläuterungen über die Ordnung der vier Elemente und die Möglichkeit der Alchemie; gegen Ende der Abhandlung wird der große Platon genannt.

19. Kitāb alqubba, Buch der Kuppel. A und N. Auseinandersetzungen über den Jāqūt und die Perle. Am Schluß findet sich ein Zitat nach dem *Buch der Ursachen*: فانّك تدرك بذلك سرّ الخليقة وصنعة الطبيعة فهو جلّ ما عمل عليه بلينياس «Siehe, so erreichst du dadurch das Geheimnis der Schöpfung und die Darstellung der Natur; es ist berühmt, was Balīnās danach ausgeführt hat».[2])

20. Kitāb alḍabṭ, Buch der Genauigkeit. A und N. Unter anderm auch Bemerkungen über den Salmiak.

21. Kitāb alašǧār, Buch der Bäume (d. h. Pflanzenstoffe). A und N. Ein höchst interessantes Buch, das eine Menge von Pflanzen anführt, die zur Darstellung des Elixirs von den Anhängern der Pflanzen benützt werden. Es ist auch dadurch wichtig, daß es Ǵābirs *Buch der Gifte* erwähnt: وقد اتينا بهذه السموم ودفع مضارّها فى كتابنا السموم «wir haben diese Gifte und die Abwendung ihrer schädigenden Wirkungen in unserm Buch von den Giften besprochen».[3])

22. Kitāb almawāhib, Buch der Geschenke. A und N. Wichtig wegen seiner theoretischen Auseinandersetzungen.

23. Kitāb alʿaṭā', Buch der Gabe. A und N; in B ohne Titel (a. a. O. S. 329 vor 24). Der Titel fehlt im *Fihrist.* Von der Anwendung gewisser Pflanzen.

Die nun folgenden Bücher 24 bis 40 bilden die Hauptmasse der Hss. B und D.

24. Kitāb almalāʿib, Buch der Spiele. A und N. Der Titel fehlt im *Fihrist.* B D Liber ludorum.

25. Kitāb almiḫnaqa, Buch der Halskette. So *Fihrist* und A. In meiner Abschrift von N *almuḫtafija,* offenbar verlesen; B D Liber experimentorum, infolge Verwechslung von *almiḫnaqa* mit *almiḥan.*

---

[1]) Vgl. Nummer (38) der oben angeführten Abhandlung.

[2]) Vgl. J. Ruska, *Tabula Smaragdina*, S. 137, vorletzter Absatz.

[3]) Eine Handschrift des verschollenen und im *Fihrist* nicht genannten Buches befindet sich im Besitz von Exzellenz Aḥmad Pascha Taimūr, eine Abschrift verdanke ich Herrn Dr. M. Meyerhof.

26. Kitāb aliklīl, Buch der Krone. A und N. B D Liber corone.
27. Kitāb alḫilāṣ, Buch der Befreiung. A und N. B D Liber evasionis.
28. Kitāb alwaǵīh, Buch des Hübschen. A und N. B D Liber faciei, durch Verwechslung von *waǵīh* mit *waǵh* Gesicht.
29. Kitāb alraġba, Buch der Begierde. A und N. B D Liber cupiditatis.
30. Kitāb alḫilqa, Buch der Schöpfung. A und N. B D Liber creationis
31, Kitāb alhiba, Buch der Gabe. A und N. Danach B D Liber condonationis. Im *Fihrist* steht *alhai'a.*
32. Kitāb alrauḍa, Buch des Gartens. Vollständig nur in A. B D Liber *fornacis.* Wie RENALDUS zu dieser Übertragung kam, weiß ich nicht; der Inhalt gibt dazu keinen Anlaß.
33. Kitāb alnāṣiʿ, Buch des Reinen. Nur A. B D Liber claritatis.
34. Kitāb alnaqd, Buch des Vorwurfs. Nur A. BD Liber reprehensionis.
35. Kitāb alṭāhir, Buch des Klaren. A und N. B D Liber limpidi. (B limpadi). Am Anfang: Hic noster liber est de Sole et preparationibus eius . . .
36. Kitāb allaila, Buch der Nacht. A und N. D Liber noctis, B ohne Titel; am Anfang des Textes: In hoc libro dicemus preparationem Veneris...
37. Kitāb almanāfiʿ, Buch der Vorteile. A und N, BD. D Liber utilitatis, B am Anfang: In hoc libro dicam Mercurium . . .
38. Kitāb allaʿaba, Buch des Spielens. A und N. BD dem Inhalt gemäß: Hic noster Liber est de Luna. . .
39. Kitāb almaṣādir, Buch der Ursprünge. A und N, BD. B In hoc libro dicam causam ignis.
40. Kitāb alǵamʿ, Buch der Vereinigung. A und N. BD. D Liber aggregationis. Enthält Angaben über die Darstellung verschiedener Öle.

Die Bücher 41 bis 50 heißen im *Fihrist* fi'lḥaǵar, über den Stein, Buch 51 bis 60 fi'lnabāt, über die Pflanze, Buch 61 bis 70 fi'laḥǵār, über die Steine. Buch 41 bis 60 fehlt in BD vollständig, Buch 42 bis 56 fehlt auch in N, so daß diese letztgenannten nur durch A erhalten sind.

Zehn Bücher über den Stein:

41. Kitāb altafsīr, Buch der Erklärung. A und N.
42. Kitāb altalḫīṣ, Buch des Auszugs. A.
43. Kitāb alwuǵūh, Buch der Gesichtspunkte. A.
44. Kitāb albāhir, Buch des Glänzenden. A.
45. Kitāb alǵawāhir, Buch der Grundstoffe. A.
46. Kitāb alhadj, Buch der Naturanlage. A.
47. Kitāb alaǵnās, Buch der Gattungen. A.
48. Kitāb altarbija, Buch der Aufzucht. A.
49. Kitāb alḥaqā'iq, Buch der Wahrheiten. A.
50. Kitāb alqarār, Buch der Ausdauer. A.

Zehn Bücher über die Pflanze:

51. Kitāb al'arūs, Buch des Bräutigams. A.
52. Kitāb alsalaf, Buch der Vorfahren. A.[1])
53. Kitāb alẓāhir, Buch des Äußeren. A.
54. Kitāb altakrār, Buch der Wiederholung. A.
55. Kitāb almiḥan, Buch der Proben. A.[2])
56. Kitāb alḫātim, Buch des Siegelrings. A.
57. Kitāb alqirmiz, Buch des Kermes(farbstoffs). A und N.
58. Kitāb al'iḫtilāṭ, Buch der Vermischung. A und N. Ein merkwürdiges Buch, das Beziehungen Ǵābirs zum Ṣūfismus anzudeuten scheint.
59. Kitāb alḥudūd, Buch der Grenzen (Definitionen). A und N.
60. Kitāb alaǵrād, Buch der Zwecke. A und N.

Zehn Bücher über die Steine.

Das Verhältnis der in B und D erhaltenen letzten Textstücke zum arabischen Urtext bedarf noch der näheren Untersuchung. Sicher vorhanden ist in B das Buch 61 und 62 (S. 359 unten; nach Expletus est liber muß ein Punkt stehen). Die S. 362 in B angeführten zahlreichen Titel habe ich in meinen arabischen Texten nicht finden können.

61. Kitāb alǵasl, Buch der Waschung. A und N. B Liber ablutionis.
62. Kitāb altadābīr, Buch der Behandlungsweisen. A und N, auch B. Bemerkenswert durch die auf Sokrates, Platon und Ǵābir bezogenen Vorschriften für die Sublimation des Quecksilbers.
63. Kitāb alminhāǵ, Buch der Leuchte. A und N. Ich gebe davon den Anfang: «Der Schwefel kommt aus den Fundstätten der Nafta, und die Nafta aus den Fundstätten des Asphalts (*qār*); und zwar so, daß die Nafta zu oberst in der Quelle ist und unter ihr das Qiṭrān, und unter dem Qiṭrān das Zift (Pech), und unter dem Zift der Asphalt, und unter dem Asphalt der schwarze Schwefel, dann der blaue und grüne, und hernach der gelbe und rote und weiße. Diese Stufen folgen einander, die Nafta kommt aber nur über dem Wasser vor.»
64. Kitāb alḫuda', Buch der Geschicke. A und N. Es bespricht die Behandlung der Arsensulfide.
65. Kitāb almijāh, Buch der Wässer. Dies ist in A das letzte, aber nicht mehr vollständig erhaltene Buch. Für den Rest der Bücher bis zum Buch 69 tritt N ein; das 70. und letzte Buch besitzen wir, wenn die Überschrift a. a. O. S. 362 zutrifft, in B.
66. Kitāb alMuštarī, Buch des Jupiter. N. Darin ist nicht nur, wie die Überschrift weiter besagt, von den beiden Bleien, sondern auch sehr viel vom Glas die Rede.
67. Kitāb alMirrīḫ walŠams, Buch des Mars und der Sonne. N. Gemeint sind Eisen und Gold.
68. Kitāb al'umm, Buch der Mutter. N.

---

[1]) Als Beleg zu S. 42, Anm. 5 sei bemerkt, daß die Konsonanten سلف *salf, silf, sulf, salaf, salif* und *sulaf* gesprochen werden können und darnach verschiedene Bedeutungen haben. Der Text enthält keinerlei Hinweis auf die Form der Lesung.

[2]) Vgl. oben Titel (25).

69. Kitāb alẓarā'if, Buch der Feinheiten. N. Der Titel wird erklärt durch die Worte: «wir behandeln in diesem Buch die Sache des Quecksilbers und des Silbers und Feinheiten ihrer Bearbeitung».

Die Handschrift N bricht mitten im Satze ab.

70 Kitāb . . . . . Der arabische Titel ist verloren; in B heißt es: Liber qui est 70, et est postremus liber.

Den Inhalt der *Siebzig Bücher* zu erschöpfen, die philosophischen Leitgedanken herauszuschälen, die tatsächlichen Kenntnisse und Erfahrungen, die Ǵābir in dieser Sammlung von Abhandlungen niedergelegt hat, von dem zu trennen, was uns heute als Verirrung erscheinen will, wird noch jahrelanger Arbeit bedürfen. So viel aber ist gewiß: diese Chemie kommt nicht von Ägypten durch die Syrer oder gar durch den Imam Ǵaʿfar zu Ǵābir, sondern sie ist ein bodenständiges Gewächs, aus langer Entwicklung und in wesentlichen Stücken ein Erzeugnis des von hellenischer Philosophie befruchteten iranischen Geistes. Nicht als ob damit gesagt sein sollte, daß die christlichen Syrer oder andere Bewohner des weiten Sasanidenreichs bedeutungslos gewesen wären. Aber diese neue Chemie, die unlösbar mit der Astrologie einerseits, der Medizin andererseits verknüpft ist, die als notwendiges Glied in eine großartige Anschauung vom Zusammenhang der oberen und unteren Dinge eingegliedert ist, haben sie meiner Überzeugung nach nicht hervorgebracht. Ihre Entwicklung mit Hilfe der neuen Handschriftenfunde verstehen zu lernen, muß die Aufgabe der nächsten Jahre sein.

Beiträge zur Mineralogie usw. bei den Arabern.

Von

Eilhard Wiedemann.

Meine ursprüngliche Absicht, eine größere Arbeit aus dem mir zunächst liegenden Gebiet der Geschichte der Physik beizusteuern, mußte ich leider aufgeben. Da mir aber viel daran liegt, unter denen, die den Jubilar feiern, nicht zu fehlen, so erlaube ich mir, die folgenden kleinen Beiträge aus arabischen Handschriften zu geben, die gewiß einmal einer eingehenden Bearbeitung bedürfen.

I.

Der Katalog der arabischen Handschriften der Gothaer Staatsbibliothek verzeichnet unter Nr. 2117 eine Abhandlung mit der Überschrift: «Dies ist eine Sammlung, die glücklich zusammengestellt wurde, von den Angaben über die nützlichen Eigenschaften (*manāfiʿ*), die allgemeinen Eigenschaften (*ṣifāt*), die Fundstellen und die magischen (medizinischen usw.) Eigenschaften (*ḫawāṣṣ*) aus dem Werk Perle des Tauchers (*durrat al ġawwāṣ*) von dem großen Gelehrten al Salǵūkī. In dem Katalog weist W. Pertsch nach, daß der Name verschrieben ist für al Ǵildakī († 1342 bzw. 1361 ?), dem bekannten Alchemisten, der in der Tat ein Werk mit dem erwähnten Titel verfaßt hat. Unsere Schrift enthält fünf *faṣl* (Abschnitte) des ersten *bāb* (Kapitel) des zweiten Teiles (*qism*).[1])

[1]) E. Wiedemann, *Zur Mineralogie bei den Arabern*, Archiv für die Geschichte der Naturw. und Technik, Bd. 1, 1909, S. 208. Über die Mineralogie vgl. E. Wiedemann, Beiträge XXX, *Zur Mineralogie im Islam* (Sitzungsberichte der phys.-med. Soz., Erlangen, Bd. 44, 1912, S. 205) und J. Ruska, *Das Steinbuch des Aristoteles*, Heidelberg 1912.

Zu ʿAlī ibn Aidamir ibn ʿAlī al Ǵildakī vgl. E. Wiedemann, *Zur Alchemie bei den Arabern*, Abh. 6 zur Geschichte der Naturw. und Medizin, Heft V, 1922, S. 21.

Eine Schrift mit einem ähnlichen Titel wie die obige führt Ḥāǵǵī Ḫalīfa, Nr. 10874 an, eine Handschrift mit fast gleichem Titel befindet sich in Berlin.

Nach der Absendung der vorliegenden Abhandlung war Herr Professor Dr. Weil in Berlin so freundlich, mir Rotophotographien von fol. 41 b bis fol. 43 a der Handschrift Ahlwardt Nr. 418 (Landsberg 157) zu schicken, die das *Kitāb durrat alǧawwāṣ wakanz aliḫtiṣāṣ fī ʿilm alḫawāṣṣ* (Werk der Perle des Tauchers und des Schatzes der besonderen Eigenschaft über die Wissenschaft der besonderen Eigenschaften [magische, medizinische usw.]) von al Ǵildakī enthält. Das Werk zerfällt in zwei Teile (*qism*), diese in Kapitel (*bāb*), diese in Gebiete (*nauʿ*), und diese endlich in Abschnitte (*faṣl*). Der erste Teil handelt von den Tieren, der zweite von den leblosen Gegenständen (*ǵamādāt*). In letzterem befaßt sich das erste Kapitel mit den Steinen, Harzen, Ölen, Farben, Wohlgerüchen, Speisen usf. Die mir geschickten Photographien enthalten vom ersten Kapitel den Anfang des ersten Gebietes, das den Steinen (*aḥǵār*) und den Feilspänen (?) (*suḥālāt*) gilt. In einer Einleitung zu ihm werden u. a. die bekannten Ansichten über die Bildung der mineralischen Stoffe mitgeteilt,

Al Ǵildakī's Schrift schließt sich im großen und ganzen in ihrem Inhalt älteren Werken an, so dem *Steinbuch des Aristoteles*, der auch zitiert wird, dem nicht erwähnten Edelsteinbuch von al Tīfāšī usw.; sie enthält aber auch mancherlei, das, wie die Art der Einführung mit «ich sage» lehrt, von al Ǵildakī selbst herrührt.

Wie üblich wird auch eine Reihe von Gelehrten genannt, so Aristoteles (Arasṭū), Ǵābir b. Ḥajjān, اباطيس الاصدى Abāṭīs alAṣdī, بر بعورس Bar Baʿūras, شباروق Šabārūq, اشراسم الهندى Ašrāsim al Hindī, Hermes der Weise und auch Pythagoras. Von ihm heißt es, wohl in Erinnerung an seine mathematisch-physikalische Bedeutung: Es sagt Pythagoras, wer aus Gagat (*sabaǵ*) einen Spiegel herstellt und dann jeden Tag dreimal hineinsieht, der hindert den schwachen Blick (d. h. daß die Augen schwach werden) und bewahrt seine Kraft. Wer mit ihm (d. h. dem Gagat) siegelt, der vertreibt den bösen Blick.

Der erste Abschnitt, der im Anfang etwas ungeordnet erscheint, behandelt die Edelsteine und Halbedelsteine. Indes läßt die Zusammenstellung der Steine viel zu wünschen übrig. Im ersten Abschnitt wird auch das Glas erwähnt, aber nicht der Diamant usw. – Aus unserem Abschnitt entnehme ich einiges über die Koralle.

Bei der Koralle, die ganz am Anfang gleich nach der Perle kommt, bemerkt al Ǵildakī: Es sagt Aristoteles, daß dieser Stein aus dem Meer am Ufer von Afrika herausgeholt wird; dort versammeln sich die Kaufleute und verhandeln mit den Einwohnern um den angemessenen Preis, bis sie in dem Geschäft einig werden. Die Preise sind je nach der Beschaffenheit der Koralle verschieden. Die Gelehrten sagen, daß die Koralle ein Baum ist, der in den Tiefen des Meeres sproßt und sich dann ebenso verzweigt, wie dies die Äste der Bäume tun. Ich sah von diesem Stein einen, der mehr als 3 Pfund (*awāqī*) wog, und zwar bei einem Augenarzt in Alexandria.

Am Anfang des zweiten Abschnittes, der von den Preisen der Edelsteine handelt, heißt es: Wisse, daß du unbedingt jeden dieser Edelsteine kennen mußt, um zu wissen, wie du dich zu verhalten hast, wenn dir ein Stein angeboten wird oder Du gebeten wirst, den Preis für einen solchen, sei es nun einen echten, sei es nun einen verfälschten, anzugeben. Ihr Preis ändert sich, wenn zwei Dinge sich ändern. Dies beruht einmal auf dem Stein selbst und dann auf äußeren Ursachen. Die Änderungen, die von dem Stein selbst abhängen, beruhen einerseits auf seiner Güte und Reinheit, andererseits darauf, ob er verfälscht ist. Das Steigen des Preises ändert sich mit der Größe und Kleinheit. Die äußeren Ursachen, die Änderungen des Preises bedingen, sind die Belebtheit des Marktes, die Geschicklichkeit, mit der der Stein öffentlich ausgeboten wird, und ob der

so der Einfluß der Hitze, der Sonne usw. Daran schließt sich der erste Abschnitt über die edelsteinartigen und kostbaren Steine (*fi'lahǵār alǵauharīja wa'lnafsīja*). Der Text stimmt so gut wie vollständig mit dem Gothaer Text überein, so daß letzterer sicher von al Ǵildakī stammt.

Ort, an dem er gefunden wird, nahe oder entfernt liegt. Man gibt an, daß der Maßstab, nach dem der Preis von Edelsteinen sich bei deren Schätzung in Bagdad, Ägypten und anderen Orten bestimmt, der Preis der *ǵauhara* ist. *Al ǵauhara* ist aber die Perle, die in der Muschel gefunden wird, wobei sie noch mit dem Fleisch des Tieres bedeckt ist.

Der dritte Abschnitt behandelt die mineralischen (*maʿdanī*) Steine. Dieser Abschnitt beginnt mit folgender allgemeinen Bemerkung: Sagt man zu dir, du hast sichere Beweise dafür aufgestellt, daß wirklich die Eigenschaften der Tiere einen Einfluß ausüben, welches ist dann der Nachweis dafür, daß auch die Steine und Mineralien dies tun? Dann verweise ich auf die Tradition, die von der Schar der Gelehrten verbreitet wird, die sich mit der Überlieferung und deren *isnād* von dem Propheten beschäftigt. – Dabei wird zunächst die bekannte Angabe über das Eisen mitgeteilt: «Wir haben herabgesandt das Eisen; es hat eine gewaltige Kraft und Nutzen für die Menschen». Auch wird darauf hingewiesen, daß Gold und Silber im Koran oft erwähnt werden. Zu den mineralischen Steinen gehören *iṯmid* (Antimonsulfid); *tūtijā* (Zinkoxyd), *naṭrūn* (Soda usw.), *zarnīḫ* (Schwefelarsen), Salmiak, Schwefel, Salz und merkwürdigerweise auch der Diamant. Ich gebe im Folgenden einige Beispiele der Darstellung.

Nachdem bei dem *iṯmid* seine Verwendung als Augenheilmittel besprochen ist, heißt es: Von IBN ʿABBĀS wird überliefert, daß ein Mann zum Propheten kam und ihm über Sehschwäche klagte; der Prophet sagte: Reibe die Augen mit *iṯmid* ein, wenn du im Bette bist. Dies weist darauf hin, daß *iṯmid* bei Nacht besser hilft als bei Tage.

Beim *zarnīḫ* (Realgar und Auripigment) wird die enthaarende Wirkung besprochen, und zwar soll das gelbe *al nūra* das Enthaarungsmittel sein. – Hierbei wird auch die Geschichte von SALOMO und BILQĪS, der Königin von Saba erzählt, deren dicke Haare (andere Quellen geben besonders an Haare auf den Schenkeln) SALOMO unangenehm waren. SALOMO wandte sich an den Weisen der Ǵinnen قمقطس (?), der ihn mit der *nūra* bekannt machte. Damit Haare wieder wachsen, reibt man Veilchenöl und Rosenwasser ein.

Von dem Salmiak heißt es: Er entsteht wie das Salz, nur sind bei ihm die sich verbreitenden Teile (*sārīa*) zahlreicher als beim Salz; er enthält mehr Hitze, die sich in den erdigen Teilen findet. Es gibt von ihm eine rein weiße Art, wie der Bergkristall, diese vertreibt das Phlegma. Reißt man die Haare aus und reibt die Stelle mit Galle ein, der man Salmiak zugesetzt hat, so wächst das Haar nicht wieder. Setzt man den Salmiak zu Augenschminke, so tötet er im Auge befindliche Krätze.

Der vierte Abschnitt handelt von den unbekannten (*maǵhūl*) Steinen und fängt an: Wisse, daß es von den Steinen eine «unbekannte Art» gibt. Dahin gehören die Steine, die nach ihrer Eigenschaft oder nach ihrer Natur benannt werden. Hier wird der armenische Stein u. a. aufgeführt.

Die Überschrift des fünften Abschnittes lautet: Bericht über die Gattung der Steine, die überwiegend im Innern der Tiere gefunden werden. – Sonderbarerweise wird hier auch der Magnetstein besprochen. Ich teile die Stelle mit, da sie neben anderen zeigt, daß den Muslimen im 14. Jahrhundert die Polarität von Magnetsteinen aufgefallen war. AL ĠILDAKĪ sagt: ABŪ JAHJĀ ḤAMZA B. ʿABD AL RAḤĪM sagt, daß dieser Stein vier Seiten hat. Zwei Seiten ziehen das Eisen (das offenbar selbst magnetisch war) an, und zwei Seiten verhalten sich umgekehrt. Man behauptet, daß, wenn man die beiden anziehenden Seiten mit Knoblauch einölt, die Anziehung verschwindet. Mir war die Sache auffallend, denn ich sah ein Stück Magnetstein von der Gestalt einer Kugel, die die gleiche Wirkung hatte. Ich wußte nicht, ob es dieselbe Art war oder ob das Ganze einer Definition entsprach ohne Ausnahme (also eine allgemeine Eigenschaft war). Das Einölen mit Knoblauch nahm ihm diese Eigenschaft. (Diese unsinnige Angabe über den Knoblauch wiederholt sich immer wieder.)

Hervorgehoben sei noch, daß bei manchen Steinen Zeichen angegeben sind, durch deren Einritzen man Siegelsteinen aus verschiedenen Edelsteinen usw. bestimmte schützende Eigenschaften zu erteilen vermag.[1])

An die Schrift, die Auszüge aus einer solchen von AL ĠILDAKĪ enthält, schließt sich in unserer Handschrift eine Stelle aus einem Werk von JAʿQŪB B. ISḤĀQ AL KINDĪ an. (Vgl. E. WIEDEMANN, a. a. O. S. 210.)

Den Schluß der Handschrift bildet ein Abschnitt über das Katzenauge (*ʿain al hirr*) und über *al ḫamāhan* (ein Eisenmineral). Das erstere interessierte die Orientalen in hohem Maße. Ein *miṯqāl* (rund 10 Gramm) soll 5 Dināre (1 Dinār = etwa 13 Goldfranken) wert sein. Besonders hoch sollen es die Perser und Inder schätzen, die ein *miṯqāl* um 700 *miṯqāl* Gold kaufen.

II.

In der Staatsbibliothek zu Gotha befindet sich unter Nr. 1347 eine Handschrift mit dem Titel: *Edelsteine der Wissensgebiete über das Wunderbare der Wissenschaften* von IBN MUḤAMMAD IFLĀṬŪN (Platon) AL HURMUSĪ AL ʿABBĀSĪ AL MADANĪ (aus Medina) AL MIṢRĪ (aus Ägypten) AL BISṬĀMĪ. (Von diesem Mann ist uns sonst nichts bekannt.)

Das leider nur unvollständig erhaltene Werk ist der Herstellung von künstlichen Edelsteinen gewidmet; zunächst werden deren sämtliche Arten aufgezählt. Dabei betont der Verfasser öfters, daß der künstlich hergestellte Edelstein schöner sei als der in der Natur gefundene, so beim Rubin, beim Katzenauge.

Der Wert der Schrift dürfte für uns nicht in den zum Teil ganz unsinnigen Rezepten liegen, die vielfach älteren, wie sie z. B. AL ĠAUBARĪ schildert, nachgebildet und weiter ausgeschmückt sind. Dagegen führt der Verfasser von den Edelsteinen zahlreiche, sonst nicht bekannte Arten an und schildert die Methoden[2]), nach denen gearbeitet wird, sowie die Hilfsmittel, die angewendet werden usw. –

Von der Perle nennt der Verfasser die folgenden Arten: *ǵauhar*, *durr*, *luʾluʾ*. Abarten: *zanǵī* (aus Zanǵ, Ostafrika); *miṣrī* (ägyptisch); *ifranǵī*

---

[1]) Vgl. hierzu J. RUSKA, *Griechische Planetendarstellungen in arabischen Steinbüchern*, S.-B. der Heid. Ak. d. W., 1919, 3. Abh., Heidelberg 1919.

[2]) Zu zwei von dem Verfasser beschriebenen und abgebildeten Öfen vgl. E. WIEDEMANN, *Zur Geschichte der Alchemie*, Zeitsch. für angewandte Chemie, Bd. 34, 1921, S. 522 u. 528.

(fränkisch), *ḫardalī* (senfartig); *ṣaʿīdī* (oberägyptisch); *malikī* (königlich); *ṣūfī* (wollig) oder *nīranǧī* (?); *bāqilī* (bohnenartig); *ḫwārizmī* (aus Chwārizm, Chiwa); *ṣadafī* (perlmutterartig); *ḥabašī* (abessinisch). – Es ist nicht ausgeschlossen, daß unter den erwähnten Perlenarten sich auch solche finden, die aus Bächen geholt wurden; indes sind mir darüber keine Angaben bekannt.

Von Perlen, die Mängel haben und daher mit Poliermitteln und auch sonst zu reinigen sind, werden erwähnt die alte, die schwarze, die blaue, die rote, außer denen, auf denen sich Schmutz und Verunreinigungen finden.

Bei den meisten Edelsteinen werden die magischen Eigenschaften (*ḫāṣṣī*) besprochen, so z. B. die Heilwirkungen beim Umhängen und Ansehen. Ihnen werden die natürlichen Eigenschaften (*ṭabīʿī*) gegenübergestellt.

Für die wirklichen oder legendaren Männer, die als Erste etwas getan oder gesagt haben sollen, haben die Araber stets ein besonderes Interesse gehabt. Darüber sind von verschiedenen Verfassern Werke geschrieben (vgl. C. BROCKELMANN, *Geschichte der Arab. Literatur*, Bd. I, S. 121). Unser Verfasser gibt öfters an, wer die einzelnen Edelsteine zuerst kennen lehrte, wer sie zuerst künstlich darstellte und endlich, wer sie zuerst erwähnte. Vielfach sind die Namen persisch. Genannt sind PTOLEMAIOS; ARISTOTELES; ARCHIMEDES, der «das Werk der Edelsteine» schrieb; SOKRATES; DEMOKRITOS; ZOSIMOS; HIPPOKRATES, der nach Hind ging, um den Sohn des Königs DĪWBANAD (oder -NAHAD) zu unterrichten: JŪSŪS, BALĪNĀS (Apollonius von Tyana); QARĀṬŪN; QARALŪNUS, der ein Werk schrieb «die Verfahren mit den Edelsteinen, den wertvollen Steinen und den königlichen Zusammensetzungen»; BUZURǴMIHR (vgl. *alFihrist* S. 11. Z. 1; S. 269 Z. 3. usf.); IBN AL BAIṬĀR, BINŪSCHĀDHAM, SCHĀBŪR SCHĀH, CHARĀMĀN SCHĀH (König) von Hind.

Unsere Schrift erwähnt nicht die Metallverwandlung; sie ist aber stark alchemistisch beeinflußt und verwendet vielfach die alchemistische Ausdrucksweise. Die Metalle werden häufig nach den ihnen zugehörigen Planeten benannt, der Salmiak wird wie gewöhnlich mit dem Decknamen *ʿuqāb* «Adler» bezeichnet, von dem Quecksilber wird das «animalische» erwähnt. Auch die Verfahren erinnern an die in der Alchemie üblichen. – Ferner wird der Einfluß der Planeten auf die Entstehung verschiedener Farben der Edelsteine besprochen. So heißt es: blickt die Venus den Lasurstein freundlich an, d. h. hat sie eine bestimmte Stellung, und steht der Mond mit ihr in Konjunktion, so wird er silberfarbig; steht die Sonne mit ihr in Konjunktion, so wird er sonnig (d. h. gelb) [1]).

Besprochen sind nach dem Inhaltsverzeichnis in den ersten 18 Kapiteln 18 Edelsteine und Halbedelsteine, unter denen sonderbarerweise der Onyx fehlt, während das Email (*mīnā*) behandelt wird. Kapitel 19 ist dem Gravieren der Ringsteine und Kapitel 20 dem Bezoarstein gewidmet. Ganz besonders ist zu bedauern das Fehlen der letzten Kapitel, die unter anderm die Mineralfarben, die Firnisse, die sympathetischen Tinten (*līq*), die Öle, die Arten der Schwerter und Färbemittel behandeln.

---

[1]) Vielleicht bezieht sich das auf die der blauen Masse eingestreuten Pyritteilchen, sonst wäre die Angabe ganz unverständlich.

Besonders eingehend ist die Bearbeitung der Perlen erörtert; hiervon sei einiges mitgeteilt.[1]) Als Ausgangsmittel für die Herstellung von Perlen wird reiner Bergkristall genannt.

Das Polieren usw. der Perlen geschieht nach verschiedenen Methoden; dabei werden sie oft mit schwach sauren Flüssigkeiten gekocht und mit feinen Pulvern abgerieben. Auch Lösungen von Seife (*ṣābūn*) werden benutzt. Diese Methode wird als die große Methode des Polierens bezeichnet; sie wird in den Perlensammlungen der Könige verwendet. Eine Methode zum Polieren heißt die rohe (vielleicht weil bei ihr rohe, *ḫām*, Seide verwandt wird); sie ist auch auch als *al ṭuġrājim* (?) bekannt. Sie dient bei den verschiedenen Perlenarten (*ǵauhar*, *durr* und *lu'lu'*), die sich in den Schatzkammern der persischen Könige befinden. Vor allen verwenden diese Methode die Bewohner von Hind.

Zum Reinigen dienen auch die zu Staub zerriebenen Perlmutterschalen (*ṣadaf ǵauharī*).

Bei der Beschreibung der Poliermittel usw. erkennt man, daß, wie auch bei manchen chemischen Verfahren, zu ursprünglich einfachen Vorschriften und Rezepten immer neue Zusätze gemacht werden, um bessere Wirkungen zu erzielen.

Zum Anfassen der Perlen dient Seide (*ibrīsam*); genannt wird weiche (*nā'im*) und rohe (*ḫām*). Durchbohrt werden die Perlen mit Silber und merkwürdigerweise auch mit Borsten des doch als unrein angesehenen Schweines. An diesen werden sie dann zum Trocknen aufgehängt. – Zur Verschönerung tut man sie in das Innere eines geschlachteten Fisches oder läßt sie von schwarzen Hühnern oder Tauben verschlucken. Die Perlen werden dann auf Silber gereiht und in Gefäßen von Bergkristall aufbewahrt.

Ich stelle noch eine Reihe technischer Angaben aus unserer Handschrift zusammen. Von Glasarten werden erwähnt: *al sulaimānī*, wohl solches, das aus einem Ort mit entsprechendem Namen stammt, *al ṣīnī* aus Südchina, *al fir'aunī*, das pharaonische, das von den Griechen erfundene *al ḥākimī*, das aus dem Irāq, aus Syrien, aus Tyrus. Gefäße werden aus Glas (*zuǵāǵ*) und aus Bergkristall (*billaur*) erwähnt, ferner ein *ṣīnī*. Dabei wird mitgeteilt, daß Flaschen mit Wachs verschlossen werden.

Bemerkt werden Röhren aus persischem Rohr (*al qaṣab al fārisī*.[2])

Von Tinten wird eine solche der Maler *mădūd al naqqāšīn*) erwähnt. Färbemittel werden aus besonderen Wurzeln gewonnen, diese heißen Wurzeln der Färber (*'urūq al ṣabbāġīn*); es handelt sich um solche von Farbhölzern,

[1]) Vgl. auch E. Wiedemann, *Über das Goldmachen und die Verfälschung der Perlen nach al Gaubarī*, Beiträge zur Kenntnis des Orients, München, Bd. 5, 1908, S. 77.

[2]) Über *al qaṣab al fārisī* gibt Dozy (*Supplément*, Bd. 2, S. 352) nach Dioskorides und verschiedenen arabischen Quellen einige Angaben. Das Rohr heißt auch *qaṣab al Fāris*, Rohr der Perser; das spanische Rohr *(andalusī)*, das Rohr der Bauleute *(al banjān)*, da es beim Bauen Verwendung findet, das Rohr des Grabens *(siyāǵ)*, wohl weil man in ihm das Wasser ableitet. – Das Rohr *al sijāǵ* heißt auch *al nāsṭūs* (= ναστός); es ist das feste; aus ihm macht man Pfeile. Ein anderes Rohr heißt *bals* (?) (= φλοῦς usw.); es ist das weibliche, es hat viele Knoten und ist zum Schreiben geeignet (d. h. man macht aus ihm Schreibrohre). – Diese Angaben müssen sich auf verschiedene Rohrarten beziehen.

von denen den Arabern mehrere bekannt waren; so tragen diesen Namen die Wurzeln von *Chelidonium majus*, *al'urūq al ṣufr*, ferner sind zu nennen *'urūq al ḥumar* (= Fuwwa), d. h. die Wurzeln von *Rubia tinctorum*.

Zum Überziehen von Gegenständen dienen die verschiedensten Lacke (*ṭalā'*), die aus Harzen hergestellt werden. Erwähnt wird das Lackieren des oberen Teiles der Ringsteine und der Griffe (*ǵabda*) oder Messerstiele.

Als Arten des Leimes werden genannt diejenigen des Fisches und der Schnecke.

III.

Angaben über technische Verfahren, und zwar sehr ausführliche, sind uns in einer anderen Gothaer Handschrift Nr. 1413 erhalten.[1]) Der Titel lautet: *Die glänzenden Sterne: Bericht über einige Künste, deren man in der Wissenschaft zur Ermittelung bestimmter Zeiten und Stunden ('ilm al mīqāt) bedarf*, von Muḥammed b. Abi'l Ḫair al Ḥasanī. Das Werk stammt wohl aus dem Jahre 1103. In ihm ist von dem Sandarach, dem Reinigen der verschiedenen Substanzen, dem Fett, der feinen Verteilung von Gold und Silber, dem arabischen Gummi, von Tinten, vom Magnetstein und dem Kompaß, dem Löten, dem Gießen, dem Leimen usw. die Rede. – Die zum Teil sehr verständige Art der Behandlung geht aus den von mir mitgeteilten Abschnitten über den Kompaß und das Löten usw. hervor.

Astronomisch ist nur die Stelle, an der von dem Gießen astronomischer Instrumente die Rede ist. Natürlich finden bei der Herstellung mancher Instrumente auch die Lacke usw. Verwendung.

Manches Technische findet sich auch in dem Werk (cod. Leid. 1235 und Brit. Mus., Suppl. 1210_3) *Zahr albasātīn fī 'ilm almaššā'īn* (Blumen der Gärten über die Wissenschaft der Taschenspielkünstler, in der Art von Bellachini) usf. von Muḥammed b. Abī Bekr al Zarchūrī, das kurz nach 1400 verfaßt worden sein muß, da der Verfasser 1400 oder 1448 in Aleppo war.[2]) Neben manchen mechanischen und Wasserkunststücken, dem Kompaß usw., werden auch chemische Gegenstände besprochen, so sympathetische Tinten, Herstellung von Edelsteinen, Feuerwerkssätzen usw.

---

[1]) E. Wiedemann, *Zur Geschichte des Kompasses*, Zschr. für Physik, Bd. 13, 1923, S. 113. E. Wiedemann, *Über Lote, Löten und Gießen bei den Arabern*, Zentralzeitung für Optik und Mechanik, Bd. 44, S. 85, 1923. Eingehende Angaben über das Werk finden sich in der ersten Arbeit.

[2]) E. Wiedemann, *Zur Geschichte des Kompasses bei den Arabern.* Verhandlungen der deutschen physikalischen Gesellschaft, Bd. 9, 1907, S. 164, ebenda Bd. 11, 1909, S. 262. Hier sind interessante Nachrichten über den Kompaß mitgeteilt.

Alcuni capitoli di un «manuale chemicum» greco.

Con traduzione di

Carlo Oreste Zuretti.

Del codice *Vatic. gr.* 1134, scritto ad Oppido Mamertino (presso Reggio Calabria) nel 1376, ho data la descrizione a p. 153 sgg. del volume II del *Catalogue des mss. alchimiques grecs* riportandone anche l'indice, premesso al codice, e conservando la grafia dell'amanuense: della copia di esso, cioè del codice *Neapol.* III D 19, nel medesimo volume a p. 231 sgg. danno la descrizione E. Martini e D. Bassi. Brevissimi cenni di un terzo ms., già *Scorialense*, perito nel famoso incendio, sono aggiunti in nota a p. 157 e p. 192 del già citato secondo volume. Per il *manuale chemicum*, che è od era contenuto in questi tre mss., siamo in conseguenza ridotti al solo *Vaticano*, che designo con la lettera R; riporto tuttavia lezioni del *Neapol.*, che designo con la lettera N, sia a riprova che N è stato trascritto da R, sia perchè le lezioni citate possano funzionare come *lemmi*. Nell'attesa dell'edizione, la cui stampa mi propongo di cominciare all'inizio del prossimo anno '27, potrà sembrare non inopportuna la pubblicazione di alcuni capitoli appartenenti ad una serie speciale, collegati cioè a ps. Aristotele *de perfecto Magisterio.*[1]) Un'altra serie di capitoli si collega invece al *Tractatulus Avicennae*[2]); di altri l'indice designa espressamente l'autore; di altri infine non ho rintracciato fonti e corrispondenze; ed è possibile che questa ricerca riesca ardua e molti, dato che dei testi alchemistici latini relativamente poco è di pubblica ragione.

L'autore del trattato procede in modo rigorosamente sistematico, almeno per una notevole sezione del *Manuale*, che si può considerare risultante di due parti, vale a dire:

A – trattazione sistematica dei sei corpi o metalli
dei quattro spiriti
dei lithoi
degli hálata
degli élea
degli hýdata[3]) ecc.

---

[1]) Manget, *Bibliotheca chemica curiosa*, p. 638 sgg. Cito lo ps. Aristotele con la lettera A: p. es. A 639², 25 indica la seconda colonna della pagina; e l'ultimo numero indica la linea.

[2]) Manget, *o. l.*, I, p. 626 sgg.

[3]) La trattazione sulle *acque*, per usare il termine antico, è copiosissima: oltre alle *acque* de' singoli metalli, spiriti ecc., delle quali si parla ai singoli luoghi, sistematicamente, nella apposita sezione delle *acque* si espone la preparazione di diciotto *acque*.

fino al capitolo LXXXVI (i capitoli LXXXIV – LXXXVI sono però anch'essi aggiuntivi);

B – *additamenta*, cioè capitoli desunti da *Maistro* Prugrezi
da Luciato
da Arnaldo di Villanova[1])
da autore o autori non indicati
dal conte di Santa Flora (o Santo Flore)[2])
da autore o autori non indicati
– venti capitoli
– cinquanta capitoli.

Nel *Manuale* domina lo spirito pratico; chè il compilatore di esso vuole insegnare i procedimenti, e li espone in forma concisa, breve e chiara, senza digressioni, senza infiltrazioni di misticismo e senza esaltazione della propria arte, senza nemmeno darsi l'aria di rivelare continuamente grandi e misteriosi segreti (di μυστήριον e di cosa che sia ἔγκρυφος si parla di rado), contenendo in strettissimi confini la parte teorica, la quale si limita a breve introduzione generale, a brevissime premesse alle singole parti, a pochissime parole all'inizio delle singole trattazioni dei *corpi*, degli *spiriti* ecc.[3])

L'autore procede raccogliendo da varie parti. Ciò risulta dall'indice stesso premesso al ms.; ed il procedimento risulta da tutta l'opera ed anche da taluno dei capitoli, che qui vengono pubblicati: si deve anzi dire essere sistematica la ricerca di più di un metodo per i singoli procedimenti, il che non esclude la scelta e la eliminazione fra i materiali onde disponeva.

Rimettendo necessariamente ad altro luogo il discorso sulla composizione del *Manuale*, si presenta qui un confronto continuo di alcuni capitoli nella forma *greca* e nella forma *latina*. Ed il confronto può servire quale dimostrazione *per exemplum*; ed è istruttivo, perchè di volta in volta l'un testo è più ampio dell'altro, per quanto nel testo greco non appaiano, *sistematicamente*, le ridondanze del testo latino; perchè il testo latino serve ad integrare, emendare ed interpretare il testo greco; e talora viceversa. Il compilatore del *Manuale* vaticano vuole e sa essere breve, e mostra un andamento proprio di forma, ed in più luoghi anche diversa disposizione della materia e diversità della trattazione. Così, ad esempio, anche rispetto

---

[1]) L'indice ai capp. LXXXIX e XC riferisce due successivi capitoli come τοῦ μαΐστρου Ῥενάρδου τη Βίλα Νόβα e τοῦ αὐτοῦ μαΐστρου Ῥενάρδου.

[2]) L'indice del *Vatic.* ha σάν͞ Φλόρε, che dal *Neapol.* fu letto Σάντα Φλόρε come nel catalogo *Scorialense* del Della Torre; il Colvill scrisse anche *Santo Flore* – vd. p. 157 nota e p. 192 not. del vol. II' *Catal. cod. alch. gr.* Dacchè nella seconda parte del *Vaticano* manca la più parte dei titoli, il nome non compare più altrove. Date le due grafie del Della Torre e del Colvill, si può credere che anche il ms. *Escorialense* presentasse σάν͞ φλόρε. – La prima, spontanea integrazione è σάντ[α] come πάν = πάντα; nel *Vatic.* si trova però anche πάν͞τε = πάντοτε; e se Φλόρε può corrispondere a *Flore* ed al genitivo *Florae*, è nota l'esistenza delle famiglie comitali e dei *Santo Fiore*, e presso *Cosenza* esiste il monastero di S. Fiore.

[3]) Perciò il *Manuale* era per i già iniziati.

a «Geber» l'economia e l'ordine della trattazione è diversa, e diversi sono i metodi delle singole operazioni.[1])

Notevole, per l'origine del testo, e per la grecità di esso, è che spesso nel *Manuale* sotto il greco si sente, e talora si sente *molto*, il latino; e sotto il latino si sente talora il greco. Tralasciando per ora altri casi[2]), uno, nei capitoli pubblicati, attira in modo speciale l'attenzione; chè à p. 70, l. 24 *aes in infinitum* deriva da base greca, come dimostra χαλκὸν ἄπυρον del testo greco: la redazione latina aveva a base, in questo luogo, un χαλκὸν ἄπειρον, con un itacismo non infrequente in mss. alchemistici e medici, e che non sorprenderebbe in R, dove c'è una vera orgia di itacismo.[3])

Rispetto ad esso, mentre nella descrizione del ms. mi ero attenuto a sistema rigorosamente *diplomatico* (anche troppo[4]), qui, come nell'edizione, adotto la grafia comune; e noto ancora che ho collocato fra parentesi comuni ( ) le soluzioni dei compendi grafici, e fra parentesi quadre le lettere o le parole mancanti nel ms. Ho usato poi i segni dei metalli[5]) e qualche altro segno alchemistico, perchè ne risulta chiaramente un controllo alla lezione e talora all'emendamente. Per maggiore chiarezza ne do qui l'elenco:

☉ = χρυσός, ἥλιος	☽ = ὑδράργυρος, λιθάργυρος, Ἑρμῆς (anche ☿)
☾ = ἄργυρος, σελήνη	℔ = λίτρα
♂ = σίδηρος, Ἄρης	∫'' = ἥμισυ
♃ = κασσίτερος, Ζεύς	Ɒ = πέταλα
♀ = χαλκός, Ἀφροδίτη	⏀ = φύλλα
♄ = μόλυβδος, Κρόνος	

Si possono così leggere correntemente i capitoli che seguono senza avere continuamente tra mano M. Berthelot, *Coll. alchim. gr.* I, p. 105 sqq.

---

[1]) Nell'opera di «Geber» si procede ordinatamente operazione per operazione, ed alle singole operazioni si tratta successivamente dei singoli metalli; invece nel *Manuale* del *Vatic.* la trattazione procede sistematicamente metallo per metallo, spirito per spirito ecc.; e per ogni metallo, spirito ecc. si espongono simmetricamente le successive operazioni.

[2]) Per un substrato italiano (sensibile anche nel *Manuale* del *Vatic.*) vd. per esempio E. O. v. Lippmann, *Entstehung u. Ausbr. d. Alchemie*, p. 488.

[3]) Si affaccia quindi l'ipotesi che il compitatore del *Manuale*, oltre che dei testi latini, disponesse di testi greci ad essi corrispondenti: per la sezione ps. Aristotelica il problema è necessario ed interessante; perchè p. es. χαλκὸν ἄπειρον spiega *aes in infinitum*, ma non viceversa per χ. ἄπυρον.

[4]) Nel *Vatic.* si adopera un segno unico per ιν ην υν; volendo usare nella descrizione del ms. un segno unico, e trovandosi nel codice νην = νυν, nella descrizione ho fatto ricorso quasi costantemente al solo η (meglio sarebbe stato seguire le antiche edizioni che usavano un unico segno abbastanza simile a due u consecutivi): qui nell'apparato, ove si riproduca la grafia del ms., uso υ in σύν e dopo ο, e negli altri casi ricorro ad η.

[5]) Nel manuale l'ordine dei metalli non è quello dello ps. Aristotele, nè quello di Avicenna, o Bacone, o «Geber». — Parecchie volte in R al segno dell metallo (ed a qualche altro segno) si premette l'iniziale o l'inizio del nome dell'astro ecc. P. es. α ♀ = χαλκός 'Αφροδίτη); αι ☽ = ἑ ☽ per Ἑρμῆς; ἐν ι☉ = ἐν ἰλίῳ = ἐν ἡλίῳ (anche ἐν ι ☾ = ἐν μέρᾳ = ἐν ἡμέρᾳ).

Οἱ τὴν μεταλλικὴν φύσιν ἀληθῶς ἐπεργαζόμενοι, Ἑρμῆς δηλονότι ὁ τρισμέγιστος καὶ χημεὺς καὶ οἱ μετ᾽ αὐτόν, ἐξ ☽ καὶ θείου γενέσθαι φασὶν ἅπαντα, τὸν ☉ φημὶ καὶ τὴν ☾, ♂ καὶ ♃ καὶ ♀ καὶ ♄, διαφέρειν δὲ ταῦτα φασὶν ἀλλήλων τῇ τε χρείᾳ καὶ τῷ βάρει καὶ τοῖς λοιποῖς ἰδιώμασιν διὰ τὴν τοῦ ☽ καὶ τοῦ θείου, ἐξ ὧν τίκτονται, διαφοράν τε καὶ πέψιν. ὡς γὰρ οὗτοί φασιν, ὁ ☉ γεννᾶται ἐξ ☽ καθαροῦ μεμιγμένου μετὰ θείου διαυγοῦς, ἐρυθροῦ, ἐν τῇ κοιλίᾳ τῆς γῆς συμπεπηγμένων καλῶς· διὸ καὶ λαμπρύνεται, καὶ πεπύκνωται, καὶ βάρος ἔχει, καὶ οὔθ᾽ ὑπὸ γῆν σήπεται οὔτ᾽ ἐν πυρὶ εὐκόλως κατακαίεται.

Aurum generatur ex argento vivo claro, misto cum sulphure rubeo claro, et in corde terrae longo tempore excoquitur calore modico. Et quia per longa tempora calore modico aurum decoctum est et ipsius natura clara fuit, ideo cohaeserunt partes suae ad invicem, quoad solidum, graveque fieret: ideo neque sub terra putrescit, nec ab igne facile comburitur. (1)

ἡ δὲ ☾ γεννᾶται ἐξ ☽ καθαροῦ καὶ θείου λευκοῦ διαυγοῦς καὶ μερικῶς ἐρυθροῦ· καὶ διὰ τοῦτο ὑπέρυθρός ἐστιν.

Argentum generatur ex argento vivo claro, misto cum sulphure claro, albo et aliquantulum rubeo, et quia parum rubei sulphuris affluit, ideo non ad modum auri subrufum fuit. (2)

ὁ ♂ γεννᾶται ἐξ ☽ πηκτοῦ μεμιγμένου θείῳ κιτρίνῳ θολερῷ· καὶ διὰ τοῦτο τῇ θέρμῃ μικρὸν καὶ διατεινούσῃ ἕψεται.

Ferrum oritur ex argento vivo turbido misto cum sulphure citrino turbido, et cupro vel aere, diutius excoquitur calore modico, unde solidius est ipso, et ad virtutem ignis tardius aere fluit: quia calore modico longo tempore decoquitur, ideo constringunt se bene partes, nec est laxi corporis ut aes. (4)

ὁ δὲ ♃ γεννᾶται ἐξ ☽ διαυγοῦς μεμιγμένου μετὰ θείου λευκοῦ· καὶ διὰ τοῦτο θέρμῃ μικρᾷ λύεται ἐν

Stannum oritur ex argento vivo claro misto cum sulphure albo claro, sed tamen parvo tempore (5)

Vd. Rogeri Bachonis *de Alchemia* apud Manget o. l. p. 163; et A 642: numeri dextro margini adpicti ordinem metallorum apud ps Aristot. indicant.

1. ἀληθῶς ἐπεργαζόμενοι, cf. Achmes, *Oneirocr.* (ed. Drexl), p. 1 ἐκ τῶν ποιησάντων τὴν τοιαύτην ἀκρίβειαν κατὰ ἀλήθειαν.

4. αυ$^{\tau}$ R, αὐτῶν N et in marg. Cf. Morien I, 509[2], 18: Hermes vero philosophus et alii qui post ipsum fuere θύὸν R, θεῖον N.

6. (δι)αφέρην R, διαφέρουσι N. 7. φὴσὴν R, φησὶν N. 11. πἔμψῆν R, πέμψιν N. γάρου$^{\tau}$ R, γέρον$^{\tau\alpha}$ N, ubi α incertum. 14. συμπέπυγμέν(ων) R, συμπεπυγμένου N. 16. ου$^{\tau}$ R, τοῦτο N: et l. 17 σἔπεται R. 20. εξ αἶ ☽, scilicet ἐξ αἱρμοῦ (= ἑρμοῦ) ☽ R. 22. μἐρικοὺ R, ἠερικοῦ N. 26. ἐξ αἱ ☽ R: cf. l. 20. 29. ἕψειτε R, ἕψηται N.

ὀλίγῳ χρόνῳ· ὅθεν, εἰ ἐπὶ πλέον ἑψηθῇ, εἰς ☾ κάλλιστον μεταβληθήσεται.

decoquitur calore modico: unde si diu decoqueretur, in optimum argentum transiret.

ὁ δὲ ♀ γίνεται ἐξ ☽ θολεροῦ καὶ θείου ἐρυθροῦ ὁμοῦ συμμεμιγμένων· καὶ διὰ τοῦτο σκληρότερός ἐστι ὁ ✓, [καὶ] καιόμενος ἐρυθραίνεται· πλὴν χαῦνον σῶμά ἐστι, συνεπιφέρεται γὰρ ἀτμούς τινας ὑδαρούς, οἵτινες οἷον αὐτὸν ἀναλύουσιν, ὥστε χαλκοῦ ἄνθος αὐτοὺς καλοῦσιν.

Cuprum vel aes construitur ex (3) argento vivo turbido et spisso, et sulphure turbido rubeo mistis ad invicem, et diutius etiam quam aurum excoquitur calore maximo: et quia multum est in decoquendo combustum, ideo multum ruboris obtinet: laxi etiam est corporis propter eandem causam, quod perpenditur, quia vapor aceti subintrat corpus eius, et ipsum colorem viridem dissolvit, qui flos aeris nuncupatur.

ὁ δὲ ♄ γεννᾶται ἐξ ☽ παχέος [καὶ θείου διαυγοῦς παχέος] καὶ μετρίως ἐρυθροῦ· καὶ διὰ τοῦτο, ὄξος ἐπιχεόμενον αὐτῷ, λευκαίνεται· ὡσαύτως καιόμενος διαυγέστερος δείκνυται διὰ τὸ συμμεμιγμένον αὐτῷ ἐρυθρὸν θεῖον.

Plumbum construitur ex ar- (6) gento vivo grosso misto cum sulphure albo grosso, et parumper rubeo: quod autem ex sulphure albo factum sit, percipitur, quia aceto adhibito dealbatur. Et quia parum sulphuris vis rubeo affuerit, declaratur in plumbo cum comburitur: tunc enim coloris rubei efficitur, quod a magistris Sericon appellatur.

V Ἰστέον ὅτι ἐν ἑκάστῳ τῶν μετάλλων, ἐν οἷς ἤδη καὶ τὰ λοιπὰ πράγματα, πάντα δυνάμει ἢ καὶ προφανῶς οὐ καταλαμβάνεται, ἀλλὰ μετὰ τὴν ἐμπρεπῆ εὐτρέπειαν ἀναφαίνονται· οὐ χρὴ οὖν μετὰ τῶν λίθων τῶν ἀνευτρεπίστων ἐργάζεσθαι· ὁ εὐτρεπισμὸς γάρ ἐστιν ὁ ὄλβος τοῦ πράγματος, καὶ ἂν πληρεστάτως

Scias etiam quod non convenit cum lapidibus non praeparatis aliquid operari. Est enim operatio

4. γην$\overset{\tau}{\varepsilon}$ R, γεννᾶται N. 5. συνμεμιγμἔνου R, συμμεμιγμένου N.
8. συνμεταφέρεται N. 9. ἀθμοῦς R. ὡδαροὺς RN. 10. ὥστ(ης) R, ὥστε N. χαλκὸν RN.
11. $\overset{\tau}{\alpha}$υ R, αὐτὰ N. 18. καὶ – παχέος om. RN.
19. (δι)$\overset{\tau}{\alpha}$τοῦ, scil. (δι)$\overset{\tau}{\alpha}$του R. 20. ὄξὸς επιχεομενον $\overset{\tau}{\alpha}$υ R (ubi, sed perraro, *accus. absol.* = *genet. absol.*), ὄξους ἐπιχεομένου ταῦτα N.
V. cf. A. 639 [1] penult. l. – 640 [2], 61.
29. ενὶ (= ενὶς = ἐν οἷς) R, ἐν ᾧ N. 30. πράγματα] μἐτᾶλα R, μέταλλα N; cf. p. 60 l. 22 τῶν μετάλλων καὶ τῶν ἄλλων πραγμάτων. 32. εὐπρέπειαν RN. 34. ἀνευπρεπίστων RN. 36. πλιρεστάτ R et mox πλειρεστατ R, πληρέστατον bis N.

προευτρεπίσῃς, πληρέστατον καὶ τὸ συμπέρασμά ἐστι, καὶ εἰ ἐλαττόνως, ἠλαττωμένον.

ὁμολογουμένως γὰρ οὐδέν ἐστιν ἕτερον τὸ κωλῦον τὴν τελείωσιν εἰ μὴ ἡ τῆς τελείας ἑτοιμασίας τῶν μετάλλων καὶ τῶν ἄλλων πραγμάτων ἐνάλειψις.

. τοῦ δὲ τελείου εὐτρεπισμοῦ τὸ ἔργον οὐ περὶ μόνον τὴν ἀπόθεσιν τῶν περιττωμάτων, ἀλλὰ καὶ περὶ τὴν εἰσαγωγὴν τῶν ἐλλειπόντων καταγίνεται.

οὐ γὰρ δύνανται τὰ βαρέα δίχα τῆς τῶν ἐλαφρῶν συμπαραλήψεως καὶ συνεργείας, καὶ τὸ ἔμπαλιν οὐδὲ τὰ θερμὰ δίχα τῶν ψυχρῶν, οἷον τῶν ξηρῶν, καὶ τὸ ἔμπαλιν, ἀκρατωθῆναι.

thesaurus rei et hospitium complementi. Si ergo completa et perfecta praecesserit operatio, perfectum et completum aderit complementum: et si diminuta, diminutum. Et quantum decrescit perfectionis in praeparatione, tantum expectetur diminutionis in operis projectione. Praecedit autem operationem perfectae operationis quaedam rerum purificatio, quae a quibusdam mundificatio, et a quibusdam administratio, a quibusdam rectificatio, a quibusdam ablutio, et a quibusdam separatio nuncupatur. Ipsa enim puriores rerum partes disgregat ab impuris, ut gravioribus abiectis partibus, cum levioribus opus compleatur. Et hoc dedit Hermes intelligere in suo secreto, quod de hoc opere composuit, dicens: Separabis terram ab igne, et subtile a spisso. Scias hoc quia magnum etc. Scias quoque, quod perfectae praeparationis negocium non solum contra superfluorum remotionem, verum etiam contra deficientium adjectionem versatur, secundum quod in quodam opere meo habetur quod Lumen luminum inscribitur. In eo namque inter caetera, quae de huius magisterii subtilitate reservavi, dilucide dixi, quod perfecte praeparare est superflua demere, et deficentia supplere, quia non possunt gravia nisi cum levium superius, nec gravia nisi cum gravium inferius consortio detrudi: nec posset calidum nisi frigidi, nec frigidum nisi calidi: nec humidum nisi sicci, nec siccum nisi humidi: nec durum nisi mollis,

2. – 3. ελατόνος εἰλατομένον R, ἐλαττόνος ἐλαττόμενον N.
23. ενάλιψις R, ἀνάληψις et in marg. ἐνάλειψις N. 26. περιττωμάτων] πέλτὸμάτ(ὸν) R, πελτωμάτων N: cf. superflua demere A 639[2], 26.

ὅταν δὲ ἀλλήλοις εὐπρεπῶς ἀναμίγνυνται, γίνεται ἐξ αὐτῶν οὐσία εὔκρατος, ἣν οὐ δύναται τὸ πῦρ τῇ δυνάμει αὐτοῦ καταδαπανῆσαι, οὐδὲ ἡ γῆ τῇ σαπρότητι αὐτῆς ἐλαττῶσαι, οὐδὲ τοῦ ὕδατος ἡ νοτὶς σῆψαι, οὐδὲ τοῦ ἀέρος ἡ ἐνέργεια θολῶσαι.

οὐκοῦν τελεία σωμάτων καὶ πνευμάτων ἑτοιμασία ἐστὶν ἥ τε τῶν περιττῶν ἔξωσις καὶ ἡ τῶν ἐλλειπόντων περιποίησις, ἥτις ἐν τῇ γυμνασίᾳ τῶν τεττάρων στοιχείων (?) περιτελεῖται. καὶ πρώτη μέν ἐστιν αὐτῶν ἡ εἰς πυρὸς φύσιν μεταγωγή, ἥτις γίνεται διὰ τῆς τιτανώσεως. δευτέρα ἡ εἰς ὕδωρ αὐτῶν ἀνάλυσις. τρίτη δέ ἐστιν ἡ εἰς ἀέρα αὐτῶν ἐλαφρότης, ἥτις γίνεται διὰ τῆς τοῦ ἄμβικος καταβάσεως. τετάρτη δέ ἐστιν ἡ εἰς γῆν αὐτῶν σύνθεσις, εἰτοῦν δι' ἐλαφροῦ πυρὸς σύμπηξις. καὶ αὕτη ἐστὶν ἡ τελεία αὐτῶν ἑτοιμασία, καὶ τοῦτο δηλῶν ὁ Ἑρμῆς

nec molle nisi duri adjunctione aliquo modo temperari vel praeparari. Cum vero alternatim congrue desponsantur, generatur ex eis substantia temperata, quam non potest ignis violentia superare, nec terrae faeculentia vitiare, nec aquae limositas condensare, nec contractus omnes abumbrare. Et Hermes huius doctrinae princeps in fine sui praenominati secreti, volens quomodo, et ex quibus lapis, quem praedixerat omnem rem subtilem vincere, et omnem rem solidam penetrare, compositus esset, ostendere, hoc idem insinuat cum dixit: Sicut hic mundus creatus est, ita lapis, quem dixi, est creatus, id est factus: hoc est, sicut hic mundus sensilis ex gravibus et levibus, mollibus et duris, calidis et frigidis, humidis et siccis inter se invicem a natura concordiae pace ligatis perpetuo, est effectus, ita et lapis quem praedixi omnem rem subtilem, et omnem rem solidam penetrare, et eisdem in idipsum, per philosophiam vero ex amicabili foederatis super ignem perpetuo est creatus. Scias hoc: Perfecta vero corporum et spirituum praeparatio per superflui remotionem et absentis additionem, exercitio quatuor regiminum adimpletur: Primum eorum est ad naturam ignis reductio: secundum est in aqua resolutio: tertium est in aere levigatio: quartum est ad terram compressio. Primum fit calcinando, secundum solvendo, tertium per alembicum destillando, quartum vero igne leni coagulando, vel congelando. Et hoc est eorum integra praeparatio, et hoc innuit

33. σ^{χ}τί R, στοιχείων N: at cf. p. 63. l. 13. ἀξιωμάτων. 37. α^{τ}υ^{ῶν} R, ἀυτοῦ N. 44. (δι)λῶν R, διελῶν N.

φησιν· «λύεται μετὰ μεγάλης μεθόδου, ἀνέρχεται πρῶτον ἡ γῆ εἰς οὐρανόν, καὶ πάλιν κατέρχεται εἰς τὴν γῆν.» τοῦτο γὰρ δηλοῖ τὴν τῶν εἰρημένων σωμάτων τιτάνωσιν καὶ τὴν τῶν πνευμάτων ἀνάβασιν (αὕτη γάρ ἐστιν ἡ αὐτῶν τιτάνωσις),

καὶ τὴν διὰ κηρώσεως καὶ διὰ σταλάξεως εἰς τὴν πρώτην αὐτῶν γεώδη φύσιν ἀνάκαμψιν καὶ ἀνάστασιν, ἣν καὶ ἀνάβασιν ἤγουν βελτίωσιν ἄνθρωποι ὀνομάζουσιν.

Hermes in suo secreto praenominato, cum dixit: Suaviter cum magno ingenio ascendit a terra in caelum, et iterum descendit in terram: per haec enim dedit intelligere, corporum calcinationem, et spirituum cum sublimatione fixionem: quia hoc est calcinatio. Et solutionem ostendere volens, ait: Nutrix est eius terra, id est inhumatio nutrix eius et revivifatrix est: per ipsam enim res, quae fuerant prius cum calcinatione mortificatae, nutriuntur et revivificantur, cum in liquorem in mundatione rediguntur. Item, ut ostenderet destillationem per alembicum ait: Portavit illud ventus in ventre suo: cum enim aqua per alembicum destillatur, tunc prius per ventum, id est, fumum in aere levigatur, et ab inferiori parte vasis ad alembici verticem deportatur, licet propter conclusionem iterum in aquam revertatur. Hanc enim destillationem quidam in rebus liquorosis loco sublimationis habuerunt, et ipsam sublimationum nomine vocaverunt. Item ut ostenderet coagulationem, in qua vis eius integra est, si versa fuerit in terram, id est ad fixionem, ut ostenderet generaliter quidquid per partes prius expresserat, dixit: Et recipiet vim superiorem et inferiorem, id est naturam superiorum et inferiorum elementorum: quia licet a levioribus exordium sortiatur, debet tamen in gravia terminari, ad hoc ut super ignem perpetuam habeat perseverantiam. Hic enim loquens de praeparatione unius illorum tantum, quae ad componendum lapidem requirit, exemplificando de uno, ut brevis

2. πρὄτ(ὸν) ἡ γὴ R, πρὸς τὴν γῆν et in marg. ἀπὸ τῆς γῆς N.

ταῦτά εἰσιν τὰ εἰς σύνθεσιν τοῦ τῆς φιλοσοφίας λίθου ζητούμενα, καὶ οὗτός ἐστιν ὁ τέλειος αὐτῶν εὐτρεπισμός, ὅταν στραφῇ εἰς γῆν καὶ εἰς τὸ καταδέχεσθαι πῦρ καὶ ἀνάλύσιν δίχα καπνοῦ· τότε γὰρ νικῶσιν πᾶν πρᾶγμα λεπτόν, καὶ πᾶν πρᾶγμα στερεὸν διέρχονται.

ἀλλ' ἴσθι ὅτι διὰ τὸ μῆκος καὶ τὴν δυσχέρειαν τῆς ἀκεραίας ἑτοιμασίας τινὲς παρέλιπον ἓν τῶν τεττάρων ἀξιωμάτων, τινὲς δὲ δύο, τινὲς δὲ τρία, καὶ μετὰ ἑνὸς μόνου εἰς ἐργασίαν συνηθέστερον προῄεσαν. τινὲς γὰρ τιτανοῦντες μόνον συντιθέασιν, καί τινες τιτανοῦσιν καὶ λύουσιν καὶ συντιθέασιν, καὶ ἐν τοῖς λοιποῖς ὁσαύτως. καὶ ἴσθι ὅτι τῶν τοιούτων πραγμάτων πολλοῖς τρόποις προεληλύθει σύνθεσις διαφόρως ὑπὸ τῶν φιλοσόφων ποικιλθεῖσα, μετὰ πυρὸς ἢ μετὰ λύσεως ἄνευ πυρὸς ἢ μεθ' ἑκατέρου αὐτῶν. καὶ τῶν μετὰ πυρὸς ἐργαζομένων διπλῆ τις ἦν ἡ πρόοδος.

ἔνιοι μὲν γὰρ ἐλάμβανον μόνον τὰ εἰρημένα ᾠκονομημένα μετὰ ☿ ζῶντος, καὶ συνέτριβον ἰσχυρῶς, καὶ ἀνεβίβαζον ἀπὸ τοῦ λεπτοῦ τὸ πάχος ἀεὶ ἐναναμιγνύντες τὸ ἀναβαῖνον μετὰ τοῦ ἐναπομείναντος κάτω, ἕως οὗ τὸ ὅλον κάτω ἐναπέμενεν, καὶ

fieret, in unoquoque singulorum praeparationem integram denotat, quia tunc est eorum peracta praeparatio, cum versa sunt in terram, id est, ad fixionem super ignem, et fusionem faciunt sine fumigatione: et tunc vincent omnem rem subtilem, et omnem rem solidam penetrabunt. Scias hoc, etc.

Scias praeterea quod propter difficultatem et longitudinem integrae praeparationis quidam in agendo omittunt unum quatuor praedictorum regiminum, quidam duo, quidam tria: et cum uno tantum procedunt ad componendum: quia quidam calcinant et solvunt et componunt et ita de reliquis.

Unde scias, quod praedictorum multiplices manaverunt compositiones secundum varios diversorumque Philosophorum processus, tum cum igne, tam cum solutione, tum cum utroque. Quidam enim dixerunt, quod praedictorum non potest fieri totalis et perfecta commistio, nisi cum igne: et quidam, quod non nisi cum utroque. Illorum autem qui cum solo igne operabantur, duplex erat processus.

Quidam enim accipiebant praedicta tantum separata et conferebant in unum fortiter, et sublimabant subtile a spisso, semper reducendo id quod erat superius super id quod erat inferius, donec totum inferius remaneret, et in

4. οὐ[τ] (ἐστιν) ό τέλυος R, τοῦτό ἐστιν ὁ τέλειος. 7. αναλίῆν R, ἀνάλυσιν N (ἀναλύειν in R semel vel bis ἀναλύομαι). 13. ἀξυωμἅτων R. 16. τιτανου[τ]ν R, τιτα[ες]νοῦνται N. 19. καὶ ἴσθι] (και) εἴσθὴ R, καὶ ἐις θέσιν N.

20. πὸλειτρὅποις R, πολύτροπος N. 23. μεθετέροῦ αυτην R, μεθ' ἑτέρου ἀυτων[ἡν] N. 32. ἔνιοι] ἐνὶ R, ἑνὶ N: et p. 64 l. 6. 33. καὶ ☿ RN. 36. ἀει ε[α]νμιγ[τ]νυν R, εἰ δὲ ἕνα μιγνύοντες N. 37–38. ἕως οὗ] ὡς ροὺς R, ὡς ῥοῦς N.

εἰς παχεῖαν φύσιν [διὰ] τὴν τοῦ πυρὸς δύναμιν διέβαινε, καὶ ἔλεγον ὅτι τοιούτῳ τρόπῳ γίνεται ἐλεξὶρ τέλειον εἰς ἐρυθρὸν καὶ λευκόν. ἔνιοι δὲ τὰ προειρημένα πνεύματα μετὰ ἀναβιβαστηρίου κάτωθεν ἐποίουν. εἶθ᾽ οὕτω συνεζεύγνυον αὐτὰ τοῖς σώμασιν, καὶ ἐξ αὐτῶν ἐποίουν ἓν σῶμα μετὰ κατοχῆς καὶ ἀναλύσεως, καὶ ἔλεγον ὅτι τοῦτό ἐστιν ἐλεξὶρ στερεὸν ἐν πυρί. καὶ αὗταί εἰσιν αἱ ὁδοὶ τῶν μετὰ πυρὸς μόνου ἐργαζομένων· τῶν δὲ μετὰ ἀναλύσεως δίχα πυρὸς ἐργαζομένων διττὴ ἦν ἡ ἔφοδος. ἔνιοι μὲν γὰρ ἕκαστον τῶν πραγμάτων καθ᾽ ἑαυτὸν ἀνέλυον εἰς ὕδωρ, καὶ ἐκ τῶν ὑδάτων αὐτῶν ἰσοστάθμως συνετίθουν ἀναμιγνύντες, καὶ εἰς λίθους συνεπήγνυον, καὶ ἔλεγον ὅτι ἐστὶν ἐλεξὶρ τέλειον· ἕτεροι δὲ ἐλάμβανον τὰ εἰρημένα πεπλυμένα καὶ τετιτανωμένα, καὶ πάντα ὁμοῦ συνετίθουν, καὶ ἔλυον, καὶ ἐπήγνυον. ἔλυον δὲ ταῦτα εἰς ὕδωρ λύσιν τινὰ δι᾽ ἄμβικος κατασταλάξαντες, καὶ ἔλεγον ὅτι αὐτό ἐστι τελείωσις τῆς αὐτῶν διαυγείας καὶ λαμπρότητος καὶ βαφῆς καὶ διακρίσεως καὶ ἑνώσεως· ἐξήρχετο γὰρ ἐκεῖθεν ὕδωρ διαυγέστατον, ὃ μετὰ ταῦτα ἐπὶ λίθον μικρὸν συνεπήγνυον, καὶ αὐτὸ ἔλεγον εἶναι ἀληθέστατον ἐλεξίρ. τῶν δὲ μεθ᾽ ἑκατέρου ἐργαζομένων, ἤγουν μετὰ πυρὸς καὶ ἀναλύσεως, ἑπταπλοῦς ἦν ἡ ἔφοδος ἔνιοι μὲν γὰρ ἔλυον ὁμοῦ τά τε σώματα καὶ τὰ πνεύματα τετιτανωμένα, εἶτα μετ᾽

spissi naturam per ignis officium transmeabat.

Et dicebant, quod hoc modo fiebat elixir firmum super ignem apud Arabes. Quidam vero spiritus praelibatos cum sublimatione figebant, et postea sociabant eos corporibus calcinatis vel ablutis, et ex eis unum corpus cum fusione faciebant: et dicebant quod erat elixir firmum super ignem.

Et sunt viae illorum, qui cum solo igne operabantur. Illorum vero, qui cum solutione tantum operabantur, duplex erat via: Quidam enim unumquodque praedictorum separatorum per se solvebant, et eorum aquas secundum iusta pondera permiscebant, et congelabant in lapidem, et dicebant, quod hoc erat perfectum elexir.

Alii vero huius sectae philosophi accipiebant praedicta abluta, et componebant omnia simul et solvebant insimul, et postea coagulabant. Verumtamen quidam, solutione facta, aquas solutarum destillabant per alembicum, dicentes, quod hoc erat complementum claritatis ipsorum et splendoris, et tincturae ex aggregato proveniebant inde. Nam aqua clarissima quam postea in aquam coagulabant, dicebant quod illud erat verissimum elexir. Illorum vero, qui cum utroque procedebant sextuplex erat semita:

τ
3. διὰ om. RN. 9. συνἔζευνον R. συνεζεύγνον. 12. οτι ου R. 17. ἑκαστον, sed ν
ου
incertum, R, ἑκάστῳ N. 18. εαυτὼν R, ἑαυτὸ N. 20. εισῶστάθμους R, ἰσοστάθμους N. 28. αὐτό R, αὐτή N. 29. αυτ(ὸν) R, αὐτῆς N. 31. ἐκὶσὲ R, ἐκεῖθεν N. 33. λίθοὺ
οῦ
μικρῶν R. λίθου μικρον N. 35. μεθέουκατέροῦ, ubi post θε punctis suppositis ου deletum est, R, μεθόδῳ N. ἐργαζωμένῶν R. κατεργαζομένων N. 37. ἑπταπλίτου R. ἑπταπλύτου
τ
N. ενὶ R. ἑνὶ N. 38. ὁμού τα R. ὁμοῦ τε τὰ N.

ἀναβάσεως κάτοχα ἐποίουν· ἕτεροι δὲ ἔλυον τὰ σώματα τετιτανωμένα, εἶτα ἐπέβαλον τὰ πνεύματα ἀναβιβασμένα, εἶτα, ὡς ἔφημεν, συνεπήγνυον. τινὲς δὲ ἔλυον τὰ πνεύματα ἀναβιβασμένα, καὶ οὕτω ἐπέβαλον τὰ σώματα τιτανωμένα. ἄλλοι αὐτὸν τὸν χαῦνον ἐλεξίρ, ἄλλοι δὲ τίτανον μετὰ τῶν σωμάτων ἔλυον, καὶ μετὰ τῆς ὑγρότητος αὐτῶν ἐπότιζον θεῖον καὶ ἀρσενικὸν ἀναβιβασμένον, καὶ πάντα ἔλυον καὶ συνεπνήγυον, καὶ ἔλεγον ὅτι τοῦτό ἐστι τέλειον. τινὲς δὲ μετὰ τοῦ θείου καὶ ἀρσενικοῦ ηὐτρεπισμένου ἔτρεφον τὰ σωμάτα τέλεια ἰσόσταθμα ἀναβιβάζοντες, εἶτα ἔλυον, καὶ οὕτω ἐτίθουν διπλάσιον αὐτοῖς ☽ ζῶντα ηὐτρεπισμένον, καὶ πάλιν ἀνέλυον καὶ ἐπήγνυον, καὶ ἔλεγον ὅτι τοῦτό ἐστιν ἐλεξὶρ κάλλιστον καὶ τέλειον.

ἕτεροι δὲ ἔλεγον ὅτι ἀληθέστατον ἐλεξὶρ ἐκ τῶν τεττάρων ὁμογενῶν πνευμάτων ὀφείλει συγκεῖσθαι, εἰ δὲ μή, φθείρεται τὸ ἔργον. ἄλλοι ἐτίθουν αὐτὸ ἐκ τῶν τεττάρων πνευμάτων, ἤγουν ☽, θείου, ἀρσενικοῦ καὶ ἁλὸς ἀμμωνιακοῦ, τοῦ ☽ δηλονότι δι᾿ ἀναβάσεως κατόχου γινομένου, καὶ οὕτω τοῖς σώμασιν τιτανωμένοις μιγνυμένου καὶ τοῦ ἀμμωνιακοῦ ἁλὸς

Quidam enim solvebant corpora calcinata, et inde imbibebant spiritus sublimatos, et inde imbibebant corpora calcinata. Sed tamen hoc debilius est primo.

Quidam autem cibabant argentum vivum cum corporibus, et solvebant, et ex huius aqua imbibebant sulphur et arsenicum sublimatum, et iterum solvebant totum hoc, et congelabant, et dicebant quod hoc erat elexir perfectum. Quidam vero cum sulphure et arsenico separatis cibabant corpora sublimanda cum pondere sui, et postea solvebant et potabant inde duplum argenti vivi separati, et iterum solvebant et congelabant, et dicebant, quod hoc erat elexir rectum et bonum. Quidam vero cum corporibus cibatis cum sulphure et arsenico, ut dictum est, cibabant argentum vivam, et coagulabant, et dicebant, quod hoc erat rectum et bonum elexir. Quidam autem dicentes vere verissimum elexir ex quatuor rebus debere constare ejusdem generis, non diversis, et non ex pluribus nec paucioribus, quia tunc corrumperetur corpus, componebant elixir ex quatuor spiritibus principalibus, scilicet argento vivo, sulphure, arsenico, et sale armoniaco: tamen quod argentum vi-

8. αὐτον τον R, αὐτὸν τ^{τ}ὸν N. 9. τίτανον με^{τ} ^{τ}ων σώματ(ὸν) R, τιτανωμένων τῶν σωμάτων N.

16. ισοστάθμοὺ R, ἰσόσταθμα N. 35. πνευμάτων recte, non πραγμάτων. 41. τετιτανὸμένα μυγνίμενοι R, τετιτανωμένα μιγνὺμενοι N.

προηυτρεπισμένου, λελυμένου καὶ κατασταλαγμένου· καὶ πρῶτον μὲν κατεστάλασσον τοῦ ἀμμωνιακοῦ ἁλὸς διὰ τοῦ ἄμβικος, εἶτα τὸν ☽, καὶ ὁμοῦ συνεπήγνυον, καὶ ἔλεγον ὅτι τοῦτό ἐστιν ἐλεξὶρ ἀληθέστατον καὶ μαγνησία καὶ λίθος οὐ λίθος καὶ σῶμα πνευματικὸν καὶ πνεῦμα σωματικὸν καὶ τὸ παρακατέχον πᾶν πτηνόν, ὥστε μὴ φεύγειν, καὶ ζύμη καὶ βαφὴ β' ἐλεξὶρ, καὶ ☽ δυτικός· καὶ τοῦτό ἐστιν τὸ θανατοῦν καὶ ζωογονοῦν καὶ τῶν πραγμάτων, ὁ ☽ ὁ πεπηγὼς καὶ τὸ πρῶτον μέταλλον ταύτης τέχνης.

μετὰ ταῦτα δὲ ἀνέλυον αὐτὸν μετὰ ὕδατος ἁλὸς ἀμμωνιακοῦ ᾠκονομημένου κατόχου, καὶ ἐπότιζον μετ' αὐτοῦ τοῦτον τὸν ☽ τὸν ἀναβιβασμένον καὶ τὸ θεῖον καὶ τὸ ἀρσενικὸν προηυτρεπισμένα, καὶ ἔλυον, καὶ κατεστάλασσον αὐτὰ ὁμοῦ, καὶ συνεπήγνυον αὐτὰ ὑστάτῃ κηρώσει, καὶ ἐθεράπευον, καὶ ἔλεγον ὅτι τοῦτό ἐστιν ἀληθέστατον ἐλεξίρ. ἐγὼ δὲ ὕστατος λέγω ὅτι ὅπερ ἂν τῶν ἀναγεγραμμένων σωμάτων καὶ πνευμάτων εὐτρεπισμένων τελείως εὐτρεπισθῇ, λευκὸν καὶ ἐρυθρόν ἐστιν ἐλεξὶρ καθ' ἑαυτὸν μόνον. κἂν γοῦν πλείους εἰσὶν ἔτι τῶν προειρημένων τρόπων τῶν εἰς σύνθεσιν ἐλεξὶρ ἀποτεινομένων τε καὶ ἀποκυκλωμένων, ἀλλ' οὖν οἱ προειρημένοι ἐπαινετώτεροι καὶ ἀληθέστεροί εἰσι.

vum prius sublimando figebant, et postea solvebant ipsum cum sale armoniaco praeparato, dissoluto et destillato per alembicum: et tunc argentum vivum sic dissolutum destillabant per alembicum, et post ipsum coagulabant, et dicebant quod ipsum sic praeparatum, est vera hujus artis medicina, et lapis non lapis, et corpus spirituale, et spirituale corporeum, et id quod retinet omne volatite a fuga, et fermentum, et tinctura duorum elixirium, et argentum vivum accidentale, quod praetulit se auro, et vincit ipsum, et illud quoque occidit et vivere facit, et verum argentum vivum coagulatum, et pater omnium mirabilium hujus magisterii. Postquam vero ipsum coagulaverant, ut dictum est, ipsum cum aqua salis armoniaci praeparati et fixi iterum solvebant, et inde imbibebant argentum vivum sublimatum, et sulphur et arsenicum praeparata, et tunc solvebant omnia simul, et post destillabant, et coagulabant, et haec coagulatione ultima cerabant, et dicebant, quod hoc erat vere verissimum elexir: ego autem novi verissime: quod quodlibet praedictorum corporum et spirituum, si perfecta praeparatione fuerit praeparatum, album et rubeum est elixir per se solum. Scias hoc, etc.

Licet autem quamplures fuerint adhuc modi ex praedictis corporibus et spiritibus elixir componendi, et obscurissimis verbis

13. πραγμάτων, exspectes θαυμάτων si mirabilium ps. Aristotelis confers.
23. τὸν om. RN ante ☽ τ(ὸν) ανα in extrema l. et in exrtema p. R, τάνα N.
τ
27. ειστἄτὴ R, ἴσα τῇ N. 30. ἂν τῶν] ἀνω R, ἀνωτάτω N. 32. τέλιον R, τέλειον N.
37. απὸτινὸμ(ένων) τἐ (και) ἀπακικλὸμ(ένων) R, ἀποτιτανομένον τε καὶ ἀποκυκλωμένον N: dubius haeres in ω, etsi perraro huiusmodi contractiones in R occurrere videntur.
38. αλλοι οὺν οι R, ἄλλοι οὖν οἱ N.

σὺ οὖν πρόβαινε οἵῳ ἂν τρόπῳ βούλῃ τῶν προειρημένων προχρώμενος, καὶ εἰς ἑτέρους τρόπους ἡ σὴ διάνοια μὴ ἐκκλινάτω, ὅτι εἰ κατὰ τοὺς εἰρημένους τρόπους ἐργάσει τὸ ἔργον, ὃ ἤρξω, καλῶς τελειώσεις.

Hermetis a diversis Philosophis enucleatis scripti, laudabiliores tamen et eos, qui veraciores existunt, secundum hujus rei proprium eventum semper cum Dei auxilio sum secutus. Itaque tu fili carissime operare secundum quem volueris praedictorum sex modorum, neque ad alios tua declinet intentio: quia si secundum ipsos fueris operatus, inceptum opus cum Dei auxilio fine concludes congruo, et exinde laboris mercedem recipies.

VI,2 Αὕτη δέ ἐστι προκάθαρσις ☉. λαβὼν φύλλα ☉ σύνθες αὐτὰ ἐξελαμνισμένα, ἕως οὗ ἔχῃς μετὰ τοῦ ξηρίου τούτου ἁλὸς κοινοῦ προηυτρεπισμένου μέρη δύο ἢ τρία καὶ λίθων παλαιῶν ἐρυθρῶν ἐν τοῖς βυθοῖς(?) τῶν ποταμῶν εὑρισκομένων ἢ τῆς θαλάσσης, ὃ καὶ κρεῖττόν ἐστι, μέρος ἕν. λείωσον καλῶς, καὶ κοσκίνισον κοσκίνῳ λεπτῷ, καὶ σύνθες αὐτὸ μετὰ τοῦ ☉ ἐν μέσῳ φουρνέλου ἐπὶ τρίποδος. καὶ ἔασον αὐτὸ ἐμβραδῦναι ἡμερονύκτιον, καὶ πλήρωσον τὸν φουρνέλον ἐξ ἀνθράκων ἁπτόντων, καὶ ὅταν ἐλαττονίσωσιν οἱ ἄνθρακες, πρόσθες ἑτέρους· οὗ ψυχρανθέντος, ἄνοιξον τὸ χωνίον, καὶ εὑρήσεις τὸν ☉ κεκαθαρμένον. μετὰ τοῦτο δὲ τιτάνωσον αὐτόν.

Auri separatio. Fac de eo laminas ad modum tuae unguis, et eas cementa cum hoc pulvere: Recipe salis communis separati partes duas,

lateris antiqui in ripis fluviorum, vel in littore maris reperti, quod melius est, partem unam,

tere optime et cribretur per setaceum spissum: tunc laminas dictas sic cementatas fac morari in medio athanor super tripodem per diem et noctem unam, et implendo athanor, id est furnellum carbonibus vivis, et quum minuuntur addendo semper de aliis, tunc igne remoto et infrigidato aperi crucibulum, et invenies aurum optime separatum.

XVI,1 Καθαίρεται δὲ ὁ ♂ καὶ ὁ ♀ οὕτω. λάβε ἁλὸς ἀμμωνιακοῦ, βοραχίου, ἁλὸς νίτρου, ἀτραμέντουμ, στυπτηρίας σχιστῆς, ἐκ πάντων ἀνὰ ὀγγίαν, καὶ σύντριψον, καὶ ἐπίχεε

Ferri et aeris separatio. Laminas cujuscunque eorum volueris ignitas extingue in aqua hac. R. salis armoniaci, baurac, nitri, atramenti, aluminis iameni omnium una

8.–9. ἡ (δι) διανία R, ἡ δὲ διάνοια N.

15. fortasse ἐστι ἡ, si in R (ἐστι) = ἐστι ι = ἐστι ἡ. 16. ♀ ☉ RN, confusis signis simillimis ⌽ et ♀. εξελανισμένα R, ἐξελαχισμένα N. 20. βυθοῖς (= cavitatibus, profunditatibus?), incertissimum τῆς τε . . οἰς, ubi incertum βη vel κη vel ην scriptum sit, R, τοῖς στενοῖς N; expectes αἰγιαλοῖς vel simile quid.

XVI,1 Hoc caput duabus partibus constat A et B; sed ordo est AB in R, et BA in ps. Aristot. Vd. A 644[1], 6 sqq.

τούτοις ὄξος οἴνου λευκοῦ ℔ ʃ″ καὶ θὲς ἐν ἡλίῳ ἡμέρας πέντε ἀναταράσσων ἀεί, ἕως οὗ λυθῇ ἡ ἐν αὐτῷ . . . . . . καὶ ὅσον πλέον βραδύνει, κρεῖττόν ἐστι.

uncias quatuor, salis communis, salis gemmae ana uncias duas, et projice super ipsa aceti vini albi lib. unam et semis, pone ad solem diebus septem, donec ita in ea dissolvantur, et quanto plus steterit, melius erit.

εἶτα λάβε Ⅱ, οἷα θελήσεις, ἢ ♂ ἢ ♀, καὶ πυρώσας αὐτὰ σβέσον ἐν τούτῳ τῷ ὕδατι, καὶ καθαρθήσονται.

LXXI, 11 Τὸ ἅλας τοῦ οὔρου τῶν παίδων γίνεται οὕτω. λάβε οὖρον παίδων δώδεκα ἐτῶν,

καὶ φύλαξον ἡμέρας ἑπτά.

καὶ ἕψησον, ἕως οὗ τὸ τέταρτον ἐκδαπανηθῇ. εἶτα ἐξάφρισον, καὶ θὲς μετὰ τοῦ ἀγγείου ὑελίνου εἰς ἥλιον, ἢ ἕψησον καλῶς ἐπὶ πυρός· καὶ παγήσεται ὡς ἅλας.

Praeparatio Vrinae. Ponitur in pluribus loco aceti. Collige urinam puerorum duodecim annorum in vase vitreato: et cum plenum fuerit, sine ipsam quiescere septem diebus, tunc evacua eam in alio vase caute, ita quod faex quae est in fundo non commisceatur, et ita itera commutando de septem in septem diebus, de vase in vas, donec nihil faecis de ea resideat: et tunc coque ipsam usque ad tertiam sui partem et despuma et destilla per filtrum et alembicum quod melius erit, et ipsam in vase vitreo ad opus tuum serva.

LXXV, 1 Εὐτρέπισις μαγνησίας, μαρκεσίθας καὶ καδμίας, ἤγουν τουτίας. Λάβε ἐξ ἴσου αὐτῶν, εἰ θελήσεις, κεκαθαρμένων μέρος ἕν, καὶ ξήρανον αὐτὸ καλῶς, καὶ στάθμισον, καὶ πότισον αὐτὸ ἐπὶ πορφυροῦ μετὰ ἴσου σταθμοῦ αὐτοῦ ἁλὸς κοινοῦ προηυτρεπισμένου καὶ λελυμένου διπλασίονι αὐτοῦ ὄξει, καὶ λείωσον ἰσχυρῶς, ἕως οὗ συμπληρώσῃς αὐτό, καὶ ξήρανον, καὶ λείωσον λεπτοτάτως. βάλε ἐν χωνίῳ, καὶ ποίησον

Magnesiae et Marchesitae praeparatio.

Accipe de quacunque harum vis separata partem unam

et imbibe eam cum pondere sui salis communi separati et soluti,

duplo sui de aceto,

et sicca et pulverisa subtiliter, et pone in

2. εν ι ☉, scil. ἐν ἱ[λίῳ] ☉ R, ἐνὶ ☉ N. 4. post αὐτῷ lacunam non indicant RN. Erat e. g. ἡ ἐν αὐτῷ σκληρότης καὶ μελανία, nisi ἡ ante ἐν eiciendum sit. 12. παιδίων et l. 21 παιδίου N. 29. τουτζίας N. Fortasse: ἐξ οἵου ἂν θελήσεις. 30. (και)-
ου
καθάρμένου R, κεκαθαρμένον N. 35. non ἐν διπλασίονι; cf. «duplo» 36 ἰσχυρῶς, lacunam non indicant RN e. g.: καὶ θὲς ἐν χωνίῳ??

38. βάλε ἐν χωνίῳ] haec verba ante ἕως συμπληρώσῃς fortasse transferenda videntur.

ὑπ᾽ αὐτῷ πῦρ ἰσχυρὸν δύο ὥρας τῶν ἀπὸ δώδεκα. καὶ μετὰ ταῦτα πλῦνον αὐτὸ ἀπὸ τοῦ ἅλατος μετὰ ὕδατος γλυκέος, καὶ ξήρανον, καὶ λείωσον αὐτὸ μετὰ ἰσοστάθμου ἀρσενικίου ἀναβιβασμένου τετράκις, καὶ ἕψε ἐπιρραίνων αὐτὸ μετὰ ἰσοστάθμου αὐτοῦ ἁλὸς ἀμμωνιακοῦ κεκαθαρμένου, καὶ ἀναβίβασον αὐτὸν δὶς ἢ τρὶς ἀεὶ τὸ ἀναβιβασμένον μετάγων μετὰ τῆς ὑποστάθμης αὐτοῦ. εἶτα ποίησον αὐτὸ καταβιβασθῆναι διὰ μπότου μπαρπότου μετὰ ἐλαίου καὶ ὑέλου, ἕως οὗ κατέλθῃ λευκὸς ὡς ἄργυρος. τούτου γενομένου, κήρωσον αὐτὸ μετὰ ὕδατος ἁλὸς ἀμμωνιακοῦ προηυτρεπισμένου, καὶ λῦσον, καὶ καταστάλαξον δι᾽ ἄμβικος. καὶ σύμπηξον εἰς λίθον κρυστάλλινον. εἶτα, τελευταῖον, κήρωσον αὐτὸν ἐπὶ πυρὸς μετὰ ἐλαίου φιλοσόφων λευκοῦ, καὶ ἐπίρριψον ἐξ αὐτῆς ἐπὶ ☽, καὶ γενήσεται ἄργυρος ὀρθός. ἐκ τούτου δὲ τοῦ ☾ ἐπίρριψον ἐπὶ ♀, καὶ λευκανθήσεται καλλίστως.

aludel, et fac subtus levem ignem donec humiditas cesset, et postea fac sub ea fortem ignem duobus diebus cum suis noctibus, tunc ablue ab ea salem cum aqua dulci, et sicca et contere eam cum tantundem sui arsenici separati rorando cum quarta parte sui de aqua salis communi separati, et sublima ipsa ab ea bis vel ter, semper reducendo sublimatum super faeces suas: deinde fac totum descendere per botum barbatum cum oleo et vitro totiens donec descendat frustum album ut argentum, et solve et destilla per alembicum, et coagula, et hoc frustum cera cum aqua salis armoniaci praeparati in lapidem crystallinum, quem cera cum oleo philosophico albo super ignem, et proijce desuper stannum et fiet argentum bonum: et hoc argentum proijce super aes, et dealbabitur optime, et tunc junge ipsum argento bono et fiet optimum.

LXXXII.1 . . . . ἡ διόρθωσις τοῦ κοινοῦ ἐλαίου, ἥτις γίνεται οὕτω. λάβε ἔλαιον ὅσον θέλεις, καὶ θὲς ἐν τιτάνῳ ἀσβέστῳ ὥστε γενέσθαι πηκτὸν ὡς ἀλοιφήν (?).

εἶτα καταστάλαξον διὰ τοῦ ἄμβικος, καὶ ἀνακαίνισον τὴν τίτανον, καὶ οὕτω ποίησον τρὶς ἢ τετράκις, καὶ ἕξεις ἔλαιον κοινὸν διωρθωμένον.

Rectificatio olei communis ad cerationem spirituum et ingressum faciendum. Recipe olei communis quantum vis, et cum calce viva optime confice ut sit ut farinatum: et quidam ponunt de vase communi et sale tartari, et ita per duos dies dimitte, postea per alembicum destilla, et renova super ipsam destillatum calcem et destilla quattuor donec non comburatur.

LXXXIII,20 Ὕδωρ ἀτιγκὰρ εὐγενές. λάβε ἁλὸς ἀμμωνιακοῦ. ἁλὸς νίτρου, ἁλὸς

Regimen Salis Attincar. Recipe salem armoniacum, salem nitri,

1. ὑπ᾽] ἐπ᾽ RN. et in marg. ὑπ᾽ αὐτό N. In R επ ex ειπ = ὑπ᾽ et alibi. 12. αναβιβάσθινε R, ἀναβασθῆναι N; cf. l. 14 κατέλθῃ. 13. μπαρπάτουμ N. 20. τελευτέον R, αὐτὸ N. 24. επι α ♀ RN; scil. ἐπὶ ἀφροδ. ♀. 31.–32. τιτάνου ασβέστου R, τιτάνῳ ἀσβέστου N. 33. ἀλοιφήν = farinatum? num erat ἄλφιτον?

ἀλκαλὶ ἀνὰ μίαν, μέλιτος ἑψεμένου καὶ ἀπηφρισμένου ὀγ. δέκα, ὀροῦ ὀξύνου πεντάκις ἀναβιβασμένου καὶ διὰ πανίου κατεσταλαγμένου ὀγ. ι'. οὔρου παιδὸς ἑπτέτους καὶ πεντέτους δι' ἑπτὰ ἡμέρας πεφυλαγμένου καὶ ἐξηφρισμένου καὶ καταστααγμένου ὀγ. ιβ'. ταῦτα πάντα μίξον καὶ λῦσον, καὶ θὲς ὑπὸ κόπρον, ἕως οὗ λυθῇ· δεῖ γὰρ ὁρᾶν αὐτό. εἶτα πῆξον ἐπάνω θερμῆς στάκτης, ἀνεῳγμένον ὂν τὸ στόμα τῆς κολοκύνθης. λῦσον αὐτὸ ἐν κύστει βοείᾳ μετὰ ὕδατος χλιαροῦ ἐπὶ πυρὸς ἢ μετὰ ὑελίνης φιάλης ὑπὸ κόπρον ἱππείαν, καὶ φύλαξον καλῶς. τοῦτο γάρ ἐστι τὸ ὕδωρ δι' οὗ παγύνεται ὁ ☽ χωρὶς ἀναβιβασμοῦ, ἤγουν τιτανώσεως. εἰ γὰρ θήσεις αὐτὸν ἐν χώνῃ καὶ χλιανεῖς ὀλίγον, καὶ ἐπιρρίψεις ἐκ τούτου τρεῖς ἢ τέτταρας σταγόνας ὕδατος, πήξει καὶ ἀλλοιοῖ αὐτόν. τοῦτο τὸ ὕδωρ ἀλλοιοῖ χαλκὸν ἄπυρον, καὶ λύει πάντα σώματα καὶ τὰ πνεύματα λύσιν θαυμασίαν διὰ τὴν ὀξύτηταν τῶν ἁλάτων καὶ τὴν σύμπηξιν, καὶ ὠφελεῖ εἰς ☉ και ☾.

hoc est alcali, salem communem [ana] de uno quoque lib. semis, et de melle cocto et despumato uncias quinque, et de sero acetoso quinque vicibus destillato per pannum uncias decem, et de urina puerorum duodecim annorum uncias quindecim, omnia misce simul, et solve et pone sub fimo duodecim diebus, deinde congela in cinere per diem unum apertis foraminibus cucurbitae: postea solve in viscere (sive cucurbita) sub fimo, et reconde aquam perfectam.

Ista est aqua, cum qua congelatur argentum vivum sine sublimatione et mortificatione: quoniam si posueris ipsum in crucibulo, et calefeceris parum, et projeceris desuper tres guttas de hac aqua, congelatur, et mutat aes in infinitum, et cum eo solvis omnia corpora et spiritus: et valet [ad] Solem et Lunam, secundum quod corpus fuerit praeparatum ad alterutrum.

οῦ ου
2. αποφρεισμένοὺ R, ἀποφρυσμένου N. ὅρ(ὸν) ὀξυ(ὸν) R, ὀρὸν ὅξυνον N. 4. κατε-
ου δ
στᾶλγμένου R, κατεσταλαγμένον N., cf. l. 7. 5. πέ ζ' ετὴν (καὶ) ἔ R, παιδίου ἑπταέτοῦς καὶ πενταετοῦς N. 10. λὶσι R, λυθῇ N. 12. ἀνεῳγμένου ὄντος τοῦ στόματος N. 14. βοείᾳ]
τ
βία R, μιᾷ N. 17. παγύνεται] ποyίνε R, γίνεται N. 22. πήξει] πίσει R, πήσει N. 26. αλιτ(ὸν) R, ἀλλοιωτῶν N.

Traduzione del testo greco.

I Coloro che secondo verità investigano la natura metallica, cioè Mercurio trismegisto e chimico ed i seguaci suoi, affermano che tutti [i metalli] nascono da mercurio e solfo – dico l'oro e l'argento, ferro e stagno, e rame e piombo; ed affermano che questi differiscono fra di loro, quanto all'uso ed al peso ed alle altre proprietà, in causa della diversità e della cottura del mercurio e dello solfo, dai quali sono generati. Come infatti essi dicono, l'oro è generato da mercurio puro misto a solfo limpido e rosso ben condensatisi nelle viscere della terra: e perciò l'oro risplende, ed è compatto e pesante, nè sotterra si guasta, nè facilmente arde e si consuma nel fuoco. L'argento è generato da mercurio puro e da solfo bianco e limpido e parzialmente rosso; e perciò è un po'rosso. Il ferro è generato da mercurio condensato misto a solfo giallo e torbido: e perciò da calore, che poco duri, vien cotto. Lo stagno è generato da mercurio limpido misto a solfo bianco; e perciò da debole calore in breve tempo vien disciolto: laonde, qualora più a lungo si cuoca, si cambierà in argento bellissimo. Il rame nasce da mercurio torbido e da solfo rosso insieme commisti: e perciò è più duro l'oro, e, cotto, diventa rosso: però è metallo cedevole, perchè trasporta seco taluni vapori umidi, i quali quasi lo disciolgono, sicchè li chiamano fiore di rame. Il piombo è generato da mercurio spesso e da solfo limpido e spesso e moderatamente rosso: e perciò, versandovi sopra dell'aceto, diventa bianco: parimenti, se vien cotto, appare più limpido in causa dello solfo rosso ad esso commisto.

V È d'uopo sapere che nei singoli metalli, nei quali ormai si [comprendono] anche tutte le altre cose, tutto non a forza od apertamente si può conseguire, ma siappalesa dopo la conveniente preparazione. Non si deve dunque agire con le *pietre* non preparate, perchè la preparazione è la felicità della cosa, e quanto più perfettamente tu abbia preparato, tanto più perfetto sarà il risultato; e se meno, menomato. Perchè, secondo concorde opinione, null'altro costituisce l'impedimento della perfezione se non la deficienza di perfetta preparazione dei metalli e delle altre cose. Ma scopo della perfetta preparazione è non solamente l'eliminazione delle superfluità, ma anche l'aggiunta di quello che manca; perchè non possono venir purificate le cose gravi senza l'aggiunzione e la cooperazione delle leggere, e viceversa neppune le calde senza le fredde, e parimenti le [umide] senza le secche e viceversa. Quando però convenientemente le une con le altre si congiungano, nasce da esse una sostanza ben temperata, che nè il fuoco può con la sua forza consumare e disperdere, nè la terra con la sua putreità menomare, nè l'umidità dell'acqua corrompere, nè l'azione dell'aria intorbidare. – Adunque perfetta preparazione dei *corpi* e degli *spiriti* è l'eliminazione del superfluo e l'acquisto di quello che manca: ed essa si compie con l'esercizio delle quattro *operazioni*. E viene prima la loro riduzione alla natura del fuoco, la quale avviene mediante la calcinazione; seconda la loro soluzione [e riduzione] ad acqua; e terza la loro levitazione in aria, la quale si effettua mediante l'alambicco; e quarta è la loro composizione [e riduzione] a terra, cioè coagulazione per effetto di fuoco leggero. Questa è la loro perfetta preparazione; e questo vuole dichiarare Mercurio dicendo: «si scioglie con grande accorgimento, ed ascende in prima la terra al cielo, e di nuovo discende a terra.» Queste parole indicano la calcinazione dei suddetti *corpi* e la sublimazione degli *spiriti* (chè questa è la loro calcinazione), e la loro riconversione e ricostituzione alla loro prima natura terrea mediante cerazione e distillazione: operazione che si chiama anche sublimazione o correzione.

Questo sono le ricerche che si fanno per la composizione della pietra filosofale; ed è perfetta la preparazione, quando si riducano a terra e siano suscettibili di fuoco e di soluzione senza fumo; perchè allora vincono ogni cosa sottile, e penetrano in ogni cosa solida. Ma sappi che in causa della lunghezza e della difficoltà della sincera preparazione, taluni hanno tralasciata una delle quattro operazioni, taluni due, taluni tre, procedendo, solitamente, nella loro pratica con una sola. Perchè taluni compongono dopo aver praticata solamente la calcinazione; e taluni praticano la calcinazione e la soluzione e poi compongono; e così di seguito. E sappi che da siffatte cose è proceduta in varii modi la composizione variamente elaborata dai filosofi, cioè col fuoco, o con la soluzione senza fuoco, o con entrambi. E di coloro che operavano col fuoco era duplice il procedimento, perchè taluni solamente trattavano i suddetti corpi con mercurio vivo, e li confricavano energicamente, e praticavano la sublimazione separando il pesante dal leggero, mescolando sempre la materia ascendente in alto con quella rimasta in basso, finchè il tutto si fermava in basso e passava alla natura densa per effetto della forza del fuoco; e dicevano che in siffatto modo risulta un perfetto elisir a *rosso* ed a *bianco*. Ed altri mediante il *sublimatorio* riducevano in basso i suddetti *spiriti*, e poi così li univano ai corpi; e di essi, mediante ritensione e soluzione, facevano un sol corpo, e dicevano che questo è elisir solido nel fuoco. Questi i metodi di coloro che operavano col solo fuoco. – Di coloro che operavano con l'analisi, senza fuoco, duplice era il procedimento. Perchè taluni scioglievano [e riducevano] ad acqua ciascuna delle cose isolatamente, e con le loro acque procedevano alla composizione mescolandole a pesi uguali, e le coagulavano [riducendole] a pietre, e dicevano che questo è perfetto elisir. Altri prendevano le suddette cose già lavate e calcinate, e le mettevano tutte insieme, e le scioglievano e coagulavano. E scioglievano queste cose in qualche modo [riducendole] ad acqua distillandole con l'alambicco, e dicevano che questo è la perfezione della loro limpidezza e lucentezza e tintura e disgregazione e unione: perchè ne veniva un' acqua limpidissima, che poscia coagulavano riducendola a piccola pietra; e dicevano che questo è verissimo elisir. – Di coloro che operavano con ambidue i mezzi, cioè con fuoco e soluzione, il procedimento era settemplice. Perchè taluni scioglievano insieme i *corpi* e gli *spiriti*, già calcinati, e poi con la sublimazione li facevano *ritenibili*; ed altri scioglievano i corpi, già calcinati, e poi aggiungevano gli spiriti, già sublimati, e quindi, come dicevano, procedevano alla coagulazione. E taluni scioglievano gli spiriti, già sublimati, e così aggiungevano i corpi già calcinati. Altri scioglievano, insieme ai *corpi*, lo stesso elisir soffice, ed altri la calce, e con la loro umidità imbevevano solfo ed arsenico, già sublimato, e scioglievano tutti [i componenti] e li coagulavano, e dicevano che questo è perfetto elisir. Ed alcuni con solfo ed arsenico opportunamente preparato nutrivano *corpi* equipesanti sublimandoli, e quindi li scioglievano, e così aggiungevano il doppio di mercurio vivo opportunamente preparato, e di nuovo scioglievano e coagulavano; e dicevano che questo è elisir bellissimo e perfetto. – Ed altri dicevano che il verissimo elisir deve risultare da'quattro spiriti omogenei; seno, si guasta il risultato. Ed altri lo componevano co'quattro spiriti, cioè mercurio, solfo, arsenico e sale ammoniaco, dopo avere ridotto *ritenibile*, mediante sublimazione, il mercurio, e mescolatolo così ai corpi calcinati e dopo avere opportunamente preparato, sciolto e distillato il sale ammoniaco: e prima distillavano, con l'alambicco, del sale ammoniaco, e quindi il mercurio, e li coagulavano insieme, e dicevano che questo è elisir verissimo, e magnesia, e pietra che non è pietra, e corpo spirituale e spirito corporale, che trattiene ogni elemento volatile, impedendogli di fuggire, e fermento, e tintura dei due elisir, e mercurio occidentale: ed è cio che mortifica e vivifica anche le cose, è mercurio coagulato, e primo metallo di questa arte. Poscia lo scioglievano con acqua di sale ammoniaco elaborato e [ridotto] *ritenibile*, ed imbevevano con esso questo mercurio sublimato e lo solfo e l'arsenico opportunamente già preparati, e scioglievano, e distillavano questi [elementi] tutti insieme, e li coagulavano con l'ultima cerazione, e li curavano; e dicevano che questo è verissimo elisir. Ed io, venuto ultimo, dico che qualunque dei suddetti corpi e spiriti, già opportunamente preparati, venga perfettamente preparato, è elisir bianco e rosso per sè stesso solamente. – Sebbene però ancora più delle suddette siano le maniere, che tendono alla composizione dell'elisir e, circuendo, lo ottengano, tuttavia le anzi dette sono le più lodevoli e vere. Tu adunque procedi usando quella che vuoi fra le suddette maniere, e ad altre maniere il tuo pensiero non si volga, perchè se tu secondo le maniere suddette farai l'operazione, condurrai a perfezione ciò che hai cominciato.

VI,2 Questa è la prepurificazione dell'oro. Prendi foglie di oro e, ridottele a lamine, riuniscile, fino a che con questo *xerion* tu abbia due o tre parti di sale comune preparato ed una parte di vecchie pietre rosse, che si trovano nei greti (?) dei fiumi o del mare, il che è meglio. Riduci bene in polvere, e staccia con staccio fino, e mettilo con l'oro in mezzo al fornello su di un treppiedi, lasciavelo stare un giorno ed una notte; e riempi il fornello di carboni accesi, e quando i carboni calano, aggiungine altri. Quando sia raffreddato, apri il crogiuolo, e troverai l'oro purificato. Poscia calcificalo.

XVI,1 Si purifica il ferro ed il rame così. Prendi del sale ammoniaco, borace, salnitro, atramento, allume scisso, di tutti ana un oncia, e tritali insieme, e versavi sopra aceto di vino bianco mezza libra, e metti al sole per cinque giorni, girando sempre, finchè si sciolga la ... in essi contenuta;

e quanto più tarda, meglio è. Quindi prendi foglie, quali vorrai, di ferro o rame, ed infocatele spegnile in questa acqua, e saranno purificate.

LXXI,11 Il sale dell'orina dei fanciulli si fa così. Prendi orina di fanciulli di dodici anni, e serbala sette giorni, e cuocila, finchè ne sia consumata la quarta parte. Poscia schiumala, e ponila in vaso di vetro al sole, o cuocila bene al fuoco: e si coagulerà come sale.

LXXV,1 Preparazione della magnesia, della marcasita e della cadmia, cioè tutia. Prendi, se vorrai, di esse, già purificate, una parte, e seccala bene, e pesala, ed imbevila, sul porfido, con peso, uguale ad essa, di sale comune preparato e sciolto con quantità doppia di aceto; e riduci in polvere energicamente [e metti nel crogiuolo], fino a riempirlo; e secca, e riduci in polvere fina. Metti nel crogiuolo, e fa sotto di esso fuoco gagliardo per due ore sulle dodici (?). E poscia detergilo dal sale con acqua dolce; e secca, e riduci in polvere con egual peso di arsenico sublimato quattro volte, e cuoci irrorando con egual peso di sale ammoniaco purificato; e sublima due o tre volte riconducendo sempre la parte sublimata alla feccia depositata. Fallo quindi precipitare attraverso il boto barboto, con olio e *cristallo* finchè precipiti bianco come argento. Fatto ciò, ceralo con acqua di sale ammoniaco preparato, e sciogli e distilla con l'alambicco, e coagula riducendolo a pietra cristallina. Quindi, in fine, ceralo sul fuoco con olio bianco dei filosofi, e gettane una parte su mercurio, e diverrà argento buono. Getta di quest'argento su del rame, e diverrà di un bianco bellissimo.

LXXXII,1 ...rettificazione dell'olio comune, la quale si fa così. Prendi olio quanto vuoi, e ponilo in calce non spenta, sì che divenga compatto come unguento. Quindi distilla con l'alambicco, e rinnova la calce, e fa così tre o quattro volte; ed avrai olio comune rettificato.

LXXXIII,20 Acqua nobile di atincar. Prendi del sale ammoniaco, del salnitro, del alcali una libbra (?), miele cotto e schiumato oncie dieci, siero acido cinque volte sublimato e filtrato attraverso panno oncia una, orina di fanciullo, di sette o cinque anni, serbata sette giorni e schiumata oncie dodici. Mescola tutte queste materie e scioglile, e mettile sotto concime, finchè si sciolgano: chè è d'uopo vedere ciò. Quindi coagula su cenere calda, essendo aperta la bocca della *zucca*. Sciogli in vescica bovina con acqua tepida sul fuoco, oppure in fiala di vetro sotto concime equino, e serba bene. Perchè quella è l'acqua, per opera della quale si coagulerà il mercurio senza sublimazione, ossia calcinazione. Perchè se la porrai in crogiuolo e la farai un po'intepidire, e getterai [sul mercurio] tre o quattro goccie di questa acqua, essa lo coagula e lo altera. Questa acqua altera il bronzo non cotto e scioglie tutti i *corpi* e *spiriti*, con meravigliosa soluzione, in causa dell'acidità e della coagulazione dei sali; e giova per l'oro e per l'argento.

Thomas von Chantimpré über die Metalle.

Von

CHRISTOPH FERCKEL.

Sehr im Gegensatz zu den Historikern der Zoologie und der Botanik, die sich schon längst mit THOMAS VON CHANTIMPRÉ und seinem Werke *De naturis rerum* eingehend befaßt haben, wurde bis vor kurzem in den die geschichtliche Entwicklung der Kenntnisse von der anorganischen Natur schildernden Schriften sein Name nicht einmal erwähnt.[1] Fast 50 Jahre nachdem V. ROSE in seiner Abhandlung über ARNOLD VON SACHSEN das Verhältnis des THOMAS zu ALBERT DEM GROSSEN und den anderen naturwissenschaftlichen Enzyklopädien des 13. Jahrhunderts kurz dargelegt hatte[2], widmete erst MIELEITNER wieder dem THOMAS einen Absatz in seinen Untersuchungen über die Mineralogie des Altertums und des Mittelalters.[3] Aber auch in dieser so dankenswerten Arbeit ist THOMAS nur unzulänglich behandelt, da MIELEITNER nur auf das Buch *De lapidibus pretiosis* näher eingeht und das Folgende völlig ignoriert. Über dieses – *de naturis rerum* lib. XV. *de metallis* – möchte ich daher hier berichten. Für jede der drei Fassungen, in denen der Text des THOMAS auf uns gekommen ist[4], wurde dazu je eine Handschrift eingesehen: für die älteste (in 19 Büchern) der Berliner Codex HAMILTON 114 (v. J. 1295); für die vermehrte (in 20 Büchern) – da die Breslauer Handschrift zurzeit ausgestellt ist – der Cod. membr. II, 143 der herzoglichen Bibliothek zu Gotha[5]; für den eingreifender umgestalteten Text als dessen Betitelung ich seinerzeit *Pseudo-Albertus de natura rerum* vorschlug, der Cod. lat. 13582 der Münchner Staatsbibliothek (aus der Zeit um 1325). Ein Vergleich dieser Texte ergab, daß neben kleineren Einschiebseln die erweiterte Fassung nur wenig größere, der *Ps.-Albertus* mehrere große und von jenen verschiedene Additionen hat. Ein Teil dieser Zusätze ist dem

---

[1]) Nur O. STEGMANN, *Die Anschauungen des Mittelalters über die endogenen Erscheinungen der Erde* (Arch. f. d. Gesch. d. Naturw. u. Tech. IV. 1912 f., H. 4–6 gedenkt seiner kurz, S. 344 u. 421.

[2]) Literaturverz. (12) 321–455, vgl. dazu RUSKA (13) 38 ff. u. MIELEITNER (9) 475 f.

[3]) (9) 476 f. Dazu kommt noch THORNDIKE (14) II, 372–398.

[4]) S. (5) 14 ff. u. Mitteil. f. Gesch. d. Med. u. d. Naturw. XXII, 1923, 291 f.

[5]) Vom Anfang des 14. Jahrh.; der Gothaer Bibliothek aus Trier durch den Benediktiner MAUGÉRARD geliefert, der für dessen Inhalt bei dem den Naturwissenschaften eifrige Studien widmenden Herzog Ernst II. von Gotha-Altenburg (1772–1804) lebhaftes Interesse voraussetzen konnte (s. R. EHWALD in Abh. d. hist. Cl. d. bayr. Akad. d. Wiss. XXIII. 1906, S. 360). – Näheres über die oben genannten Handschriften s. (5) 14 ff.

Circa instans des PLATEARIUS entnommen, einer – in der erweiterten Fassung – vielleicht dem ARNOLDUS SAXO; über die Quellen des ursprünglichen Textes wage ich vorerst noch kein Urteil. Jede dieser Fassungen ist zum großen Teil schon gedruckt: Die ursprüngliche bei VINCENZ VON BEAUVAIS, und zwar im 16. Buch des *Speculum doctrinale* cap. 57 – 63 und – mehr zersplittert, umgestellt und auseinander gerissen – im 8. Buch des *Speculum naturale* cap. 14 – 55; in beiden Werken mit der Quellenangabe *«ex libro de natura rerum»*.[1]) Den *Ps.-Albertus* hat – da dies ja seine Vorlage war[2]) – KONRAD VON MEGENBERG in seinem *Buch der Natur* wiedergegeben.[3]) Die erweiterte Fassung wurde auszugsweise von JAKOB VAN MAERLANT in niederländische Reime gebracht[4]); und wenn VERWIJS (s. Einleit. S. 44 u. 47) mit seiner Annahme, dies sei zwischen 1266 und 1269 geschehen, recht hat, so kann, da THOMAS nach KAUFMANN (6) S. 14 frühestens 1263 gestorben ist, entsprechend gewissen Bemerkungen in der Vorrede[5]), die Erweiterung der Urfassung sehr wohl von ihm selbst herrühren.

Da die aus den erwähnten Handschriften zu gewinnende Textgestaltung noch unbefriedigend ist, sehe ich von dem ursprünglich beabsichtigten Abdruck des ganzen Buches über die Metalle ab. Weil aber VINCENZ doch nicht den ganzen Text des THOMAS hat, und auch ein längeres Hantieren mit den unförmigen und unübersichtlichen Wälzern, die seine gedruckten *Specula* darstellen[6]), keine reine Freude ist, hoffe ich den ganzen Text einschließlich der erwähnten Zusätze in absehbarer Zeit irgendwie den Interessenten zugänglich machen zu können; für diesmal will ich mich auf eine kurze Besprechung der ersten Fassung beschränken.[7])

In der kurzen Einleitung ist die antike Darstellung von der Entdeckung der Schmelzbarkeit der Metalle bei Gelegenheit eines ungeheuren Waldbrandes (vgl. LUCREZ V, 1226ff. und ISID. HISP. XVI, *Etym.* 18, 13) in origineller Weise mit der hebräischen Kulturlegende (nach 1. Mos. 4,19ff.) verschmolzen und so – unter Berufung auf den Magister *in hystoriis*[8]) – TUBALCHAIN zum Erfinder der Metallbearbeitung gemacht. Dann folgen in

---

[1]) Manche dieser Zitate stehen bei THOMAS nicht, so *Spec. nat.* VIII, 18, 24, 30, 61 und teilweise 7, 8, 16; dafür tragen wirkliche Thomastexte im Kap. 38 und 52 falsche Quellenangabe (AVERROES bzw. Philosophus). – BERTHELOT, der (1) I, 280 – 289 die Alchemie nach dem *Spec. nat.* behandelt, meint, das dort zitierte Werk über die Natur der Dinge sei verloren gegangen.

[2]) S. (5) 15 f.

[3]) (10) 474 – 481 z. T. mit Zusätzen. Nicht aus THOMAS stammen das Kap. vom Schwefel (größtenteils nach PLATEARIUS) und das vom Auripigment. Das Kap. vom Quecksilber entspricht einem Zusatze der erweiterten Fassung (ebenfalls nach PLATEARIUS). Anscheinend hat KONRAD schließlich noch einen echten THOMAS in die Hand bekommen, aus dem er das Buch von den Wundermenschen entnahm (s. seine Bemerkung S. 485 f.).

[4]) s. (15) Einleit. S. 49; er hat daher beim Silber deren Zusatz (nach PLATEARIUS).

[5]) Vicesimum (sc. librum) autem post finem laboris nostri . . . operi nostro procedenti addidimus (ähnlich in der Vorrede zum 20. Buch).

[6]) Wem die etwas bequemere Ausgabe des *Specul. quadruplex*, Douai 1624 zugänglich ist, findet die betreffenden Kapitel im 7. Buch des *Spec. nat.* und 15. des *Spec. doctr.*

[7]) S. auch THORNDIKE (14) 392.

[8]) Wahrscheinlich PETRUS COMESTOR, aus dessen *Hist. ecclesiast.*, l. Gen., c. 28 dies wohl entnommen ist.

althergebrachter Siebenzahl[1]) die Metalle unter Angabe ihrer Schmelz- und Dehnbarkeit, ihrer Qualitäten oder sonstiger Eigenschaften, ihres Vorkommens, gelegentlich auch ihrer Gewinnung und ihrer Verwendung als Heilmittel oder zu technischen Zwecken. Quellenangaben sind sehr spärlich: meist sind es Bibelstellen; zweimal ist PLATEARIUS genannt (für die Qualitäten des Goldes und des Silbers, doch kann ich diese Stellen nicht identifizieren). Für das Vorkommen des Goldes in Quellen und Bächen ist ein SYMON zitiert. Beim Elektrum, von dem eine natürliche und eine künstliche Sorte unterschieden wird, wird der «*liber rerum*» angeführt für die Angabe, daß letztere aus Gold und Silber zu gleichen Teilen bestehe; die natürliche soll an ihrem Verhalten gegen daraufgegossenes Gift erkannt werden.[2]) Das Kapitel *Es sive Cuprum* bringt die Behauptung des ARISTOTELES «*in libro de lumine luminum*»[3]), daß aus «*urina pueri*» (wohl ein Deckname) und Messing (*aurichalcus*) das beste Gold dargestellt wird. Ohne Quellenangabe wird im letzten Kapitel eine Eisenart der östlichen Länder, die *andena*[4]), erwähnt.

Statt weiterer Einzelheiten will ich hier nur das Kapitel *de stanno*, obgleich es bei DELISLE (2) 368 schon vollständig gedruckt steht, nach dem Wortlaut der Berliner Handschrift hersetzen[5]), des besonderen Interesses zweier Stellen halber, deren erste in Deutschland ganz unbekannt geblieben zu sein scheint:

> Stannum temperatissime nature est in britannia tantum reperiri solebat sicut multe hystorie produnt[6]), sed modernis temporibus in germanie partibus habundantissima uena reperta est. Stannum ductile est ualde atque tractabile. liquabile uero super omnia metalla. Mutum est per se sed cum ere argento uel auro mixtum canorum atque armonicum est. Fulget interius sed foris de facili contrahit corruptelam et hoc squaloris non rubiginis. nunquam enim rubiginatur. In aqua diu iacens de facili conputrescit. vnde fistule aqueductus que sub terra fieri solebant ex plumbo et consolidari stanno modernis temporibus ex (calido)[7]) et fusili plumbo consolidare ars hominum excogitauit eo quod solidate stanno durare non poterant in longinquum. plumbum enim sub terra semper durat.[8])

---

[1]) S. dazu LIPPMANN (8) 102, 368, 572, u. bes. 215 ff.; zur Entsprechung von Metallen und Planeten s. ders. (7) I, 1901 u. J. RUSKA, *Griech. Planetendarstellungen in arabisch. Steinbüchern* (Sitzgsber. d. Heidelb. Ak. d. Wiss., philos.-hist. Cl. X, Abh. 3. 1919) 20. 42 ff. u. bes. 47 ff., wo aber nur fünf Planeten.

[2]) Abweichend von PLIN. 33 h. n. 4 (23), § 81.

[3]) Wohl identisch mit der gleichnamigen dem ALRĀZĪ zugeschriebenen – s. (8) 401 – Schrift. Die Stelle steht gekürzt nach VINCENZ bei BERTHELOT (1) I, 83; s. auch THORNDIKE (14) II, 392.

[4]) Bei VINCENZ stets «*alidena*». Zum orientalischen Stahl, *andun*, *andanu* usw. s. v. LIPPMANN (8) 614 f. u. (7) II, 266.

[5]) Die beiden andern Fassungen stimmen damit im allgemeinen überein, nur hat Ps.-ALBERTUS am Schluß noch einen Zusatz, der fast völlig aus ISID. 16, *Etym.*, Kap. 23 genommen zu sein scheint.

[6]) Vgl. (11) 119 ff. u. (8) 570 ff. bzw. 584 ff.

[7]) Ergänzt nach den andern Handschr. u. VINC.

[8]) Cf. ALB. MAGN. IV, *de mineral.*, c. 4 (Oppenheim 1518): Dicunt autem stannum fusum cito putrescere et plumbum manere.

Wir haben hier einmal also die älteste literarische Erwähnung der ersten Zinnfunde in Mitteleuropa.[1]) Hierüber liegt noch von einem anderen Zeitgenossen, dem englischen Chronisten MATTHAEUS PARISIENSIS, ein Bericht vor und dieser wird auf die nordböhmischen Zinndistrikte bei Graupen bezogen[2]), die von deutschen, aus dem böhmischen Egerlande nordwärts vordringenden Kolonisten entdeckt wurden.[3]) MATTHEW PARIS setzt sie in das Jahr 1241.[4]) Da THOMAS sein Naturbuch noch zu Lebzeiten des ihm nahestehenden (und spätestens vor Mitte Mai 1240 verstorbenen)[5]) JACQUES DE VITRY beendet hat, kann diese Angabe nicht so genau stimmen; auch drückt sich THOMAS unbestimmter aus, als ob der Fund des ergiebigen Zinnlagers schon etwas zurückläge. Indes werden dessen Erträgnisse wohl nicht sehr lange vor 1241 auf den westlichen Markt gekommen sein; und da Köln, wo THOMAS in dieser Zeit einige Jahre bei seinem Ordensbruder ALBERT DEM GROSSEN Hörer war – s. KAUFMANN (6) S. 13 – anscheinend ein Hauptgroßhandelsplatz für das böhmische Zinn war – s. REYER (11) S. 236 –, ist es auffällig, daß THOMAS nicht genauer darüber zu berichten weiß.[6]) Die zweite Stelle hat v. LIPPMANN schon vor Jahren aus dem *Speculum naturale* des VINCENZ VON BEAUVAIS in deutscher Übersetzung mitgeteilt und besprochen[7]); sie handelt vom Verlöten der bleiernen Wasserleitungsröhren.

---

[1]) Sie ist auch von KONR. V. MEGENBERG u. JAK. V. MAERLANT übernommen. Letzterer bringt aus eigenem auch beim Kupfer (15) 248 eine Mitteilung über Kupfergewinnung in Mitteldeutschland (int lant van Germania, dat wi Sassen heten nu).

[2]) S. HUB. ERMISCH, *Das Zinnerrecht* usw. (N. Arch. f. sächs. Gesch. u. Altertumsk. VII, 1886, S. 95).

[3]) S. ERMISCH, *Das sächsische Bergrecht des Mittelalters*, Leipzig 1887, S. XIII, und 6. ED. SCHMIDT, *Kursächs. Streifzüge* V (1922), 3 u. 309.

[4]) *Chronica Majora* ed. by H. RICH. LUARD (London 1877) IV, 151: Eodemque anno (sc. 1241) inventum est stangnum in Alemannia primum et purissimum, copiosius quam in partibus Angliae. Quod ab initio mundi antea, nisi tantum in Cornubia, aliquo loco non legitur fuisse repertum. Et ideo pretium ejus in Anglia, propter copiam redundantem quam in Angliam transmisit Alemannia, fuit minoratum ac vilificatum. – Nach REYER (11) 122 war es RICHARD, Graf von Cornwall, der, um sich die deutsche Königskrone damit erkaufen zu können, die Zinnsteuern wesentlich erhöhte und damit das englische Zinn konkurrenzunfähig machte. – Die erste urkundliche Erwähnung der Graupener Zinngruben ist nach dem Grafen KASP. V. STERNBERG (*Umrisse einer Gesch. der böhm. Bergwerke* I, 1, Prag 1836, S. 478 f.) a. d. J. 1305; und es scheint auch seither sich keine ältere gefunden zu haben. Durch die Literatur zieht sich die Erzählung von einer Entdeckung des Graupener Zinnlagers durch den Böhmen WNADEK schon in der Mitte des 12. Jahrh. (s. BOHUSLAV. BALBIN, *Miscellanea hist. regni Bohemiae* I, Prag 1679, p. 42 f.; PEITHNER V. LICHTENFELS, *Versuch über die ... Gesch. d. böhm. u. mähr. Bergwerke*, Wien 1780, S. 85; Graf STERNBERG, a. a. O., S. 477 f.). Der Jesuit BALBIN will ganz alte Bergakten in den Händen gehabt haben, aber die Art, wie er sich ausdrückt, macht es nicht wahrscheinlich. Auch REYER (11) 33, 92 u. Jahrb. d. k. k. geolog. Reichsanst. 29. Bd. (1879), 52 f. glaubt an Zinngewinnung bei Graupen schon im 12. Jahrh., aber über seinen «stets Libuscha gefälligen» Gewährsmann HAJEK hat sich schon Graf STERNBERG lustig gemacht.

[5]) (5) S. 34; nach CHEVALIERS *Répert.* verstorben am 30. April oder 1. Mai 1240.

[6]) ALBERT D. GR., der in seiner – nach G. v. HERTLING, *Albertus Magnus*, Münster 1914, S. 14 – zwischen 1248 u. 1256 verfaßten Schrift *de mineralibus* dieselbe unbestimmte Ortsangabe wie THOMAS hat, kennt bereits den Unterschied zwischen deutschem und englischem Zinn: Invenitur autem stannum duplex scil. durius et siccius quod venit de Anglia s. Britannia et mollius aliquantulum quod in germanie partibus habundantius inuenitur.

[7]) Chemikerzeitung 1912, Nr. 47, 437 = (7) II, 228 f.

Daß diese trotz der Mahnung des VITRUV[1]) üblich waren, sehen wir aus PLINIUS (34 h. n. § 164) und haben uns auch die Funde gelehrt.[2]) PLINIUS betont ausdrücklich, daß man zum Zusammenlöten von Blei Zinn und insbesondere bei Wasserröhren Blei mit der Hälfte Zinnzusatz (*stannum tertiarium*) gebrauchte.[3]) Da nun das Zinn mit der Zeit sich zersetzt[4]), soll in jüngerer Zeit – nach THOMAS – das Verlöten mit Blei aufgekommen sein. DELISLE und THORNDIKE (14) S. 392 halten dies, wie die Stelle von den Zinnfunden, für dessen eigene Mitteilung. Dies mag wahrscheinlich sein, aber über allen Zweifel sicher erscheint es mir nicht. Das Wort *modernus*[5]) läßt sich bis in spätrömische Zeit zurückverfolgen (CASSIODOR kennt es schon); diese Stelle kann also ein Bruchstück aus einer älteren Quelle sein. Wir wissen jetzt zwar, daß VINCENZ seine Mitteilungen dem THOMAS entnommen hat, aber in welcher Zeit die Bleilötung üblich geworden sein soll[6]), läßt sich vorderhand nicht sagen.

[1]) VIII. *de archit.* 6, 1; er befürchtet die Bildung von Bleiweiß. Auch AVICENNA Can. I, Fenn II, II, 16 hält das Wasser aus bleiernen Leitungsröhren für das schlechteste, da es Dysenterie verursacht. S. auch R. KOBERT in *Mitt. z. Gesch. d. Chemie*, hsg. v. P. DIERGART, Leipzig u. Wien 1909, S. 16.

[2]) S. FELDHAUS (3) 878, 1295; O. STÜBINGER in Zschr. f. Gesch. d. Archit., Beih. 3 (Heidelberg 1909), S. 275 u. 281 ff.; H. MYGIND in Janus XX (1917), 342.

[3]) 33 h. n. 5 (30), § 94; 34 h. n. 16 (47), § 158 u. 17 (48), § 160. Zur Technik s. (3) 877 u. (4) 10 ff.

[4]) «Es geht mit der Zeit in kristallinische Zinnsäure über und verschwindet schließlich ganz» FELDHAUS (3), 8.

[5]) Der Absonderlichkeit halber will ich erwähnen, daß VINC. BELL. VIII, *Spec. nat.* c. 12 einen Auszug aus dem 33. Buch des PLINIUS unter der Überschrift *de luxuria modernorum* bringt.

[6]) Zum Verfahren s. (3), 643 nach LEONARDO DA VINCI. – Durch Funde – s. FELDHAUS (3) 877 und STÜBINGER, a. a. O., S. 282 – sind schon aus dem Altertum bleigelötete Wasserleitungsröhren bekannt, die nach Versuchen von BELGRAND (1875) noch einen ziemlichen Druck aushielten. – Hingegen habe ich die Verwendung bleierner Wasserrohre im Mittelalter nirgends erwähnt gefunden. Es ist überall von hölzernen Röhren die Rede, eine urtümliche Art, die auch PLINIUS – 16. h. n. 41 (81), § 224 – anführt, s. auch (3) 871 ff. – Nur von der Burg Gutenfels wird eine Leitung aus zusammengesetzten Tonkrügen erwähnt s. H. BERGNER, *Handbuch d. bürgerl. Kunstaltertümer*, I, 105.

Literatur: (1) M. BERTHELOT, *La Chimie au moyen âge*. Paris 1893. (2) L. V. DELISLE. *Traités divers sur les propriétés des choses*, Hist. litt. de la France XXX (1883), 334–388. (3) FR. M. FELDHAUS, *Techn. d. Vorzeit* usw., Leipzig u. Berlin 1914. (4) Ders., *Die geschichtl. Entwicklung d. Techn. d. Lötens*, Berlin 1911. (5) CHR. FERCKEL, *Gynäkologie d. Thomas v. Brabant*, München 1912. (6) AL. KAUFMANN, *Thomas v. Chantimpré*, Köln 1899. (7) E. O. v. LIPPMANN, *Abh. u. Vortr. z. Gesch d. Naturw.*, Leipzig 1906 u. 1913. (8) Ders., *Entstehung u. Ausbreitung d. Alchemie*, Berlin 1919. (9) K. MIELEITNER, *Gesch. d. Mineralogie im Altert. u. im Mittelalt.* (Fortschritte d. Mineralogie usw. VII, Jena 1922, S. 427–480). (10) *Das Buch der Natur von Konr. v. Megenberg*, hrsg. v. FR. PFEIFFER, Stuttgart 1861. (11) ED. REYER, *Zinn*, Berlin 1881. (12) V. ROSE, *Aristoteles de lapidibus und Arnoldus Saxo* (Zschr. f. deutsch. Altert., N. F. VI, 1875, 321–455). (13) J. RUSKA, *Das Steinbuch des Aristoteles*, Heidelberg 1912. (14) LYNN THORNDIKE, *A History of magic and experimental science*, London 1923. (15) JACOB VAN MAERLANT's *Naturen Bloeme, uitgeg. door* E. VERWIJS (Bibl. van Middelnederlandsche Letterkunde), Groningen 1878.

Zur Entwicklungsgeschichte der chemischen Zeichen.

Von

Paul Walden.

Über die alten «alchemistischen Zeichen» für die 7 Metalle ist viel geschrieben und noch viel mehr nachgedacht worden. Ihr Entstehungsort, ihr Alter, ihr eigentlicher Sinn, kurz die Natur- und Lebensgeschichte dieser Zeichen haben alle hervorragenden Historiker der Chemie interessiert; wir nennen nur Ameilhon[1]), Torb. Bergman und J. C. Wiegleb[2]), H. Kopp[3]), J. Hoefer[4]), M. Berthelot[5]), E. O. von Lippmann.[6]) Auf Grund der Ähnlichkeit einzelner Symbole mit hieroglyphischen Zeichen verlegte man früher den Ursprungsort gern nach dem alten Ägypten (vgl. z. B. Ameilhon, Bergman, Hoefer). Doch trotz gründlicher Prüfung der Frage fällt E. O. von Lippmann[6]) das folgende Urteil: «Die Frage nach Herkunft und Alter der von den mittelalterlichen Alchemisten und ihren Nachfolgern vielbenützten Zeichen . . . ist eine außerordentlich schwierige und auch heute noch bei weitem nicht ausreichend geklärte» (*Alchemie*, S. 347). Im Laufe der Jahrhunderte wurden aber diesen 7 klassischen Metallsymbolen zahlreiche andere beigesellt, und anläßlich der im «*Lexicon pharmacevtico-chymicum*» des Apothekers J. Chr. Sommerhof (Nürnberg 1701 und 1713) gegebenen großen Menge der sämtlichen Zeichen äußerte schon Wiegleb (l. c. 236) seine Verwunderung, woher der Verfasser sie genommen habe: «Es scheint fast (so urteilt Wiegleb), daß er die meisten zu beliebigem Gebrauche erst selbst ersonnen habe».

Es wäre aber ein Irrtum, zu glauben, daß es sich hierbei um eine längst überwundene Zeiterscheinung handelt. Noch im Jahre 1843 sah sich Justus Liebig, dem man wahrlich keine Rückständigkeit zusprechen und keinen Autoritätsglauben vorwerfen kann, gemüßigt, in seinem «*Handbuch der Chemie mit Rücksicht auf Pharmacie*» ein «Verzeichnis der älteren vorzüglichen pharmazeutischen und chemischen Zeichen und Abbreviaturen» zu geben. Etwa

---

[1]) H. P. Ameilhon, Notices et extraits des manuscrits usw., Paris, t. V, an VII (1804).

[2]) Bergman-Wiegleb, *Geschichte des Wachsthums und der Erfindungen in der Chemie*, 1792, Berlin und Stettin, S. 104 und 235 f.

[3]) H. Kopp, *Geschichte der Chemie*, II, 421 (Heidelberg 1844); *Beiträge zur Geschichte der Chemie*, (Braunschweig 1869), S. 499 ff.

[4]) J. Hoefer, *Histoire de la chimie*, 2e édit., t. I, 259 f., 268 (Paris 1866).

[5]) M. Berthelot, *Les Origines de l'Alchimie* (Paris 1885); *Introduction à l'étude de la Chimie des Anciens et du Moyen-âge* (Paris 1889); *Collection des anciens alchimistes grecs* (Paris 1888).

[6]) E. O. v. Lippmann, *Vorträge und Abhandlungen*, II, S. 192 f. (1913); insbesondere aber in *Entstehung und Ausbreitung der Alchemie*, Berlin 1919, S. 163, 347–354, 674.

150 derartiger Zeichen werden aufgeführt und von der folgenden Erklärung begleitet: «Obgleich die meisten dieser Zeichen in neueren Zeiten nicht mehr gebraucht werden und auch hie und da einige Abweichung herrscht, wodurch in jedem Falle leicht Verwirrung entstehen kann, so kommen dennoch mehrere noch vor, und der Pharmazeute muß Kenntnis davon haben». Wenn wir nun beachten, daß zu jener Zeit bereits die BERZELIUS'schen chemischen Symbole in den Lehrbüchern (und so auch in dem LIEBIG'schen) verwendet wurden, so werden wir nicht umhin können, die Lebenszähigkeit dieser alchemistisch-pharmazeutischen Symbole zu bewundern. Daß bei diesem Doppelregiment das Zurückweichen der alten Symbole vor den neuen chemischen Zeichen und Formeln nur langsam sich vollzog, ist selbstverständlich. Doch wenden wir uns der Gegenwart zu.

Es ist bemerkenswert, daß die «alchemistischen Zeichen», diese *documents humains* aus einer weit zurückliegenden Periode, gerade in jüngster Zeit ein reges Interesse gefunden haben, und zwar sind es vorwiegend die nichtchemischen Kreise, oder außerhalb der Gemeinde der historischen Forscher Stehende, die für diese Belebung des Interesses Sorge tragen. Sucht man nach den tieferen Gründen für diese Geistesrichtung, so wird man sie unschwer in der modernen physikalisch-chemischen Forschung, insbesondere in der Lehre vom Bau der Atome und von der Zertrümmerung der Atome und Elemente suchen. Ist doch nur zu oft ausgesprochen worden, und zwar von Vertretern der heutigen Wisssenschaft, daß – vom theoretischen Standpunkt aus – eine Verwandlung der Metalle wohl möglich, also die Alchemistenlehre von der künstlichen Darstellung des Goldes, etwa aus Quecksilber, «kein leerer Wahn» sei! Erscheint es dann befremdend, daß in weiten Kreisen die Ansicht feste Wurzel fassen konnte, daß die Alchemisten bereits diese Wege gekannt und diese «Transmutation» praktisch geübt haben? War dann der Schritt nicht zwingend, daß sie ihre Kenntnisse in den alten Schriften niedergelegt, unter ihren «Geheimsymbolen» verborgen haben? Das sichtbare Ergebnis dieser Umbiegung von der modernen Theorie zur alten alchemistischen Praxis liegt in dem heutigen Büchermarkt vor uns, – ein «Aufflackern der Alchemie» und eine Wiedererweckung der «geheimen Wissenschaften», der Magie, Kabbala, der Rosenkreuzerlehre durch zahlreiche Einzelschriften, durch Herausgaben jener einst vergeblich zerlesenen Werke, – sie sind Zeichen unserer Zeit, bedauerliche Abirrungen vom Wege des Fortschritts.

In diesem Zusammenhange sind alsdann auch die verschiedenen Werke zu bewerten, welche die alten Symbole uns bildlich vor Augen führen und begrifflich erschließen wollen, um den Weg zum Verständnis der vorhin erwähnten Quellenwerke zu erleichtern. Wir nennen nur GESSMANNS Lexikon[1]), das auf 120 Tafeln einige Tausend solcher Symbole bringt! Um einen Begriff von der Belastungsart des Gedächtnisses der Leser solcher Schriften und von der Phantasiefülle der Erfinder dieser Zeichen zu geben, sei erwähnt, daß z. B. für Kupfer (Cuprum) etwa 46 verschiedene Symbole,

[1]) G. W. GESSMANN, *Die Geheimsymbole der Alchymie, Arzneikunde und Astrologie des Mittelalters*, II. Aufl., Berlin 1922.

für metallisches Quecksilber etwa 58 Einzelsymbole, für gemeines Salz etwa 37, für Steinsalz etwa 46 Symbole gegeben werden! Wir verweisen auf das «*Zeichenbuch*» von R. KOCH [1]), das Zeichen und Sinnbilder «von Handwerkern und Kaufleuten, von Steinmetzen und Apothekern, von Astronomen und andern weisen Männern» bringt. Und ebenso erwähnen wir die Arbeit von F. LÜDY jr.[2]) *Über die alchemistischen Zeichen*, worin eine systematische Zusammenstellung nebst Erläuterung der Zeichen enthalten ist.

Der moderne Chemiker blickt mit gemischten Gefühlen auf diese Überfülle von Zeichen für ein und dasselbe chemische Individuum; verständnislos fragt er sich nach dem Zweck dieser Vielheit und nach den wissenschaftlichen Erfolgen dieser «Tausende und aber Tausende von zusammengesetzten symbolischen Darstellungen, welche im Mittelalter geschaffen wurden» (GESSMANN). Er fragt sich: wer schuf und benutzte diese Unmenge von Zeichen? Waren es die chemischen Lehrer und Experimentalforscher? Und weiterhin wird er diesen alten Zeichen die modernen gegenüberstellen, beide ihrem Wesen, ihrer Wirkung und Entwicklungsfähigkeit nach vergleichen. Bei dieser Analyse wird er unschwer erkennen, daß die Chemie der Gegenwart nicht Tausende, sondern Hunderttausende solcher zusammengesetzten chemischen Symbole hat, die aber ebensovielen bestimmten Individuen entsprechen. Und wenn er die Verbindungen der organischen Chemie näher studiert, wird er die geradezu überwältigende Macht der modernen Zeichen bestaunen, indem mit Hilfe von nur wenigen (etwa 4) Grundsymbolen diese Hunderttausende von zusammengesetzten Formelzeichen gebildet werden konnten; ja, er wird dessen gewahr werden, daß ohne das geistige Werkzeug der modernen chemischen Zeichen, ohne diese chemische Schnell- und Kurzschrift, die heutige organische Chemie nicht denkbar, die organische Synthese wesenlos wäre!

Es tritt dann eine Reihe von neuen Fragen entgegen: Welche Ursachen der wissenschaftlichen Aufgaben führten zur Aufstellung neuer Systeme, bzw. des heutigen Systems der chemischen Zeichen? Welche Denker und Forscher wirkten dabei mit? Welcher Entwicklung unterlag dasselbe bisher, und ist es in gegenwärtiger Zeit abgeschlossen? Diese Fragen – wenn auch nur kurz – zu beantworten, soll im nachstehenden versucht werden.

Chemische Lehrbücher vor 1800 und alchemistische Zeichen.

Im Jahre 1595 erschien des ANDR. LIBAVIUS' «*Alchemia*», ein Werk, das als das erste wissenschaftliche Lehrbuch der Chemie anzusprechen ist. Hier werden die chemischen Zeichen nicht erwähnt (WIEGLEB, l. c. 236). Im selben Jahre veröffentlichte LIBAVIUS das mehrbändige Werk *Rerum chymicarum epistolica forma ad philosophos et medicos* (I. Teil, 1595; II. Teil, 1595; III. Teil, 1599). In diesem Werk kommen gelegentlich die Symbole für die Metalle vor, doch fast ausnahmslos nur an den Seitenrändern, zur bequemeren Inhalts-

---

[1]) RUD. KOCH, *Zeichenbuch, welches viele Arten von Zeichen u. Sinnbildern enthält usw.* II. Aufl., 1926.

[2]) F. LÜDY jr., Chem. Zentr., 1926, I, 2525.

angabe der einzelnen Abschnitte. Nur im I. Band (S. 174) findet sich, im Anschluß an «*Hieroglyphia Mercurii philosophorum* ☿», im Text eine Beschreibung der Zeichen auch für andere Metalle. Das ebenerwähnte Quecksilberzeichen findet sich auf den Seitenrändern häufig (II. Teil, S. 38, 39, 45, 108, 389, 453, 461, 476, 481, 510, 583, 587). – hieraus ist zugleich die große theoretische Bedeutung des «philosophischen» Mercurius zu ersehen. Für Silber (Argentum, Luna) tritt das Zeichen ☽ entgegen (II, 356, 481; III, 212); für Gold wird das Zeichen ⊙ gebraucht (II, 510). «Circulus cum puncto indicat solem seu aurum» (I, 174). Als Zeichen des plumbum candid. steht ♃ (II, 356). Im Bde. III (S. 345) handelt ein Abschnitt «*de chymicorum scriptura*»; daselbst wird die Bildung von Geheimschriften behandelt, indem z. B. ein besonderes Alphabet konstruiert werden kann: Alii duodecim signorum, septem planetarum, & quinque aspectuum notas vice literarum pingunt.

Nic. Lemerys *Cours de Chymie* (1675, erschien bereits 1683 in fünfter Auflage) war bis in das XVIII. Jahrhundert hinein ein allgemein anerkanntes Lehrbuch, das in klarer wissenschaftlicher Darstellung die chemischen Kenntnisse vermittelte. In diesem Werke finde ich kein chemisches Symbol oder Zeichen; auf eine kurze «Explication de plusieurs termes desquels on se sert en Chymie» (S. 53–56), sowie eine ironische Schilderung der alchemistischen Goldgewinnung (S. 61–72) sei verwiesen.

Nehmen wir ein klassisches Lehrbuch der Chemie aus der ersten Hälfte des XVIII. Jahrhunderts, und zwar H. Boerhaaves *Elementa chemiae* (1732). Weder im ersten Bande (De Historia et Theoria Artis), noch im zweiten Bande (Operat. chem.) dieses großen Werkes wird von den alchemistischen Zeichen Gebrauch gemacht. Dagegen finden sie eine Erwähnung und Erklärung in einem kurzen Abschnitt über die Metalle (Bd. I, 31–43). Hier heißt es: «... Quin & Characteribus iisdem ⊙, ☾, ☿, ♀, ♂, ♃, ♄, Astronomi, & Astrologi, planetas coelestes, Chemici metalla designaverunt. Dubium, qui priores, notis his, ad sua usi fuerint. Sane ex hieroglyphica scribendi ratione Chemici sua corpora satis recte exprimunt, ut contemplanti patet.»

« † notat omne acre, rodens, acetum, ignem ...
⊙ „ „ perfectum, immutabile, simplicissimum. Tale aurum est;
☾ „ semi aurum ... id in argento observant Alchemistae.
☿ „ intimam partem purum aurum ... Id de argento vivo Adepti asserunt ... »

Ferner die Symbole: ♂ - Ferrum, ♄ - Plumbum, ♃ - Stannum, ♀ - «notat partem praecipuam aurum esse», «acris notae»; dann ♁ - «notat Chaos, τὸ πᾶν, mundus, unum in quo omnia»; ▽ - Wasser (Antlia), △R - aqua regis.

Salze, Vitriole (vitriola), Säuren, Schwefel usw. haben keine Zeichen. Die Affinitätsmessungen mit den verschiedenen Zeichen Geoffroys waren jedoch schon 1718 erschienen! (Vgl. nachher.)

Wenn wir nun die Zeichen des berühmten Apothekers vom Jahre 1595 mit den chemischen Zeichen vom Jahre 1732 vergleichen, so fallen uns Formänderungen auf, welche an den Metallen Silber und Quecksilber inzwischen stattgefunden haben. Eine Umkehr ist an dem Silbersymbol aus

☽ in ☾, eine Umformung an den Hörnern des Quecksilbersymbols aus ☿ in ☿ eingetreten.

Über den Stand der Zeichenverwendung in den chemischen und pharmazeutischen Lehrbüchern gegen Ende des XVIII. Jahrhunderts sei folgendes gesagt: In dem «*Taschen-Buch für Scheidekünstler auf das Jahr 1780*» (Herausgeber J. Fr. A. Göttling), in dem «*Grundriß der Experimentalpharmacie*» (I. Teil. 1792; II. Teil, 1793) von S. Fr. Hermbstädt, – sowie in dem mehrbändigen Werk «*Systematisches Handbuch der gesammten Chemie*» (I. Auflage 1787; III. Auflage 1806 – 1807) von Gren (und Klaproth), also in diesen drei verbreiteten wissenschaftlichen Werken von verschiedenem Typus finden sich keine Symbole, weder diejenigen aus der ältesten, noch auch solche aus der jüngeren Zeit.

Kurz zusammengefaßt läßt sich sagen, daß die wissenschaftlichen Lehrbücher der Chemie während der Periode 1600 – 1800 entweder nur einen beschränkten Gebrauch (durch gelegentliche Hinweisung auf die alchemistischen Metallsymbole) von diesen «Geheimsymbolen» machten, oder ihrer überhaupt keine Erwähnung tun.

Medizinisch-chemische und praktisch-chemische Werke.

In welchem Umfang wurden die Symbole in den Werken der Mediziner und praktischen Chemiker benutzt und welche Art von Symbolen wurde gebraucht? Einige Beispiele seien herausgegriffen. Paracelsus (z. B. in *Coelum philosophorum* usw., Ausgabe Frankfurt 1603) gebraucht gelegentlich die Metallsymbole, und zwar für Silber das Symbol ☾, Blei = ♄.

In des sogenannten Basilius Valentinus Werk *Letztes Testament* (herausgegeben von Nenter, 1712; IV 242) ist Gold = ☉, Silber = ☽, Quecksilber = ☿. In dem Buch «*Offenbahrung der verborgenen Handgriffe*» (Erfurt 1624) heißt es bei den Fällungen: «Vitriol schlägt nieder Mercurium vivum und Sal Tartari das ☉, ♀ und gemein Salz das ☽, ♂ die ♀ usw.» –

In der Ausgabe der «*Chymischen Schriften*» des Fr. Bas. Valentini von Ben. Nik. Petraeus (Hamburg 1717, bzw. 1740) finden sich im Texte selbst keine alchemistischen Zeichen, wohl aber finden sich auf den symbolischen Figurentafeln die üblichen Zeichen der 7 Metalle in der Reihenfolge: ☉, ☽, ♄, ♃, ☿, ♂, ♀; zwischen diese sind eingegliedert die Symbole für Salze u. ä.: ⌽⟶, ✡, ○, ⦶, ⊖, ferner 🜍 (Schwefel) und ♁ (Antimon) (l. c. Figur zu S. 103).

In dieselbe Zeit fallen auch die Schriften des vielerfahrenen Joh. Rud. Glauber. Es ist besonders seine *Pharmacopoea spagyrica* (mit erstem, zweitem und drittem Appendix), die 1654 – 1668 in Amsterdam erschien und schon im Titel mit der symbolischen Zeichensprache prunkt, z. B. etwa: « . . . und insonderheit vom nützlichen ausziehen oder scheiden des ☉ und ☽ aus dem ♃ gehandelt wird. Nebst einem Bericht: Wie per aquam ☿ alem ♃is nicht nur aus ☉, sondern auch ♂te und ♀e. Wie auch aus den edlen und unedlen Steinen ihre Tincturen gleichsam in Momento ohne △ und Kosten in Copia zu extrahiren». (Zweiter Appendix, Amsterdam 1668.)

Zu Beginn des XVIII. Jahrhunderts erschien das Werk des gewiegten Praktikers Joh. Kunckel von Löwenstern: *Laboratorium Chymicum*, herausgegeben von J. C. Engelleder, Hamburg und Leipzig 1722. Auch hier wird die gelehrt erscheinende Symbolsprache nicht verschmäht. Mitten im Text steht z. B. das Zeichen ☉, wo Gold oder Aurum stehen sollte, ebenso durchweg das Zeichen ☽, wenn Silber gemeint ist; war vorher vom Mercurius die Rede, dann folgt nachher das Symbol ☿ (z. B. S. 75, oder 247: «Denn wenn gleich der ☿ zu ☉ und ☽ wird, so ist und bleibet er doch ☿»). Die Bezeichnung stimmt also mit derjenigen des Bas. Valentinus überein. Für die anderen Metalle sind dieselben Symbole wie bei Boerhaave aufgeführt: ♀ (Venus = Kupfer), ♂, ♃ und ♄. Ferner ist hier Antimon = ♁ gesetzt (z. B. «ein Pfund ♁nii crudi», l. c. S. 449).

Eines verdient besonders hervorgehoben zu werden: die praktische Notwendigkeit, zusammengesetzte Stoffe, die von einem bekannten Metall sich ableiten, durch eine kurze Formel auszudrücken, zwingt zu einer Formelsprache, die aus einem alchemistischen Symbol mit eng angefügter lateinischer Charakterisierung gebildet ist. Bei Kunckel ist dieses Bezeichnungsverfahren stark entwickelt, z. B. für Goldverbindungen: ☉ potabile (S. 143), ☉ fulminans (S. 272, 275), ☉ vitae (S. 230), sal ☉ (S. 297), oder für Silberderivate: amalgama ☽ (S. 304), calx ☽ und tinctura ☽ (S. 306), ☽ cornea (S. 308, 314, 328) = Luna cornea, ☽ corrosiva (S. 314), oder Sulphur ☽ = Sulphur Lunae (S. 323), bzw. Sal Lunae = Sal ☽ (S. 331) usw.

Es ist hier wie vorhin wohl hauptsächlich eine Art chemischer Kurzschrift, oder die Tendenz nach äußerlicher Gelehrsamkeit, welche jene Ausdrucksform wählen ließ.

Überblicken wir nun auch diese Art von historischen Dokumenten, so erkennen wir, daß es in erster Reihe wiederum die alten Metallsymbole sind, die sich eines gewissen Gebrauches erfreuen. Der Umfang dieser Verwendung ist aber beschränkt.

Experimentelle wissenschaftliche Forschung.

Wie stellten sich die Vertreter der experimentellen wissenschaftlichen Forschung zu den alten Symbolen? Wir wählen aus der Zeit 1600 – 1800 diejenigen Werke, welche die Verbrennungserscheinungen betreffen und gerade die Metalle als Versuchsobjekte behandeln, da hier die Gelegenheit zur Verwendung der alchemistischen Metallsymbole gegeben war. Unter den Wegbereitern für die neue (antiphlogistische) Chemie sind besonders Jean Rey (1630), John Mayow (1674), C. W. Scheele, sowie J. Priestley (1775) u. H. Cavendish zu nennen. In J. Reys denkwürdiger «*Abhandlung über die Ursache der Gewichtszunahme von Zinn und Blei beim Verkalken*» (1630) finden sich keine Zeichen für Blei, Zinn, Quecksilber, Kalk usw.[1]) Die Untersuchungen John Mayows «*über den Salpeter und den salpetrigen Luftgeist, das Brennen und das Athmen*» (1674) behandeln verschiedene Salze, Schwefel, Vitriole, Eisen, Kalk u. a., – alchemistische Zeichen werden aber bei keinem Stoffe angewandt.[2])

Waren Rey und Mayow Ärzte, so war Scheele Apotheker, und dann lag es nahe, gerade bei ihm die Verwendung der alten Zeichen zu ver-

---

1) Vgl. Ostwald, *Klassiker* Nr. 172.
2) Vgl. Ostwald, *Klassiker* Nr. 125.

muten. Doch weder in SCHEELES «*Chemischer Abhandlung von Luft und Feuer*» (II. Ausg., 1782) noch in PRIESTLEYS «*Experiments and Observations on Different Kinds of Air*» (London 1775, Vol. II, On dephlogisticated Air), oder in H. CAVENDISHS klassischen Untersuchungen (vgl. *The scientific Papers of the Hon. Henry Cavendish, edited by Sir* E. THORPE, Cambridge 1921, Vol. II, Chemical and Dynamical), welche einen Zeitraum von 1766 – 1788 umfassen, finden sich alchemistische oder andere chemische Symbole. Nur in seinen handschriftlichen Notizen, so z. B. in den unveröffentlichten Papieren über «*Wärme und Kälte*» (vgl. l. c. Vol. II, p. 332 ff.) wird offenbar als Abkürzungszeichen durchweg für Quecksilber das Zeichen ☿ gebraucht.

Aus jener Zeit der großen Ereignisse in der Chemie wollen wir noch einer grundlegenden physikalisch-chemischen Untersuchung gedenken. Es ist die Arbeit von Sir CHARLES BLAGDEN (1788) über die Gesetze der Überkaltung und Gefrierpunktserniedrigung wässeriger Salzlösungen.[1]) Salze mannigfacher Art, Säuren, Alkalien usw. kommen hierbei in Betracht, doch alchemistische Symbole für dieselben findet man hier nicht.

Das Ergebnis dieser Nachprüfung lautet kurz: Die wissenschaftlichen Erforscher der Verbrennungserscheinungen (oder der «Metallverkalkung») haben den publiken Gebrauch der alchemistischen Zeichen auch für die Metalle vermieden.

Beginn der Affinitätsmessungen (Verwandtschaftstabellen).

Das Bedürfnis nach einer chemischen Zeichensprache überhaupt wurde in dem Maße immer mehr fühlbar, als der in früheren Epochen vorherrschende Drang des Geheimhaltens einem machtvollen Drang zur Offenbarung, zur Ergründung der chemischen Vorgänge Platz machte. Durch die Arbeiten von Chemikern, wie GLAUBER, BOYLE, LEMERY, BECHER, KUNCKEL, BOERHAAVE, STAHL u. a., war das Tatsachenmaterial wesentlich bereichert worden; die Klasse der sog. Salze hatte, durch die Iatrochemie beinflußt, einen erheblichen Zuwachs erhalten, neue vereinfachte Methoden ihrer synthetischen Gewinnung waren bekannt geworden. Andererseits hatte NEWTON den Naturwissenschaften neue mathematische Grundlagen gegeben und durch die Lehre von der Anziehung, die auch auf die kleinsten Teilchen der Körper übertragen werden konnte, für die Ursache der chemischen Wechselwirkung eine anschauliche Vorstellung geliefert. Es erstand damit das Gebiet der «Affinitätsbestimmungen». Die Versuche zur Systematisierung der Verwandtschaften, die Notwendigkeit der tabellarischen Darstellung der Ergebnisse, das Fortschreiten von qualitativen Betrachtungen zu quantitativen Bestimmungen der Vorgänge und Stoffe, dies alles führte allmählich aus den geheimnisvollen alchemistischen Zeichen hinaus zu einer neuen chemischen Zeit mit neuer, rationeller Formelsprache.

Am Anfang dieser neuen Zeit stehen die Versuche E. F. GEOFFROYS vom Jahre 1718. E. F. GEOFFROY sen. veröffentlichte 1718 seine «*Table des différents rapports observés en chimie entre différentes substances*». Die Zeichen GEOFFROYS betreffen nicht allein die historischen Elemente, sondern auch Basen, Säuren

[1]) Vgl. OSTWALD, *Klassiker* Nr. 56.

und Salze. Für die Metalle gibt er die nachstehenden Symbole: SM = substances métalliques, ☉ or, ☽ argent, ☿ mercure, ♀ cuivre, ♂ fer, ♄ plomb, ♃ étain; dann noch Zc = zinc, ♕ = régule d'antimoine. Weiterhin: 🜃 = terre absorbante, ▽ = eau, 🜔 sel, 🜍 = soufre minéral, 🜏 = Principe huileux ou soufre principe. Säuren, Salze usw.: ↜↝ = esprits acides, >🜔 acide du sel marin, >⦶ acide nitreux, >⊕⊣ acide vitriolique, ÷|÷ = esprit de vinaigre, 🜅 = esprit de vin et esprits ardents. ⊖▽ sel alcali fixe, ⊖^ sel alcali volatil.

Säure- und Salzcharakter der Stoffe erhalten demnach besondere, allgemein gültige und nicht allzu zahlreiche Unterscheidungszeichen, wobei der Kreis ○ als Grundsymbol dient und durch räumliche Versetzung der Nebensymbole die Abstammung, bzw. Natur der einzelnen Stoffe gekennzeichnet wird.

Ein halbes Jahrhundert später tritt Torbern Bergman mit ähnlichen Forschungen auf.

In seiner umfangreichen Abhandlung *Von der Attraction* (1775) gibt T. Bergman für 59 verschiedene Substanzen (teils einfache, teils zusammengesezte) die chemischen Zeichen, «die teils bekannte, teils neue sind». Mit ihrer Hilfe stellt er dann seine Verwandtschaftstabellen auf und gibt die Umsetzungsgleichungen (Kleine Schriften. III, 360 – 602. 1785). Zur Bezeichnung der Säure dient +, des reinen «Kalchs» (Metalloxyds): ♆ p. Materie der Wärme: △; Phlogiston 🜏 (s. o.); Lebensluft (Sauerstoff) 🜁; Schwefel 🜍.

Für die Metalle (oxydiert) werden zusammengesetzte Zeichen verwandt: Platine ♆ ☽☉; Gold ♆ ☉; Silber ♆ ☽; Quecksilber ♆ ☿; Blei ♆ ♄; Kupfer ♆ ♀; Eisen ♆ ♂, Zinn ♆ ♃; Wismuth ♆ ♉; Nickel ♆ ⚲; Arsenik ♆ ○-○; Cobalt ♆ ♀; Zink ♆ ○; Antimon ♆ ♁; Magnesium (Mangan) ♆ ⦶. Auch die Säuren haben zusammengesetzte Symbole (aus + und Salz):

Anorg.: Vitriolsäure + ⊕, Salpetersäure + ⦶, Salzsäure + ⊖, dephlogistierte Salzsäure (Chlor) + ⊖🜏, Königswasser ▽R. Organ. Säuren: Weinsteinsäure + ⚱, Sauerkleesäure + ⦶. Citronensäure + C, Benzoësäure + ⚲, Essigsäure ÷|÷ (s. o.), Ameisensäure + *f*.

Alkalien: fixes (reines) Pflanzenalkali ⊖▽ v p (s. o.); reines fixes Mineralalkali ⊖▽ m p (s. o.); reines flüchtiges Alkali ⊖^ p. Wasser ▽, Weinalkohol 🜅 (s. o.). Äther ∘8∘.

In welcher Weise Bergman nun die chemischen Umsetzungen darstellte und welche äußere Gestalt derartige Formeln für «doppelte Attraktionen» annahmen, zeigt z. B. das Schema 24 (Bergman gibt 64 Schemata) – «salpetersaures Quecksilber durch das geheime Salmiaksalz zerlegt»:

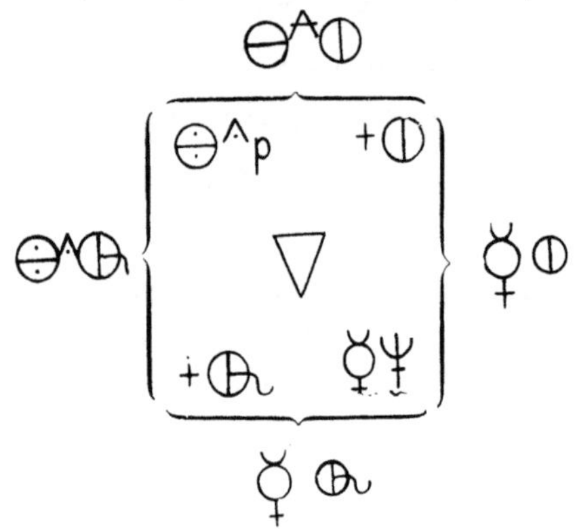

Es ist nicht zu verkennen, daß Bergmans Symbole sich noch ganz auf dem historischen Boden der alchemistischen Zeichen, der alten Metallsymbole usw. bewegen. Die letzeren werden durch das Gruppensymbol Ψ für Metallkalke vermehrt. Die Zahl der Metalle und Säuren ist seit Geoffroys Versuch angewachsen, das Studium der chemischen Umsetzungen hat eine erhebliche Ausdehnung erfahren. Immer dringlicher wird das Bedürfnis, den neuen Erkenntnissen eine neue Ausdrucksweise zu schaffen, die Reaktionen, nicht allein die Stoffe zu symbolisieren.

Beginn der quantitativen Chemie: «Zahl, Natur und Verhältnis».

An die bisherigen Symbole, die nur den chemischen Charakter der Stoffe wiedergaben, trat eine neue Aufgabe heran, als sie auch die chemischen Vorgänge zwischen den verschiedenen Stoffen kurz darstellen sollten. Von dem Zeitpunkte an, als auch das Gewicht in die chemischen Bildungs- und Umsetzungsvorgänge eingeführt wurde, als die Untersuchungen einen wägenden und messenden Charakter annahmen, bzw. das Gesetz von der Erhaltung des Gewichts (der Masse) auf die chemischen Vorgänge angewandt wurde, trat immer deutlicher die Unzulänglichkeit der alten Symbole und die Unbequemlichkeit ihrer zahlenmäßigen Verwertung hervor. Dies ersehen wir aus Lavoisiers Bemühungen, den chemischen Reaktionen ein mathematisches Gewand zu verleihen, sie in eine Gleichung zu bringen.

Im Jahre 1782 untersuchte Lavoisier (Mém. de l'Acad., 1782, p. 492) die Auflösung der Metalle in Säuren. Nehmen wir als Beispiel die Reaktion zwischen Eisen und Salpetersäure, die in 2 Teilen Wasser gelöst ist, wobei die Salpetersäure als aus «salpetriger Luft», Sauerstoff und Wasser bestehend angenommen wird. Es bedeutet:

♂ - Eisen, ▽ - Wasser, - Sauerstoff, Salpetrigluft,

bzw. Salpetersäure.

Die zur Reaktion verwendete Eisenmenge sei a, und bedeute b das Mengenverhältnis zwischen dem reagierenden Eisen zur Salpetersäure, dann stellt sich die Zusammensetzung des Gemisches vor der Reaktion folgendermaßen dar:

$$(a\,♂) + \left(2ab\,\nabla + \frac{ab}{q}\nabla\right) + \left(\frac{ab}{s}\,\text{⊕} + \frac{ab}{t}\,\text{△}\right).$$

Wird die Menge der zur Auflösung nötigen Salpetersäure ab = 1 Pfund genommen, dann ergibt sich für den Zustand der Lösung nach der Reaktion die Gleichung;

$$\left(a♂ + \frac{a}{p}\text{⊕}\right) + \left(2\nabla + \frac{1}{q}\nabla\right) + \left(\frac{1}{s}\text{⊕} - \frac{a}{p}\text{⊕} + \frac{1}{t}\text{△} - \frac{a}{p}\text{△}\right).$$

Durch Versuche wurden die Zahlenwerte ermittelt und der Gleichung folgende Gestalt gegeben:

$$(\cdot 2\ ♂ + \cdot 058\ \text{⊕}) + (2\cdot 5\ \nabla) + (\cdot 192\ \text{⊕} + \cdot 192\ \text{△}).$$

Daß in diesem Vorgehen Lavoisier's nicht die Form der Zeichen, sondern die neuartige Anwendung derselben das besondere Interesse verdient, ist klar. Hier tritt uns erstmalig der historisch denkwürdige Versuch entgegen, unter Zuhilfenahme der Symbole die Formeln für zusammengesetzte Stoffe und die Gleichungen für chemische Reaktionen in quantitativer Weise zu entwerfen. Wenn wir die Ansicht Kants gelten lassen, « . . . daß in jeder besonderen Naturlehre nur so viel eigentliche Wissenschaft angetroffen werden könne, als darin Mathematik anzutreffen ist» (*Metaphysische Anfangsgründe der Naturwissenschaft*. 1786), so muß zugegeben werden, daß die mathematische Erfassung chemischer Vorgänge durch Lavoisier in der Entwicklungsgeschichte der Chemie einen Wendepunkt bedeutet.

Doch die alchemistischen Zeichen waren zu wenig fügsam, zu wenig inhaltreich. In Erkenntnis dessen hatte die französische Akademie der Wissenschaften nicht nur eine dem antiphlogistischen System entsprechende neue chemische Nomenklatur (1787) gutgeheißen, sondern auch die Notwendigkeit neuer chemischer Symbole erkannt. «Wenn die Zahl der einfachen bekannten Substanzen und das Verhältnis, das sie unter sich haben, angegeben ist, welche Art von Zeichen wird man ihnen beizulegen haben, damit sie durch ihre Verbindung untereinander zusammengesetzte Zeichen bilden können, die die Zahl und Natur der einfachen, in eine Mischung kommenden Substanzen anzeigen?» Und weiter: «Die chemischen Zeichen müssen wie die Zeichen der Algebra beschaffen sein, welche die Operationen des Geistes bezeichnen, in dieser Wissenschaft nötig sind, und den Feldmessern aller Länder die Mittel, sich verständlich zu machen, erleichtern», so argumentierten J. H. Hassenfratz und P. A. Adet.

Hassenfratz (Bergwerksunterinspektor) und Adet jun. (dirig. Arzt) haben 1787 in ihrer «*Abhandlung über neue in der Chemie anzuwendende Zeichen*»[1]) ein denkwürdiges Dokument geschaffen, das nicht nur zu der Zeit seines Er-

[1]) Vgl. K. v. Meidinger, *Methode der chemischen Nomenklatur* usw., Wien 1793.

scheinens einen großen wissenschaftlichen Wert besaß, sondern noch gegenwärtig wegen der Vielseitigkeit der mitberücksichtigten Faktoren unsere Bewunderung verdient. – Die Weite ihres Blickes zeigt sich in ihrem Ziel bei der Aufstellung der neuen Zeichen:

> «Man kann die Chemie als eine Wissenschaft betrachten, welche uns lehret, wie in einer Zusammensetzung (d. h. chemischen Verbindung) die Zahl, Natur und das Verhältnis der als einfach betrachteten Substanzen beschaffen, und was die gegenseitige Wirkung sei, welche die einfachen oder zusammengesetzten Substanzen gegeneinander ausüben» (l. c. S. 315).

Die Zeichen sollten also Zahl, Natur und Verhältnis der einfachen Substanzen in einer chemischen Verbindung ausdrücken und zugleich anzeigen, auf welche Art diese verschiedenen Elemente ineinander wirken. Das Ziel war weit hinausreichend über alle früheren Bemühungen, es war zu weit auch für den damaligen Stand der Chemie, – es bildete gleichsam das Arbeitsprogramm für kommende Generationen von Chemikern.

Man kann zweierlei Prinzipien bei dieser neuen Zeichengebung unterscheiden: 1. einfache geometrische Figuren (Zeichen) zur Kennzeichnung von Körperklassen, 2. Buchstaben zur Unterscheidung der Einzelstoffe und 3. gerade Linien in verschiedener Stellung zur Bezeichnung von Lichtstoff, Wärmestoff, Sauerstoff und Stickstoff, «die in die Mischung der meisten Körper zu kommen scheinen» (l. c. S. 321).

Als erstes Beispiel wählen wir die Metalle, um an ihnen den Unterschied der neuen Symbole gegenüber den bis dahin hartnäckig gewahrten alchemistischen Zeichen zu veranschaulichen. Als Wurzelsymbol für die metallischen Substanzen dient ein Kreis ○. Um nun die einzelnen Metalle kenntlich zu machen, wird in jeden Kreis der Anfangsbuchstabe des lateinischen Namens[1]) dieses Metalles gesetzt: «Wir haben uns deswegen der lateinischen Anfangsbuchstaben bedient, weil die lateinischen Namen allen Gelehrten bekannt sind», fügen die Autoren erklärend hinzu. Nur für das Gold wird – um den alten Charakter beizubehalten – das Zeichen ⊙ gewählt. Es resultieren hiernach für die metallischen Elemente folgende Symbole:

(A) = Argentum, (As) = Arsenicum, (B) = Bismuthum. (C) = Cuprum, (F) = Ferrum, (H) = Hydrargyrum, (M) = Magnesium (Mangan), (ML) = Molybdenum, (S) = Stannum, (Sb) = Stibium, usw.

Hierbei fällt es auf, daß bei gleichlautenden Anfangsbuchstaben verschiedener Metalle noch ein kleiner Buchstabe[1]) (Konsonant) aus dem Namen dem Zeichen beigefügt wird, z. B. As, Sb usw.

Für die entzündlichen Substanzen (Wasserstoff, Kohlenstoff, Schwefel, Phosphor) wird ein Halbkreis in verschiedener Stellung gewählt (man wird hier wohl eine geistige Nachwirkung der Phlogistonlehre bei diesen beiden Antiphlogistikern erblicken können!).

---

[1]) Man vergleiche hierzu das System der Symbolbildung bei BERZELIUS und beachte das Gemeinsame in beiden Systemen.

Die ersten abgekürzten Symbole für Säure-Radikale[1]) rühren ebenfalls von Hassenfratz und Adet 1787 her. Als Grundsymbol dient hierbei ein □; die Einzelradikale werden dann durch eingeschriebene große Buchstaben, und zwar die ersten Buchstaben des lateinischen Namens charakterisiert, also [A] = Radikal der Essigsäure (acid. aceticum), [B] = Rad. d. Borsäure, [Bz] = Rad. d. Benzoësäure, [C] = Rad. d. Citronensäure, [F] = Rad. d. Flußspathsäure, [Fm] = Rad. d. Ameisensäure (acid. form.), [M] = Rad. d. Salzsäure («murium»). Hierbei wird nun ein Grundsatz angewandt, der nachher (bei Berzelius) wiederkehrt: bei Stoffen mit gleichlautenden Anfangsbuchstaben wird noch ein (kleiner) Hilfsbuchstabe hinzugefügt, z. B.: Bz, Cp, Ml, Fm.

In gleicher Weise werden Basen-Radikale (Alkali) durch das Gruppensymbol △, die Erden dagegen durch ▽ gekennzeichnet; die Einzelstoffe werden dann wiederum durch den Anfangsbuchstaben der lateinischen Benennung bestimmt, z. B.:

△P = Pottasche, △S = Soda; ▽B = Baryt, ▽C = Kalkerde.

▽M = Magnesia, ▽A = Alaunerde, ▽S = Kieselerde.

Neben den eben dargelegten Symbolformen haben die beiden Autoren noch die schwierige Frage nach den Regeln, wonach die Zeichen der chemischen Verbindungen zu bilden sind, einer Lösung zuzuführen versucht. Hierbei galt es – nach ihrem eingangs angeführten Arbeitsprogramm – nicht nur die Natur, sondern auch die Zahl und das Verhältnis der Komponenten möglichst eindeutig auszudrücken. Kurz gesagt: als das Endziel schwebt ihnen schon eine chemische Formel vor, welche qualitativ und quantitativ die Verbindung beschreibt. Daß dieses Ziel überhaupt gesteckt wurde, bedeutet einen gewaltigen Fortschritt, daß es nicht erreicht werden konnte zu einer Zeit, wo es noch keine Atomtheorie und keine Erkenntnis der multiplen Proportionen gab (also vor Dalton und Berzelius), ist daher sinngemäß. Es ist nun reizvoll zu erörtern, mit welchen Mitteln sie der Lösung des Problems nähertraten.

Die Aufgabe ist am einfachsten, « . . . wenn das Verhältnis der Menge unter den Bestandteilen einer Mischung das nämliche wäre». Bei gleichen Proportionen in der Verbindung setzt man die Zeichen der Komponenten eng nebeneinander auf eine Horizontallinie, z. B.:

Essigsaurer Kalk ▽C[A], essigssaure Pottasche △P[A], citronensaures Sodasalz △S[C].

Die Base wird hier überall vor das Säureradikal gesetzt.[2])

Der zweite Fall ist derjenige, wo eine der beiden Substanzen vorwiegt. Dann tritt an Stelle des Nebeneinander ein Übereinander, d. h.

[1]) Man vergleiche hierzu das System der Symbolbildung bei Berzelius und beachte das Gemeinsame in beiden Systemen.

[2]) Berzelius setzte nachher ebenfalls den positiven Bestandteil voran.

in die Symbole tritt noch ein *räumlicher* Faktor, indem die vorwiegende Substanz *unter* die andere Komponente geschrieben wird; z. B.

Saures kleesaures Pottaschesalz  (neben dem Salz ).

Und nun noch ein interessanter Umstand. Der *Wärmestoff* wird als einfache «Substanz» betrachtet, die «in die Mischung der meisten Körper zu kommen» scheint (l. c. 321), er hat das Zeichen |, und man kann «die Verbindungen des Wärmestoffs mit den verschiedenen Körpern in drei verschiedenen Zuständen betrachten» (l. c. 331), je nachdem diese Körper «nach dem Maße der Menge des Wärmestoffs, mit welchem sie verbunden sind, fest, flüssig oder luftförmig sind». Es werden also die verschiedenen *Aggregatzustände* ebenfalls durch die Symbole gekennzeichnet. Dieses wird dadurch erreicht, daß das Zeichen des Wärmestoffs links oben am Stoffsymbol den *flüssigen*, links unten den *luftförmigen* (elastisch-flüssigen, gasförmigen) Zustand ausdrückt. Z. B. Äther  fest,  flüssig,  luftförmig; Kupfer  fest,  flüssig,  luftförmig (!)

Im Zusammenhange mit dem «Wärmestoff» sei an folgendes erinnert. Nach LAVOISIER (1777) «*ist ein Gas... eine Verbindung des Wärmestoffs mit einer wie immer Namen habenden Substanz*». Wie stellt sich nun im Sinne von LAVOISIER die Oxydation eines Metalls dar? Noch 1787 sagt er (l. c., S. 345): «Die Lebensluft (d. h. Sauerstoff im heutigen Ausdruck) hat also ihre Grundlage, und diese ist es, welcher wir den Namen *Sauerstoff* geben ... *Wir sagen also nicht, daß die Lebensluft sich mit den Metallen verbinde*, um *Metallkalke* zu bilden. Diese Art, uns auszudrücken, würde nicht genau genug sein. Dagegen sagen wir, daß, wenn ein Metall durch einen gewissen Grad der Hitze ausgedehnt ist, ... es fähig werde, die Lebensluft zu zersetzen, ihre Grundlage, das ist den Sauerstoff dem Wärmestoff zu entreißen, so, daß letzterer frey wird.» Hiernach ist der «Sauerstoff» ein hypothetisches Ding!

Dalton's Atomtheorie. Berzelius und die chemischen Proportionen.

Als LAVOISIER, BERTHOLLET und FOURCROY in der französischen Akademie der Wissenschaften ihren Bericht über «die neuen Zeichen» von HASSENFRATZ und ADET erstatteten, hoben sie hervor, daß die letztgenannten allerdings « ... nicht mit Bestimmtheit die Proportion der zu den Verbindungen kommenden Substanzen haben anzeigen können», immerhin aber es vermocht haben, « ... durch die Stellung ihrer Zeichen hiervon eine ziemlich genaue Kenntnis zu geben» (l. c., S. 341). Als besonderes Verdienst betrachten sie, daß die neuen Zeichen « ... den Augen nicht Worte, sondern Tatsachen vorzumalen», sowie «von den Verbindungen, die sie vorstellen, echte Begriffe zu geben» vermögen (l. c., S. 360).

Das Erreichte ist immer nur eine Etappe auf der Bahn des Erreichbaren. Zum Weiterschreiten bedurfte aber die Chemie neuer Tatsachen und neuer Theorien. Die chemische Analyse einerseits, die Atomtheorie andererseits ergaben zu Beginn des XIX. Jahrhunderts die Grundlagen für eine neue Entwicklung. Es war Dalton, der (1808) das Axiom aufstellte, «daß die letzten Teilchen aller homogenen Stoffe völlig gleich in Gewicht, Gestalt usw. sind. Mit anderen Worten: jedes Atom Wasser ist gleich jedem anderen Atom Wasser, jedes Atom Wasserstoff ist gleich jedem anderen Atom Wasserstoff usw.». Dann folgt für Dalton als weitere große Aufgabe «... die Bestimmung der relativen Gewichte der letzten Teilchen, sowohl der einfachen wie der zusammengesetzten Stoffe, die Zahl der einfachen Elementaratome, welche ein zusammengesetztes Atom bilden» usw.

Sind nun diese relativen Gewichte der Atome (d. h. die Atomgewichte) bestimmt (und zwar auf Wasserstoff als Einheit bezogen), und ist die Zahl der Einzelatome, die eine zusammengesetzte Verbindung bilden, bekannt, dann tritt die Notwendigkeit hinzu, die Ergebnisse kurz zu formulieren, d. h. für die neuen Erkenntnisse eine neue entsprechende Ausdrucksform zu schaffen. Und so entstanden auf dem Boden der Atomtheorie die Symbole Daltons.[1])

Das Grundzeichen ist wiederum der Kreis (als Projektion der kugelförmig gedachten Atome). Um nun die einzelnen Elemente zu unterscheiden, werden zweierlei Bezeichnungsweisen angewandt, und zwar 1. willkürliche Nebenzeichen im Innern der Kreise, z. B. ⊙ Wasserstoff, ⏀ Stickstoff, ● Kohlenstoff, ○ Sauerstoff, ⊕ Schwefel, Ⓨ Phosphor, ⊛ Magnesia, ◎ Kalk, ⏀ Natron usw.; 2. die großen Anfangsbuchstaben der englischen Namen im Innern der Kreise, z. B. Ⓙ = Iron (Eisen), Ⓩ = Zinc, Ⓒ = Copper.

Der Sinn dieser Symbole ist der folgende: jedes Symbol entspricht 1 Atom, und zwar dem Gewichte des Elementaratoms (d. h. dem Atomgewicht). Mit jedem einzelnen Symbol wird aber qualitativ und quantitativ eine gegebene Stoffart gekennzeichnet. Die Verbindungen bestehen in der Nebeneinanderreihung zweier oder mehrerer Atome und Atomarten. So werden z. B. folgende Formeln von zusammengesetzten Körpern erhalten:

Wasser ⊙○; Ammoniak ⊙⏀, Kohlenoxyd ○●; Schwefelwasserstoff 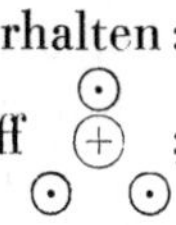;

Essigsäure 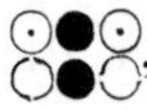, Zucker  [= (4 At. C + 2 At. O + 1 At. H) = 1 Alkohol + 1 Kohlensäure]. Jedes Symbol entspicht einer Molekel in Grammen.

In dieser bildlichen, nach Art, Zahl und Gewicht der Elementaratome darstellbaren Form der chemischen Stoffe liegt ein ungewöhnlicher Fortschritt gegenüber der Vergangenheit. Die Symbole sind einfach und für die Metalle rationell (nach ihrem Namen) gebildet. Ihre Anwendung auf dem Gebiete der zusammengesetzten Stoffe setzt direkt die analytische Untersuchung derselben voraus. Das Formelbild solcher Molekeln gibt sofort ein anschauliches

---

[1]) Vgl. Ostwald's *Klassiker* Nr. 3, S. 15 ff.

Bild von der Natur der Bestandteile und der Zahl der in der Verbindung vorhandenen Atome.

Daß die Atomsymbole DALTONS in der damaligen Chemie recht wirkungslos blieben, darf man vielleicht daraus schließen, daß die beiden Begründer der Molekulartheorie, und zwar AVOGADRO (1811) und AMPÈRE (1814), die Atom- und Formelsymbole DALTONS nicht berücksichtigen. Am ausführlichsten hat sie sein Zeitgenosse TH. THOMSON in seiner *History of Chemistry* (II, 289 ff.) bewertet. Daß in diesen Symbolen mehr enthalten war, als die Meistzahl der damaligen Chemiker erblickte, zeigte derselbe TH. THOMSON.

Die Analyse durch BERZELIUS hatte damals für die Essigsäure und Bernsteinsäure (als Anhydride) die gleiche Zusammensetzung: 2 At. Wasserstoff, 4 At. Kohlenstoff und 3 At. Sauerstoff ergeben. Die Deutung der verschiedenen chemischen und physikalischen Eigenschaften sucht nun THOMSON in einer verschiedenen A n o r d n u n g der Atome, etwa so

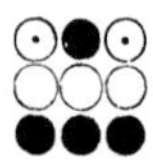 oder 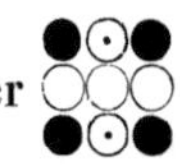

«Now undoubtedly these two arrangementes would produce a great change in the nature of the compound.» (l. c. II, 305).

Es konnte kaum anders sein: die analytischen Unterlagen der neuen Lehre und die Atomgewichte waren recht unvollkommen, die Ableitung der Formeln war unzulänglich, die Symbole selbst nicht einheitlich gebildet. Doch die große Grundvorstellung von den Atomen und deren Gewicht, sowie von den multiplen Proportionen war geschaffen! Den weiteren Ausbau übernahm BERZELIUS. Ließ sich DALTONS Symbolbildung nicht weiter vereinfachen und zu anschaulichen Formeln für Verbindungen umgestalten? Waren die Kreise notwendig, da doch allgemein die sphärische Gestalt der Atome als bekannt vorausgesetzt werden konnte? Warum konnte mit zunehmender Erkenntnis neuer Elementarkörper das Prinzip der Symbolisierung – durch die großen Anfangsbuchstaben der Namen dieser Elemente – nicht e i n h e i t l i c h für alle bekannten und noch zu entdeckenden Elemente zur Geltung gebracht werden? Und ließ sich nicht, an Stelle der englischen Namen, eine international gebräuchliche Sprache zur Namengebung heranziehen? Auf den Schultern von HASSENFRATZ und ADET, sowie von DALTON stehend, schuf nun BERZELIUS sein System.

Im Jahre 1814 veröffentlicht BERZELIUS seinen «*Versuch, ein rein-wissenschaftliches System der Mineralogie auf die elektro-chemische Theorie und die chemische Proportionslehre zu gründen*».[1]) Hier werden zur leichteren Übersicht der Proportionen, nach denen die Bestandteile vereinigt sind, zuerst gewisse Zeichen und aus diesen zusammengesetzte Formeln vorgeschlagen. Im selben Jahr bringt BERZELIUS auch für seine chemischen Untersuchungen seine neuen Zeichen in Vorschlag und begründet dies folgendermaßen[2]):

«Wenn wir nun das G e w i c h t d e s S a u e r s t o f f g a s, das Zentrum aller Chemie, als E i n h e i t annehmen, und das G e w i c h t aller andern einfachen Körper in Gasgestalt bei gleichem Volumen mit dem des Sauerstoffgas durch

[1]) Eine Besprechung dieses Systems gab HAUSSMANN, Gilb. Ann. d. Phys. 48, 105 – (1814).
[2]) Gilb. Ann. d. Phys. 46, 154 f. (1814).

ein gewisses Zeichen ausdrücken, so werden wir ganz einfache Formeln für die Zusammensetzungen der Körper bekommen, welche etwas ganz Analoges mit Daltons Atomentheorie haben, ohne auf einer willkürlich angenommenen Hypothese zu beruhen... Die Zeichen, deren ich mich bei diesen Formeln bediene, sind insgesamt Buchstaben, und zwar die Anfangsbuchstaben der lateinischen Namen der einfachen Körper. Die Metalloxyde bezeichne ich blos mit diesen Buchstaben, wenngleich andere Körper den nämlichen Anfangsbuchstaben haben sollten; so z. B. bedeutet O Sauerstoff, S Schwefel, C Kohlenstoff. Bei den Metallen von gleichen Anfangsbuchstaben setze ich den zweiten Buchstaben, und wenn auch dieser mehreren gemein ist, statt dessen den ersten Konsonanten hinzu, welcher den beiden Metallnamen nicht gemeinschaftlich ist; so z. B. bedeutet Cu Kupfer, Co Kobalt, Sb Spießglanz, Sn Zinn, Au Gold, Ag Silber, As Arsenik usw.» ... Wenn A Stickstoff, P Blei bedeutet, die Salpetersäure (nach Davy) A + 5 O, Bleioxyd P + O ist, wie ist dann die Formel des salpetersauren Bleioxyds? «Um die salzartigen Verbindungen kurz zu bezeichnen, setze ich in ihren Zeichen statt A + 5 O usf. A^5O, und bezeichne also z. B. das salpetersaure Bleioxyd mit $A^5O + PO$.» [1])

So sehen die ersten Formeln Berzelius' für zusammengesetzte Körper aus.

Doch schon wenige Jahre nachher (1819) veröffentlichte Berzelius eine ausführliche Mitteilung über die Symbole, führte verbesserte Zeichen für einzelne Elemente ein, und machte Vorschläge zu weiteren Vereinfachungen der Formelzeichen. Es war dies das 1819 in französischer, 1820 von K. A. Blöde in deutscher Sprache herausgegebene Werk: «*Versuch über die Theorie der chemischen Proportionen und über die chemischen Wirkungen der Electricität*» (Dresden 1820).

Berzelius unterschied von vornherein den Zweck seiner neuen Zeichen von dem Zweck der alchemistischen Symbole; von den letzteren sagte er, daß sie wesentlich «zur Bezeichnung der Gefäße in Laboratorien» dienten... «In dem alchemistischen Zeitalter sann man sich blos deshalb Zeichen aus, um sich auf eine mystische, der Menge unverständliche Weise ausdrücken zu können» (l. c., p. 116).

Die neuen Zeichen waren dazu bestimmt, « ... den Ausdruck der chemischen Proportionen zu erleichtern, und uns in den Stand zu setzen, ohne weite Umschweife die Anzahl der elementaren Atome eines jeden zusammengesetzten Körpers ohne Schwierigkeit auszudrücken. Haben wir dann die relativen Gewichte von den Atomen der einfachen Körper zu bestimmen gesucht, so werden wir durch den Gebrauch dieser Zeichen die Resultate einer jeden Analyse auf eine einfache und leicht faßliche Weise bezeichnen können» (l. c., p. 117).

Im Jahre 1819 schlug Berzelius folgende Symbole für die 51 damals bekannten chemischen Elemente vor: O, S, N, M (= Radikal der Salzsäure) bzw. Cl (Lehrbuch 3^{I}, 109 [1827]), J, F, P, B, C, H, Se, As, Mo, Ch (= Chrom, doch schon 1827 umgeändert in Cr). W, Sb, Te, Ta, Si, Os, Ir, R (= Rhodium), Pt, Au, Pa (= Palladium, doch 1827 in Pd umgeändert), Ag, Hg, Cu, Ni, Co, Bi, Sn, Pb (= Plumbum), Fe, Cd, Zn, Mn, Ce, U, Zr, Y, Be, Al, Mg, Ca, Sr, Ba, L (= Lithium), Na, K.

---

[1]) Berzelius, l. c. 155 (1814).

Zu jener Zeit hatte man viel Einwände gegen diese Symbolik. «Die Anfangsbuchstaben hat man gewählt aus der lateinischen Nomenklatur, weil sie den Naturforschern aller Länder angehört, von ihnen allen gebraucht werden kann, ohne daß es nötig ist, jene nach der jedesmaligen Sprache zu ändern», – so argumentierte BERZELIUS (l. c., 1827). Die einen vermißten die nationale Bezeichnung; bald sollten es die Anfangsbuchstaben der französischen Sprache sein, bald wiederum sollte nach der Meinung anderer die Nomenklatur eine für die Völker germanischen Stammes gemeinsame sein, so z. B. *eld* = Sauerstoff, *brint* = Wasserstoff, *aesch* = Alkali. Für das Radikal der Salzsäure M (*acidum muriaticum*) setzten die einen den Namen *Chlorine* oder *Chlore*, wofür andere die Bezeichnung *Halogène* vorschlugen, während wiederum andere diesen Namen in *Aetzel* umwandelten. Man fand, daß die Symbole und die aus ihnen abgeleiteten Formeln «undeutlich, irreleitend und zwecklos» seien (BERZELIUS, *Lehrb.* 3^{1}, 111, 1827). – Ein Jahrhundert chemischer Weiterentwicklung hat auf alle diese Einwände eine unzweideutige Antwort gegeben: die von BERZELIUS gewählte Bezeichnung der Elemente und die aus dieser Nomenklatur von ihm abgeleiteten Symbole sind fast ausnahmslos bis auf den heutigen Tag in der chemischen Wissenschaft beibehalten worden. –

Neben den Symbolen für die einzelnen Elemente, d. h. neben den Einzelatomsymbolen, gab BERZELIUS auch eine besondere Bezeichnungsweise für Doppelatome. Will man zur Bequemlichkeit beim Schreiben von Formeln ein Doppelatom (= 2 Einzelatomen) bezeichnen, so empfiehlt er, «durch den Anfangsbuchstaben, im unteren Drittel desselben, einen geraden Strich zu ziehen» (Lehrb. 3^{I}, 108, 1827). Demnach bedeutet P ein einfaches, Ᵽ ein doppeltes Atom Phosphor, Al ein einfaches, Ⱥl ein doppeltes Atom Aluminium usw.

«Zusammengesetzte Atome» (d. h. z. B. Salzmolekeln) erster Ordnung werden folgendermaßen ausgedrückt:

$\mathrm{CuO + SO^3}$ bedeutet schwefelsaures Kupferoxyd, $\mathrm{FeO^3 + 3\,SO^3}$ bedeutet schwefelsaures Eisenoxyd.

Da diese Formeln zu lang werden und es sich hierbei meist um Sauerstoff- oder Schwefelsalze handelt, «... so kann man mit Leichtigkeit, oberhalb der Radikale, die Anzahl der Sauerstoffatome mit Punkten[1]) und die der Schwefelatome mit Kommaten bezeichnen.» Also etwa die eben genannten Salze:

$(\mathrm{CuO + SO^3} \rightarrow)$ $\dot{\mathrm{Cu}}\dddot{\mathrm{S}}$, oder $\mathrm{FeO^3 + 3\,SO^3}$, vereinfacht $= \dddot{\mathrm{Fe}}\dddot{\mathrm{S}}^3$. Oder Schwefelkalium $\acute{\mathrm{K}}$ $(= \mathrm{K + S})$, Molybdänschwefel $\overset{'''}{\mathrm{Mo}}$, ferner $\acute{\mathrm{K}}\overset{'''}{\mathrm{Mo}}$ (das Sulfosalz aus beiden).

Ferner bezeichnet er das «Wasseratom» mit Aq, und Alaun hat dann die folgende Formel $\dot{\mathrm{K}}\dddot{\mathrm{S}}^3 + \dddot{\mathrm{Al}}\dddot{\mathrm{S}}^3 + 24\,\dot{\mathrm{H}}$ (od. Aq). Die abgekürzte Formulierung verwendet BERZELIUS für die sehr umfangreichen Tabellen (am Schlusse des Werkes *Versuch über die Theorie* usw. [1820]).

Hinsichtlich der Reihenfolge der Elemente in den Formeln sagt

---

[1]) Vgl. nachher die Symbole für Ionenspaltung, für Metallionen, sowie für Säureionen und organische Kationen.

Berzelius: «Ich pflege gewöhnlich diese Formeln mit dem elektropositiven Bestandteile anzufangen und mit dem elektronegativen zu schließen» (l. c. 109).

Im Zusammenhange mit der «Nomenklatur» gibt Berzelius auch in seinem Jahrbuche (im 4. Bande, 2. Abt., S. 967 ff., 1832) zahlreiche Formeln.

Für die organischen Säuren[20]) hatte Berzelius (1819) eine besondere abgekürzte Symbolisierung eingeführt, indem er ebenfalls die lateinische Nomenklatur zu Grunde legte, z. B.:
$\bar{A}$ = acid. aceticum (= $C_4H_6O_3$, d. h. in Anhydridform), $\bar{O}$ = ac. oxalicum, $\bar{T}$ = ac. tartaricum, $\bar{B}$ = ac. benzoicum, $\bar{F}$ = ac. formicum (= $H_2C_2O_3$) usw.

Für die organischen Basen kamen nachher ganz ähnlich gebildete Symbole in Gebrauch, indem die ersten Buchstaben mit einem + darüber benutzt wurden, z. B.:
Morphin = $\overset{+}{M}$, Strychnin = $\overset{+}{Sr}$, Chinin = $\overset{+}{Ch}$, Nicotin = $\overset{+}{Ni}$, Brucin = $\overset{+}{Br}$, Anilin = $\overset{+}{A}$.

Wie stand es mit der Anwendung dieser neuen chemischen Zeichen vor hundert Jahren?

Durchblickt man M. Faradays umfangreiches Buch «*Chemische Manipulationen*» (deutsch Weimar, 1828) und sucht nach chemischen Formeln, obgleich chemische Verbindungen und Äquivalente wiederholt vorkommen, so findet man keine Symbole und Zeichen.

In L. Gmelins *Handbuch der theoretischen Chemie* (II. verb. u. vermehrte Aufl. 1821) finden wir keine Anwendung der Formeln. Zu derselben Zeit finden wir aber die neue chemische Formelsprache recht ausgiebig z. B. bei J. W. Döbereiner (*Zur pneumatischen Chemie*, I.–V. Teil, Jena 1821–1825). So auf S. 71 (I. Teil, 1821):

2 Vol. H mit 1 Vol. O = 2 Vol. Wasserdunst = $\overset{2}{H}O$, oder

1 Vol. N mit 3 Vol. H = 2 Vol. Ammoniak = $N\overset{3}{H}$, oder

1 Vol, $\overset{2}{C}\overset{2}{H}\overset{4}{O}$ (d. h. Oxalsäure) mit 2 Vol. $N\overset{3}{H}$ = neutr. oxalsaures Ammoniak.

Beachtenswert ist auch, daß hier die Anzahl der Atome nicht wie bei Berzelius (als Exponent, oben rechts), sondern über dem betreffenden Symbol geschrieben wird. Auch in einzelnen Lehrbüchern jener Zeit hat diese Symbolik bereits Eingang gefunden. Wir nennen B. Scholz, «*Lehrbuch der Chemie*» (I. Band, Wien 1824), worin sie bei allen Elementen durchgeführt worden ist; für Stickstoff-Nitricum (= N bei Berzelius) ist hier Azotum = A gebraucht, eine Bezeichnung, die im Französischen (*l'azote*) noch heute zum Teil weiterbesteht, indem z. B. statt NH_4NO_3 die Form Az H^4 Az O^3 vorkommt (s. *Agenda du Chimiste*, 1896 und ff.). Aus dieser Zeit vor hundert Jahren kann manche interessante Einzelheit auch unseren modernsten Ansichten gegenübergestellt werden. Neben den (51) wägbaren einfachen Stoffen hat man noch 4 unwägbare, und zwar: Elektrizitätsstoff, Magnetstoff, Lichtstoff und Wärmestoff (vgl. Scholz, S. 53–108, 1824). Man findet demnach bei Berzelius (1819) die Symbole + E und – E (zur Kennzeichnung positiver bzw. elektronegativer Natur). Der «Stickstoff» Nitrogenium wird von Berzelius (1819) als zusammengesetzter Körper betrachtet, und zwar aus Nitricum und Oxygenium: $\mathrm{N} + \mathrm{O} = \dot{\mathrm{N}}$ (= Nitrogenium), ebenso kann das Radikal der Salzsäure zusammengesetzt sein, bzw. die (oxydierte) Salzsäure (d. h. Chlor) $= \mathrm{M} + 2\,\mathrm{O} = \ddot{\mathrm{M}}$ darstellen. Ferner diskutiert Berzelius die Möglichkeit einer zusammengesetzten Natur der Metalle.

Äußerst beschränkt ist der Anwendungsbereich der neuen Symbole in dem Lehrbuch von E. Mitscherlich noch im Jahre 1831 (I. Band, Berlin), erst 1835–1840 (II. Band, 1. u. 2. Teil) treten die Formeln mehr hervor, chemische Gleichungen sind aber kaum vertreten.

Dagegen ist bei J. Liebig (*Handbuch der Chemie*, I. Abteil., *Anorganische Chemie*, 1837–1843; II. Abteil., *Organische Chemie*, 1843) ein recht ausgedehnter Gebrauch zu bemerken. Gleichzeitig ist noch folgendes hervorzuheben. Während Mitscherlich die gekürzten Formelsymbole benützt (z. B. Borax = $\dot{\mathrm{Na}}\overset{::::}{\mathrm{B}} + 10\,\dot{\mathrm{H}}$), bevorzugt Liebig die aufgelösten Formeln und wendet für die Bezeichnung der Anzahl von Atomen eine von Berzelius abweichende Schreibweise an, d. h. er hängt die Zahl rechts unten an. Also statt $\mathrm{SO}^3 = \dddot{\mathrm{S}}$ schreibt er $\mathrm{SO_3}$, oder statt $\mathrm{AlO}^3 = \dddot{\mathrm{Al}}$ schreibt er $\mathrm{Al_2O_3}$ (l. c. 807). Während also Mitscherlich den Alaun durch das Formelzeichen Berzelius' $\dot{\mathrm{K}}\dddot{\mathrm{S}} + \dddot{\mathrm{Al}}\,\dddot{\mathrm{S}}^3 + 24\,\dot{\mathrm{H}}$ wiedergibt, schreibt Liebig: $\mathrm{KO, SO_3 + Al_2O_3, 3SO_3 + 24\,aq}$.

Auch die chemischen Umsetzungsgleichungen mit Hilfe der Formeln finden im Handbuche Liebigs Berücksichtigung, z. B. essigsaures Kali und Schwefelsäurehydrat geben schwefelsaures Kali und Essigsäurehydrat:

$\overline{\mathrm{A}},\mathrm{KO} + \mathrm{SO_3},\ \mathrm{aq}, = \mathrm{SO_3},\ \mathrm{KO} + \overline{\mathrm{A}},\ \mathrm{aq}.$

Oder: Weinsäure zerfällt in Wasser, Kleesäure und Essigsäure:

$2\,\mathrm{C_4H_4O_5} = \mathrm{C_4H_6O_3} + 2\,\mathrm{C_2O_3} + \mathrm{H_2O}.$

In seinen «*Chemischen Briefen*» schrieb Liebig 1844 mit Bezug auf die neuen chemischen Zeichen folgendes: «Die Erkenntnis des Naturgesetzes, welches in den festen Verbindungsverhältnissen sich ausspricht, führte die Chemiker zu einer Zeichensprache, die ihnen gestattet, die Zusammensetzung einer Verbindung, die Vertretung eines ihrer Elemente und überhaupt die Art und Weise, wie sie sich die Elemente geordnet denken, in einer außerordentlich einfachen Form auszudrücken ... Dem glücklichsten Gedächtnis würde es nicht möglich sein, die prozentische Zusammensetzung von einem halben Hundert Verbindungen stets gegenwärtig zu haben; aber nichts ist leichter, als sich dieser Zeichen und Formeln zu erinnern, deren Verständnis so einfach ist.»[1])

Wenn wir vom heutigen Standort der chemischen Wissenschaft rückschauend die Aufstellung der chemischen Symbole von Berzelius als eine geistige Großtat bewerten, so fragt es sich, welche Bedeutung seinerzeit der Schöpfer des Systems selbst seiner Tat beigemessen und wie sie von Zeitgenossen eingeschätzt worden ist? Psychologisch interessant ist es nun zu sehen, daß Berzelius 1814 die Grundzüge seiner Symbole nur kurz, und zwar in einer Fußnote, Gilbert's Annal. der Phys., 46, 154 f. (1814) andeutet! Nicht minder bemerkenswert ist es, daß Berzelius in seiner Autobiographie dieser Symbole gar nicht erwähnt; aus dem Jahre 1814 berichtet

[1]) Vgl. *Chem. Briefe* (Wohlfeile Ausgabe, Leipzig-Heidelberg 1865), S. 67.

er wohl von seinem chemischen Mineralsystem, – daß in demselben jene Symbole von Mineralien erstmalig zur Anwendung kamen, erwähnt er nicht; das gleiche gilt vom Lebensbericht aus den Jahren 1818 – 1819 (vgl. JAKOB BERZELIUS, von H. G. SÖDERBAUM, *Kahlbaum-Monographien*, VII. Heft, S. 65, 69). Schlagen wir etwa aus dem Jahre 1831 in dem vorzüglichen Werk TH. THOMSONS «*The History of Chemistry*» (London, II. Edit. 1830/1) über BERZELIUS und die Atomtheorie nach: wir finden wohl die Erwähnung und Anwendung der Symbole DALTONS, jedoch keine Symbole von BERZELIUS.

Im Jahre 1853 gab J. G. POGGENDORFF die «*Lebenslinien zur Geschichte der exacten Wissenschaften*» heraus (Berlin 1853). Unter dem Stichwort «BERZELIUS» heißt es: «Entdecker des Selens (1818), des Ceriums (1803), des Zirkoniums (1824) und Thoriums (1829). Proportionslehre. Lötrohr. Chemisches Mineralsystem.» Von chemischen Symbolen und Formeln wird hier keine Notiz genommen, – allerdings wird hier auch der elektrochemischen Theorie von BERZELIUS keine Erwähnung getan!

Geometrische und stereometrische Symbole.

Aus der späteren Entwicklungsperiode der organischen Chemie ist zu erwähnen, daß durch W. ODLING (1854) für die Atomigkeit oder Basizität der Radikale der Strich als ein besonderes Symbol vorgeschlagen worden war. Dieser «Ersetzungswert» galt auch für Basen, z. B. $\overset{'}{K}(OH)$, $\overset{''}{Ca}(OH)_2$, $\overset{'''}{Bi}(OH)_3$; das Radikal der Essigsäure C_2H_3O war einwertig, also Essigsäure = $\left.\begin{matrix} C_2H_3O' \\ H \end{matrix}\right\} O$ usw. A. KEKULÉ (Ann. d. Ch. **106,** 129. 1858) hat dann in seiner «Untersuchung über die Konstitution usw.» neue ein-, zwei- und dreiatomige Radikale entwickelt, z. B. $\overset{'}{C}H_3$, $\overset{''}{C}H_2$, $\overset{'''}{C}H$, und schließlich «den Kohlenstoff als ein vieratomiges Radikal» d. h. $\overset{''''}{C}$, in die Typen eingeführt.

Bekanntlich wurde das Benzol durch die schöpferische Idee eines KEKULÉ zum Fundament einer neuen Chemie, zur Chemie der cyclischen Verbindungen (1865). Es war das KEKULÉsche Benzolschema[1]) oder Benzolsechseck, durch dessen Aufstellung wiederum die geometrischen Symbole in die Chemie einkehrten, – die in älterer Zeit beliebten Figuren erhielten einen neuen chemischen Sinn und traten in neuer Tatsachenumrahmung in die Wissenschaft ein. Dem einen Benzolsymbol folgten bald andere, und für andere ringförmige Gebilde (Naphthalin, Pyridin usw.) wurden zahlreiche neue geometrische Bilder ersonnen. Es entstand neben der Chemie der carbocyclischen Verbindungen noch diejenige der heterocyclischen Verbindungen. Das Benzolsymbol brachte das Problem der Bestimmung des chemischen Ortes beim Ersatz der 6 Wasserstoffatome (W. KOERNER, 1866 ff.).[2]) Zur Kennzeichnung dieser relativen Stellung

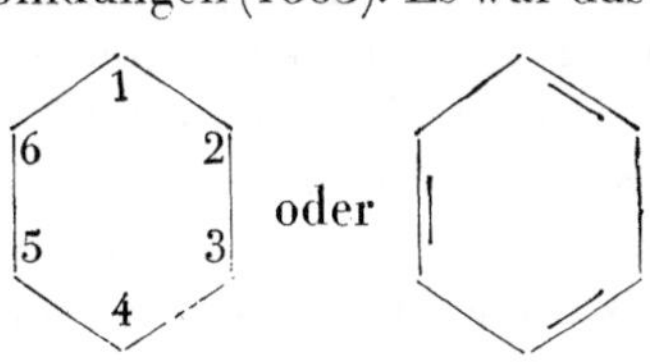

[1]) Vgl. OSTWALD's Klassiker, Bd. 145.
[2]) Vgl. OSTWALD's Klassiker, Bd. 174.

der Atome in der Benzolmolekel wurden Hilfssymbole ersonnen, und zwar für die Stellungen in Biderivaten: 1, 2 = Ortho-Stellung (o-), 1, 3 = Meta-Stellung (m-), 1,4 = Para-Stellung (p-). Für Trisubstitutionsprodukte kamen die Nebensymbole 1,2,3 = v (vicinal), 1,2,4 = as (asymmetrisch), bzw. 1,3,5 = s (symmetrisch) in Gebrauch.

Doch die Entwicklung der modernen Chemie vollzog sich in verschiedenen Wegrichtungen. Unabhängig von der Benzolchemie schritt das Studium der aliphatischen Verbindungen (der Methanreihe) weiter und führte hier ebenfalls zu Struktur- und Konstitutionsfragen, die neue Symbole bedingten. Nur andeutungsweise können wir auf die letzteren eingehen. Für Iso- und Normalverbindungen traten die Zeichen i- und n-; symmetrischer und asymmetrischer Bau wurden durch sym. bzw. as. charakterisiert. Die Ortsbestimmung in den Kohlenstoffketten erforderte eine besondere Bezeichnung, z. B. $\overset{\gamma}{C}H_3 \cdot \overset{\beta}{C}H_2 \cdot \overset{\alpha}{C}H(OH) \cdot COOH$ ist isomer mit $\overset{\gamma}{C}H_3 \cdot \overset{\beta}{C}H(OH) \cdot \overset{\alpha}{C}H_2 \cdot COOH$ und $\overset{\gamma}{C}H_2(OH) \cdot \overset{\beta}{C}H_2 \cdot \overset{\alpha}{C}H_2 \cdot COOH$, und nach dem Ort der HO-Gruppe haben wir die α-Oxy-, bzw. β-Oxy- und γ-Oxybuttersäure. Der Ort der Doppelbindung -C:C- in einer Kohlenstoffkette wird nach A. BAEYER durch das Symbol △ mit zugefügten griechischen Buchstaben (oder Zahlen) gekennzeichnet, z. B. Hydrosorbinsäure $\overset{\epsilon}{C}H_3 \cdot \overset{\delta}{C}H_2 \cdot \overset{\gamma}{C}H : \overset{\beta}{C}H \cdot \overset{\alpha}{C}H_2 \cdot COOH$ ist eine $\triangle^{\beta,\gamma}$-Säure, oder Dioxystearinsäure $C_{18}H_{36}O_4 \rightarrow CH_3 \cdot [CH_2]_7 \cdot \overset{9}{C}H(OH) - \overset{8}{C}H(OH) \cdot \overset{7}{C}H_2 \cdot \overset{6}{C}H_2 \cdot \overset{5}{C}H_2 \cdot \overset{4}{C}H_2 \cdot \overset{3}{C}H_2 \cdot \overset{2}{C}H_2 \cdot \overset{1}{C}H_2 \cdot COOH$, d. h. 8,9 Dioxysäure. –

Die bisher betrachteten Symbole begnügten sich mit zwei Dimensionen, sie stellten die chemischen Körper in der Ebene dar. Neue Erscheinungsgruppen führten zwangsläufig zu Raumsymbolen. Es war J. H. VAN'T HOFF (1874), der durch seine Lehre von der räumlichen Anordnung der Atome eine Lösung gab und damit die Stereochemie begründete (vgl. Lagerung der Atome im Raume, I. deutsche Aufl. 1877, III. Aufl. 1908). Gleichzeitig und ursächlich damit verknüpft schuf er das stereometrische Symbol des (regulären) Kohlenstofftetraëders. Die vier Valenzen des Kohlenstoffatoms sind nach den Ecken des regulären Tetraëders gerichtet. Sind nun die vier Radikale R verschieden, so entsteht das asymmetrische Kohlenstoffatom, und Verbindungen, die ein solches enthalten, treten in optisch-isomeren Formen auf; als rechtsdrehend (R- oder d- oder auch + -Form), links drehende (L- oder l-Form, auch −Form) und als optisch inaktive d,l- oder rac. Form. Zu diesen auf der optischen Isomerie beruhenden Symbolen kamen noch weitere Symbole, die durch die sogenannte geometrische Isomerie (bei Körpern mit Doppelbindungen C:C, bzw. C:N usw.) hervorgerufen werden: cis- und trans-Formen, Syn- und Anti-Reihen.[1])

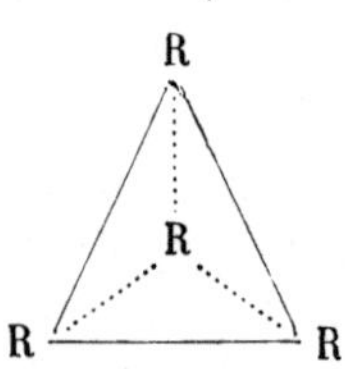

Für das fünfwertige Stickstoffatom hatte J. H. VAN'T HOFF (1878) den

[1]) Über einzelne Radikal-Symbole vgl. P. WALDEN, Zeitschr. angew. Chemie 39. 604 (1926).

Kubus als Raumsymbol vorgeschlagen (Ansichten über die organische Chemie, I, S. 80. 1878).

Eine Erweiterung der Stereochemie und der stereometrischen Symbole erfolgte 1901 durch A. WERNER, infolge der Eingliederung der anorganischen Komplexverbindungen, insbesondere des Kobalts als des Zentralatoms, in die Stereochemie (vgl. Ber. d. d. chem. Ges. 34, 1705 ff. 1901). Dieses mit der Koordinationszahl sechs ausgestattete Zentralatom führte zum Raumsymbol des Oktaëders.

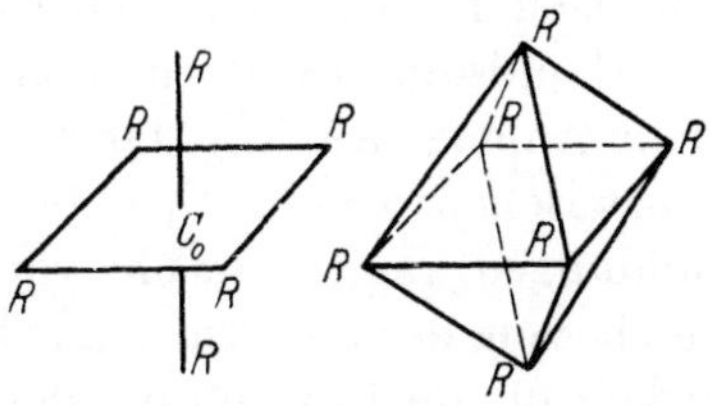

Um an einem einfachen Beispiel die Wandlung in den chemischen Symbolen während zweier Jahrhunderte zu geben, lassen wir die verschiedenen Zeichen und Formelbilder der Essigsäure folgen.

Essigsäure, Acetum destillatum, Acidum aceticum.

+ BOERHAVE, (1732) —|— BERGMAN, (1775) [A] HASSENFR. u. ADET, (1787) 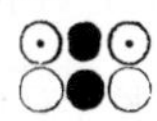 DALTON, (1808)

$\bar{A}$ BERZELIUS, (1819) $\overset{2}{C}\overset{3}{O}\overset{3}{H}$ DÖBEREINER, (1822) $C^8H^6O^3, H_2O$ DUMAS, (1839)

$HO(C_2H_3)C_2O_3$ KOLBE u. FRANKL., (1847) $\left.\begin{matrix}C^2H^3O\\H\end{matrix}\right\}O$ WILLIAMSON, (1851) $\left.\begin{matrix}C^2H^3O\\H\end{matrix}\right\}O$ GERHARDT (1853)

C O ····· OH
  O²
⋮
C ········ H³

COUPER (1858);

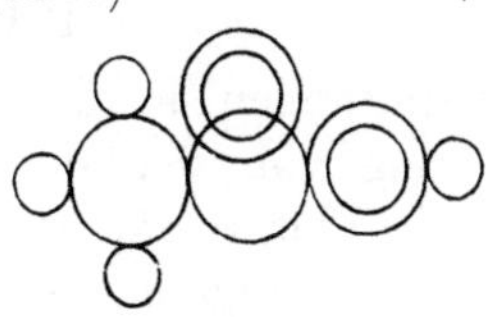

LOSCHMIDT (1861);

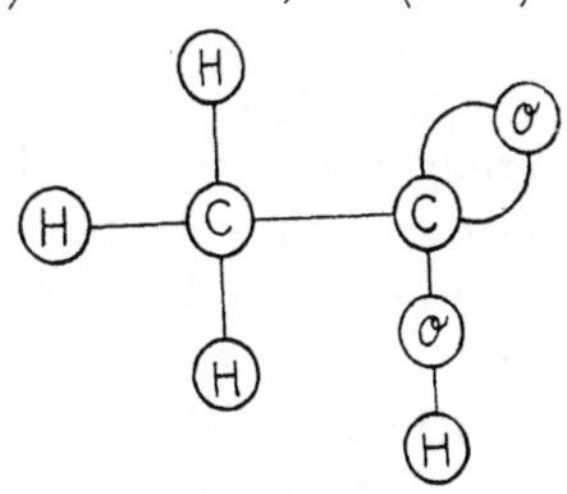

CRUM-BROWN (1864)

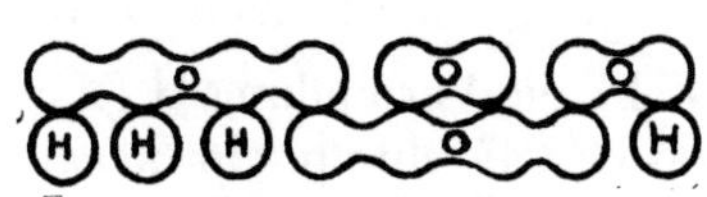

KEKULÉ (1858)

$\left\{\begin{matrix}CH_3\\CO\\H\end{matrix}\right\}O$ BUTLEROW (1864); CH_3COOH KOLBE (1883); C≡H₃ / C=O / \OH (s. o. CRUM-BROWN) 1926

```
        +
        H
   +  −|−   + +    —
   H ——C —— C —— O
      −|−   +‖+    |
        H    O     H
        +    —     +
```

FREY (1911 ff.);

```
      H O
 ..  .. .. ..
:Cl : C : C : O : H
 ..  .. .. ..
      H3
```

LOWRY (1923).

Eingliederung der Elektrizität und der Elektronen in die chemischen Symbole.

Bereits in der zweiten Hälfte des XVIII. Jahrhunderts waren für die beiden Elektrizitäten (oder elektrischen Materien) besondere Symbole im Gebrauche. Schon G. Ch. Lichtenberg verwendet in der Abhandlung, die seine berühmten elektrischen «Figuren» bringt (1777), für die positive Elektrizität das Symbol $+E$, für die negative Elektrizität das Symbol $-E$. Dieselben Zeichen finden sich in den Lehrbüchern, z. B. in Jos. Webers «*Theorie der Elektrizität*» (Landshut 1808), und in den Untersuchungen Th. v. Grotthuss' aus dem Anfang des XIX. Jahrh., sie finden noch heute Verwendung, obgleich inzwischen weitere Symbole hinzugekommen sind. Anlässe zu diesen Neubildungen gingen sowohl von der Elektrochemie, bzw. Ionentheorie, als auch von der modernen Elektronentheorie aus.

Die erste Notwendigkeit für die Erweiterung der Atomsymbole erwuchs in der elektrolytischen Dissoziationstheorie von Sv. Arrhenius (1887). Um nun die elementaren Ionen von den elektrisch neutralen Atomen zu unterscheiden, z. B. das Metall K und das Ion K als wesensverschieden auch äußerlich zu kennzeichnen, wurde (namentlich seit 1890) das positive Ion durch ein + oben, das negative durch das Zeichen – oben symbolisiert, z. B.

$$KOH = \overset{+}{K} + \overset{-}{OH}, \text{ bezw. } HCl = \overset{+}{H} + \overset{-}{Cl}, \text{ oder } Ba(NO_3)_2 = \overset{++}{Ba} + 2\,\overset{-}{NO_3}, \text{ usw.}$$

Nachher schlug W. Ostwald[1]) eine andere Bezeichnungsweise vor, indem er aus typographischen Gründen Punkte für die Kationen, Striche für die Anionen wählte, z. B.:

$$KCl = K^{\cdot} + Cl' \text{ bzw. } Ba(NO_3)_2 = Ba^{\cdot\cdot} + 2\,NO'_3, \text{ oder } \frac{[H^{\cdot}]\cdot[CH_3COO']}{[CH_3COOH]} = \text{Konst.}$$

Der letzte Impuls zu Neugestaltungen in der chemischen Symbolik erfolgte in unseren Tagen und ging von der modernen Elektronentheorie aus[2]). Betrachten wir die Elektrizität atomistisch, aus positiven und negativen Elementarteilchen zusammengesetzt, so können wir mit Nernst (*Theoretische Chemie*, VIII. – X. Aufl., 456 ff. 1921) zwei neue einwertige Elemente annehmen und ihnen die Symbole $\oplus$ (positives Elektron) und $\ominus$ (negatives Elektron) erteilen. Durch Substitution eines positiven Elektrons z. B. im Salzsäuremolekül HCl anstatt des Chlors entsteht die Verbindung $H\oplus$ $(=\overset{+}{H})$, d. h. ein Wasserstoffion, bzw. Ersatz des Wasserstoffs durch ein negatives Elektron gibt $Cl\ominus$ $(=Cl^{-})$, d. h. ein Chlorion. Eine Verbindung beider Elektronen, also $\oplus\ominus$, nennt Nernst ein «Neutron».

Die Zeichen $\oplus$ und $\ominus$ werden auch im Sinne der Ionenladungen (positiv und negativ) gebraucht, und mit den vorigen Ionensymbolen verknüpft, z. B.:

$$2Hg + 2\oplus = Hg_2^{\cdot\cdot}, \text{ oder } Cl_2 + 2\ominus \rightarrow 2\,Cl', \text{ oder } Au^{\cdot\cdot\cdot} + 3\ominus \rightarrow Au$$ (Küster-Thiel, l. c. II, 1104 ff. 1923).

1) Zeitschr. f. phys. Ch. 11, 508, 1893.

2) Vgl. G. N. Lewis, *Valence und Structure of Atoms and Molecules*, 1923, sowie H. S. Fry, *Electron Conception of Valence* (1921).

Elektronentheoretisch formuliert sich die Bildung, bzw. Dissoziation, z. B. von Fluornatrium folgendermaßen:

$$Na + F \rightarrow (\overset{+}{Na}\overset{-}{F}) \rightarrow \overset{+}{Na} + F^{-} \rightarrow :\overset{..}{\underset{..}{Na}}: + :\overset{..}{\underset{..}{F}}: \text{ (je 8 Valenzelektronen).}$$

Oder die Ionenspaltung von Natriummethylat: $(\overset{+}{Na}\overset{-}{O}CH_3) \rightarrow :\overset{..}{\underset{..}{Na}}:$

$$+ :\overset{..}{\underset{..}{O}}:\overset{\overset{H}{..}}{\underset{\underset{H}{..}}{C}}:H \rightarrow \overset{+}{Na} + \overset{-}{O}CH_3.$$

Dem Sulfation wird folgende Symbolisierung erteilt:

$$\overset{--}{SO_4} = SO_4'' \rightarrow :\overset{..}{\underset{..}{O}}:\overset{\overset{:\overset{..}{O}:}{..}}{\underset{\underset{:\underset{..}{O}:}{..}}{S}}:\overset{..}{\underset{..}{O}}: \rightarrow \bar{O}-\overset{\overset{\bar{O}}{++}}{\underset{\underset{\bar{O}}{|}}{S}}-\bar{O} \quad \begin{matrix}\text{Lowry}\\ (1923)\end{matrix}.$$

Die chemischen Symbole für Wasserstoff H_2, Wasser H_2O, Jodwasserstoff HJ und Jod J_2 gestalten sich folgendermaßen: $H:H$, bzw. $H:\overset{..}{\underset{..}{O}}:H$, bzw. $H:\overset{..}{\underset{..}{J}}:$ und $:\overset{..}{\underset{..}{J}}:\overset{..}{\underset{..}{J}}:$

Die Dissoziation etwa der Jodmoleküle I in Atome, II in Ionen wird durch folgende elektronische Gleichungen ausgedrückt:

$$\text{I } (J-J \rightleftarrows 2J) = :\overset{..}{\underset{..}{J}}:\overset{..}{\underset{..}{J}}: \rightleftarrows 2:\overset{..}{\underset{..}{J}}.$$

$$\text{II } (J-J \rightleftarrows \overset{+}{J} + \overset{-}{J}) = :\overset{..}{\underset{..}{J}} + :\overset{..}{\underset{..}{J}}:$$

Schlußbemerkungen.

Damit haben wir unseren historischen Querschnitt durch die chemischen Symbole in der wissenschaftlichen Chemie, bis in die Gegenwart hinein und durch drei Jahrhunderte, gelegt. Den Werdegang in den einzelnen Zeitabschnitten, die von außen wirkenden Ursachen und die dadurch bedingten Wandlungen im Wesen und in der Gestalt der Symbole haben wir zu beleuchten versucht. Jedes neue System ergab sich als eine Fortsetzung und Verbesserung des vorangegangenen alten, indem es den neuen Erkenntnissen der exakten Chemie und den Forderungen der fortschreitenden Theorie sich anpaßte. Und so gleichen die chemischen Symbole empfindlichen Organen am grüngoldnen Baum der chemischen und physikalischen Wissenschaft selbst, – sie sind entwicklungsfähig und müssen sich weiter entwickeln. Daß diese Forderung auch für unsere heutigen Symbole gilt, die in ihrer internationalen Sprache viel sagen, und doch noch mehr sagen sollten, sei zum Schluß noch kurz hervorgehoben.

Wir greifen zurück auf die interessanten Bemühungen von Hassenfratz und Adet (1787), den «Wärmestoff» in ihren Symbolen mitzuberücksichtigen, mit anderen Worten: den Aggregatzustand der elementaren und zusammengesetzten Stoffe in den chemischen Zeichen zum Ausdruck zu bringen. Wie steht es mit dieser Frage in der Gegenwartschemie? Unsere chemischen Lehrbücher übergehen meistenteils stillschweigend diese Frage. Es ist wohl wesentlich die Thermochemie, welche auf den Aggregatzustand Bezug nimmt. Und es sind Physiker und Physiko-Chemiker, die bei thermochemischen Prozessen und Rechnungen die Formart berücksichtigen. Es sei an Pfaundler[1]) erinnert, der durch einen Strich über dem chemischen Symbol den gasförmigen Zustand, also $\overline{H_2O}$ Wasserdampf, durch einen Strich unter dem Symbol den festen Zustand bezeichnete, also $\underline{H_2O}$ Eis, während H_2O flüssiges Wasser bedeutet. W. Ostwald[2]) wählte Fettdruck für feste, Kursiv für gasförmige Stoffe. Oder er wählte[3]) eckige Klammern für feste und runde Klammern für gasförmige Stoffe. Die letztgenannte Bezeichnungsweise wird auch in den *Physikochemischen Tabellen* von Landolt-Börnstein-Roth-Scheel (V. Aufl., S. 1489. 1923) angewandt. Küster und Thiel[4]) wiederum wählen die Symbole ○ (gasförmig), ● (flüssig) und ■ (fest), also z. B. H_2O° bzw. $H_2O^{\bullet}$ und $H_2O^{\blacksquare}$ für dampfförmiges, bzw. flüssiges und festes Wasser.

Und noch von einer andern Seite können wir von den heutigen Symbolen mehr fordern. Berücksichtigen sie in ausreichender Weise die Molekulargrößen der Körper? Wir sagen: das Wasser ist H_2O, das Chlornatrium ist NaCl usw. Ist dies nicht ein Überbleibsel aus einer früheren Epoche der Chemie, als man die Molekulargrößen nicht oder nur in Einzelfällen bestimmen konnte, daher die einfachste empirische Formel benutzte? Denn weder das feste, noch das als Universalsolvens benutzte flüssige Wasser haben in diesen Aggregatzuständen die einfache Formel H_2O. Und welchem Körper oder in welchem Molekularzustand entspricht eigentlich die Formel NaCl? Das feste Kochsalz oder Chlornatrium kann es nicht sein, da in seinen Kristallen, auf Grund der Untersuchungen mit Röntgenstrahlen, keine gesonderten Molekeln NaCl, sondern die Ionen Na^+ und Cl^- vorhanden sind, wobei jedes Na-Ion von sechs Chlor-, bzw. jedes Chlorion von sechs Natriumionen umgeben ist. Das in Wasser gelöste Chlornatrium kann ebenfalls nicht NaCl sein, da die Auflösung des Chlornatrium-Kristalls eine direkte Aufspaltung in die freien Ionen Na^+ und Cl^- bewirkt. Wenn wir aus dem physikalischen Verhalten des geschmolzenen Chlornatriums seine Molekulargröße berechnen, so ergibt sich ein hoher Polymeriegrad $x \geqq 6$, also $[NaCl]x$. Und ebenso kann für das flüssige bzw. feste Wasser die Molekulargröße $[H_2O]x$ abgeleitetet werden, wo $x \geqq 3$ ist.

Das Symbol NaCl ist aber auch unvollständig, weil es über den elektrischen (Ionen-) Zustand nichts aussagt. Es besteht doch ein zu großer Unterschied im Wesen und Aufbau von verschiedenen Stoffen, auf die wir die gleiche Art der Symbolisierung anwenden, z. B. NaCl und HgCl, $CaCl_2$ und $BeCl_2$, $BiCl_3$ und PCl_3! Während die einen typische Elektrolyte sind, verhalten sich die anderen im flüssigen Zustande wie Nichtelektrolyte. Sollte es daher nicht zeitgemäß und zweckdienlich sein, unsere Formeln den neuen Erkenntnissen auch in dieser Hinsicht anzupassen? Warum schreiben wir nicht für das im Ionengitter kristallisierende Chlornatrium z. B.

---

[1]) Müller-Pouillet, *Lehrb. d. Phys.*, X. Aufl., III, 555.

[2]) *Lehrb. d. allgem. Chemie,* 75.

[3]) *Grundriß der allgem. Chemie,* IV. Aufl. 280.

[4]) *Lehrb. d, allg. physik u. theoret. Chem.* II, 378, 1923.

das Symbol [Na+ $\bar{\text{Cl}}$], um die Polymerie, Dissoziation und den festen Aggregatzustand anzudeuten?

Man könnte eine Erweiterung auch auf die Symbole der Elementarmolekeln selbst als wünschenswert bezeichnen; denken wir z. B. an den Schwefel, dessen Molekel polymer, der aber auch polymorph und ein Nichtleiter des elektrischen Stromes ist. Wir schreiben wohl das Symbol S_8, doch sagt uns dies recht wenig von den anderen charakteristischen Eigenschaften des Schwefels aus. Des weiteren denken wir an die große Zahl von isotopen Elementen; nehmen wir z. B. die Chlormolekel Cl_2, welche ja nicht aus zwei gleich schweren Cl-Atomen, sondern aus Cl_{35} und Cl_{37} besteht, also $(Cl_2) = (Cl_{35\,a}, Cl_{37\,b})$ ist. Diese Kennzeichnung der Isotopen wird über kurz oder lang sich als notwendig erweisen, dann aber wird die Frage nach der Bezeichnung der Anzahl von Atomen in der Molekel wieder akut, d. h. schreiben wir z. B. PCl_3 oder PCl^3? Führen wir die Differenzierung der Chloratome durch, dann ist die Schreibweise PCl^3_{35} und PCl^3_{37} wohl die nächstliegende. Da die Bleiisotopen immer zugänglicher werden, wird man neben $Pb_{207\cdot 2}(NO_3)_2$ auch $Pb_{206}(NO_3)_2$ usw. in den Umlauf bringen. Oder denken wir an die neuerdings wahrscheinlich gemachte Elektronenisomerie (R. SWINNE, 1925/26) einzelner Elemente des periodischen Systems, auf Grund einer verschiedenen Besetzung der peripheren Elektronenanordnungen, und wiederum tritt die Forderung hervor, das einfache Metallsymbol zu ergänzen und vielsagender zu machen.

Un nemico delle teorie corpuscolari al principio del sec. XVIII: Martino Poli.

Di

Aldo Mieli.

Martino Poli godette ai suoi tempi di una fama e di una fortuna invidiabili. Nato a Luca il 21 gennaio 1662, si interessò vivamente di chimica e farmaceutica, legate, allora, strettamente alle scienze mediche. Stabilitosi a Roma, egli potè impiantare un laboratorio pubblico, e più tardi ottenere dal Governo Pontificio speciali patenti ed il titolo di farmacista. Nel 1702 si recò a Parigi per presentare al re Luigi XIV un suo segreto sull'arte della guerra. La leggenda narra che il Re Sole rimase tanto spaventato della potenza micidiale di questo segreto, che, per sentimento umanitario, volle che se ne distruggesse la conoscenza; ricompensò però, e questo non è leggenda, l'inventore con una lauta pensione, il titolo di ingegnere e la nomina all'Académie des sciences. Dopo varie vicende, in Francia ed in Italia, il Poli morì a Parigi il 28 luglio 1771.

In contrasto con i suoi successi da vivo sta la completa dimenticanza nella quale egli cadde da morto. Se i primi furono certamente esagerati per i suoi meriti, la seconda non è completamente giusta. La lettura della sua unica opera pubblicata, se non è troppo gradevole per lo stile e per le continue noiosissime ripetizioni, fa però comprendere lo spirito di quei numerosi chimici che combattevano le nuove teorie corpuscolari, ed erano alieni dal ricondurre a fenomeni della meccanica tutte le varie trasformazioni delle sostanze. L'opera del Poli è la seguente:

Il trionfo degli acidi vendicati dalle calunnie di molti moderni; *Opera filosofica, e medica fondata sopra de' Principii Chimici, & adornata di varij esperimenti*; *Contro il Sistema, e Prattica delli Moderni Democritici, & Epicurei Riformati*, divisa in quattro libri; di Martino Poli Spagirico in Roma, aggregato alla Reale Accademia delle Scienze in Parigi; Dedicata alla Sacra Reale Maestà di LODOVICO XIV il Grande, Re Cristianissimo. In Roma, MDCCVI. Nella Stamperia di Giorgio Placho Intagliatore, e Gettatore di Caratteri alla Piazza della Chiesa di S. Marco. Con Licenza de' Superiori. Un volume 23 × 16,4 pag. XXIV (non numerate), una tavola col ritratto di Luigi XIV, 464.

Il titolo oltre che lungo e prolisso, a seconda dell'uso del tempo, è anche sconcertante. Ma un esame dell'opera rende manifesto il pensiero del suo autore, anche se questo non si palesa per uno spirito superiore e d'eccezione. L'importanza dello scritto si può invece fare consistere nel fatto che esso ci rivela uno stato diffuso di sentimento nella numerosa classe di chimici aliena dalle considerazioni matematiche e geometriche, e più attaccata all'esperienza, anche se questa si manteneva spesso terra terra.

La prefazione dell'autore a chi legge ci mostra già lo stato d'animo dell'autore che si riduce ad una avversità implacabile contro l'antica, e iniqua Filosofia di Democrito, e di Epicuro e contro i nuovi settatori della teoria corpuscolare, fra i quali si trovano, messi in comune, sia i cartesiani che i seguaci di Gassendi. Non i loro frammenti di materia quadrata o angolare, nè tampoco la grandezza e altre affezioni delli suoi polverumi sono la causa dei fenomeni naturali: ma questi dipendono «dalla vastità degli Elementi, che sono corpi homogenei purissimi e semplicissimi, non per anche circoscritti da niuna figura geometrica e definita, li quali sono la materia remota di tutte le cose definite e figurate, la di cui mole stendendosi dall'uno all'altro polo, senza scontinuazione veruna, è quella, che con la direzione del Supremo Architetto intesse e stabilisce il sistema delle cose naturali, mentre li misti e le figure medesime, altra cosa non sono che unioni degli Elementi alterati dalla potestà seminale, come si discorrerà a suo luogo.»

Le ragioni addotte dal Poli nella sua lotta contro i meccanicisti sono di varia natura e valore. La Religione è spesso invocata contro le eretiche opinioni dei cartesiani e dei gassendisti, nè mancano i luoghi dove l'ira di parte si tramuta in improperi non sostenuti da alcuna ragione. Ma l'A. si riferisce spesso all'esperienza, interpretata però non rare volte in modo assai pedestre. Ma la sua pratica chimica era vasta, e mostra in lui un uomo che aveva passato lunghe ore di studio nel laboratorio farmaceutico. Nè era estraneo alle teorie ed alle pratiche degli alchimisti, sebbene non ne seguisse le aberrazioni, come mostrano vari suoi passi e la citazione della *Tabula Smaragdina*.

Nel primo libro «si discorre delli principij chimici tanto in particolare, quanto in generale: vendicandoli dalle Calunnie di quelli, che asseriscono, essere parti del fuoco, e non altrimente Principij essenziali de' misti Naturali. Con un breve Trattato degl'Acidi, e degl'Alcali, e in fine del Solfo, e del Mercurio universale, o sia l'Elemento dell'Acqua; contro il sistema degl'-Atomisti». Il libro si inizia con una definizione della chimica, intesa nel suo senso sperimentale; con essa, facendo l'analisi di tutti i misti naturali si separano da quelli i veri principi o parti componenti; mentre viceversa, da questi, per sintesi si possono riprodurre i misti. L'A. accenna poi alla fermentazione, uno dei processi fondamentali della chimica, che viene determinato dagli acidi, che separano i principi attivi dai loro vincoli. Come acidi si intendono oltre gli acidi secondo la nomenclatura moderna, anche molti sali. Considerate le varie fermentazioni l'A. studia la putrefazione, fenomeno determinato dagli alcali, che però non produce, secondo l'autore, effetti utili come il precedente. Egli passa poi a parlare dei vari processi chimici (distillazione, sublimazione, soluzione, coagulazione, calcinazione, etc.) per trattare dei principii chimici, e mostrare come si trovino con vari processi di analisi. Parla poi di varie sostanze acide, alcaline, de lo zolfo (sia quello naturale che quello vegetabile, ossia le resine, gli olii, etc.), dell'acqua elementare, e fa alcune considerazioni sul come gli acidi dissolvano i metalli ed altre sostanze, gli alcali la pinguedine, e lo spirito di vino gli oli e le resine. Questo libro è il più interessante dal lato puramente chimico.

Il secondo è dedicato alla polemica che sopra abbiamo ricordato. Vi «si discorre primieramente dell'insusistenza delli Principi detti mecanici, e di tutta la Filosofia Corpuscolare, o sia Dottrina degl'Atomi. Secondariamente degli errori, scismi ed altri pregiudicij, introdotti nelle Scuole della Medicina a causa di tali dottrine.» Sulle varie considerazioni, sull'esposizione dei principi di Cartesio e la loro confutazione, non possiamo entrare in questa breve nota, e solo diremo che essi sono interessanti per mostrare lo spirito del tempo. L'A. per combattere i principi meccanici mostra l'inesistenza dei filtri nella natura e nell'arte: ossia che non si possono fare le separazioni, l'analisi, per mezzo di passaggi attraverso a membrane; ma che occorrono per questo dei principi chimici, sia acidi, sia di fermentazione, sia del fuoco. La dimostrazione è estesa ai fenomeni fisiologici nelle piante e negli animali. Numerosi esperimenti confortano le tesi prospettate, obbiezioni vengono sistematicamente ribattute, e vengono fatte applicazioni a fenomeni fisiologici. La lettura dà una buona idea delle conoscenze del tempo.

Riporto solo gli argomenti fondamentali degli altri due libri che interessano maggiormente la medicina e la farmaceutica.

Nel terzo libro «si discorre primieramente dell'Analisi del sangue humano. Secondariamente si prova, che gl'Acidi non entrano, nè possono entrare nel sangue in niun stato, sì naturale, come morboso. Terzo si fa un breve discorso della chilificazione. Quarto si prova come operino li Medicamenti, ed Alimenti Acidi; come anche le Acque termali, tanto per diaforesi, come per orina, senza entrare nel sangue. Il tutto adornato di varij esperimenti, con li quali si prova quello che si è intrapreso a sostenere.»

Nel quarto libro, infine, «si parla primieramente della Febre, e appresso della vera cagione di diversi mali creduti incurabili, e della cura delli medesimi. Et in fine un'Epilogo delle rare virtù e prerogative degli Acidi di ogni sorte, e dell'utile grande che apportano a i viventi, sì nello stato naturale come morboso.»

Senza intrattenermi ulteriormente sul nostro autore, che aveva promesso la pubblicazione di un secondo volume che poi più non apparve, credo che egli sia degno di un qualche breve ricordo e che meriti di essere tolto dal completo oblio nel quale è stato lasciato. E ciò specialmente perchè le sue conoscenze e le sue argomentazioni sono, come ho detto, caratteristiche di un esteso gruppo di pratici di allora, e servono così a far comprendere meglio la chimica dei suoi tempi.

Mannheimer Stadtrat und kurpfälzische Regierung gegen das alchemistische Laborieren 1753.

Von

Adolf Kistner.

Überall wo die Alchemie, ihrem wahren Wesen entfremdet, den Hunger nach Gold stillen soll, weist ihre Geschichte Wunderlichkeiten auf, die sich meist irgendwie mit fürstlichen Personen verknüpfen. Sind schon die von Rücksichten auf das allgemeine Wohl diktierten Maßnahmen gegen alchemistisches Treiben ziemlich selten, so sind sie es erst recht, wenn sie von einer Stadtverwaltung ausgehen, die dabei noch durch den Landesherrn unterstützt wird. Von einem solch vereinzelten Falle kündet uns ein im Generallandesarchiv zu Karlsruhe aufbewahrtes Bündel von Polizeiakten der Stadt Mannheim aus dem Jahre 1753. Damals war das zwischen Rhein und Neckar eingekeilte, als Stadt erst etwa anderthalb Jahrhunderte alte Mannheim seit wenigen Dezennien kurpfälzische Residenz und stand mitten in einer Entwicklung, die man zum besseren Verständnis der später zu schildernden Einzelheiten kurz betrachten muß.

Die Residenz der pfälzischen Kurfürsten war bis 1720 das liebliche Heidelberg, dessen Schloßruine noch heute den zahllosen Besuchern ein Bild der ehemaligen Herrlichkeit bietet. Hof und Universität zogen einst aus aller Welt Fremde an, darunter auch Glücksritter und Vertreter der Geheimwissenschaften. Unter der Regierung des Kurfürten Friedrich II. (gest. 1566) führte man in Heidelberg gegen drei Alchemisten – Bartholomaeus Clauditius aus Rom, seinen Vetter Jakob von Casale und Johann Albini – einen Prozeß, der mit Landesverweisung endigte. Trotzdem nahm Pfalzgraf Ottheinrich, der als Kurfürst das Heidelberger Schloß um einen prächtigen Bau erweiterte, den Erstgenannten in seine Dienste.

Zur Zeit da «Graf» Caëtano den Kaiser Leopold I. mit Goldmacherkunststücken narrte, kam der pfälzische Kurfürst Johann Wilhelm (1703) nach Wien und fiel auf des Gauners alchemistische Schwindeleien herein. Daß Caëtano nach dem Tode seines kaiserlichen Gönners (1705) Wien verließ, war wohl ein Glück für die Finanzen von Johann Wilhelm, der es noch erlebte, daß der Abenteurer wegen seiner Betrügereien Ende August 1709 zu Küstrin an einem vergoldeten Galgen baumeln mußte.

Auf Kurfürst Johann Wilhelm (gest. 1716) folgte in der Regierung sein Bruder Karl Philipp. In Heidelberg nicht recht heimisch, hielt er Mannheim zur Entfaltung fürstlichen Prunks für geeigneter und nahm deshalb (1720)

Kirchenhändel – um den alten Heidelberger Katechismus und um die Heiliggeistkirche – zum willkommenen Anlaß, mit dem ganzen Hof nach Mannheim überzusiedeln, wo er schon am 2. Juni 1720 den Grundstein zum Schlosse legte. Die neue Hofstadt, bisher durch kriegerische Ereignisse vielfach stark in ihrer Entwicklung gehemmt, mußte in der nächsten Zeit ihr Aussehen gründlich ändern und sich auf die unerwartet zugefallene Rolle umstellen. Viel fremdes Volk strömte zu, darunter ein gewissenloser Abenteurer, der als «spanischer Kavalier» auftrat und den volltönenden Namen Don Bartolomeo Pancorbo de Ayala y Guerra führte. Ihm gelang es, den geldbedürftigen Kurfürsten zur Gründung einer Tabakmanufaktur zu überreden. Pancorbo, seit dem 13. Juli 1736 Regierungsrat und Generaldirektor des neuen, höchst bedenklichen Unternehmens, erschloß allerdings eine ausgiebige Goldquelle – aber für sich und sein Gelichter! Eine ganz ungeheuerliche finanzielle Zerrüttung war das Endergebnis für die Pfalz, als er im Jahre 1739 nicht ganz freiwillig Residenz und Land den Rücken kehrte.

Mannheims Bürgern hatte der Einzug des Hofes auch eine Verschärfung des Polizeiwesens gebracht, das der Stadtverwaltung immer mehr und mehr entzogen wurde. Der als Polizeikommissarius eingesetzte Hofgerichtsrat Freiherr Franz von Löwenburg, der uns später wiederholt begegnen wird, entpuppte sich als ein herrischer Gewaltmensch, der in kurzer Zeit allerlei Zerwürfnisse mit den städtischen Behörden heraufbeschwor, wobei er durch kurfürstliche Reskripte, die man heute nur noch mit Kopfschütteln lesen kann, treffliche Unterstützung seiner Rücksichtslosigkeiten fand.

Als Kurfürst Karl Philipp an Silvester 1742 starb und der erst achtzehnjährige Karl Theodor die Regierung übernahm, mit der für Mannheim eine Blütezeit in den Künsten und Wissenschaften einsetzte, war das Ende von Löwenburgs Gewaltherrschaft besiegelt. Schon am 31. Januar 1743 verfügte der Kurfürst den Übergang der Polizeiverwaltung an die Stadt «mit gänzlicher Ausschließung des Freiherrn von Löwenburg», der damit für die große Öffentlichkeit zunächst verschwand, bis er zehn Jahre später durch alchemistische Arbeiten wieder auftauchte.

Die Bewohner Mannheims, bisher anspruchslos und genügsam, wurden durch das vor ihren Augen sich entfaltende höfische Leben nach neuen Bedürfnissen gedrängt. Ansprüche und Preise stiegen, desgleichen die Steuern und Abgaben, zumal da Karl Theodor bestrebt war, der durch Pancorbo angerichteten Mißwirtschaft im pfälzischen Finanzwesen nach Kräften entgegenzuwirken. Die Bürger, die ihre Geldbeutel rasch abmagern sahen, hielten nach neuen Goldquellen Umschau und waren daher aufmerksame Zuhörer, wenn das eingewanderte Abenteurervolk von Goldmacherkünsten allerhand erzählte. Sicher war es möglich, Gold und Silber aus unedlen Stoffen zu gewinnen, sonst stünde nicht – so folgerte man – in dem «Innungsbrief» (1731) der Mannheimer Gold- und Silberarbeiter u. a. eine Warnung vor alchemistischem Gold und Silber «so in des heiligen Römischen Reiches *constitutionibus* verboten». Als man gar noch hörte, daß auch der verhaßte Freiherr von Löwenburg die Goldmacherkunst betreibe und sogar hierfür allerlei Leute beschäftige, scherte man sich nicht um etwaige Verbote, die man ja doch nicht kannte, und nahm ebenfalls das geheimnisvolle, schönen Erfolg in Aussicht stellende Laborieren auf. In den Behausungen von Hoch und Nieder wurden zum Laborieren einfache Backsteinherde aufgemauert, meist so mangelhaft, daß sie eine große Feuersgefahr für die Stadt bedeuteten. Viele Bürger kümmerten sich schließlich mehr um das Goldmachen als um ihren eigentlichen Beruf und vergeudeten die schmalen Einkünfte und kleinen Vermögensreste unbedenklich zur Anschaffung von allerlei Glasgeräten und Chemikalien. Welche Stoffe in die Kolben und Retorten wanderten und nach welchen Rezepten man arbeitete, ist leider nicht bekannt. Entweder laborierte man lustig drauf los oder man richtete sich nach mündlichen Unterweisungen, wie sie die aus der Pancorbo-Zeit in der Stadt zurückgebliebenen Fremden – vielleicht sogar gegen Entgelt – gaben.

Der Stadtrat, an dessen Spitze seit 1737 der wackere J. Fr. Gobin (1707–1791) stand, war sich darüber klar, daß man irgendwie einschreiten müsse, hatte aber allerlei Bedenken, da zu den Goldköchen offensichtlich auch hohe Personen gehörten, die der städtischen Polizeigewalt nicht unterstanden. Wohl nach langem Kopfzerbrechen über das Was und Wie gingen die Stadtväter am 21. August 1753 den Kurfürsten an. Nach dem vorgelegten Bericht hat der Stadtrat seit einiger Zeit «wahrgenohmen, was massen das so genannte schädliche laborieren und Goldtmacherey ... in der allhiesigen statt auch seinen anfang genohmen habe, durch solch gleichsam ordentliche Krankheit aber nicht nur bey denen, so noch etwas in dem Vermögen übrig haben, solches ... durch den rauch völlig aufgehet, andern Theils und haubtsächlich aber, annoch ferneres ... durch solch beständiges nächtliches horrendes feuern, die gerings herumb wohnenden nachtbarschaft sich der täglich grösten gefahr exponiret sehen solle». Der Stadtrat hält ein gründliches Durchsuchen und Einschreiten für geboten, hat aber «von wegen denen jenigen, welche zum exempel nicht unter des stattrats zwang und jurisdiction stehen, und den ohn gezweifelten gröseren Theil ausmachen werden», Bedenklichkeiten und bittet deshalb um besondere Verhaltungsmaßregeln. Vom 21. August 1753 ist die Vorlage an den Kurfürsten und vom gleichen Tag – o Wunder! – auch der Befehl an den Stadtrat, «alsogleich durch die Schell publiciren zu lassen, daß Niemand sich unterstehen solle in seinem Hauss zu laboriren, oder anderen solches zu gestatten, ein paar Wochen darnach aber die Häusser ohnvermerckt zu visitiren, auch befindende Laboriröfen einzuschmeissen, die Instrumente hinwegzunehmen» usw. Wegen der Standespersonen befahl eine anerkennenswerte kurfürstliche Verfügung vom 3. September 1753 «eine *exakte* Haus*visitation*, von welcher weder die Wohnungen derer *Ministrorum* noch andern Hoher und niederer *Civil* und *Militar*-Bedienten ausgenohmen, sonderen vielmehr an denenselben der Anfang gemachet werden solle, vorzunehmen, auch nachgehendts von Zeit zu Zeit darmit zu *continuiren* und die vorfindende *Laborir*öfen nicht allein niederzureißen, sondern auch die zum zweytenmal sich betreten lassende *personen*» gebührend zu bestrafen. Entsprechende Anordnung erging auch an sämtliche kurpfälzische Oberämter usw.

Der Anweisung gemäß machte man in Mannheim das Verbot durch die Stadtschelle bekannt und eröffnete schon drei Tage später die Haussuchungen durch die Viertelmeister, zu deren Aufgaben es gehörte, in ihren Bezirken die Ratsverordnungen bekannt zu machen und ihren Vollzug zu überwachen. Da unter diesen mehr mit Pflichten als mit Rechten ausgestatteten Männern niemand war, der irgendwie Fühlung mit chemischen Dingen hatte, lassen die Berichte leider nicht erkennen, nach welchen Gesichtspunkten die Mannheimer Goldköche laborierten.

In Begleitung von Stadtsoldaten führten die Viertelmeister ihren Auftrag gründlich aus. Dem in der «Stadt Straßburg» wohnenden Küfermeister JOH. G. OLIVIER nahm man fünf Schmelztiegel weg. Bei dem geheimen Sekretär BROUILLOT verfielen einige «Rezipienten» sowie 40 teils leere, teils mit «rother *Materie* und anderen *liquoribus* annoch angefüllte, gantz frisch mit leimen beklebte» Kolben der Beschlagnahme. Ein bei der Kammerdienerswitwe THOMA hausender Venetianer hatte seinen Laborierofen abgebrochen und hoffte mit der Behauptung, adelig zu sein, seine Geräte der Konfiskation entziehen zu können; trotz Einspruch nahm man ihm zwölf Tiegel, zwei Retorten, sowie Blei und Erz weg. Der Materialist SCHOCK, der erklärte, er brauche den vorhandenen Ofen «zu seinem Handel auch Brennung (von) allerley Gewässer», blieb unbehelligt. Auch der Obristküchenmeister Freiherr VON HUNDHEIM hatte Glück. Bei ihm – er selbst war nicht zugegen – fand man drei Öfen, von denen jeder zwei eingemauerte glasierte Häfen besaß. Die Hausbewohner erklärten, daß der Freiherr «ein *Chymicus* seye, und vor die arme *laborire*». Der Viertelmeister wagte es daraufhin nicht, gegen den für die Armee chemische Versuche anstellenden Obristküchenmeister vorzugehen, ja nur die Richtigkeit der Behauptung nachzuprüfen. Der Ratsverwandte FUCHS traf im Hause des Juden GABRIEL MICHEL MAY bei den französischen Tabakfabrikanten JANNO & Cie. in der Küche einen bereits abgebrochenen Laborierofen an und ließ einen zweiten (in der Waschküche) beseitigen. In einem Versteck auf dem Speicher fand man hier viele Hundert Kolben und Rezipienten, die natürlich der Beschlagnahme verfielen und vorerst unter Siegelverschluß kamen. Zwei Öfen, die man bei dem Holzhändler MICHEL antraf und einriß, gehörten angeblich der nämlichen, früher hier untergebrachten Tabakkompagnie. Dem erwähnten Juden G. M. MAY, der auch selbst experimentierte, mußte man «zwei *laborir*öfen *rasiren*», sowie allerhand Kolben und Tiegel wegnehmen. Ein ANTON BREUNEL, der sich als Skribent bei Exzellenz VON SICKINGEN und bei Ehegerichtsrat RITTMANN bezeichnete, hatte seinen Ofen abgerissen. Neben allerlei Geräten, die auf das Rathaus wanderten, fand man hier auch verschiedene Pulver, schwer wie Blei, «nicht aber von Gold und Silber».

Obgleich man sich auf die kurfürstliche Verfügung berufen konnte, ging man doch mit einiger Scheu an die laborierenden Adeligen heran. Außer bei dem vielgehaßten Freiherrn VON LÖWENBURG hat man zweifellos bei den Standespersonen mehr wie ein Auge zugedrückt, vielleicht sogar die Durchsuchungen ganz unterlassen. Es ist nämlich auffallend, daß die Zahl der laborierenden Personen von Rang wesentlich geringer ist, als man nach der ersten Vorlage des Stadtrats erwarten kann. Im Hause der Witwe BUSCH fand man in der Wohnung des Freiherrn VON LÖWENBURG einen eingefallenen kleinen Destillierofen und drei ganz kleine Destillierkolben; im

Keller standen «einige mit weißen *liquore* oder Wasser angefüllte *ordinaire bouteilles*». Drei Laboreröfen fand der Ratsverwandte ADLER bei dem Oberstleutnant VON REITZENSTEIN, der aber erklärte, zwei der Öfen, sowie die vorhandenen Gläser, Tiegel und Kolben seien Eigentum LÖWENBURGS, der dritte Ofen aber gehöre ihm selbst, hier pflege er «gewisse gewässer zu brennen». Wegen dieser (reichlich unwahrscheinlichen) Angabe verschonte man REITZENSTEIN, nahm aber LÖWENBURGS Geräte unter Siegel und riß seine beiden Öfen nieder. Als Gehülfe von LÖWENBURG bezeichnete sich ein im Hause des Schuhmachers SCHRANTZ wohnender Junggeselle namens LINTZ. Seinen Experimentierofen zerstörte man; verschiedene Tiegel und «ein langes *Laborir*glass, worin noch etwas gelbes so stark gerochen» («gelbes Wasser» heißt es an anderer Stelle), ließ man auf das Rathaus schaffen. Im Hause von Bäckermeister MAAS stöberte der Ratsverwandte SCHOCH mehr wie 100 Kolben und Retorten auf. Ihr Eigentümer, JOHANNES BOGNER, erklärte. er brenne für den Materialisten FRANZ ANTON DE ANTONI Scheidewasser. Mit seiner nicht weiter nachgeprüften Behauptung, er sei ein Gehülfe des Freiherrn VON LÖWENBURG, suchte er sich wohl gegen die zu erwartenden Maßnahmen zu schützen. Sicherlich hat kein Mannheimer ernstlich geglaubt, daß man sich an den ehemaligen Polizeigewaltigen heranwagen werde. In der am Marktplatz gelegenen Wohnung des Juden HERZ WAHL DESSAU fand man Kolben, Retorten, Töpfe, eiserne Zangen und sonstige Geräte, sowie «etliche zusammengeschlagene Laborier- und Destillieröfen auf dem Herd mit Backensteinen». HERZ WAHL DESSAU behauptete ebenfalls, er experimentiere mit dem Freiherrn VON LÖWENBURG; dieser sei Besitzer der Geräte und habe verlangt, «die hinwegnehmenwollende glässerne Brennzeug und Zugehör» seien so aufzubewahren, daß er sie stets wieder zurückerhalten könne, er brauche sie nur «zu Scheidungen, welche in der gantzen Welt erlaubt seyen». Die Geräte wurden weggenommen und auf das Rathaus gebracht.

Widerspenstig zeigte sich eigentlich nur der Handelsmann NOËL METRALCOURT. Als man ihm den Laborierofen abgebrochen hatte und 15 Kolben und Retorten wegschaffen wollte, wurde er gegen den Viertelmeister und den Stadtsoldaten «mit sehr *injuriosen* Worten» ausfallend, indem er behauptete, man wolle ihn bestehlen. Der Stadtrat verfügte deshalb die Verhaftung des NOËL METRALCOURT, der sich aber versteckt hielt und am 12. September durch eine Bittschrift den Kurfürsten um Schutz anflehte. Der zur Äußerung aufgeforderte Stadtrat erklärte am 28. September, METRALCOURT verdiene wegen seines «prostituierlichen» Verhaltens gegen die städtischen Beauftragten einen «8tägigen *personal* arrest». Aller Wahrscheinlichkeit nach ist die Strafe dann auch vollzogen worden.

Inzwischen hatten «StattDirektor, GewaldtSchultheiss, Bürgermeistere und Rath» am 18. September die Regierung wegen der gegen die Laboranten einzuleitenden Schritte gebeten. Da die JANNOsche Kompagnie willens war, «ihre von einem ansehnlichen werth seyende glässer und Tiegel ausser Churpfaltz in das Erbachische zu *transferieren*», war hier kein Grund zum Einschreiten gegeben. Dagegen beantragte man die Ausweisung von BOGNER, BREUNEL und LINTZ, «die bis dahin sich dahier aufgehaltene dem *publico* höchst nachtheilige *laboranten.* so gar keinen *titulum mansionis* haben». Schon nach zwei Tagen erließ die Regierung ihre Verfügungen. Was man an Tiegeln, Retorten usw. unter Siegel genommen habe, solle in 24 Stunden aus der Stadt Mannheim und in drei Tagen aus der Kurpfalz entfernt werden, andernfalls sei «Zusammenschlagung» zu gewärtigen; die auf das Rathaus geschafften Gegenstände seien zu vernichten; wo Schließen von Häusern oder Türen die Durchsuchung unmöglich gemacht habe, solle man sich ohne Ansehen der Person unter Umständen gewaltsam Zutritt verschaffen; mit der Schelle sei bekannt zu geben, «dass niemand, dessen *profession* es nicht erfordert, kein gewässer zum ScheidWasser oder sonsten destillieren und verfertigen solle». Endlich sei den Laboranten Bogner, Breunel und Lintz das «*consilium abeundi*» zu geben.

Offenbar wurde trotz allem noch weiter laboriert, besonders durch Personen und in Quartieren, über die der Stadtrat keine Gerichtsgewalt hatte. Er bat deshalb (13. Oktober) um das Untersuchungsrecht auch für solche Fälle. Die Regierung gab schon am 20. Oktober die erbetene Genehmigung und wünschte Bericht über den Erfolg. Da zwei Jahre hindurch keine Antwort einlief, verlangte die Regierung am 21. November 1755 Auskunft. Noch am gleichen Tage ließ der Stadtrat überall, wo man früher etwas gefunden hatte, ohne vorherige Benachrichtigung erneut die Zimmer, Keller und Speicher durchstöbern, konnte aber – laut Bericht vom 27. November 1755 – nichts mehr finden, was zum Gold- oder Silbermachen gehörte. Den Mannheimern war die Lust zu alchemistischen Versuchen offenbar vergangen.

Wenige Jahre nach den geschilderten Ereignissen verfertigte man in Mannheim Gold, jedoch unechtes, eine goldähnlich glänzende Legierung von Kupfer und Zink. Ein nicht näher bekannter Unternehmer namens Macher (vielleicht ein Franzose) errichtete nämlich 1760 zu Mannheim eine Fabrik, in der er mit wenigen Arbeitern dieses «Mannheimer Gold», wie man es nannte, goß und daraus allerlei kleine Zierwaren herstellte. Im Jahre 1770 verfertigten zu Mannheim Johann Friedrich Makelet (gest. 1794) und Johann Georg Dubois (gest. 1800) – beide zur Innung der Gold- und Silberarbeiter gehörend – Dosen, wie man sie damals gern verschenkte, aus dem unechten Mannheimer Gold, das sicher manchen Beschenkten bitter enttäuschte, wenn er hinter den Schwindel kam.

Nahe verwandt ist das Mannheimer Gold mit der Legierung, die man ehemals Prinzmetall nannte. Dies hängt insofern mit der Kurpfalz zusammen, als sein Erfinder der dritte Sohn des Kurfürsten Friedrich V. von der Pfalz (des «Winterkönigs») ist, nämlich Pfalzgraf Ruprecht (1619 – 82), in dessen reichbewegtem Leben auch die Alchemie eine Rolle spielt.

Ein übersehener Brief Samuel Hahnemanns aus seiner Leipziger chemischen Arbeitsperiode.

Von

Rudolph Zaunick.

Edmund O. von Lippmann hat vor Jahresfrist[1]) die Frage erörtert: War Hahnemann, der Begründer der Homöopathie, der berühmte Chemiker, für den ihn seine Epigonen ausgeben? Er konnte abschließend feststellen, daß dem Chemiker Hahnemann Errungenschaften ersten Ranges nicht zuzuschreiben sind und daß er in der Geschichte der Chemie irgendwelche dauernde Spuren nicht hinterlassen hat. «Absolute Bedeutung für diese Wissenschaft kommt ihm demnach nicht zu, die relative ist aber fraglos erheblich, und jener von zahlreichen auch seiner chemischen Zeitgenossen weitaus überlegen.»

E. O. von Lippmanns Untersuchung beruht zu einem Teil auf Richard Haehls großer Hahnemann-Biographie[2]) v. J. 1922, deren II. Band Urkunden, Aktenstücke, Briefe, Aufsätze, Abhandlungen usw. bringt. Trotzdem Haehl mit großem Fleiße gerade nach diesen Hahnemann-Dokumenten gefahndet hat, ist ihm ein größeres Autograph entgangen, das ich bereits vor einem Jahrzehnt in Meißen, der Geburtsstadt Hahnemanns, in der Sammlung des dortigen Vereins für Geschichte entdeckte, abschrieb, aber in den Schreibtisch zurücklegte, weil ich glauben mußte, es würde in der angekündigten Biographie Haehls im Zusammenhang mit anderen Dokumenten seinen Abdruck finden. So greife ich jetzt den von Haehl übersehenen Brief wieder auf, weil er aus Hahnemanns chemischer Arbeitsperiode, aus dem Jahre 1791, stammt und ein weiteres Quellendokument zu E. O. von Lippmanns Nachprüfung darstellt.

---

[1]) Edmund O. v. Lippmann, *Samuel Hahnemann, der Begründer der Homöopathie, als Chemiker*. In: Chemiker-Zeitung 1926, Nr. 1 u. 4. – Die Studie erschien etwas gekürzt auch in: Leopoldina, Berichte d. Kaiserl. Deutschen Akad. d. Naturforscher zu Halle, II (Leipzig 1926) S. 223–228. – Aus der neuen Flut von Arbeiten über Hahnemann und sein System nenne ich als die bedeutsamste: Paul Diepgen, *Hahnemann und die Homöopathie. Historischer Beitrag zur Kritik der Lehre.* Freiburg i. B. 1926 (8°. 32 S.).

[2]) Richard Haehl, *Samuel Hahnemann. Sein Leben und Schaffen auf Grund neu aufgefundener Akten, Urkunden, Briefe, Krankenberichte und unter Benützung der gesamten in- und ausländischen homöopathischen Literatur.* Leipzig 1922 (2 Bde. gr. 8°. XVI, 508; XVI, 527 S.).

Nach fünfjähriger Wanderzeit hatte sich der junge Dr. med. SAMUEL HAHNEMANN im Jahre 1785 in Dresden niedergelassen. Hier wandte er sich bald ganz der Herausgabe fremdsprachlicher chemisch-pharmazeutischer Werke und eigenen Laboratoriumsarbeiten zu.

Aber «um der Quelle der Wissenschaften näher zu sein» – wie er in seiner Autobiographie schrieb –, siedelte er gegen Michaelis 1789 nach Leipzig über, vor dessen Toren er in Stötteritz bald eine billige und gesunde Wohnung fand. Auch hier lebte er ganz seinen schriftstellerischen und praktisch-chemischen Arbeiten. Zum besten ging es ihm mitsamt seiner Familie freilich nicht; das wissen wir aus mehreren Briefen dieser Leipziger Zeit (vgl. HAEHL, II, S. 25 f.). Und auch der folgende Brief, vom 10. Juli 1791, enthält die leider, ach, so wahre Klage: «Durch Brodarbeiten gewinnen die Wissenschaften wenig».

Gerichtet ist die Epistel an einen «Bergrath», dessen Name «BUCHHOLZ» aus den Schlußsätzen erhellt. HAHNEMANN plaudert dort davon, daß seine Frau – HENRIETTE geb. KÜCHLER – als Stieftochter des Dessauer Apothekers HÄSELER vor ungefähr 17 Jahren als neunjähriges Kind von dem «Bergrath BUCHOLZ» auf den Arm genommen worden sei.

Es darf mit höchster Wahrscheinlichkeit angenommen werden, daß der Adressat WILHELM HEINRICH SEBASTIAN BUCHOLZ ist, der am 23. Dez. 1734 zu Bernburg im Anhaltischen geboren war, den Apothekerberuf erlernt und dann in Jena Medizin studiert hatte, von 1763 an bis zu seinem Tode am 16. Dez. 1798 in Weimar die Hof- und Stadtapotheke besaß, außerdem Fürstl. Hofmedikus und Physikus der Ämter Weimar, Oberweimar und Cromsdorf war und seit 1782 auch den Bergratstitel inne hatte.[1]) – Welch bedeutsamen Anteil BUCHOLZ, GOETHES Intimus in chymicis, an der Einführung der Scheidekunst im akademischen Unterrichte Jenas hat, legte jüngst GUTBIER dar.[2])

HAEHL (II, S. 25, 30 u. 31) hat von mehreren Briefen HAHNEMANNS an einen «Bergrath v. [!] B.» aus derselben Zeit Mitteilung gemacht. Sicherlich verbirgt sich dahinter der gleiche Empfänger, wie in dem Briefe, den ich nun erstmalig abdrucke.

Wohlgeborner Herr Bergrath!

Hochzuverehrender Gönner!

Dero angenehme Zuschrift zu beantworten, bin ich nun lange genug abgehalten worden. Und doch, wie gern unterhalte ich mich mit Ihnen!

---

[1]) Zur Bio-Bibliographie von W. H. S. BUCHOLZ vgl. man: JOH. LUDEWIG ANTON RUST, *Historisch-literarische Nachrichten von den jetzt lebenden Anhaltischen Schriftstellern*, I (Wittenberg u. Zerbst 1776) S. 71–77. – HAMBERGER-MEUSEL, *Das gelehrte Teutschland*, I (Lemgo 1796) S. 478–481; IX (1801) S. 159; XII (1806) S. 316. – (FRDR. GRAF VON BEUST's) Sächs. Provinzialblätter, VI (Juli-Dec. 1799) S. 345–359. – ANDREAS GOTTFR. SCHMIDT, Anhalt'sches Schriftsteller-Lexikon (Bernburg 1830) S. 53–55.

[2]) ALEXANDER GUTBIER, *Goethe, Großherzog Carl August und die Chemie in Jena.* Rede (Jenaer akad. Reden. H. 2.) (Jena 1926) S. 6.

Wo Sie nur ein Viertelstündchen Zeit für mich erübrigen können, so schenken Sie mirs doch ja! wenn Dero Briefe auch nichts von Versorgung enthalten können; sie sind mir immer gleich schätzbar.

Nicht wahr? Die Abhandlung für die Mainzer Akademie[1]) muß lateinisch seyn? Ich erwarte nur ein Wörtchen darüber, um sogleich von Dero recht gütigen Anerbietung ergebensten Gebrauch zu machen. Sie ist sehr schmeichelhaft für mich.

Der Zersetzungsproceß des Kochsalzes durch gebrannten Kalk ist folgender. Man pülvert ungelöschten Kalk, lößt ein gleiches Gewicht Kochsalz in drei Theilen kochendem Wasser auf, löscht mit dieser Auflösung den Kalk und mischt sie innig damit durch etwas Reiben. Den Brei thut man in eine steinzeugne Büchse; man hat nicht nöthig, sie zu verstopfen, der Kalkrahm, der sich bald oben auf bildet, hält den Zugang der Luft ab, wenn die Büchse ungeschüttelt u[nd] unbewegt etwa 14 Tage stehen gelassen wird. Vielleicht sind schon 8 Tage hinreichend. Will man nun das zersetzte Kochsalz zu Niederschlägen anwenden (etwa Metallkalke aus Säuren niederzuschlagen, oder auch Kalkerde – Bittersalzerde schlägt sich nicht nieder – vermuthlich weil sie in der überflüssigen Aetzsäure, Kaustikum, auflöslich ist), so vermischt man die Masse mit etwa einem sechsfachen Gewichte heissen Wasser durch etwas Reiben, seihet die Mischung alsbald durch[2]), und wendet die helle Flüssigkeit sogleich zum Niederschlage an. Vermuthlich hält sie sich auch in wohlverstopften Gläsern einige Zeit lang. An freie Luft aber hingestellt wird binnen wenig Tagen Kalkerde u[nd] Kolchsalz wieder daraus und das freie kaustische Laugensalz ist verschwunden.

Auf gleiche Weise, obgleich nicht leichter, habe ich Vitriolweinstein und Glaubersalz doch eben nur so transitorisch zersetzen können.

Anbei etwas auflösliches Quecksilber[3]) Nr. 1 mit Kalkwasser u[nd]

[1]) W. H. S. Bucholz gehörte der Kurfürstl. Mainzischen Akademie der nützlichen Wissenschaften zu Erfurt (gegr. 1754) seit 1776 an. Nach dem «Nahmenregister der Mitglieder und Jahre der Aufnahme» (in: Acta Acad. Elect. Moguntinae Scient. util. quae Erfurti est ad ann. 1794 et 1795, Erfurti 1796, p. [XIX sqq.]) war nur dieser Bucholz Akademie-Mitglied. (Der Erfurter Apotheker Christian Frdr. Bucholz wurde erst am 2. Dez. 1800 Mitglied; vgl. Nova Acta Acad. Elect. Mog. II, Erfurti 1802, p. XXVII.) Ein neuer Beweis, daß der Empfänger des Hahnemann-Briefes allein W. H. S. Bucholz ist! – Über W. H. S. Bucholz' Anteil an der Erfurter Akademie vgl. [Georg] Oergel, *Die Akad. nützl. Wiss. zu Erfurt von ihrer Wiederbelebung durch Dalberg bis zu ihrer endgültigen Anerkennung durch die Krone Preußen* (1776–1816), in: Jahrbücher d. Kgl. Akad. gemeinnütz. Wiss. zu Erfurt, N. F. XXX, Festschrift (1904) S. 139–224 bes. S. 188 f. – Am 2. August 1791 wählte die Akademie Hahnemann zu ihrem Mitglied (vgl. Acta ... ad ann. 1790 et 1791, Erfurti 1791, Praefatio p. [VIII]). – Am 3. Juli 1792 wurde dann die oben im Briefe erwähnte Abhandlung Hahnemanns mit dem Titel: «*Bereitung des Caßler Gelb*» vorgelesen und in den Acta ... ad ann. 1793 (Erfurti 1794) [Abh. 1] S. 3–10 (mit 1 Abb.) publiziert. Haehl (II, S. 50) kennt wohl, wenn auch ungenau, ihren Titel, nicht aber das Genauere. – Späterhin hat Hahnemann nie wieder etwas für die Erfurter Acta geliefert, wie ich mich überzeugen konnte.

[2]) Am Briefrande ist hinzugefügt: «Ein wollenes Seihetuch wird davon zerfressen.»

[3]) Den ersten Hinweis auf die Herstellung eines löslichen Hg-Präparates («Mercurius solubilis Hahnemanni» der späteren Pharmakopöen) gab Hahnemann in seinem Buche:

Nr. 2 mit kaustischem Salmiakgeiste [1]) bereitet. Bei letzterm kömmt sehr viel drauf an, ob der kaustische Salmiakgeist gleich nach der Destillation oder nach langer Aufbewahrung oder öfterer Eröfnung [!] des denselben enthaltenden Gefäßes angewendet wird. Dieß hat viel Einfluß auf den reichlichen Niederschlag u[nd] die Farbe, obgleich aber nicht auf die arzneiliche Wirkung. Theilen Sie mir doch gütigst Ihre Gegenerfahrungen mit, wenn Dieselben dergleichen anzustellen für gut finden sollten.

Beim Kalkwasser reüssirt der Niederschlag gewisser, und ich bin fast gesonnen, dasselbe vorzuziehen, ob es gleich im Grunde dasselbe Präparat liefert als der gute Salmiakgeist.

Die gehörige Befreiung des Quecksilbersalpeters von freier Säure ist eine Hauptsache. Habe ich es mit etwas kaltem destillirtem Wasser einigemahl abgesüht [!] und auf Fließpapier völlig trocken werden lassen, so reibe ich es mit etwas nicht völlig gerathenem *Mercur. solub.* zum feinen Pulver und lasse es noch etwa 24 ⧗ liegen; hierdurch wird die noch etwanige freie Säure am vortheilhaftesten weggenommen, ehe es durch Reiben mit lauem oder kaltem destillirten Wasser aufgelöst wird. Ich vermeide bei der Bereitung alle Hitze jeder Art, selbst beim . . . . [unleserlich]. Die vorläufige Entfernung der Vitriolsäure aus der Salpetersäure durch ⊕+ Schwererde [2]) läßt sich die wohl gewöhnlichen Apothekern vorschreiben? Wollten Dieselben einige arzneiliche Anwendung mit beigehender Portion anstellen, so würde die gute Sache, wie ich hoffe, gewiß viel gewinnen. Ich habe nicht oft über 20 bis 24 Gran zu einer Kur nöthig – Mohnsaft fand ich sehr zuträglich dabei (die durch ☿ erregte Reitzbarkeit zeitig zu tilgen) [3]), obgleich nicht unentbehrlich.

Sprechen Sie aus, als Kenner u[nd] ohne Vorliebe für mich oder das Mittel, ob unsre bisherigen Merkurialia blos durch innerlichen Gebrauch Schanker u[nd] Bubonen heilen konnten? Vielleicht thaten es einige die ich nicht kenne – Und, wenn Sie das auflösliche ☿ gebraucht haben, ob man geschwinder leichter u[nd] gewisser die rein venerischen Uebel heben könne? Ohne Speichelfluß, Brechen und Purgiren befürchten zu dürfen – Meine Diät dabei besteht größtentheils nur in Mäßigkeit. Ich sahe mehrmahl bei der Kur der Schanker die dabei anwesenden Tripper ohne weitere toxische Mittel binnen etlichen Tagen mit dem Schanker zu gleicher Zeit verschwinden. Habe ich mich geirrt, oder wirkt dies Mittel bis zum Trippersitze? Ich traute meinen Augen nicht u[nd] habe deshalb nichts öffentlich davon erwähnt. Wie gern hätte ich Berichtigung hierüber durch einen Beobachter von entschiedenem Gewichte! Ich wende mich deshalb an Ihre Güte.

«*Unterricht für Wundärzte über die venerischen Krankheiten, nebst einem neuen Quecksilberpräparate*» (Leipzig 1789) Vorrede. Eine berichtigende Notiz hatte er dann in Crells Chem. Annalen 1790, Bd. II St. 1 S. 22–28 eingerückt. – Die obige Briefstelle ergänzt beide Publikationen, besonders nach der therapeutischen Seite hin.

[1]) CO_2-freies Ammoniak.

[2]) $Ba(NO_3)_2$.

[3]) Mohnsaft als Adiuvans bei Merkurialkuren empfahl Hahnemann unter Verweis auf Fernel (1556) schon in seinem «*Unterricht für Wundärzte über die venerischen Krankheiten*» S. 222 f.

Beifolgende Papiere sind dürftig. Durch Brodarbeiten gewinnen die Wissenschaften wenig.

Daß Reißblei durch Verpuffen mit Salpeter ganz zerstört wird, wußten wir längst durch Scheele[1]. Klaproth[2]) braucht dieß nicht zu bestätigen. Hiedurch aber kann doch unmöglich die Nichtgegenwart der in diesem Mineral von mir gefundenen Säure[3]) dargethan werden. Eben so wenig als man die Säure in Kalkweinstein leugnen kann, weil auch er durch glühenden Salpeter bis zum erdigen Ueberreste zerstört wird. Meine Erfahrungen sind Thatsachen, die durch Vermuthungen nicht widerlegt werden können, am wenigsten durch jene Vermuthung, wo er äussert. ich möchte wohl Wasserblei dafür angesehen haben. Daß er ein guter Mineralienkenner ist, wissen wir; aber daraus folgt nicht, daß wir andern sie nicht kennen. Meine Versuche wurden nur mit deutschem wohlfeilen Reißbleie, das zu Tiegeln genommen wird, angestellt. Ich möchte den Chemiker sehen, der Pfunde von dem raren altenberger Wasserblei vorräthig hätte. Wenn die Scheidekünstler erst anfangen, ihre Brüder durch verächtliche Vermuthungen zu widerlegen, dann ist das goldne Zeitalter unsrer Kunst vorüber. Und so scheints –

Meine jetzige Einrichtung ist auch kein Essenfeuer – ich kann den Versuch nicht wiederhohlen, noch weniger erschöpfen; ich muß also schweigen. Ich wünschte aber doch, da sich Klaproth soviel auf englische Mineralien zu gute thut, ein Stückchen englisches Reißblei in meine Hände

---

[1]) Man vgl. die beiden Abhandlungen C. W. SCHEELES, die der alten Identifikation von «Wasserblei» [Molybdänglanz, MoS_2] und «Reißblei» [Graphit] ein Ende machten: 1) *Försök med Blyerts, Molybdæna*, in: Kongl. Vetenskaps Academiens Handlingar för år 1778, XXXIX (Stockholm 1778) S. 247–255. Deutsch übersetzt in: Der Königl. Schwed. Akad. d. Wiss. Abhandlungen . . . auf d. J. 1778, XL (Leipzig 1783) S. 238–248; CRELLS *Neueste Entdeckungen in der Chemie*, VI (Leipzig 1782) S. 176–188. Französisch in: (ROZIERS) Observations sur la physique, XX (1782) S. 342–349. – 2) *Försök med Blyerts, Plumbago*, in: Kgl. Vet. Acad. Handl. 1779, XL (1779) S. 238–245; Deutsch übersetzt in: Der Kgl. Schwed. Akad. d. Wiss. Abhandl. 1779, XLI (1783) S. 213–219; CRELLS Neueste Entd. i. d. Chemie, VII (1782) S. 153–160. Französisch in: (ROZIERS) Observ. sur la phys. XIX (1782) S. 162–166. – Über die einzelnen Phasen dieser Entdeckungsgeschichte vgl. man: C. W. SCHEELE, *Efterlemnade bref och anteckningar, utg.* af A. E. NORDENSKIÖLD (Stockholm 1892) Register S. 477 u. 482 sub Grafit u. Molybden.

[2]) In einem Briefe an LOR. CRELL, den Herausgeber der «Chem. Annalen» (1790, Bd. II, St. 9, S. 238 f.), hatte MART. HEINR. KLAPROTH berichtet, daß er beim Zersetzen von reinstem englischen Reißblei mit Salpeter nicht HAHNEMANNS «vermeintliche Reißbleysäure» (vgl. die folgende Anm.) erhalten hätte. «Da nun auch weder SCHEELE noch PELLETIER, bey ihren Versuchen über das Reißbley eine dergleichen Substanz ansichtig geworden sind, so besorge ich, daß vielleicht eine kleine Verwechselung vorgefallen seyn, und Hr. D. HAHNEMANN, anstatt wahres Reißbley, vielleicht Wasserbley verarbeitet haben mögte, zumal da Selbiger weder den äußern Charakter, noch den Gebürgsort seines bearbeiteten Fossils angegeben hat. Alsdenn würde das Räthsel sogleich aufgelöset, und die vermeintliche Reißbleysäure keine andere, als die bekandte Molybdensäure gewesen seyn.»

[3]) HAHNEMANN glaubte im Reißblei mehr als den 3. Teil eines neuen «sauren Bestandtheils» gefunden zu haben (CRELLS Chem. Annalen 1789, Bd. II St. 10 S. 291–298). JOHANN CHRIST. WIEGLEB (*Gesch. d. Wachsthums u. d. Erfindungen in der Chemie, in der neuern Zeit*, II, Berlin u. Stettin 1791, S. 467) und JOH. FRIEDR. GMELIN (*Gesch. d. Chemie*, III, Göttingen 1799, S. 497 u. 696) äußerten sofort Bedenken, die auch berechtigt waren.

zu bekommen. Ich fand die rohe Säure weit leichter verbrennlich als Schwefel, was Wunder daß sie durch Verpuffen mit Salpeter zerstört wird. Ist das englische Reißblei seiner Natur nach von unserm deutschen aus Steuermark u. s. w. ganz verschieden? Die jetzige Mineralogie weiß noch nichts davon.

Ihre gütige Vindikation meiner Rechte auf die Weinprobe [1]) – erfordert meinen gehorsamsten Dank. Das ist bieder und vortreflich [!].

Der Kommissionsrat Riem [2]) war auch recht böse (in einem Briefe an Crusius) [3]) auf den Ungenannten im Intell[i]g[enz]-Bl[att] d[er] A[llgemeinen] L[iteratur]-Z[eitung], weil er fühlt, daß die Ignoranz auf ihn zurückfalle.

Die Abfertigung der Herderschen Unfälle habe ich nicht bemerkt? Wo stand sie denn? Sagts nichts der Prediger Salomo, daß der Mensch immer in Streit leben müsse –?

Das heise [!] ich doch heute einmahl geplaudert!

Sie können nicht glauben, wie oft ihr Nahmen in meinem und meines Weibes Munde gefeiert wird. Mit Vergnügen erinnert sie sich von dem H[er]rn Bergrath Bucholz auf den Arm genommen worden zu seyn, als 9jährige Stieftochter des Apotheker Häselers in Dessau, ungefähr vor 17 Jahren –

Unser Leonhardi [4]) besuchte mich vor 10 Tagen hier, als er zu seiner

---

[1]) Worin diese «Ehrenrettung» von HAHNEMANNS Rechten bestand, ist mir unbekannt. – HAHNEMANN hatte in CRELLS Chem. Annalen 1788, Bd. I St. 4 S. 291–305 «*Ueber die Weinprobe auf Eisen und Bley* geschrieben und schwach angesäuertes H_2S-Wasser zur Fällung von etwaigen Bleizucker-Zusätzen empfohlen. In seiner deutschen Bearbeitung von J. B. VAN DEN SANDE'S «*La falsification des médicaments devoilée*» (Haye-Bruxelles 1784): «*Kennzeichen der Güte und Verfälschung der Arzneimittel*» (Dresden 1787) S. 322 hatte er seine Weinprobe erstmalig erwähnt. – Über weiteres vgl. HAEHL (I, S. 38; II, S. 23 f., 27 u. 50) und E. O. v. LIPPMANN.

[2]) Gemeint ist JOHANN RIEM (1739–1807), seit 20. Januar 1789 Kurfürstl. Sächs. Kommissionsrat zu Dresden, einer der bekanntesten Landwirtschaftsschriftsteller seiner Zeit. Vgl. MAX GÜNTZ, *Handbuch der Landwirtschaftlichen Litteratur*, II (Leipzig 1897) S. 149–159.

[3]) ? SIEGFRIED LEBERECHT CRUSIUS, der seit 1765 in Leipzig tätige Verleger. – Ich konnte den ganzen Sachverhalt nicht aufhellen.

[4]) JOHANN GOTTFRIED LEONHARDI (1746–1823), der seit 1782 an der Wittenberger Universität die Pharmazie vertrat, war 1791 unter Beibehaltung der Professur als Kurfürstl. Sächs. Leibarzt und Hofrat nach Dresden berufen worden. Er war chemisch ungemein tätig. So übersetzte er z. B. auch P. JOS. MACQUERS «*Dictionnaire de Chymie*» («*Chymisches Wörterbuch*», Leipzig 1781–83, 6 Bde.; 2. Aufl. Leipzig 1788–91, 7 Bde.; Neue Zusätze und Anmerkungen, Leipzig 1792, 2 Bde. [3. Aufl. Leipzig 1806–09, von J. B. RICHTER u. S. F. HERMBSTÄDT neu bearb.; es erschien nur Th. I–III, Buchst. A–L]). Er gab in neuer und vermehrter Ausgabe C. W. SCHEELES «*Chemische Abhandlung von Luft und Feuer*» heraus (Leipzig 1782). Sein letztes Werk war die anonym erschienene erste «*Pharmacopaea Saxonica jussu regio et auctoritate publica edita*» (Dresdae 1820; deutsch u. d. T.: «*Apothekerbuch für die Königl. Sächsischen Lande*», Dresden 1821). – Über LEONHARDI vgl.: LUD. FERD. FÜRCHTEGOTT FLEMMING, Socero Christiano Gotthelf Pienitzio . . . hanc epistolam offert . . . . . Agitur de vita et meritis beati Joh. Gottf. Leonhardi (Dresdae die X Febr. MDCCCXXIII) (8°. 24 S.); Neuer Nekrolog der Deutschen, Jg. 1, 1823, H. 2 (Ilmenau 1824) S. 770–774; WALT. FRIEDENSBURG, *Geschichte der Universität Wittenberg* (Halle a. S. 1917) S. 582 ff. – LEONHARDIS günstiges Urteil über HAHNEMANN als «geschickten und aufmerksamen Scheidekünstler» hat bereits E. O. v. LIPPMANN hervorgehoben. – Bei HAEHL fehlt LEONHARDIS Name.

Leibarztstelle nach Dresden abgehen wollte. Er hat mir versprechen müssen, bis an sein Ende unsrer Kunst sich viriliter besonders in seinem neuen Posten anzunehmen, welches viel Einfluß auf Sachsen haben kann, und ich von Herzen wünsche.

Ich schliese [!] mit der altdeutschen Versichrung meiner unausgesetzten Ehrerbietung

Ew. Wohlgeboren
gehorsamster Diener
Hahnemann.

Stetteritz d. 10. July 1791.

Wärmestoff und Sauerstoff.

Von

Eduard Färber.

Eine Kurve für die Geschwindigkeitsänderung, die Beschleunigung, der Entwicklung der Chemie würde für das letzte halbe Jahrhundert und besonders das letzte Jahrzehnt recht steil ausfallen. In wenigen Jahren veralten die Darstellungen des «neusten» Zustandes theoretischer und technischer Spezialgebiete. Mit gelindem Schaudern empfängt man den wöchentlichen Berichterstatter über die Ergebnisse neuer Arbeiten, das immer dicker und unleserlicher werdende Heft des «Chemischen Centralblatts». Wie rasch hat etwa die Quantentheorie grundlegende Anschauungen umgestaltet, wie gemütlich erscheint demgegenüber das Tempo, mit dem im Ausgang des achtzehnten Jahrhunderts die große Umwälzung in der Chemie geschah! Wer all dem neuen Werden nicht in starrer Ablehnung oder zumeist etwas dünkelhaftem Beharren das Interesse verweigert, findet schwer den Weg zur geschichtlichen Forschung auf seinem Fachgebiete; höchstens kann es einmal sein, daß ein Patentstreit den Anlaß zur Beschäftigung mit den zeitlich wie fachlich allernächsten Vorgängern gibt.

Aber gelegentlich, an einem Feiertag, unter dem Einfluß einer philosophischen Stimmung, erscheint das Entwicklungsbild doch auch ganz anders. Wenn man in der großen Fülle der praktisch wichtigen Einzelheiten die Grundgedanken sucht, wenn man durch allerdings weitgehende Abstraktion das vielem Gemeinsame und darum Wesentliche isoliert, dann kann man zu all dem Neuen die Wurzeln nicht nur, sondern die allgemeine Idee in weit zurückliegenden Zeiten ausgesprochen und ausgearbeitet finden. Das gilt nicht nur für die eine oder die andere unserer modernen Hauptanschauungen, sondern für sie alle: für die Atomistik, die Elementenlehre. die Energetik. Freilich müssen wir dazu, so wie wir für die Gegenwart von den speziellen Erfüllungen weitgehend abstrahierten, auch für die Vergangenheit ähnlich verfahren. Es bleibt auch dann noch etwas übrig. etwas, das allerdings seine philosophische Eigenart auch darin kund tut. daß man davon das Entgegengesetzte zugleich behaupten kann: daß es nämlich das eigentlich Wesentliche, der eigentliche Sinn unserer Forschungsarbeit sei – und daß es nur Hilfsmittel und überflüssige menschliche Zudichtung zu den nun allein geltenden speziellen Tatsachen bedeute.

Überlassen wir die Entscheidung in dieser Antinomie dem Gefühl und dem Lebensbedürfnis des Einzelnen; welchen Wert man ihnen zusprechen möge, die allgemeinen gedanklichen Grundlinien, auch in der Chemie, lassen sich aufweisen und zurückverfolgen. Das ist für die Atomistik ja schon oft und mit Erfolg geschehen. Die zehn inhaltreichen Bände, die eine ausführliche Darstellung der heutigen Atomistik erfordern würde, lassen sich doch nach jenem bekannten Reduktionsverfahren auf die wenigen Sätze bringen, die schon die alte Atomistik ausmachten. Niemand wird leugnen, daß in jenen angenommenen zehn Bänden noch manches außerdem stehen würde, aber ebensowenig kann man bestreiten, daß eben in jenen einzelnen Sätzen Gleichheit bestehen bleibt. Ähnlich ist es nun auch mit der energetischen Auffassung vom Stoff, die so eigentlich dem zwanzigsten Jahrhundert anzugehören scheint. Die Phlogistik kann als ein Versuch in der Richtung auf eine Energetik hin angesehen werden; die Auseinandersetzung zwischen ihr und dem neuen System der Chemie ist in vieler Hinsicht die Durchringung zu einer Chemie der Stoffe. Und in den Anschauungen von demjenigen Stoffe, der so besonders kennzeichnend dem Sinne nach an der Spitze des neuen Systems steht, in der Geschichte von der Erkenntnis des Sauerstoffs spielt sich jene Auseinandersetzung besonders konzentriert, deutlich und deutbar, ab.

Denn der Sauerstoff bedeutete seinen Entdeckern etwas wesentlich anderes als unserer Chemie. Für Lavoisier wie für seine Zeitgenossen ist das Sauerstoffgas eine Verbindung. Ein neues, noch unbekanntes Element, das eigentliche Oxygen, hat sich darin mit dem für den bekanntesten aller Stoffe gehaltenen Zwischending zwischen Stoff und Energie, dem Wärmestoff, verbunden.

Das Feuer, die Wärme – beide als nicht ganz identisch miteinander aufgefaßt – waren ja die wichtigsten Agentien in der Alchemie gewesen und blieben es lange Zeit hindurch auch später. Die künstliche Kochung stellt nur eine besondere Beschleunigung der natürlichen Kochung oder Reifung dar. Wenn Paracelsus diesem Gedanken besonders starken Ausdruck verleiht, so gehört er doch nicht nur ihm und nicht einmal ausschließlich erst seiner Zeit an. Das Phlogiston ist nicht nur der Stoff, der einen Bestandteil der Metalle und anderer verbrennlicher Substanzen bildet: es ist zugleich der Begriff für energetische Veränderungen bei stofflichen Umwandlungen. Freilich ist es nun eben charakteristisch, daß von den Äußerungen chemischer Energie allein die Wärme berücksichtigt war, und daß diese nun als ein Stoff galt. Als Stoff unterschied sich die Wärme von den anderen allerdings in verschiedener Hinsicht. Sie war ein besonders feiner, zarter Stoff und stand insofern dem Lichtstoff sehr nahe. Sie war aber auch außerordentlich weit verbreitet und in demselben Sinne das, was wir unspezifisch nennen würden, wie der alchemistische, philosophische, und spät erst eigentlich rein chemisch aufgefaßte Schwefel: dieses Grundelement, welches sich über den Begriff des Phlogistons hinweg zu demjenigen der Wärme entwickelte und zugleich spezialisierte. Daneben gab es zwar die Vorstellung, daß die Wärme nur in einer besonderen Bewegung der Atome bestünde. Doch spielt diese Auffassung für die damalige chemische Forschung keine große Rolle.

Die Theorie vom Phlogiston hatte gewiß für ihre Zeit große Verdienste.

Zwar ist das vernichtende Urteil F. W. SCHELLINGS logisch einwandfrei: «Was macht die Körper brennbar, war die Frage. Dasjenige, was sie brennbar macht, war die Antwort.»[1] Aber solche rein logische Betrachtungen treffen nie den sachlichen Wert, so wenig wie etwa KANTS Werk durch NIETZSCHES – «an sich» treffendes – Wort erledigt wird, KANT erkläre mit pedantischer Umständlichkeit nur, unsere Erkenntnis geschehe «vermöge eines Vermögens». Fruchtbar war die Phlogistontheorie eben dadurch, daß sie denselben brennbar machenden Bestandteil in allen Verbrennungen voraussetzte. Das erkannten noch in der Zeit, wo in Deutschland der Kampf darum recht heftig war, M. H. KLAPROTH und F. WOLFF als ein großes Verdienst an. In ihrem «*Chemischen Wörterbuch*» schreiben sie: STAHL leitete durch seine Hypothese «das Bestreben der Chemiker dahin, Erklärungsgründe für die von ihnen bemerkten Erscheinungen aufzusuchen und, wohin alles systematische Forschen strebt, aus einem oder wenigen Grundsätzen das übrige abzuleiten ...»[2] Die Phlogistontheorie wurde erst dann unhaltbar, als man die Gewichtsveränderungen nicht nur überhaupt beobachtete, sondern vor allem als etwas wirklich Bedeutsames wertete. Es ist bekannt, auf welche Weise die Phlogistiker die Gewichtszunahme beim Verkalken der Metalle mit ihrer Theorie zu vereinigen suchten. MORVEAU tat dies (1762), indem er das Phlogiston als spezifisch leichter als die Luft, in welcher die Wägungen ausgeführt wurden, annahm, CARL GREN betrachtete das Phlogiston bzw. die Wärme als einen nicht schweren Stoff, der also positiv leicht sein müßte und durch seine Anwesenheit in einem Metalle z. B. dessen Gewicht zum Teil aufhöbe. Das war zugegebenermaßen Metaphysik. Wir sehen jetzt erst genauer, was dieses Ringen um die Beibehaltung des Phlogistons auch gegenüber den Ansätzen zu einer quantitativen Chemie eigentlich bedeutete: Das Phlogiston ist weitgehend verwandt mit den «Eigenschaftsstoffen», derjenigen Art von Stoffen nämlich, welche als Ursache bestimmter Eigenschaften eingeführt wurden. Es hatte sich allmählich und noch unklar zum «Energiestoff» gewandelt, mit Hilfe dessen die energetischen Verhältnisse bei stofflichen Umwandlungen beschrieben werden sollten. Die Energie sich unter dem Bild eines Stoffes vorzustellen – darüber hätten wir vor kurzem noch strenger abfällig geurteilt, als es heute möglich ist. Heute müssen wir hier einen Ansatz sehen, der aus einer Verstofflichung der Energie zu einer energetischen Theorie der Stoffe sich entwickeln wollte.

Von diesem Sinne des Phlogistonbegriffs wird nun das Wesentliche in die «Neue Lehre» mit übernommen. Dieses «Wesentliche» blieb freilich als solches unausgesprochen; es läßt sich aus den Anwendungen im einzelnen erschließen. Die Sauerstofftheorie ist zwar an entscheidenden Stellen die reine Umkehrung der Phlogistontheorie; aber sie ist zunächst doch auch in kontinuierlichem Übergange daraus entstanden. Da, wo man früher: *plus* Phlogiston gesagt hatte, hieß es nun: *minus* Sauerstoff und umgekehrt.

---

[1] F. W. SCHELLING, «*Ideen zu einer Philosophie der Natur*». (Sämtl. Werke, I. Abt., 2. Bd., S. 81, Cotta 1857.)

[2] Band IV, S. 25 f. (1809).

Aber das ist nicht alles, und was hinzukommt, ist eben der Begriff des Wärmestoffs.

Das Verständnis für die damaligen Ansichten wird erleichtert, wenn man sich vor Augen hält, wie vielerlei verschiedene Zusammenfassungen der beobachteten Tatsachen möglich waren, je nachdem, wohin man die Grenzen des zu Erklärenden setzte. Beispiele dafür findet man im frühen 19. Jahrhundert in reicher Fülle, etwa bei den Versuchen, die Natur der neuentdeckten Alkalimetalle zu erklären, oder in den damaligen Theorien über die Säuren. Man findet sie besonders reichlich eben in der zweiten Hälfte des 18. Jahrhunderts, in welcher die Grundlegung des neuen Systems der Chemie stattfand. So ist es mit dem merkwürdigen *acidum pingue* von Friedrich Meyer. J. Black hatte das Verhältnis zwischen Kalkstein und Kalk in etwa der heutigen Weise erklärt. Für Meyer liegen die Verhältnisse im wesentlichen gerade umgekehrt: Man erhitzt ja den Kalkstein, man bringt also etwas hinzu, um ihn in Kalk zu verwandeln; so muß also auch Kalk zusammengesetzter sein als sein Ausgangsmaterial, er enthält außer diesem noch das aus dem Feuer dazugekommene Element, etwas was wie die Wärme ist, auch im Wesen dem Lichte und der Elektrizität gleicht, *acidum pingue*. Die Formel von Black lautete:

Kalkstein = Kalk + fixe Luft.

Meyer formuliert dagegen:

Kalk = Kalkstein + *acidum pingue*.

Nun ist ja anscheinend die Entscheidung so leicht: Man kann tatsächlich die fixe Luft, nämlich das Kohlendioxyd, wie es nach Black sein soll, nachweisen. Trotzdem schreibt Lavoisier, bei aller Ablehnung von Meyers Anschauungen und Spekulationen: «Es gibt wenig Bücher, welche mehr Genie aufweisen als dasjenige von Meyer.»[1] Falsch und doch genial können Anschauungen in solchen Übergangszeiten sein: Genial in dem Aufweisen eines neuen Problems, falsch in der speziellen Art seiner Lösung.

Ganz ähnlich mußte die Haltung sein, die Lavoisier gegenüber Scheeles *«Chemische Abhandlung von der Luft und dem Feuer»* (1777) einnahm. Auch bei Scheele findet sich ja der Grundgedanke der aus dem Feuer hinzukommenden Substanz. Der Metallkalk, der durch Erhitzen in Metall und Feuerluft übergeht, hat dabei Phlogiston aufgenommen; denn Wärme ist eine Verbindung von Phlogiston und Feuerluft. So kann man Scheeles Ansicht durch folgende Gleichung kennzeichnen:

Metallkalk + (Phlogiston + Feuerluft) = (Metallkalk + Phlogiston) + Feuerluft,

wofür identisch geschrieben werden kann:

Metallkalk + Wärme = Metall + Feuerluft.

Es kennzeichnet Lavoisiers eigene Ansicht, was er in einem kritischen Bericht über Scheeles Abhandlung schreibt[2]: «Es handelt sich in dem Werk von Scheele um nicht Geringeres als ... – dem Feuer und dem Lichte die Eigenschaft von Elementen zu nehmen, welche ihnen von alten und neuen Philosophen zugeschrieben worden ist; das Feuer in unseren Laboratorien zu zersetzen und wieder zusammenzusetzen ....» Wärme

[1]) *Traité de Chim. élém.* Vgl. Oeuvres I, 484 f.

[2]) Mém. etc. 1781, 396; Oeuvres II, 391.

und Licht sind also Elemente. Die Wärme gibt den Stoffen diejenige Elastizität, welche sie als «elastische Flüssigkeiten», nämlich als Gase, besitzen. Den atembaren Anteil der Luft nannte LAVOISIER Oxygen. «Wir werden also Oxygengas die Vereinigung dieser Basis mit der Wärme nennen.»[1]) Man kann diese Ansicht in die Gleichung zusammenfassen:

Metalloxyd + Wärme = Metall + (Oxygen + Wärme)
= Metall + Oxygengas.

Auch der Lichtstoff trägt dazu bei, jene Basis in die Form des gasförmigen Sauerstoffs überzuführen, wie es BERTHOLLET meinte.[2]) Noch klarer wird der systematische Sinn dieser Auffassung in den Darlegungen A. F. FOURCROYS in seinem «*Système*» (I, 141): «Der Sauerstoff, wie viele andere natürliche Körper, findet sich in drei Zuständen; aber in keinem von ihnen ist er allein oder isoliert. In der Form des Gases ist er im Wärmestoffe aufgelöst; in flüssiger oder fester Form ist er mit verschiedenen Substanzen verbunden, und niemals kann er konkret und rein existieren, ohne Verbindung, wie es eine Menge anderer Materien können, die ebenso unzerlegbar sind wie er.»

Im «*Chemischen Wörterbuch*» von KLAPROTH und WOLFF ist die Darstellung im wesentlichen gleich.[3]) Aber auch die anderen Gase enthalten Wärmestoff, nur nicht so viel wie der Sauerstoff: «Jede Gasart besteht aus einer Basis, welche durch den Wärmestoff zu einer elastischen Flüssigkeit ausgedehnt worden ist. Da sehr viele Körper, vielleicht alle, einer solchen Ausdehnung fähig sind, so kennen wir eine große Menge Gasarten und lernen bei vermehrten Fortschritten unsrer Kenntnisse noch eine große Anzahl derselben kennen. Der Namen der Basis in Verbindung mit dem Wörtchen Gas gibt das Wortzeichen für jede spezifisch verschiedene Gasart.»[4]) Die «Lebensluft» ist nach R. KIRWAN, dem bedeutenden Phlogistiker, etwas mehr als viermal reicher an Wärmestoff als gewöhnliche Luft.[5]) Der Wärmestoff übernimmt hier mit nur kleinen Abänderungen die Rolle des früheren Phlogistons. Die beim Verbrennen auftretende Wärme entstammt beispielsweise nicht den verbrennenden Körpern, sondern wird bei der Zersetzung des Sauerstoffgases frei, und daher stammt auch das bei diesen Reaktionen gelegentlich auftretende Licht. Das Phlogiston ist in dem System von STAHL auch das Prinzip des Geschmacks und des Duftes: Der Sauerstoff veranlaßt den sauren Geschmack; und die Wärme, welche den gasförmigen Zustand herbeiführt, ist nun zwar nicht die Ursache des Duftes, aber doch «sein Vehikel».[6]) Noch näher an die früheren Vorstellungen reicht es heran, wenn z. B. die Entstehung der Farben durch Vereinigung des Lichtstoffs mit verschiedenen Mengen Wärmestoff entstehend gedacht wird – eine Anschauung, von der noch BERZELIUS in seinem Lehrbuch schreibt, daß er sie «hier auf sich beruhen» lassen wolle.[7]) Diese Ähnlichkeiten mit der älteren

[1]) *Traité*; Oeuvres I, 48.
[2]) LAVOISIER, Oeuvres I, 141.
[3]) Band IV, 553 (1809).
[4]) L. c. II, 396 (1807).
[5]) L. c. II, 697 (1807).
[6]) LAVOISIER, Mém. Ac. 1783, 520. Oeuvres II, 638.
[7]) BERZELIUS, *Lehrbuch* I, 16 (1825).

und nun zu widerlegenden Auffassungsweise sind ja überraschend nur gegenüber manchen vergröbernden Schilderungen der Sachlage und nicht als historische Tatsachen. Die Kontinuität der Entwicklung liegt hier klar zutage. Man kann es nicht anders erwarten, als daß auch die damaligen Neuerer in den Anschauungen ihrer Zeit denken und leben. Bei der nahen Beziehung der Wärme, über das Feuer als Zwischenglied, zum Lichte wird schließlich auch ein Satz verständlich, worin SCHELLING die ganze Gedankenkette zu ihrer philosophischen Vollendung im Extrem führt:

«Noch mehr unterscheidet sich von allen übrigen festen oder flüssigen Körpern jenes merkwürdige Fluidum (die Lebensluft), das für uns die einzige Quelle des Lichtes zu sein scheint. Denn während alle übrigen Körper nur die einzelnen, einer chemischen Anziehung fähigen, Grundstoffe enthalten, hat jenes in sich selbst das allgemeine Prinzip, das allen chemischen Anziehungen gemeinschaftlich zu Grunde liegt.»[1])

Es war nur konsequent, wenn man gerade auf dem Boden der neuen, die Gewichtsbeziehungen betonenden Theorie gelegentlich annahm, daß ein Stoff durch Zufuhr von Wärme schwerer werden müßte. Das glaubte z. B. MARAT «aus Erfahrungen und mit sorgfältig angestellten Versuchen» erwiesen zu haben.[2]) P. J. MACQUER allerdings[3]) hält die Angaben über die Gewichtsvermehrung durch Erhitzen für höchst unsicher, wegen der einander widersprechenden Resultate und der Veränderungen, Verluste und Zuwüchse, die beim Erhitzen zu erwarten sind. RUMFORD stellte schließlich auch fest, daß das Wasser beim Einfrieren und Auftauen das gleiche Gewicht behält.[4])

Auf diese Weise konnte also die stoffliche Natur der Wärme nicht erwiesen werden. Es war auch viel bedeutungsvoller, wie sie mit denjenigen Tatsachen in Einklang gebracht werden konnte, die wir der chemischen Energie zuschreiben, und die damals in der Affinitätslehre eine große Rolle spielten. Wenn der Sauerstoff in den «festen Zustand», d. h. in eine feste Verbindung übergeht, so muß er doch die Wärme verloren haben, die ihn vorher zum Gase machte. Je nach dem Grade, in welchem die Wärme aus dem Sauerstoffgase bei Oxydationen entfernt wird, ist die Verbrennungswärme verschieden groß und damit zugleich auch die Festigkeit der Bindung des Sauerstoffs in seinen Verbindungen. «Keine neuere Entdeckung hat die pneumatische Doktrin [das heißt das neue System der Chemie] mehr gefördert als diejenige von der verschiedenen Menge Wärmestoff, welche vom Oxygen entbunden oder zurückgehalten wird durch dieses in den Verbindungen verfestigte Prinzip.»[5]) So liegt hier wieder ein Übergriff von einem Vorstellungskomplex in einen andern vor. Daß die Wärme durch ihre Anwesenheit den Gaszustand veranlaßte, das konnte nach all den

[1]) SCHELLING, «*Ideen*», S. 172.

[2]) Vgl. MARATS Schrift: *Recherches physiques sur le feu*, Paris 1780, S. 27 ff. Dieser Abhandlung kommt noch besondere Bedeutung für das Schicksal LAVOISIERS zu. Vgl. E. v. MEYER, «*Geschichte*», 4. Aufl., S. 150, Anm. 1.

[3]) *Chem. Wörterbuch* II², 503 f. (1788).

[4]) A. N. SCHERERS Allg. Journ. d. Chem. 5, 53 (1800).

[5]) A. F. FOURCROY, «*Système*» I, 144.

Anschauungen über die Wärme als gute Erklärung gelten. Man muß nur hinzunehmen, wie stark verbreitet damals die Vorstellung war, daß die Eigenschaften der Verbindung aus zwei Bestandteilen etwa in der Mitte lägen zwischen denjenigen ihrer Komponenten. Der feine, äußerst ausgedehnte, äußerst leicht bewegliche, allerdings unwägbare Wärmestoff gibt eben auch den mit ihm vereinigten Stoffen viel von seinen Eigenschaften ab. Aber nun sollen auch die Wärmeerscheinungen beim Eintritt chemischer Verbindung mit seiner Hilfe erklärt werden, und da zeigt sich, daß hier andere Vorstellungen nötig sind. Auch dies ging mit mancherlei Zwischenstufen vor sich. L. BRUGNATELLI wies auf eine solche mit der bisherigen Theorie nicht erklärbare Erfahrung hin: Im Kaliumchlorat ist der Sauerstoff in fester Form enthalten; er hat also seine ganze ihn sonst «elastifizierende» Wärme verloren. Folglich müßte der Sauerstoff jenes Salzes ohne jede Entwicklung von Wärme auf verbrennbare Körper einwirken, während doch in Wirklichkeit stets das Gegenteil von dieser Folgerung eintritt. BRUGNATELLI glaubt, dem Rechnung tragen zu können, indem er immer noch die alten – oder vielmehr die damals eben noch modernen – Vorstellungen beibehält und nur differenziert. Er nimmt zwei Arten von Wärme im Sauerstoffgase an. Die eine davon, die er strahlende oder elastifizierende Wärme nennt, ist diejenige LAVOISIERS und seiner Nachfolger; die andere dagegen bleibt im Sauerstoff auch noch dann erhalten, wenn er in den festen Zustand (in feste Verbindungen) übergeht. Dieser auch nach seiner Verfestigung noch wärmehaltige Sauerstoff heißt bei ihm «*Thermoxigène*».[1]) Ganz allgemein gesagt, wäre es durchaus denkbar gewesen, daß eine derartige Spezialisierung die Theorie auch gegenüber dem neueinbezogenen Tatsachenbereiche zu halten vermocht hätte. Es hätte sich dann um einen weiteren, im einzelnen umgestaltenden Ausbau von der Art gehandelt, wie wir ja so viele in der Chemie unsrer Zeit erlebt haben. Man braucht dabei nur an die Dissoziationstheorie, die Theorie der Lösungen überhaupt und gar an diejenige der Elemente im Zusammenhange mit den Erfahrungen über Isotopie zu denken. Die Entwicklung wurde aber durch die Erfahrungen auf dem Gebiete der Beziehungen zwischen Elektrizität und chemischer Wirkung in eine andere Richtung gelenkt.

Zunächst freilich blieb die oben dargelegte Theorie in Geltung. J. F. A. GÖTTLING hatte in seinem «*Handbuch der theoretischen und praktischen Chemie*» (1798) den Lichtstoff in allen verbrennlichen Körpern als Bestandteil und Ursache eben ihrer Verbrennlichkeit angenommen. «Ich nähere mich darin der Meinung von RICHTER und GREN, die den Brennstoff als die Basis des Lichts in die verbrennlichen Körper setzen, gehe aber darin von denjenigen ab, die der rein LAVOISIERschen Lehre zugetan sind und annehmen, daß das Licht bloß einen Bestandteil der Sauerstoffluft ausmache.»[2]) J. W. DÖBEREINER führte die Theorie in seinem «*Lehrbuch der allgemeinen Chemie*» noch 1811 fast unverändert in folgender Weise aus: Der Lichtstoff eines verbrennenden Körpers vereinigt sich mit dem Wärmestoff des

[1]) Journ. de Phys. 53, 353–360 (1801).
[2]) Band I, § 28.

Sauerstoffgases zu Feuer. Das «Substrat» des ersteren verbindet sich mit dem Sauerstoff zu dem verbrannten Körper.

	Feuer		
Phosphor	Lichtstoff	Wärmestoff	Sauerstoffgas
	Phosphorstoff	Sauerstoff	
	Phosphorsäure		

Es könnte scheinen, als ob auf die Zeit der quantitativen Stoffmessung erst diejenige der quantitativen Energiemessung hätte folgen müssen, um mit den alten Vorstellungen vom Wärmestoff in dem hier entwickelten Sinne zu brechen. Aber das wäre eine zu formale und jedenfalls nicht den Tatsachen entsprechende Konstruktion. Nur so viel ist richtig, daß ein Interesse für wirkliche Energiemessungen gerade aus der Theorie Lavoisiers sich hätte entwickeln können. Auch praktisch hat ja Lavoisier die Wärmemessungen in wichtigen Stücken gefördert. Aus der Anschauung vom Wärmestoff und ihrer Verbindung mit dem, was vor allem Blacks Untersuchungen über die latente Wärme gelehrt hatten, aber außerdem unter Zuhilfenahme des Prinzips von der Erhaltung der lebendigen Kräfte, leitet Lavoisier den Grundsatz ab: «Wenn bei einer Verbindung oder irgendeiner Zustandsänderung eine Verminderung von freier Wärme auftritt, dann wird diese Wärme vollständig wiedererscheinen, wenn die Substanzen in ihren früheren Zustand zurückkehren; und umgekehrt, wenn es bei einer Verbindung oder Zustandsänderung eine Vermehrung von freier Wärme gibt, dann wird diese neue Wärme verschwinden bei der Rückkehr der Substanzen in ihren anfänglichen Zustand.»[1]) Dieses Prinzip, das erst zwei Menschenalter später durch G. H. Hess experimentell begründet wurde, findet sich hier allerdings nur als logische Folgerung ausgesprochen. Derartige Schlüsse lagen denjenigen, welche in die neue Theorie eingedrungen waren, wohl überhaupt nicht fern. So führt z. B. Hassenfratz als Argument für seine Anschauung, daß der Kohlenstoff der Pflanzen nicht aus der Kohlensäure herrühre, an: Wenn die pflanzliche Tätigkeit aus der Kohlensäure Kohlenstoff bildete, so müßte bei dieser der Verbrennung entgegengesetzten Operation Kälte entstehen.[2])

Derartige Argumentationen, die hier ganz im Rahmen der altneuen Begriffe bleiben, führten nun doch von ihnen hinweg. Berzelius entwickelt seine elektrochemische Theorie, nachdem er dargelegt hat, daß die frühere Wärmetheorie die Reaktionswärme nicht zu erklären vermag. Feuer war mit Wärme nahezu identifiziert worden; Berzelius, der übrigens die Vorstellung vom Wärmestoff im Sauerstoff in seinem «*Lehrbuch*» (I, 176, deutsche Ausgabe 1825) schon als überwunden darstellt, weist darauf hin, daß eine Feuererscheinung auch bei der elektrischen Entladung als Funke auftritt. Viel umfassender und allgemeiner als seine Vorgänger stellt nun Berzelius sein ganzes chemisches System auf die Elektrizität. Er begegnet dabei der im Grunde gleichen Schwierigkeit wie die Wärmetheorie. Auch nach dem

[1]) Lavoisier und Laplace, Mém. Ac. 1780. Vgl. Lavoisier, Oeuvres II, 287.

[2]) Wiedergegeben nach einem Berichte Lavoisiers vom Jahre 1792, vgl. Oeuvres IV, 534.

anscheinenden Ausgleich der elektrischen Ladungen sind ja Stoffe noch weiterer Verbindungen fähig.[1])

Der Ausgleich findet eben in verschiedenem Ausmaße, zu verschiedenen Teilen statt. Dies erinnert an den teilweisen Verlust von Wärme, dem BRUGNATELLI eine so besonders geartete stoffliche Vorstellung unterlegte. Nur bot die elektrische Polarität zugleich eine anschauliche Erklärung für die chemischen Attraktionen.

Im einzelnen war auch hierfür das Denken in Stoffen maßgebend, deutlich z. B. bei A. M. AMPÈRE. Da wird das Atom von der ihm wesentlichen Elektrizität umhüllt wie bei DALTON von der Wärme.

Die Hypothese vom Wärmestoff als Bestandteil chemischer Individuen, im besonderen des Sauerstoffs, und seinem Austausch gegen andere Komponenten bei der chemischen Umsetzung war damit nicht etwa erledigt. Viel von ihr und in ihrer ursprünglichen Gestalt ging noch in jenes WELTERsche Gesetz ein, nach welchem die verschiedenen Mengen verbrennbarer Stoffe, welche gleich viel Sauerstoff verbrauchen, auch gleich viel Wärme geben sollten – ein Gesetz, das nach WILHELM OSTWALD in der ersten Hälfte des 19. Jahrhunderts gang und gäbe war.[2]) Das spätere BERTHELOTsche «Prinzip der maximalen Arbeit» allerdings hat damit nichts weiter gemein als die besondere Hervorhebung der Wärme unter den Energieformen.

Wenn wir mit dieser Anschauung die heutige vergleichen, so ergeben sich merkwürdige und die Denkart der Zeiten kennzeichnende Analogien und Unterschiede.

Das Chlormolekül dissoziiert bei hohen Temperaturen in die Atome; das begründen oder erklären wir nicht damit, daß die Chloratome sich mit der zugeführten Wärme statt mit ihresgleichen verbunden hätten, wie es jenen älteren Theorien gemäß geschehen würde. Sicherlich wäre das recht anschaulich und eine den besonderen Fall in gewissem Umfange treffende Erklärung. Gerade weil wir noch andere Tatsachen außerdem mitberücksichtigen, müssen wir auf diese stoffliche, sehr tiefgehende Deutung verzichten; für uns treten Beziehungen anderer Art dafür ein. Daß wir neben der Wärme die andern Energiearten und die Umwandelbarkeit zwischen ihnen erkannten, unterscheidet unser Lehrgebäude allerdings eher von dem BERTHELOTS als von demjenigen, das sich auf die Annahmen aus der Zeit LAVOISIERS stützt; denn darin tritt die Wärme eben auch nur als ein Stoff auf, dem freilich, als an allen chemischen Reaktionen beteiligt, die Rolle eines Indikators, ja eines Maßes der Affinität zukommt.

Im übrigen bringen uns die thermochemischen Erfahrungen dem Verständnis jener früheren Annahmen doch wieder näher. Irgendein bestimmter Stoff stellt auch einen genau definierbaren Energiegehalt, in Kalorien aus-

---

[1]) Einen anderen bemerkenswerten Einwand gegen die elektrochemische Theorie der chemischen Reaktion findet man bei einem Zeitgenossen, der allerdings durchaus kein Chemiker von Fach ist, bei HEGEL. Das eigentliche Resultat des elektrischen Prozesses ist der Funke, und es liegt doch «zu offenbar vor Augen, daß ein Salz, Oxyd noch ein weiteres Ding im Resultate des Prozesses über jenen elektrischen Funken [hinaus] ist . . .» vgl. HEGELS *«Enzyklopädie»*, Band 33 der Philos. Bibl. FELIX MEINER, 1922, S. 296.

[2]) Vgl. WILHELM OSTWALD, *Lehrb. d. allg. Chem.* II, 9 (1887).

drückbar, dar. Jene Art Präformationslehre, welche die bei einer Verbrennung auftretende Wärme im Sauerstoff von Anfang an schon enthalten sein läßt, müssen auch wir, aber auf alle Reaktionsteilnehmer ausgedehnt, beibehalten; das hängt mit den Energiesätzen zusammen. Damit überwinden wir die Ausnahmestellung des Sauerstoffs, die ja ihrerseits in seinem Zusammenhange mit früheren, überstofflichen Stoffbegriffen historisch begründet war; die Theorie der Oxydationen von HEINRICH WIELAND[1]) ist die jüngste Erscheinung dieses Prozesses. Die Überwindung des Wärmestoffbegriffs wird gerade in jener Zeit, dem Übergange vom 18. zum 19. Jahrhundert, schon wesentlich vorbereitet. Damals lernt man ja zuerst die Elektrizität kennen; die Begründung eines Systems wie das von BERZELIUS enthält schon in etwas die Erkenntnis von der Umwandelbarkeit von Elektrizität in Wärme und chemische Wirkung; die Entstehung von Wärme aus chemischer Arbeit wird von andern experimentell festgestellt, und vor einem Jahrhundert legt SADI CARNOT den Grund zum zweiten Hauptsatz der Energetik. Was so verschiedene Umwandlungen erfahren kann, kann aber kein Stoff sein. Die Stoffe verbinden sich auch, wie eben damals gefunden wurde, nach bestimmten Gewichtsverhältnissen. Was in so wechselnder Menge in die Stoffe eingeht, kann auch darum nicht als Stoff gelten. Und vor allem: ein Stoff ist körperlich aufweisbar und wägbar, die Wärme aber nicht.

Anders ist es mit derjenigen Vorstellung ergangen, welche statt der Wärme die Elektrizität zum Ausgangsorte nahm. Hier, wo die stoffliche Deutung zwar vorhanden, aber nicht auf so lange Dauer hin so konkret ausgestaltet war, ist sie heute erst recht erwiesen und zu einer Umgestaltung unserer Begriffe vom Stoff überhaupt ausgebaut worden. Der «Stoff» dieser Energie, das Elektron, ist es nun, welches das «eigentliche» Atom umgibt – wie früher die Wärme. Im wesentlichen ist es nur dieser Stoff, den wir von allen Stoffen kennen. Seine «unteilbaren» Teilchen umgeben die schwere Masse, und zu den Unterschieden der schweren Kerne der Atome kommen diejenigen der Zahl und Anordnung der Elektronen in ihrer Hülle hinzu. Und jenes große Problem, welches durch die Verstofflichung der Wärme im Grunde gelöst werden sollte, ist damit neu aufgelebt und der Lösung näher geführt: das Verhältnis zwischen S t o f f und E n e r g i e.

[1]) Vgl. Ber. d. Deutsch. Chem. Ges. 55, 3639 ff. (1922).

The Last Stand of Phlogiston:

Priestley's Defense of the Doctrine after his Removal to America.

By

TENNEY L. DAVIS.

Phlogiston may be traced back through the Sulphur and Mercury of the alchemists, through the so-called Aristotelian doctrine of forms, to the primal Fire and Water of the Egyptians, perhaps farther yet, to the idea-system of the cult which worshiped the Sun. It represents the last official appearance in chemistry of a point of view which is as old as knowledge of nature itself. Unofficially, this way of looking at things still lurks in chemistry. It will reveal itself to any examination which is more than casual. In other sciences, notably in biology, it is clearly apparent. It corresponds to a naïve and primitive, and therefore wholly natural manner of seizing upon phenomena.

The article on combustion in MACQUER's *Dictionnaire de Chymie*[1]) commences as follows – «La combustion n'est autre chose que le dégagement du principe de l'inflammabilité, contenu dans plusieurs especes de corps, qui, par cette raison, se nomment *corps combustibles*. Le principe de l'inflammabilité est uni dans les corps en plus ou moins grande quantité, et de plusieurs manieres différentes; ce qui occasionne de la diversité dans les phénomenes de la combustion.» The article on *le phlogistique*[2]) says, «Lorsqu'on unit le phlogistique à une substance non-inflammable, il en résulte un nouveau composé qui n'est ni chaud, ni lumineux, mais qui devient, par cette union, capable de s'enflammer, et par conséquent de produire de la chaleur et de la lumiere plus ou moins facilement, suivant la quantité de phlogistique qui se trouve uni dans le nouveau composé, et suivant la maniere dont il est combiné.»

When combustibility combines with a non-inflammable substance, a combustible material is produced – more or less combustible according to the amount of combustibility which it contains. When this substance burns, its combustibility leaves it. When a man is fed, his appetite leaves him – more or less readily according to the amount of the appetite and according to the manner in which it is combined within him. An Egyptian alchemist taught that a man, alive, awake, and going about his business, is a combination of passive matter, active life, and directing will. The

---

[1]) MACQUER, *Dictionnaire de Chymie*, 2nd ed., Paris 1778. Vol. 1, page 389.

[2]) Same work, Vol. 3, page 104.

same man asleep is a combination of active and passive only, but, when the will returns, he awakes and bestirs himself. The one doctrine is as good as the other. We can no more find fault with the teaching of the Egyptian alchemist than we can with that of the devotees of phlogiston. Each doctrine is to be taken or left. Each may be even wholly deserted of followers. Yet neither can be proved false. The worst that can happen to it is that it prove uninteresting.

Since the phlogiston doctrine asked of its followers only the acceptance of a naïve and primitive point of view, it seems entirely natural that it received their devoted adherence. It led to confusion, for different temperaments distinguish different forms in things, and various forms are preferable for various purposes. How diverse are the theologians' arguments concerning the soul! Yet the theologians see no reason to doubt the correctness of their general point of view. The phlogiston doctrine was inadequate for a discussion of the weight changes which accompany combustion, but those who held it were not interested in these phenomena. Neither is the theologian interested in weighing the soul. The phlogiston doctrine was supplanted by the teaching of men who were interested in weight and in ultimate kinds of matter, who used its vocabulary because it was freely available, but who were not in accord with its point of view. Their doctrine may be traced through BOYLE and DESCARTES back to Greece, and perhaps still farther, but an account of its history does not belong in the present paper. It is enough that matters of taste cannot be argued, and that the phlogiston doctrine was superseded in chemistry by the doctrine of those whose taste was not for the formalistic way of looking at things.

The persuasive, but ambiguous, character of formalistic argument is nicely illustrated by PRIESTLEY's discussion of VOLTA's Pile in the Medical Repository, New York, 1802. [1]) «Since the operation wholly depends on the calcination of the zinc, which suffers a great diminution of weight, while the silver is little affected, and all metals lose their phlogiston in calcination, what remains of the zinc in a metalline form in the pile, and everything connected with that end of it, is supersaturated with phlogiston; while the calcined part, and everything connected with that end of the pile, is deprived of it. The former, therefore, is in a *positive* state, and the latter in a *negative* one, with respect to phlogiston; and it seems to follow from these experiments, that this is the same thing with positive and negative electricity; so that the *electric fluid* and *phlogiston* are either the same, or have some near relation to each other.» The quotation is especially interesting because of our present fondness for the electrical interpretation of oxidation and reduction reactions. But it is apparent that another phlogistonist might with equal propriety have put forward exactly the opposite argument. He might have argued that a portion of the zinc is calcined, that is, loses its phlogiston, and that the zinc end of the pile in consequence is deficient in phlogiston. The phlogiston from the zinc does not escape

[1]) PRIESTLEY, *Observations and Experiments relating to the Pile of Volta: in a letter to Dr. Woodhouse, Professor of Chemistry in the University of Pennsylvania,* Medical Repository, 5, 153–159, New York, 1802. Quotation pp. 157–158.

in the form of flame, but goes into the solution along with the calcined part of the zinc – and actually appears on the silver (as hydrogen) in a form which is easily recognized, when the pile is in operation.

It is a remarkable fact that the clergyman, PRIESTLEY, who dabbled in chemistry for his own amusement, was able to discover oxygen, to develop a technique for the handling of gases, and to make fundamental discoveries in a science in which he had had no basic training; but it is not without numerous parallels in the history of science and bears witness to the advantage which accrues to the investigator who is untrammelled by tradition. It would seem strange that PRIESTLEY refused to accept the new ideas to the development of which his own discoveries so largely contributed, were it not that the new ideas represented a point of view entirely different from that to which he was accustomed. The Antiphlogistic Chemistry won its converts. But the older doctrine was not overthrown – it was abandoned by many who had been its followers. KIRWAN, for example, changed his way of looking at things. PRIESTLEY did not; he died defending phlogiston, for his last defense of it appeared in print after his death. His theological training and interest had given him a formalistic point of view which could not be altered.

PRIESTLEY's attachment to the phlogiston doctrine and the vigorous freedom with which he expressed his opinions on political and theological subjects are both indicated by the epithet of «firebrand philosopher» which was applied to him. He favored the French patriots of the Revolution, as he had also favored the patriots of America. He wrote a reply to BURKE's book on the French Revolution, and BURKE repeatedly inveighed against his character in the House of Commons. When the French made him a citizen of their country and a member of their assembly, his position in England was further damaged. As a dissenter, he advocated complete religious freedom. He was an open enemy of all religious establishments, in particular of the Church of England – and he would not suppress his love of controversy for the sake of popular opinion. The feeling against him culminated in the Birmingham riots, in 1791, on the day of the anniversary of the French Revolution. The meeting-house in which he preached was burned, his house and the houses of several of his friends received the same treatment, his library and apparatus, and manuscripts upon which he had been engaged for many years, were destroyed. His son, through being forcibly detained by a friend, was able to escape with his life. PRIESTLEY fled to London in the mail coach, under a borrowed name. In London he had a friend lease a house for him in another name and was able, only with the greatest difficulty, to persuade the landlord to allow it to be transferred to him. The members of the Royal Society, of which he was a fellow, refused to admit him to their company. It is said that he was obliged to withdraw from the society, but the letters, F. R. S., after his name on the title-pages of his American pamphlets, appear to indicate that he retained his membership. His sons emigrated to America; he decided to follow their example and published his reasons in the preface to a Fast-day Sermon, printed in 1794, «one of the gravest and most forcible pieces of composition I have ever read,» says THOMSON.[1]) He left England April 8th, 1794, and arrived in New York June 4th, where he was welcomed hospitably. Later in the month he proceeded to Philadelphia, which was then the capital city of the United States, and shortly thereafter, having refused an offer of the professorship of chemistry in the University of Pennsylvania, he definitely settled at Northumberland, Pennsylvania, where he built a house, installed his library and laboratory, and resumed his theological writing and chemical experimentation. There he died on February 6th, 1804, and there he is buried. Although PRIESTLEY made in America no chemical discoveries of great importance, his effect in stimulating chemical research and discussion was enormous. His house at Northumberland still stands. A group of chemists met there in August 1874 to celebrate the centenary of the discovery of oxygen, and found inspiration which led two years later to the organization of the American Chemical Society.

The chemical writings of PRIESTLEY after his removal to America consist of papers in the Transactions of the American Philosophical Society of Philadelphia, of which he became a member, of papers in the Medical Repository of New York, of papers which he sent to England for publication in NICHOLSON's newly established Journal of Natural Philosophy, Chemistry, and The Arts, and of pamphlets devoted to the defense of the phlogiston doctrine. To these pamphlets the present paper is devoted. They are exceedingly rare, for I have never seen among various libraries more than one copy of any one of them. They are written in the beautiful English which characterizes all of PRIESTLEY's work; they contain considerable that is quotable, some that is witty, a little that is sarcastic, and much that is wistful. They throw light upon the kindly nature of the discoverer of oxygen, now exiled from his country and separated from his friends, a lone defender of an abandoned cause, yet interested, as always, less in phlogiston than in questions of a theological nature.

«*Considerations On The Doctrine Of Phlogiston, And The Decomposition of Water*» appeared in 1796, an 8vo pamphlet of 39 pages, printed by THOMAS DOBSON at the Stone-House, No. 41 South Second Street, Philadelphia. The dedicatory epistle is addressed «*To Messrs. Berthollet, De la Place, Monge, Morveau, Fourcroy, and Hassenfratz, The Surviving Answerers of Mr. Kirwan.* Gentlemen, Having drawn up a short defence of the doctrine of *phlogiston*, I take the liberty of inscribing it to *you*, as the principal advocates of the Antiphlogistic theory. My view in this is to draw your attention once more to the subject, and I request the favour of an answer to my objections. I hope I am not wanting in a proper deference to the opinion of men so justly eminent as yourselves and your friends in France, and also that of great numbers in England, and wherever chemistry is known, who have adopted your hypothesis. But you will agree with me, that no man ought to surrender his own judgement to any mere *authority*, however respectable. Otherwise, your own system would never have been advanced.

«As you would not, I am persuaded, have your reign to resemble that

---

[1]) THOMSON, *History of Chemistry*, London, 1830–1831. Vol. 2, page 15.

of Robespierre, few as we are who remain disaffected, we hope you had rather gain us by persuasion, than silence us by power. And though we are all apt to flatter ourselves, we hope we are as willing to be influenced by the former, as we are inflexible to the latter. If you gain as much by your answer to me, as you did by that to Mr. Kirwan, your power will be universally established, and there will be no *Vendée* in your dominions.

«Differing as we do in this respect, we all agree in our wishes for the prevalence of *truth*, and also of *peace*, which is wanted as much for the interests of philosophy, as those of humanity. And on this account I earnestly wish success to the arms of France, which has done me the honour to adopt me when I was persecuted and rejected in my native country. With great satisfaction, therefore, I subscribe myself your fellow-citizen, JOSEPH PRIESTLEY. *Northumberland in America*. June 15th 1796.»[1])

The Introduction shows PRIESTLEY's attitude toward the new chemistry. «There have been few, if any, revolutions in science so great, so sudden, and so general, as the prevalence of what is now usually termed *the new system of chemistry*, or that of the *Antiphlogistians*, over the doctrine of Stahl, which was at one time thought to have been the greatest discovery that had ever been made in the science. ... Though there had been some who occasionally expressed doubts of the existence of such a principle as that of *phlogiston*, nothing had been advanced that could have laid the foundation *of another system* before the labours of Mr. Lavoisier and his friends, from whom this new system is often called that of the *French*. ... This system had hardly been published in France, before the principal philosophers and chemists of England, notwithstanding the rivalship which has long subsisted between the two countries, eagerly adopted it. Dr. Black in Edinburgh, and as far as I hear all the Scots have declared themselves converts, and what is more, the same has been done by Mr. Kirwan, who wrote a pretty large treatise in opposition to it. The English reviewers of books, I perceive, universally favour the new doctrine. In America also, I hear of nothing else. It is taught, I believe, in all the schools on this continent, and the old system is entirely exploded. And now that Dr. Crawford is dead, I hardly know of any person, except my friends of the Lunar Society at Birmingham, who adhere to the doctrine of phlogiston; and what may now be the case with *them*, in this age of revolutions, philosophical as well as civil, I will not at this distance answer for. ... So firmly established has this new theory been considered, that a *new nomenclature*, entirely founded upon it, has been invented, and is now almost in universal use; so that, whether adopt the new system or not, we are under the necessity of learning the new language, if we would understand some of the most valuable of modern publications. ... In this state of things, an advocate for the old system has but little prospect of obtaining a patient hearing. And yet, not having seen sufficient reason to change my opinion, and knowing that free discussion must always be favourable to the cause of truth, I wish to make one appeal more to the philosophical world on the subject, though

---

[1]) PRIESTLEY, *Considerations*, etc., pages V–VIII.

I have nothing materially new to advance. For I cannot help thinking that what I have observed in several of my publications has not been duly attended to, or well understood.»[1])

In PRIESTLEY's opinion the most important points at issue between the phlogistic and the antiphlogistic chemistry are the constitution of metals and the composition and decomposition of water. A critical examination of his arguments on these points would occupy more space than the «Considerations» themselves, but the arguments appear to be inwardly coherent and perfectly valid from the point of view of a doctrine of forms. Certainly they are not valid against an entirely different point of view. Concrete evidence of his point of view is supplied by the admission that different samples of mercury may contain different amounts of phlogiston. He says – «That mercury may have the same external appearance, and all its essential properties, and yet contain different proportions of something that enters into it, is evident from the phenomena of its solution in the nitrous acid, and the revival of its calx in inflammable air. According to the old theory, there is a loss of some part of its phlogiston in the solution of mercury in the nitrous acid, since nitrous air is procured in the process. And though it may be revived from its precipitates by mere heat, yet if it be revived in a vessel of inflammable air, it will imbibe it in great quantities. Mercury revived in these circumstances must contain more phlogiston than that which is revived from the same calx by mere heat. But though mercury revived by mere heat after a solution in nitrous acid must have a deficiency of phlogiston, and when it is revived from precipitate per se in inflammable air must contain a redundancy of the same principle, yet there will hardly be a doubt but that, in all chemical processes, it would exhibit the same phenomena.»[2])

Again he says – «In this place I would observe that, if it be admitted that there is a principle in inflammable air, which, being imbibed by the calx of a metal, converts it into a metallic substance, it will follow that the same principle is contained in charcoal, and other combustible substances; because they will all produce the same effect, and therefore that the principle of inflammability, or phlogiston, is the same in them all.»[3]) What could be truer? Charcoal and other combustible substances contain the same principle as hydrogen, namely, the principle which makes each a reducing agent.

The arguments of those who replied to PRIESTLEY gave him no reason to alter his opinions, for the «Conclusion» of his last publication in defense of phlogiston contains a number of paragraphs which are reprinted verbatim or with little change from his *«Considerations On The Doctrine Of Phlogiston»* of 1796.

The French chemist, ADET, who had come to the United States as ambassador from France, translated into French the *«Considerations»*, etc. of PRIESTLEY and added a response – *Réflexions Sur La Doctrine Du Phlogistique*

[1]) PRIESTLEY, *Considerations*, etc., pages 9 – 13.

[2]) PRIESTLEY, *Considerations*, etc., page 17.

[3]) PRIESTLEY, *Considerations*, etc., page 27.

Et La Décomposition De L'Eau. Par JOSEPH PRIESTLEY, D. ÈS-LOIS, Membre de la Société Philosophique de Philadelphie, etc. Ouvrage traduit de l'Anglais et suivi d'une Réponse par P. A. ADET, Membre de la Société Philosophique de Philadelphie, etc., Philadelphia, 1797, an 8vo pamphlet of 96 pages, printed at the «Imprimerie de MOREAU DE SAINT-MÉRY, Première rue Sud, au coin de celle Walnut».

ADET's reasoning is beautifully clear and appears to demonstrate fully the usefulness of the antiphlogistic point of view. «Les expériences sur lesquelles on s'est appuyé pour prouver la simplicité des méteaux et leur oxidation par l'absorption de l'oxigène, paraissaient ne devoir plus souffrir de contradiction.... L'oxidation du mercure, à l'air libre, et sa revivification, sans addition, dans des vaisseaux clos et avec dégagement d'oxigène; l'augmentation de poids du mercure dans la première circonstance, sa diminution de poids dans la seconde, correspondant au poids de l'oxigène dégagé; tout semblait démontrer que l'oxidation du mercure, dans les différens cas ou il passe à cet état, dependait de la même cause, c'est-à-dire, de l'absorption de l'oxigène.»[1])

ADET replies to PRIESTLEY's objection that turbith mineral (basic sulfate of mercury) is not reduced by heat alone but only by the action of hydrogen, carbon, iron filings, etc., and points out that MONNET, BUQUET, LAVOISIER, and FOURCROY have all obtained mercury by the heating of this substance. «D'ailleurs... où est la preuve que si l'oxide jaune de mercure a besoin de l'addition d'une substance pour se revivifier, cette substance doit se trouver dans tous les oxides de mercure? Où est la preuve que cette substance qu'on est obligé d'ajouter à l'oxide pour opérer sa revivification se combine avec cet oxide pour le faire passer à l'état métallique?

«Si les oxides mercuriels ne pouvaient repasser à l'état métallique qu'en absorbant du carbone ou du gaz hydrogène; si la présence de ces deux corps dans la nouvelle combinaison qui résulterait de leur union avec l'oxide était annoncée par leur poids; on pourrait dire avec juste raison que tout quantité quelconque de mercure dans l'état métallique doit contenir ces substances, comme on dit avec raison que tous les oxides métalliques sont composés de métal plus d'oxigène. Mais il n'en est pas ainsi.»[2])

The following piece of dialectic demands our admiration.

«Quant à la composition du gaz hydrogène que le Dr. Priestley suppose être formé de phlogistique et d'eau, je me contenterai de faire le raisonnement suivant pour prouver combien sa supposition est peu fondée.

«Ou le phlogistique pèse, ou il ne pèse pas: S'il pèse, les métaux lorsqu'ils sont à l'état d'oxide, doivent avoir un poids égal à celui qu'ils avaient avant l'oxidation, moins le poids du phlogistique, plus le poids de l'oxigène: leur poids n'étant pas diminué, et se trouvant augmenté de tout le poids de l'oxigène, il faut concluire de là, d'après la doctrine du Dr. Priestley, que le phlogistique ne pèse pas. Le gaz hydrogène qui, suivant cette doctrine, est composé d'eau et de phlogistique ne doit donc sa pesanteur qu'à celle de l'eau. D'après cela en se servant de gaz hydrogène pour

[1]) ADET, *Réponse*, page 42.

[2]) ADET, *Réponse*, pages 44–45.

revivifier l'oxide rouge de mercure, on devrait avoir une quantité d'eau égale seulement en poids au gaz hydrogène employé; car, d'après la doctrine du Dr. Priestley, ce gaz hydrogène n'étant que de l'eau, plus du phlogistique, cette eau doit reparaître sous sa forme à l'instant ou elle est abandonnée par le phlogistique qui se porte sur le métal pour le revivifier.

«L'oxigène en outre qui, suivant la même doctrine, est chassé de l'oxide, à l'instant où le phlogistique s'y combine, devrait nécessairement, trouvant l'eau qui forme un des principes du gaz hydrogène, s'emparer d'une partie de cette eau et se présenter à son état gazeux; par conséquent, la quantité d'eau que l'on obtient dans cette expérience ne devrait pas même être égal en poids à la quantité d'hydrogène employé. Mais le poids de l'eau obtenue dans cette circonstance est plus considérable que celui du gaz hydrogène, et est égal au poids de ce gaz hydrogène plus celui de l'oxigène qui a disparu. Comment, sans parler de cette disparition du gaz oxigène, rendre compte de cette augmentation du poids de l'eau? On ne peut pas dire, comme dans la combustion dù gaz oxigène et hydrogène, que l'eau a été abandonnée par les deux gaz, puisque suivant l'opinion du Dr. Priestley le principe du gaz oxigène est seulement contenu dans l'oxide de mercure, et qu'il a besoin de l'eau dont il est privé pour reprendre son état gazeux. Il n'a donc pas pu contribuer à l'augmentation du poids de l'eau en lui cédant celle qu'il contenait: cette augmentation du poids de l'eau vient donc d'une autre cause. Mais cette eau ne contenant, ainsi que le montre l'expérience, aucun corps étranger, ne doit cette augmentation de poids qu'à une nouvelle quantité d'eau qu'elle a acquise. Cependant, suivant la doctrine du Dr. Priestley, aucune des substances employées dans cette expérience n'a pu fournir de l'eau; il faut donc nécessairement concluire qu'elle a été formée pendant le cours de l'expérience; mais si on est forcé d'admettre cette conclusion, on est obligé aussi de convenir que cette eau n'a pu être produite que par la combinaison de l'oxigène et du gaz hydrogène, et par conséquent que le gaz hydrogène est autre chose que du phlogistique et de l'eau.»[1])

The latter half of Adet's «Conclusion» is as follows.

Le gaz hydrogène, le carbone, le gaz azote, le gaz oxigène, substances différentes par leurs propriétés, sont regardées comme des substances particulières dans la doctrine antiphlogisticienne puisqu'elles fournissent des produits différents par leur combinaison avec le même corps.

Voyons comment on les regarde dans le système du phlogistique.

«Le gaz hydrogène est du phlogistique plus de l'eau. Le gaz azotique, est du phlogistique plus de l'eau et de l'oxigène; le carbone est du phlogistique; le gaz oxigène est de l'oxigène plus de l'eau.

«De manière que quand on combine du gaz oxigène et du gaz hydrogène, c'est du phlogistique plus de l'oxigène, plus de l'eau qu'on combine ensemble; quand on unit du carbone avec du gaz oxigène, c'est du phlogistique plus de l'eau et de l'oxigène; quand on unit du gaz azotique et du gaz oxigène, c'est encore une combinaison de phlogistique, d'oxigène et d'eau.

---

[1]) Adet, *Réponse*, pages 50, 51. 52.

«Ainsi ce sont les mêmes corps que l'on combine entr'eux et qui cependant produisent de l'eau, de l'acide carbonique et de l'acide nitreux, substances bien différentes les unes des autres.

«On convient de la différence de ces substances, et on oublie qu'elles doivent leur origine aux mêmes corps et que des substances semblables entr'elles doivent donner des produits semblables.

«Je ne pousserai pas plus loin ce parallele, il deviendrait fastidieux, et a quoi servirait-il? Les faits suffisent pour convaincre les espirits sans préjugés; et que feront les raisonnements sur des hommes attachés à des erreurs qu'une longue habitude leur fait regarder comme sacrées et qui repoussent la vérité lors même qu'elle se présente à eux dans tout son éclat?

«Je suis loin de ranger dans cette classe le Dr. Priestley; ses immenses travaux, ses recherches multipliées, les faits dont il a enrichi la chimie, tout concourt à lui mériter l'estime des savans, la reconnaissance des hommes et à faire regretter qu'il combatte encore et presque seul contre une théorie à l'établissement de laquelle il a contribué par ses expériences ingénieuses.» [1])

ADET's reasoning shows that the phlogiston doctrine is utterly inadequate for dealing with the weight changes which accompany chemical phenomena. It shows that it leads to confusion in its failure to distinguish between substances which are obviously different. Since chemistry has always been that branch of natural science which concerns itself with the particular properties of particular kinds of matter, ADET's argument attacks the phlogiston doctrine in a vital spot. It seems almost incomprehensible that a person with the slightest leaning toward a quantitative, or mere matter and mass, way of looking at things should have remained unconverted. PRIESTLEY did have some small leaning in this direction, but he was not convinced of the accuracy of the experiments of the French chemists. His own results were different. Neither did the Antiphlogistians believe in the accuracy of PRIESTLEY's experiments. And the truth is that PRIESTLEY was not a careful manipulator and accurate experimenter. His own discordant results must have led him away from the antiphlogistic chemistry. But they were hardly enough in themselves to conceal the evident fluency of thought which was to be attained by the antiphlogistic way of looking at things. The Galenists were not perturbed by the obvious differences which appeared between various combinations of the four temperaments, and it seems likely that the convenience and clarity of the new chemistry did not exist for PRIESTLEY whose mind was trained in a formalistic philosophy.

In the same year that ADET's *Réponse* appeared, PRIESTLEY replied to it, to the monthly and analytical reviews of his work in England, and to the answer of Dr. MACLEAN, Professor of Mathematics and Natural Philosophy in the College of New Jersey (Princeton College), by the publication of «*Observations On The Doctrine Of Phlogiston And The Decomposition Of Water*, Part. II.» [2]) an 8vo pamphlet of 38 pages, printed by THOMAS DOBSON, Philadelphia 1797. In a number of passages he shows definite signs of peevishness. He appears

---

[1]) ADET, *Réponse,* pages 79, 80, 81.

[2]) These «*Observations*», etc. are called «Part II» evidently with the understanding that the «*Considerations*», etc. of 1796 constitute Part I.

to be hurt because his opponents do not accept his experiments but cite against him experiments of their own in which the results are different. He ignores their arguments, and reasserts his faith in his own experiments. He thinks that the arguments which he has brought forward have not been clearly understood and sufficiently considered.

«At present I am sensible that I shall be considered as very obstinate, in not admitting the new theory, when the old one is almost universally abandoned. . . . As truth can never suffer, but must always gain, by investigation, I shall not offend any rational advocate for the antiphlogistic theory, if I endeavor to point out in what respects the replies that I have already heard of to my late publication appear to me to be unsatisfactory; and though I have given as much attention to them as I can, they appear to me far from unexceptionable. But my distance from the centre of philosophical information lays me under great disadvantages in this respect, as well as many others. . . .

«In matters of much nicety, as the subjects of many of my numerous experiments are, I do not always expect to escape the charge of inaccuracy, and perhaps of inconsistency. Persons, who, from want of experience, are not sufficiently aware of the difficulties, will not have the candour that the circumstances call for. From such I must appeal to the judgement of those who have the requisite experience and qualifications. I will, however, venture to say, that no person who has made near so many experiments as I have, has made so few mistakes. I do not mean with respect to *opinions*, but in my report of *facts*. But after all our care, errors will sometimes arise from a want of attention to small differences of circumstances; and no person can keep his eyes open to everything that is before him at the same time.» [1])

The inaccuracy of his experimentation is illustrated by the following.

«It is always asserted by the antiphlogistians that the calces of mercury are revived not only without additon, but without loss. This, however, I have never found to be the case, and after many trials, often assisted by other persons, I have concluded that, after the solution of mercury in the nitrous acid, there is a loss of one twentieth of the whole. And I must still say that there are calces of mercury which certainly imbibe inflammable air, and therefore that this substance, or the base of it, phlogiston, exists in that metal as an element. This is true both with respect to red precipitate, and turbith mineral.

«In reviving red precipitate in inflammable air, I find no sensible quantity of water, of which there appears abundance during the revival of finery cinder in the same circumstances, but I sometimes get fixed air.» [2])

He takes note of the statements of Dr. Maclean and of Adet that turbith is converted to metallic mercury by the action of heat. «To this I can only say, that I have never been able to reduce the whole of this calx by any heat that I could apply, not even that of a burning lens of sixteen inches diameter; and this, I am confident, is a greater heat than can be raised by

---

1) Priestley, *Observations*, etc., pages 3, 4, 5, 6.

2) Priestley, *Observations*, etc., pages 23, 24.

any furnace whatever.»[1]) Thus he cites experiments to the contrary – as if the question were one to be decided by the number of witnesses on one side and on the other, as if, in the language of logic, one exception were not enough to disprove a universal proposition. «As to the calx of mercury from the acid of vitriol, Mr. Beaumé, I find, agrees with me in the observation, though I did not know it at the time, that it is not completely reducible by mere heat.» And he adds in a foot-note, «With Mr. Beaumé I was a little acquainted. Mr. Macquer introduced me to him in his laboratory in Paris, and though he was an avowed opponent of the whole of the pneumatic chemistry, he was a good operator in the old way, and his fires, I am persuaded, were as hot as any raised by the persons mentioned by Mr. Adet, or those by Dr. Hope. . . .[2])

«I wish that Dr. Maclean would repeat this experiment himself, as well as others which are differently related by myself and my opponents. Whatever is asserted by any antiphlogistian he never hesitates to admit; but he makes no difficulty of disregarding anything that I assert to the contrary.» In reply to MACLEAN's assertion that Dr. HOPE of Edinburgh had obtained fixed air from aerated barytes by the heat of a smith's forge, PRIESTLEY says, «This, however, I will venture to say could not be done in Birmingham, where the forges and furnaces are as good as those of Edinburgh. . . . I speak from my own observations, and I only wish that Dr. Maclean would speak from his. If he have no aerated barytes, I will supply him with some for the experiment».[3])

Further evidence of PRIESTLEY's inaccuracy of experimentation is found in the fact that he obtains nitric acid by the explosion of a mixture of what he supposes to be pure hydrogen and pure oxygen. This gives him an argument against the composition of water, and he becomes sarcastic for he is confident of the correctness of his own results.

«I wish I could say that I have met with any thing in Dr. Maclean's Observations on my Experiments relating to the Composition and Decomposition of Water, besides general exclamations, some false assertions, and much boasting of the superior accuracy of the French chemists. . . .

«Let us now consider what these high sounding words amount to. Experiments made with a great quantity of materials are not, always on that account, the most accurate, especially where, as in this case, the thing to be determined is simply the *quality* of the result. When I can produce but a few drops of a strong *acid*, and as often as I please, from the very same materials from which I am told that I ought to get only *pure water*, what is it to me whether they produce gallons? . . .

«Their apparatus, he says, was so constructed, that the result could be determined with the greatest nicety. On the contrary, it was extremely complex, as a view of their plates will shew, and mine was perfectly simple, so that nothing can be imagined to be less liable to be a source of error. How, indeed, was this possible? I use only one large vessel, of glass, or

[1]) PRIESTLEY, *Observations*, etc., page 26.
[2]) PRIESTLEY, *Observations*, etc., page 25.
[3]) PRIESTLEY, *Observations*, etc., pages 27, 28, 29.

copper. I put into it at once a certain proportion of the two kinds of air, the purity of which, when it is necessary, I can ascertain as well as other persons. From the simplicity of the apparatus no other substance can possibly mix with them, and I then explode the whole at once by an electric spark. After this I presently find the result by examining the liquor that is drained from the vessel. Though I have not gallons of this liquor, I have some ounces, which no antiphlogistian would care to drink. Will Dr. Maclean say that my process is less accurate than that of the French, because it can be finished in less than five minutes, and theirs requires the assiduous attendance of some days?

«Using the same most simple apparatus, I can, by only varying the proportions of the two kinds of air, produce the result which the French chemists so much boast of. For I can produce water as free from acid as theirs, and with much greater certainty, as I have no attention to give to a flame, lest it should at any time burn too fiercely. But in this case I always produce a quantity of *phlogisticated air*, in which they acknowledge that the principle of acidity resides. They also do not deny that they had a surplus of the same kind of air; and as to the quantity of it, I cannot help supposing that, interested as they were to make it as little as possible, being men, and of course liable to the biasses of other men, they may have represented it, by the allowances they made in their computation, something less than it really was. All the inside of my large vessel being, of course, wet with the liquor produced by the explosion, I could not pretend to *weigh* that which was drained from it with much accuracy. But then very little depended upon the *quantity*, compared to the consideration of the *quality* of the liquor; and this may be as clearly ascertained by drops, as by the largest quantities; and till the French chemists can make their experiments in a manner less operose and expensive, requiring fewer precautions, and less of computation, I shall continue to think my results more to be depended upon than theirs.»[1])

After the appearance of Priestley's «*Observations*», etc. in 1797, the phlogiston controversy was continued for a time in various periodicals, in particular in Nicholson's Journal and in the Medical Repository. In 1800 Priestley published the pamphlet entitled «*The Doctrine Of Phlogiston Established, And That Of The Composition Of Water Refuted*», 8vo, XV + 90 pages, «Printed for the Author by A. Kennedy», Northumberland, in which he brought together all that seemed important from his previous publications on the subject. His state of mind with reference to the controversy is clearly described in the Preface where he says – «The refutation of a fallacious hypothesis, especially one that is so fundamental as this, cannot but be of great importance to the future progress of science. It is like taking down a false light which misleads the mariner, and removing a great obstacle in the path of knowledge. The longer such an hypothesis has been received, and the more numerous and able are its advocates, the greater service is rendered to science by the refutation. And there is not perhaps any example

1 Priestley, *Observations*, etc., pages 30, 31, 33, 34, 35.

of a philosophical hypothesis, since the revival of true science, more generally received, or maintained by persons of greater eminence, than this of the rejection of *phlogiston*. In this country I have not heard of a single advocate for phlogiston. In England there are very few, and none of them have written any thing on the subject. In France there are still fewer, and in Germany I hear of no names besides those of Crell, Westrumb, Gmelin and Meyer....

«But my philosophical friends must excuse me if, without neglecting natural science, I give a decided preference to theological studies, and if here, as in Europe, I give the greatest part of my time to *them*. They are unquestionably of unspeakably more importance to men, as being designed for immortality. ... No discovery in philosophy bears any proportion in real value to that of *bringing life and immortality to light*, which is completely effected in the Gospel, and no where else.» ...

Now follow three pages of discussion of the importance of religious reflection and of revealed religion. ...

«Call this, if you please, the talkativeness of age; but believe it to proceed from a zeal in the best of causes, and sincere good will to yourselves. For I find that I have insensibly got into a direct address in the form of a *dedication*, rather than that of a *Preface*. With this, however, I conclude. Farewell, and may we meet where our present doubts will be removed, and where we shall make more rapid advances in knowledge, without that envy and jealousy, from which philosophers are no more exempt than other men, and which, tho' it has an excellent effect in making men cautious, and even ardent in their pursuits, from a view to the reputation they hope to acquire by their discoveries, too often makes their pursuits the source of more pain than pleasure to them. Hereafter, we shall, I doubt not, be even more actively employed, and more happy in consequence of it, from better motives.»[1])

CRUIKSHANK replied to PRIESTLEY's pamphlet, and PRIESTLEY replied to him in a paper which was printed in NICHOLSON's Journal for March, 1802. In a paper dated the 22nd of the same month, CRUIKSHANK responded «with an air of the most perfect persuasion of his superiority in the argument». As soon as he saw this reply, PRIESTLEY retorted in a paper which was published in NICHOLSON's Journal for February 1803, but CRUIKSHANK did not again respond. ADET had replied promptly to PRIESTLEY's pamphlet of 1796 because he was in America and had received it quickly, but the group of French chemists to whom it was addressed did not respond as rapidly. A reply by BERTHOLLET and FOURCROY appeared in the 26th volume of the Annales de Chymie, in which PRIESTLEY was considered as supporting a system «un peu chancelant». The second edition of *The Doctrine Of Phlogiston*, etc. reprinted the earlier letter of PRIESTLEY to the French chemists (quoted above) and contained a second letter to them in which PRIESTLEY appeared to think that he had the better of the argument. This letter concludes as follows.

[1]) Quoted from the 2nd edition. PRIESTLEY, *The Doctrine of Phlogiston*, etc., pages VII, VIII, IX, XI.

«As a friend of the weak, I have indeed endeavoured to give it [the doctrine of phlogiston] a little assistance; and as there is no giving strength to one of the opposite systems without taking it from the other, I presume that yours is now in the same situation, calling to you for all the support that you can give to it.

«On the opening of this controversy I told Mr. Adet that I should have greater pride in acknowledging myself convinced, if I saw reason to be, than in victory, and should surrender my arms with pleasure. I was sincere in that declaration; and certainly the conquest of a man's prejudice is more honourable to him than the discovery, or the most successful defence, of any truth. This, however, I must, for the present at least, decline, and leave it to you; contenting myself with the inferior praise of confirming the hypothesis for which I have contended. If, from the politeness habitual to Frenchmen, you should decline this honour, thinking my claim to it better founded than yours, I may hereafter be induced to receive it; but for the present, yielding to you a palm more glorious than that of any victory, and trusting that your political revolution will be more stable than this chemical one, I am, with the greatest respect, Gentlemen, Your fellow-citizen, JOSEPH PRIESTLEY, Northumberland in America, Oct. 22, 1803.» [1])

«The Second Edition With Additions» of «*The Doctrine Of Phlogiston Established*», etc., 8vo, XXII + 120 pages, «Northumberland: Printed For P. BYRNE, No. 72, Chestnut Street, Philadelphia, By ANDREW KENNEDY, Franklins-Head, Queen Street.», bears the date 1803 but contains a letter by JOSEPH PRIESTLEY, Jr., dated February 29, 1804, and therefore appeared after the death of its author. The wistful ending of the Preface to the second edition was therefore prophetic. –

«I am truly thankful to the sovereign disposer of all things, and to those friends of science who have defrayed the expenses of my laboratory, that I have been able to do so much; and I hope my liberal benefactors will not repent their generosity. Indeed, the greater part of them are gone before me, to a state in which I shall hope soon to join them, where I can again express my gratitude, and when we may again unite our respective abilities in the same pleasing pursuits; seeing more of the wisdom and goodness of the great creator, and having our admiration and devotion excited to a greater height than ever.»[2])

The present paper has given a brief general account of PRIESTLEY'S defense of phlogiston and may properly terminate with his last conclusion. [3]) This is worth quoting in full for the reason that it shows how little his opinions were affected by seven years of argument with the antiphlogistians.

«Before the new theory of chemistry can be unexceptionably established, the following things must be done.

«1. Whenever inflammable air, or *hydrogen*, is procured, evidence must be given of the production of a due proportion of *oxygen*, that is of 85 parts

---

[1]) PRIESTLEY, *The Doctrine of phlogiston*, etc., 2nd ed., pages XIV, XV.

[2]) PRIESTLEY, *The Doctrine of phlogiston*, etc. 2nd ed., page XX.

[3]) PRIESTLEY, *The Doctrine of phlogsiton*, etc., 2nd ed., pages 102–105.

of this to 15 of the other; and this evidence must be something more than an addition of *weight*. It must be either actual *acidity*, or *dephlogisticated air*. Otherwise there is no proof of the inflammable air having come from the decomposition of the water. This, however, has not been done with respect to iron, or any other substance by means of which inflammable air is procured.

«2. When water is procured by the burning of inflammable air in the dephlogisticated air, not only must the water be free from acidity, but there must have been no production of phlogisticated air in the process. For by the decomposition of this air the nitrous air may be procured.

«On the whole, I cannot help saying, that it appears to me not a little extraordinary, that a theory so new, and of such importance, overturning every thing that was thought to be the best established in chemistry, should rest on so very narrow and precarious a foundation; the experiments adduced in support of it being not only ambiguous, or explicable on either hypothesis, but exceedingly few. I think I have recited them all, and that on which the greatest stress is laid, viz. that of the formation of water from the decomposition of the two kinds of air, has not been sufficiently repeated. Indeed, it requires so difficult and expensive an apparatus, and so many precautions in the use of it, that the frequent repetition of the experiment cannot be expected; and in these circumstances the practised experimenter cannot help suspecting the accuracy of the result, and consequently the certainty of the conclusion. [1])

«But I check myself. It does not become one of a minority, and especially of so small a minority, to speak or write with confidence; and tho' I have endeavoured to keep my eyes open, and to be as attentive as I could to every thing that has been done in this business, I may have overlooked some circumstances which have impressed the minds of others, and their sagacity is at least equal to mine.[2])

«Tho' the title of this work expresses perfect confidence in the principles for which I contend, I shall still be ready publicly to adopt those of my opponents, if it appears to me that they are able to support them. Nay, the more satisfied I am at present with the doctrine of phlogiston, the more honourable shall I think it to give it up upon conviction of its fallacy; following the noble example of Mr. Kirwan who has acquired more honour by this conduct than he could have done by the most brilliant discoveries that he could have made.

«The phlogistic theory is not without its difficulties. The chief of them is that we are not able to ascertain the *weight* of phlogiston, or indeed that of the oxygenous principle. But neither do any of us pretend to have weighed *light*, or the element of *heat*, tho' few persons doubt but that they are properly *substances*, capable by their addition, or abstraction, of making

[1]) This paragraph, «*The Doctrine*», etc., 2nd ed., page 103, is taken verbatim from the «*Considerations*», etc., pages 37, 38.

[2]) This paragraph, «*The Doctrine*», etc., 2nd ed., pages 103, 104, is taken verbatim from the «*Considerations*», etc., page 38.

great changes in the properties of bodies, and of being transmitted from one substance to another.[1])

«As to the *new nomenclature*, adapted to the new theory, no objection would be made to it, if it were formed, as is pretended, upon a knowledge of the real constitution of natural substances; but we cannot adopt one, the principles of which we conceive not to be sufficiently ascertained. For other objections to this nomenclature, I refer to the preface of Mr. Keir's excellent *Dictionary of Chemistry*. However, whether we approve of this new language or not, it is now so generally adopted, that we are under the necessity of learning, tho' not of using, it.»[2])

No one answered PRIESTLEY's objections. The question has never been settled whether these objections can or cannot be answered from the point of view from which they were raised. A deference to the man had caused chemists to answer PRIESTLEY, for the man was interesting. After his death, his objections required no answer, for they had no interest. The trend of the thinking of chemists had changed entirely, and the progress of their science now followed the path of greatest fluency. That doctrine was universally preferred which was logically simpler and served best to correlate and to clarify phenomena.

---

[1]) Except for the substitution of «few persons» for «we do not» this paragraph, «*The Doctrine*», etc., 2nd ed., page 104, is taken verbatim from the «*Considerations*» etc., pages 38, 39.

[2]) This paragraph, «*The Doctrine*», etc., 2nd. ed., pages 104, 105, is taken verbatim from the «*Considerations*», etc., pages 36, 37.

Der chemische Unterricht an den deutschen Universitäten im ersten Viertel des neunzehnten Jahrhunderts.

Von

GEORG LOCKEMANN.

Nach Beendigung der Napoleonischen Kriege entwickelte sich in den europäischen Ländern eine eifrige wissenschaftliche Tätigkeit. In seiner «*Deutschen Geschichte im neunzehnten Jahrhundert*» schreibt HEINRICH VON TREITSCHKE: „Die Völker, die soeben noch mit den Waffen aufeinander geschlagen, tauschten in schönem Wetteifer die Früchte ihres geistigen Schaffens aus; . . . . und in diesem friedlichen Wettkampfe stand Deutschland allen voran.“ – Dieses glänzende Zeugnis für den damaligen Stand der deutschen Wissenschaft aus berufenem Munde bedarf jedoch bezüglich der Naturwissenschaften einiger Einschränkung. Auch wenn wir nicht das Wort von JUSTUS VON LIEBIG: «Zu Ende des großen Krieges gab es in Deutschland keine Naturforscher mehr» ohne weiteres als berechtigt anerkennen wollen.

Bezüglich der Chemie wird man immerhin zugeben müssen, daß die führenden Geister um jene Zeit nicht in Deutschland zu suchen waren. In Frankreich wirkten Männer wie THÉNARD, GAY-LUSSAC, CHEVREUL, in England hatte JOHN DALTON die Atomistik neu begründet, glänzte HUMPHRY DAVY mit seinen Entdeckungen der Alkalimetalle und des elementaren Chlors, am nordischen Himmel stieg das Gestirn von BERZELIUS höher und höher, und selbst aus Italien war mit AVOGADROS Hypothese ein heller Lichtstrahl herübergeblitzt. Wie stand es dagegen in Deutschland?

Hier lagen die Naturwissenschaften im Banne der Naturphilosophie. LIEBIG, der sich als junger Erlanger Student selbst einst für SCHELLINGS glänzende Rednergabe begeistert hatte, bezeichnet 20 Jahre später das Wirken der Naturphilosophie als Pestilenz, als «den schwarzen Tod des Jahrhunderts». Man wird sich auch dieses aus der Sprache LIEBIGS in ein milderes Deutsch übersetzen müssen. Ein ALEXANDER VON HUMBOLDT mußte allerdings nach Paris gehen, um die reichen Ausbeuten seiner großen Weltreise sachgemäß bearbeiten zu können. Ein origineller Kopf wie JEREMIAS BENJAMIN RICHTER war unbeachtet geblieben und hatte nach dem entbehrungsreichsten, der Wissenschaft geopferten Leben in untergeordneter Stellung ein frühzeitiges Ende gefunden.

Es gab zwar auch in Deutschland einzelne tüchtige Chemiker an den Universitäten. Doch fehlte der führende Mann, der durch den Schwung seiner Gedanken oder den Glanz seiner Entdeckungen frisches Leben geweckt und eine Blütezeit chemischer Forschung heraufgeführt hätte. Als solcher erschien dann die Lichtgestalt des jugendlichen JUSTUS LIEBIG, der als einundzwanzigjähriger Student aus der gallischen Metropole der Wissenschaft heimkehrend, im Jahre 1824 zum Professor der Chemie an der Universität Gießen ernannt wurde.

Mit jugendlichem Feuereifer hat LIEBIG an der kleinen hessischen Universität nicht nur seine Forschertätigkeit aufgenommen, sondern er hat, durch die eigenen schlechten Erfahrungen angespornt, alsbald die in ein chemisches Laboratorium umgewandelte Wachtstube einer alten Kaserne zu einem Unterrichtsraum gemacht, in dem wißbegierige Schüler aus aller Welt zusammenströmten, um Belehrung zu suchen und Anregung für ihr ganzes Leben zu finden. LIEBIG gilt als der Begründer des experimentellen chemischen Unterrichts und damit des eigentlichen chemischen Unterrichts in Deutschland überhaupt. Die hervorragendsten deutschen Chemiker des neunzehnten Jahrhunderts sind unmittelbar oder mittelbar aus seiner Schule hervorgegangen. Diese Tatsache ist so bekannt, und der Name LIEBIG strahlt so hell, daß sich die Anschauung bilden konnte, die von ihm selbst vertreten wurde, vor 1824 sei an deutschen Universitäten überhaupt kein chemisches Unterrichts-Laboratorium vorhanden gewesen.

Wie steht es nun damit in Wirklichkeit? Um diese Frage zu beantworten, müssen wir die Zustände an den deutschen Universitäten jener Zeit einzeln betrachten.

Im ersten Viertel des neunzehnten Jahrhunderts waren in den verschiedenen deutschen Staaten folgende 19 Universitäten vorhanden: Im Königreich Preußen 6: Greifswald, Königsberg, Halle, Berlin, Breslau, Bonn; im Königreich Hannover 1: Göttingen; im Herzogtum Holstein 1: Kiel; im Kurfürstentum Hessen 1: Marburg; im Großherzogtum Hessen 1: Gießen; im Großherzogtum Mecklenburg 1: Rostock; in den Thüringer Staaten 1: Jena; im Königreich Sachsen 1: Leipzig; im Königreich Bayern 3: Landshut, Würzburg, Erlangen; im Königreich Württemberg 1: Tübingen; im Großherzogtum Baden 2: Heidelberg, Freiburg. Außer diesen wären die um die Jahrhundertwende noch bestehenden, in den ersten beiden Jahrzehnten aufgehobenen oder mit anderen vereinigten Universitäten zu nennen; es sind folgende 9: Erfurt, Cöln, Wittenberg, Frankfurt a. O., Helmstedt, Rinteln, Altdorf, Duisburg, Münster. Von diesen kommt für uns, wie wir sehen werden, nur Altdorf in Betracht.

Was nun den größten Bundesstaat P r e u ß e n anbelangt, so hat ja LIEBIG seinem niederschmetternden Urteile über den Zustand der Chemie in Österreich zwei Jahre später (1840) eine kaum schmeichelhaftere Kritik über die Zustände in Preußen folgen lassen. Er gibt darin an, daß in den Vorlesungsverzeichnissen der sechs preußischen Universitäten in den letzten Jahren (also Ende der dreißiger Jahre) nur in e i n e m das Vorhandensein eines chemischen Laboratoriums erwähnt, in k e i n e m ein praktischer Unterricht in der analytischen Chemie angekündigt worden sei. War das tatsächlich so?

In G r e i f s w a l d (gegr. 1456) lehrte der zur medizinischen Fakultät gehörige Professor WEIGEL unter mancherlei anderen Fächern auch Chemie, ohne daß ein Laboratorium vorhanden gewesen wäre. Erst in der zweiten

Hälfte des Jahrhunderts (1862) wurde unter Limprichts Leitung in Greifswald ein Laboratorium, das erste größere Unterrichts-Laboratorium in Preußen, begründet.

In Königsberg (gegr. 1544) stand es mit der Vertretung der Chemie ähnlich. Im Jahre 1849 wurde von dem Professor Ferd. Dulk in den Räumen der alten Universität am Dom ein bescheidenes chemisches Laboratorium mit drei Arbeitsplätzen eingerichtet. Aber erst nach Dulks Tode (1852) findet sich im Vorlesungsverzeichnis von 1854 ab die Ankündigung «Analytische Übungen im chemischen Laboratorium» von Professor G. Werther (1815-1869). Von diesem konnte dann auch 1857 ein neu erbautes Laboratorium bezogen werden.

An der Universität Halle (gegr. 1694) war im Anfang des Jahrhunderts als Professor der Physik und Chemie Ludwig Wilhelm Gilbert (1769 – 1824) tätig, der sich besonders durch die Begründung (1799) der später von Poggendorff, Wiedemann usw. fortgeführten «Annalen der Physik» verdient gemacht hat. Als dieser 1811 nach Leipzig übersiedelte, wurde 1812 der ebenfalls auf literarischem Gebiet besonders tätige Karl Fr. W. Kastner (1783 bis 1857) aus Heidelberg berufen, der dann sechs Jahre später an die neu gegründete Universität Bonn überging. Inzwischen war (1817) die alte Universität Wittenberg mit Halle vereinigt worden. Das Ordinariat für Physik und Chemie erhielt 1819 Joh. S. C. Schweigger (1779 – 1857), von Erlangen kommend. Auch dieser betätigte sich vorwiegend schriftstellerisch; er gab das «Journal für Chemie und Physik» heraus, das unter den damaligen Zeitschriften eine hervorragende Rolle spielte und seinen Namen sehr bekannt gemacht hat. Von einem praktischen Chemieunterricht war bei diesen Literaten keine Rede. Zwar wurde dann 1843 Rich. Felix Marchand (1813 – 1850) von der Artillerieschule in Berlin als besonderer Chemie-Professor berufen, jedoch konnte sich dieser nur unter geringem staatlichen Zuschuß ein kleines Laboratorium in einem Mietshause einrichten. In gleicher Weise mußte sich sein Nachfolger Wilh. Heinr. Heintz (1817 – 1880) mehrere Jahre behelfen, bis er 1863 endlich einen Laboratoriumsneubau beziehen konnte.

Als 1810 die neugegründete Universität Berlin eröffnet wurde, war Heinrich Martin Klaproth (1743 – 1817) Inhaber des zur philosophischen Fakultät gehörigen Ordinariats für Chemie. Dieser, ursprünglich Apotheker, dann Professor an der Berliner Artillerieschule, begann seine akademische Tätigkeit in einem Alter (67jährig), in dem jetzt die Professoren in den Ruhestand versetzt werden. Ein Laboratorium war nicht vorhanden. Nach Klaproths Tode blieb, nachdem Christian Gottlob Gmelin (1792 – 1860) in Tübingen einen Ruf abgelehnt hatte, der chemische Lehrstuhl aus Mangel an geeigneten Persönlichkeiten jahrelang unbesetzt, bis Eilhard Mitscherlich (1794 – 1863), der durch seine im Berliner Laboratorium des Professors der Botanik H. F. Link gemachte Entdeckung des Isomorphismus 1819 die Aufmerksamkeit des gerade auf einer Ferienreise in Berlin weilenden Berzelius auf sich gelenkt und dann auf Staatskosten bei dem großen Meister in Stockholm eine zweijährige gründliche Ausbildung erhalten hatte, 1821 sein Nachfolger wurde. Außerdem wirkten in Berlin von 1822 ab die von

KLAPROTH erzogenen und unterrichteten und bei BERZELIUS weiter ausgebildeten Brüder HEINRICH ROSE (1795–1864) und GUSTAV ROSE (1798–1873), der hervorragende Analytiker und der nicht minder tüchtige Mineraloge. In einem notdürftig eingerichteten, mit geringer staatlicher Unterstützung gemieteten Raume erteilte HEINRICH ROSE auch praktischen Laboratoriumsunterricht in der analytischen Chemie. Als dann 1865 AUGUST WILHELM HOFMANN (1818–1882) zum Nachfolger MITSCHERLICHS berufen war, wurde endlich auch ein großes Universitäts-Laboratorium in der Georgenstraße gebaut.

An der im Jahre 1811 durch Vereinigung mit der aufgehobenen Universität Frankfurt a. O. voll ausgebauten Universität Breslau war der aus Rostock berufene Botaniker HEINR. FRIEDR. LINK (1767–1850) auch zugleich Vertreter der Chemie. Als er 1815 nach Berlin übersiedelte, wurde der praktische Arzt N. W. FISCHER als Ordinarius für Chemie angestellt. Das vorhandene Laboratorium bestand nur aus einem kleinen, dunklen, feuchten Zimmer, und der Hörsaal hatte weder Katheder noch Bänke. Im Jahre 1820 wurde dann ein chemisches Institut mit drei Räumen eingerichtet, das 30 Jahre lang unter FISCHERS Leitung gestanden hat und für etwa vier Studierende eine notdürftige Möglichkeit zu analytischen Arbeiten bot.

In Bonn, der damals jüngsten, erst 1818 eröffneten preußischen Universität, war der erste Professor der Chemie der durch seine schriftstellerischen Leistungen als Polyhistor bekannte KARL FR. WILH. KASTNER, der nach drei Jahren bereits nach Erlangen übersiedelte. Sein weitverbreiteter Ruhm hatte auch den siebzehnjährigen JUSTUS LIEBIG angelockt und führte ihn noch mit auf die bayrische Universität, ohne daß sein Wissensdrang befriedigt worden wäre. Hier war weniger das Fehlen der praktischen Hilfsmittel, als der völlige Mangel an praktischen Kenntnissen des Professsors selbst das Hindernis. Zum Nachfolger wurde KARL GUSTAV BISCHOF (1792 bis 1870) berufen, der sich in Erlangen als erster Privatdozent für Chemie habilitiert hatte. Auch dieser mußte sich ohne Laboratorium behelfen. Erst A. W. HOFMANN erreichte bei seiner Berufung im Jahre 1864, daß ein chemisches Unterrichts-Laboratorium in Bonn gebaut wurde, dessen Vollendung er aber selbst nicht mehr in Bonn erlebte, da er inzwischen schon nach Berlin übergesiedelt war, um dort im gleichen Sinne als Reformator aufzutreten.

Somit bestand auf den sechs preußischen Universitäten im ersten Viertel des neunzehnten Jahrhunderts tatsächlich nur an einer einzigen Stelle, in Breslau, seit 1820, und zwar für vier Studierende, eine beschränkte Möglichkeit, chemische Laboratoriumsarbeiten auszuführen. Und das geschah unter der Leitung eines Mannes – N. W. FISCHER –, der, eigentlich Mediziner, es in der Chemie nie zu irgendeiner Bedeutung gebracht hat und den LIEBIG noch im Jahre 1840 als völlig unbekannte Größe erwähnt.

Das damals noch selbständige Königreich Hannover hatte an der Landesuniversität Göttingen (gegr. 1737) seit 1806 als Nachfolger von JOH. FRIEDRICH GMELIN (1748–1804) den hervorragenden Chemiker FRIEDRICH STROMEYER (1776–1835), der sich besonders als Analytiker auszeichnete und 1817 das Cadmium entdeckte. STROMEYER war eigentlich Mediziner und gehörte auch als Ordinarius der Chemie, ebenso noch sein Nachfolger Friedrich Wöhler, der medizinischen Fakultät an. Aber er beschränkte sich nicht auf theoretische Vorlesungen, sondern hielt auch von Anfang an ein «collegium practicum» ab, in dem er die Studenten besonders in der analytischen Chemie sorgfältig unterrichtete. Zu seinen Schülern gehören Männer wie Leopold Gmelin, Eilhard Mitscherlich und Robert Bunsen. Letzterer hat als geborener Göttinger sein Studium bei Stromeyer durch die Doktorpromotion zum Abschluß gebracht und sich später, wie Edmund O. von Lippmann berichtet, stolz als Schüler des «Cadmium-Stromeyer» bekannt. Ich selbst habe auch noch durch eine Erzählung meines Großvaters Georg Katenhausen, der Ende der zwanziger Jahre in Göttingen Theologie studierte, Nachricht über Stromeyers Unterrichtsverfahren erhalten. Dieser pflegte seinen Studenten über Sonntag Untersuchungsproben mit nach Hause zu geben, damit sie, nur auf sich und ihre eigenen beschränkten Hilfsmittel angewiesen, versuchen sollten, die chemische Zusammensetzung zu ermitteln. Nun fand mein Großvater einen seiner Studienfreunde am Sonnabendnachmittag mit der Bearbeitung einer solchen Aufgabe aufs eifrigste beschäftigt, aber an der richtigen Lösung fast verzweifelnd, immer wieder in die Worte ausbrechend: «Und der Stromeyer soll doch sagen, daß ich ein anständiger Kerl bin!»

An der holsteinschen Universität Kiel (gegr. 1665) begann erst unter dem im Jahre 1846 zum ordentlichen Professor der Chemie ernannten Aug. Friedrich Carl Himly (1811 – 1885) eine systematische Pflege der Chemie. Über Laboratoriumsunterricht ist jedoch aus jener Zeit auch noch nichts berichtet. Das erste Unterrichts-Laboratorium wurde im Jahre 1862 von Albert Ladenburg (1842 – 1911) eröffnet.

An der kurhessischen Universität Marburg (gegr. 1527) wurde die Chemie durch Professor Wurzer vertreten. Es war wie an den meisten anderen Universitäten zu jener Zeit kein Laboratorium vorhanden, so daß z.B. der stud. med. Friedrich Wöhler seine chemischen Versuche (1820 – 21) in seiner Wohnung ausführen mußte, was nicht zur wesentlichen Verstärkung des Wohlwollens seiner Wirtin beigetragen haben wird. Erst durch R. Bunsen (1811 – 1899) wurde 1839 der chemische Laboratoriumsunterricht in Marburg eingeführt.

Noch schlimmer als in Marburg sah es am Anfange des Jahrhunderts mit der Chemie an der zum Großherzogtum Hessen gehörigen benachbarten Universität Gießen (gegr. 1607) aus. Dort bestand zwar seit 1777 ein besonderer Lehrstuhl für Chemie, aber dieser blieb von 1788 ab 30 Jahre lang unbesetzt. Erst 1818 wurde der Chemiker Zimmermann (1782 – 1825), der ursprünglich Theologe gewesen war, als außerordentlicher Professor für Mineralogie und Chemie angestellt; im folgenden Jahre wurde er Ordinarius. Ein Gartenhäuschen diente als Hörsaal und Laboratorium für den Professor, der schlecht und recht seine Vorlesungen, natürlich ohne jegliche praktische Übungen hielt. Als dann der am 26. Mai 1824 zum außerordentlichen Professor ernannte, kaum einundzwanzigjährige Justus Liebig seine Lehrtätigkeit begonnen und im Herbst desselben Jahres zunächst unter den bescheidensten Verhältnissen mit zwei Praktikanten den Laboratoriumsunterricht eröffnet hatte, leerte sich der Hörsaal des Ordinarius völlig. Zimmermann wollte diesem unerquicklichen Zustande durch eine Reise ins Ausland entgehen, ist dann aber im folgenden Sommer (am 19. Juli 1825) beim Baden in der Lahn ertrunken; wie man vermutet, nicht unfreiwillig. Liebig wurde dann ordentlicher Professor und hielt von Ostern 1826 ab in den Räumen einer früheren Kaserne, die später (1839) durch einen größeren Anbau nebst Hörsaal für 60 Hörer erweitert wurden, regelmäßig seine Laboratoriumsübungen ab, die Gießen für das zweite Viertel des neunzehnten Jahrhunderts zum Mekka der jungen Chemiker, nicht nur Deutschlands, machten und die das Muster des chemischen Unterrichts an allen anderen Universitäten geworden sind.

An der mecklenburgischen Landesuniversität Rostock (gegr. 1419) vertrat seit 1792 der Professor Heinr. Friedr. Link (1767 – 1850) die naturwissenschaftlichen Fächer Physik, Chemie, Botanik, Mineralogie usw. und hielt auch Vorlesungen über «Chemie, durch Experimente veranschaulicht» ab. Nach Links Fortgange nach Breslau 1811 (1815 nach Berlin) übernahm der Privatdozent Gustav Maehl die chemischen und pharmazeutischen Vorlesungen, darunter auch solche über analytische und toxikologische Chemie, abwechselnd in der medizinischen und in der philosophischen Fakultät. Außerdem wurde bisweilen von dem Professor der Naturgeschichte und Botanik H. G. Floerke eine Vorlesung über «experimentelle Cameral- und agronomische Chemie» abgehalten, und der Privatdozent C. Fr. Aug. Th. Kastner las eine Einleitung in die allgemeine Chemie und über analytische Chemie, Stöchiometrie, theoretische Chemie. Aber erst im Sommer-Semester 1835 wurde von Maehls Nachfolger Helmut von Blücher der praktische Laboratoriumsunterricht eingeführt.

In Jena, der thüringischen Gesamt-Universität (gegr. 1558), hatte sich der besonders als Anatom hervortretende Professor der Medizin Werner Rolfink bereits im Jahre 1631 ein chemisches Laboratorium eingerichtet, das aber wohl nur für ihn selbst von Bedeutung war. Die erste Vorlesung über Chemie wird im Jahre 1708 erwähnt. Zu wirklicher Bedeutung kam der chemische Unterricht jedoch erst unter dem Einflusse Goethes, der als weimarischer Staatsminister die erste Anregung zur Gründung eines chemischen Laboratoriums gab, das erste Inventar beschaffte und den ersten Chemie-Professor auswählen half. Dieses wurde 1789 der Apotheker Joh. Friedr. Aug. Göttling (1753 – 1809), nachdem er auf Staatskosten zwei Jahre an der Universität Göttingen als Chemiker weiter ausgebildet und ein Jahr auf Reisen nach England und Holland geschickt worden war. Er war einer der ersten Vertreter der Lehre Lavoisiers in Deutschland. Sein wißbegierigster Schüler war Goethe selbst. Doch starb Göttling bereits im Herbst 1809, nachdem er noch kurz vorher zum Ordinarius ernannt worden war. Vorübergehend wurde der Professor der Medizin G. Fr. Chr. Fuchs mit der Abhaltung von Vorlesungen über Experimentalchemie beauftragt. Dann ernannte der Herzog Carl August im Herbst 1810 einen unbekannten 30 jährigen Mann ohne akademische Bildung zum außerordentlichen Professor für Chemie, Pharmazie und Technologie. Das war der ehemalige Apotheker und stellungslose Chemiker Johann Wolfgang Döbereiner (1780 – 1849), der, wie sein Vorgänger Göttling, erst nach seiner

Berufung von der philosophischen Fakultät zum Doktor promoviert werden mußte. Diesen gewagten Schritt unternahm der Herzog im festen Vertrauen auf eine warme Empfehlung durch den Münchener Professor Ad. Ferd. Gehlen; und er hat ihn nicht zu bereuen brauchen. Nachdem im obersten Stockwerk des herzoglichen Schlosses in Jena ein chemisches Laboratorium mit Präparatensammlung und mit einem zu chemischen Versuchen geeigneten Hörsaal eingerichtet worden war, begann der neue Professor Ostern 1811 sogleich auch mit dem praktischen Laboratoriumsunterricht der Studenten. Trotz der außerordentlich beschränkten Hilfsmittel jener Zeit gelang es der unermüdlichen Fürsorge Gœthes, der sich nicht scheute, für den guten Zweck, besonders bei fürstlichen Gönnern, betteln zu gehen, fünf Jahre später in einem hierfür angekauften Gebäude eine größere «chemische Anstalt» einzurichten, die trotz des ewigen Geldmangels immer weiter verbessert wurde. Im Oktober 1828 berichtet Döbereiner an Gœthe hocherfreut, daß sich zwanzig Teilnehmer für die chemischen Analysierübungen eingeschrieben hätten. Der noch zu Gœthes Lebzeiten geplante Neubau eines größeren Laboratoriums kam mit Unterstützung der Großherzogin Maria Paulowna erst 1833 zur Ausführung.

An der sächsischen Landesuniversität Leipzig (gegr. 1409) bestand zwar seit 1710 bereits eine Professur für Chemie, jedoch hat es fast ein Jahrhundert gedauert, bis die mehrfach beantragte Einrichtung eines Laboratoriums verwirklicht wurde. Im Jahre 1804 wurden die Räume einer Speisewirtschaft in der Pleissenburg in ein Laboratorium verwandelt, die feucht, dunkel und kaum heizbar waren. Dieses Laboratorium unterstand dem Professor C. G. Eschenbach. Gleichzeitig wirkte in Leipzig von 1811 ab als Physiker Ludwig Wilh. Gilbert, der bis dahin die Professur für Physik und Chemie in Halle innegehabt hatte. Nach dessen Tode (1824) habilitierte sich Otto Linné Erdmann (1804 – 1869) als Chemiker; er wurde 1827 Extraordinarius und 1830 Ordinarius für technische Chemie. In der medizinischen Fakultät wurde außerdem ein Ordinariat für allgemeine Chemie eingerichtet, das der 1825 habilitierte O. B. Kühn (1800 – 1863) erhielt. Als dann Erdmann 1843 ein neues, für damalige Zeit recht gut ausgestattetes Laboratorium im Fridericianum bezogen und dort den Laboratoriumsunterricht eingeführt hatte, übernahm Kühn das alte, in seinen Einrichtungen verbesserte Laboratorium in der Pleissenburg und hielt dort ebenfalls praktischen Unterricht in analytischer Chemie für Mediziner und Pharmazeuten ab.

Von den ursprünglich vier bayrischen Universitäten befand sich die älteste, 1472 in Ingolstadt gegründete, seit 1800 in Landshut, wo sie nur ein Vierteljahrhundert verblieb, um 1826 nach München verlegt zu werden. In Landshut lehrte Joh. Nepom. Fuchs (1774 – 1856) seit 1805 als Privatdozent, von 1807 ab als Ordinarius Chemie und Mineralogie. Es war ein für die damalige Zeit sehr gut eingerichtetes Laboratorium vorhanden, in dem Professor Fuchs auch praktischen Unterricht in analytischer Chemie erteilte. Nach der Übersiedlung nach München übernahm Fuchs das Ordinariat für Mineralogie an der Akademie und später an der Universität, während der schon seit 1816 an der bayrischen Akademie der Wissenschaften wirkende, äußerst eifrige und tüchtige Professor HEINRICH AUGUST VOGEL (1778–1867) als Nachfolger des dem Arsenwasserstoff zum Opfer gefallenen AD. FERD. GEHLEN (1775–1815) ordentlicher Professor für Chemie wurde. Nach seinem Rücktritt 1852 wurde LIEBIG berufen, der nun aber nur unter der Bedingung nach München kam, fortan von dem ihm allmählich zur Last gewordenen praktischen Laboratoriumsunterricht befreit zu sein.

An der ehemalig bischöflichen Universität Würzburg (gegr. 1582) wurde die Chemie, wie an anderen Universtäten, von einem Mediziner, dem Professor GEORG PICKEL (1751–1838) vorgetragen, der über ein halbes Jahrhundert lang seine Lehrtätigkeit ausübte. Er hatte im Julius-Spital ein Laboratorium zur Verfügung, hielt aber keinen praktischen Unterricht ab. Erst unter der Leitung des Mediziners JOHANN JOSEPH SCHERER, der ein Schüler LIEBIGS war, wurde in dem klinisch-chemischen Laboratorium in dem neu errichteten Anatomiegebäude mit praktisch-chemischem Unterricht begonnen.

Die freie Reichsstadt Nürnberg unterhielt seit 1622 bis zum Ende ihrer Selbständigkeit in dem nah gelegenen Altdorf eine Universität, die dann 1809 mit Erlangen vereinigt wurde. In Altdorf hatte bereits 1682 der Professor JOH. MORITZ HOFFMANN ein chemisches Laboratorium erbaut, dessen Ausstattung auch später stets zeitgemäß ergänzt wurde. Eine noch erhaltene Abbildung legt davon Zeugnis ab. In Erlangen, dieser von der Schwester Friedrichs des Großen, der Markgräfin WILHELMINE von Bayreuth 1743 gegründeten Universität, wurde die Chemie ursprünglich ebenfalls von Medizinern vorgetragen. Doch wirkte dort außerdem von 1786 bis 1799 als Ordinarius für Physik und Mathematik JOH. TOBIAS MAYER (1752–1830), der als einer der ersten in Deutschland für die neue antiphlogistische Lehre LAVOISIERS eintrat und 1791 ein besonderes Buch darüber verfaßte. 1796 wurde die Chemie als selbständiges Fach in die philosophische Fakultät übernommen. Nach dem Tod von Professor GEORG FRIEDR. HILDEBRANDT (1764–1816) teilen sich der Professor J. S. C. SCHWEIGGER (1779–1857) und der Privatdozent KARL G. CHR. BISCHOF (1792–1870) in die chemischen Vorlesungen. Als beide dann bald wegberufen wurden, holte man 1821 den berühmten Professor KARL FRIEDR. WILH. KASTNER (1783–1857) aus Bonn. Dieser ahnte wohl nicht, daß er in dem jungen Studenten LIEBIG, den er mit dem Versprechen, ihn endlich die chemische Analyse zu lehren, mit nach Erlangen lockte, das größte chemische Genie seiner Zeit vor sich hatte. Auch CHR. FR. SCHÖNBEIN studierte damals in Erlangen und wartete vergeblich auf Belehrung. Um so mehr konnten sich die jungen Leute für SCHELLINGS Vorlesungen über Naturphilosophie begeistern. Nach KASTNERS Tode 1857 wurde durch seinen Nachfolger EUGEN Freiherrn GORUP VON BESANEZ (1817–1878) ein zeitgemäßes chemisches Laboratorium, die sogenannte «Gorup-Kapelle», eingerichtet und ein Laboratoriumsunterricht der Studierenden eingeführt.

An der württembergischen Universität Tübingen (gegr. 1477) bestand bereits seit dem Jahre 1753 ein chemisches Laboratorium, in dem zwei Brüder GMELIN, JOH. GEORG († 1755) und PHIL. FRIEDRICH († 1768) nacheinander als medizinische Professoren tätig waren und auch alle drei Jahre Übungen abhielten. Von 1796 bis 1817 war Karl Friedr. Kielmayer, vorher an der hohen Karlsschule in Stuttgart, Professor der Chemie und Botanik in Tübingen. Das Laboratorium wurde jedoch von 1809 ab für anatomische Zwecke benützt, ohne daß bei den bedrängten Verhältnissen der damaligen Zeit anderweitiger Ersatz hätte geschaffen werden können. Als dann 1817 Christian Gottlob Gmelin (1792 – 1860) die Professur erhalten hatte, wurde in den wenig geeigneten Räumen der Schloßküche ein Universitäts-Laboratorium eingerichtet. Gmelin erklärte sich im Gegensatz zu seinem Vorgänger mit dieser unzulänglichen Maßregel einverstanden, da er selbst als Tübinger Apothekerssohn ein gut eingerichtetes Laboratorium im eigenen Hause zur Verfügung hatte. Erst 1846 kam der lange beantragte und geplante Laboratoriumsbau zur Ausführung, und von jener Zeit an kann wohl auch nur von einem chemischen Laboratoriumsunterricht in Tübingen die Rede sein.

Die Universität Heidelberg ist zwar die älteste deutsche Hochschule (gegr. 1386), doch war sie, als sie 1803 mit den rechtsrheinischen Resten des kurpfälzischen Staates der bald darauf zum Großherzogtum erhobenen Markgrafschaft Baden zugeteilt wurde, fast ganz erloschen und mußte völlig neu begründet werden. Einer der hervorragendsten Vertreter der durch so viele tüchtige Männer ausgezeichneten Familie Gmelin, deren Stammvater Johann Georg d. ä. (1674 – 1728) sich im Anfange des 18. Jahrhunderts in Tübingen als Apotheker niedergelassen hatte, Leopold Gmelin (1788 – 1853), Sohn des Göttinger Professors Johann Friedrich Gmelin, wurde 1817 als Professor der Medizin zugleich Vertreter der Chemie. Durch das von ihm (1817 – 1819) herausgegebene «*Handbuch der theoretischen Chemie*», dessen außerordentlich erweiterter anorganischer Teil jetzt wieder neu bearbeitet wird, ist sein Name in unserer Wissenschaft unsterblich geworden. Gmelin hat zwar keinen chemischen Laboratoriumsunterricht ausgeübt, doch muß er eine besondere Gabe gehabt haben, tüchtigte Chemiker frühzeitig als solche zu erkennen. Er hat z. B. den jungen Mediziner Friedrich Wöhler 1823 veranlaßt, zur weiteren chemischen Ausbildung zu Berzelius nach Stockholm zu gehen und 1844 den Engländer A. W. Williamson zu Liebig nach Gießen geschickt. Mit Gmelins Nachfolger Robert Bunsen wurde dann 1852 die Chemie auch hier selbständig; sie ging ihrer Glanzzeit entgegen. In dem 1855 eröffneten chemischen Laboratorium konnte Bunsen auch seine erfolgreiche praktische Lehrtätigkeit ausüben.

An der bis 1805 unter österreichischer Oberhoheit stehenden Universität Freiburg im Breisgau (gegr. 1454) hatte Franz Ignaz Menzinger (1745 – 1830) ein halbes Jahrhundert hindurch (1776 – 1826) den Lehrstuhl für Pharmakologie, Chemie und Botanik inne. Um 1780 war auch ein chemisches Laboratorium eingerichtet worden, das dann 1820 bedeutend erweitert wurde. In der letzten Zeit von Menzingers Wirken waren dann noch die jüngeren Dozenten Franz v. Ittner (1787 – 1823) und Karl Fromherz (1797 – 1854) als Chemiker tätig. Letzterer hielt außer seinen Vorlesungen von 1824 ab auch zweimal wöchentlich eine praktische Anleitung zu pharmazeutisch-chemischen Arbeiten (von 1838 ab täglich außer Sonnabend). 1828 wurde Fromherz zum ordentlichen Professor der Chemie und 1836 auch der Mineralogie ernannt. Als Chemiker wurde, aber auch der medizinischen Fakultät angehörend, 1854 LAMBERT Freiherr v. BABO (1818–1899) sein Nachfolger, dessen späterer Assistent ADOLF CLAUS (1838–1900) dann 1868 in der philosophischen Fakultät einen zweiten Lehrstuhl für Chemie erhielt.

Wenn wir das Ergebnis dieser Untersuchung zusammenfassen, so müssen wir sagen, daß auch schon, ehe LIEBIG seine Lehrtätigkeit in Gießen 1824 begann, an einzelnen deutschen Universitäten praktischer Laboratoriumsunterricht erteilt wurde. Das war der Fall in Göttingen (STROMEYER) von 1806 ab, in Landshut (FUCHS) von 1807 (?) ab, in Jena (DÖBEREINER) von 1811 ab und in Breslau (FISCHER) von 1820 ab.

Als wirklich beachtenswert dürften besonders Göttingen und Jena in Betracht kommen, wo STROMEYER und DÖBEREINER wirkten. Wäre der junge LIEBIG 1820 statt nach Bonn nach einer dieser beiden Universitäten gegangen, so hätte er nicht, wie bei KASTNER, jahrelang vergeblich auf die Unterweisung in der Analyse zu warten brauchen, und er hätte nicht in seinen Lebenserinnerungen später geschrieben: «Chemische Laboratorien, in welchen Unterricht in der Analyse erteilt wurde, bestanden damals nirgendwo; was man so nannte, waren eher Küchen, angefüllt mit allerlei Öfen und Geräten zur Ausführung metallurgischer oder pharmazeutischer Prozesse. Niemand verstand die Analyse zu lehren». – Aber ob dieser hypothetische gerade Weg seiner chemischen Ausbildung aus ihm später den bahnbrechenden Reformator des chemischen Unterrichts hätte werden lassen, muß dahin gestellt bleiben.

Wenn also LIEBIG nicht, wie er selbst glaubte, den Laboratoriumsunterricht als erster in Deutschland begonnen hat, so war er doch derjenige, der durch seine eigene flammende Begeisterung Schüler aus aller Welt anlockte und die erste große chemische Schule in Deutschland gründete. Hier gilt besonders, daß es weniger darauf ankommt, was auf dem Papiere der Vorlesungsverzeichnisse steht, als – um mit KUNO FISCHER zu reden – was auf dem Katheder steht. Auch vor MARTIN LUTHER waren schon vereinzelte deutsche Übersetzungen der Bibel erschienen. Trotzdem oder vielleicht gerade deshalb, weil diese unzulänglich waren, wird LUTHER mit Recht als Schöpfer der deutschen Bibel angesehen.

So wird auch JUSTUS LIEBIG, obwohl schon vor ihm auf einzelnen deutschen Universitäten chemischer Laboratoriumsunterricht erteilt wurde, als der eigentliche Begründer des praktischen chemischen Hochschulunterrichts in Deutschland gelten müssen.

Benutzte Literatur.

JUSTUS V. LIEBIG: *Über das Studium der Naturwissenschaften und über den Zustand der Chemie in Preußen.* Annalen d. Chemie 34 (1840), 97 u. 355. JUSTUS V. LIEBIG: *Eigenhändige autobiographische Aufzeichnungen.* Veröffentlicht von A. W. v. HOFMANN, *Berichte d. d. chem. Ges.* 23 (1890), 822. – JACOB VOLHARD: *Justus v. Liebig.* Zwei Bde. (Leipzig 1909). – FRIEDRICH WÖHLER: *Jugenderinnerungen eines Chemikers.* Berichte d. d. chem. Ges. 8 (1875), 838. – FERD. HENRICH: *Aus Erlangens chemischer Vergangenheit.* Vortrag i. d. Erlanger chem. Gesellsch., 1906. – FERD. HENRICH: *Zur Geschichte des chemischen Unterrichts in Deutschland.* Chemiker-Zeitung 37 (1913), 1369, 1398; 47 (1923), 585. – FERD. HENRICH:

Zur Erinnerung an Joh. Wolfg. Döbereiner. Zeitschr. f. angew. Chemie 36 (1923), 482. – Ferd. Henrich: *Über das chemische Laboratorium der früheren Nürnbergischen Universität in Altdorf.* Vortrag a. d. Hauptversammlung d. Vereins deutscher Chemiker in Nürnberg. 1925. – Julius Schiff: *Das erste chemische Institut der Universität Breslau.* Archiv f. Gesch. d. Naturw. u. d. Technik 9 (1920), 29. – *Die Stadt Halle a. S. im Jahre 1891.* Festschrift für die 64. Versammlung deutscher Naturforscher und Ärzte. (Halle a. S. 1891). – *Festschrift zur Feier des 500jährigen Bestehens der Universität Leipzig,* 4. Band, 2. Teil. (Leipzig 1909). Alexander Gutbier: *Goethe, Großherzog Carl August und die Chemie in Jena.* Akademische Rede (Jena 1926).

Außerdem waren mehrere Chemie-Ordinarien so liebenswürdig, mir auf meine Bitte hin über die Geschichte und Vorgeschichte der von ihnen geleiteten Unterrichts-Laboratorien nähere Auskunft zu geben. Es sind dies die Herren Prof. Dr. O. Diels in Kiel, Prof. Dr. Dimroth in Würzburg, Prof. Dr. Meerwein in Königsberg, Prof. Dr. Meisenheimer in Tübingen, Geheimrat Prof. Dr. Vorländer in Halle a. d. S., Wirkl. Staatsrat Prof. Dr. Walden in Rostock und Prof. Dr. Wieland in Freiburg. Es sei mir gestattet, für die teilweise sehr ausführlichen Nachrichten, die vielleicht gelegentlich noch weiter verwendet werden könnten, auch an dieser Stelle nochmals meinen herzlichsten Dank auszusprechen.

Goethes Briefwechsel mit Wackenroder.

Von

Kurt Brauer.

Für jeden Fachgenossen, der sich mit der Geschichte der Chemie befaßt, ist es besonders reizvoll, den Beziehungen Goethes zu dieser Wissenschaft nachzugehen. So bekannt seine Besprechungen und Briefe mit Doebereiner sind, so wenig hat man bisher in der Literatur über seine Beziehungen zu dem anderen Professor der Chemie in Jena, Heinrich Wackenroder, gehört. Ich selbst habe bereits vor zwei Jahren darüber an anderer Stelle [1]) zwar berichtet, jedoch konnte infolge des Raumes, der mir in der Zeitschrift für angewandte Chemie zur Verfügung stand, nur ein Teil des interessanten Schriftwechsels abgedruckt werden. Vollständig wurden damals nur die Briefe Goethes selbst wiedergegeben, während von den Briefen Wackenroders einige überhaupt nicht und andere wieder nur zum Teil gebracht werden konnten. Gerade aber für den Stand der Chemie zur damaligen Zeit sind auch diese bisher nirgends veröffentlichten elf Briefe Wackenroders von großem Interesse. Hat doch Edmund O. von Lippmann [2]) selbst erst kürzlich in einer Besprechung von Gutbiers [3]) Rektoratsrede über «*Goethe, Großherzog Carl August und die Chemie in Jena*» ausgeführt, daß man in einer Zeit, «die von einem der häßlichsten menschlichen Laster erfüllt ist, dem Undanke, mit Ehrfurcht auf die Leistungen der Vergangenheit und ihrer Träger zurückblicken möge».

Goethe selbst bringt in seinen Tagebüchern über Wackenroder mehrfach Notizen, die ich bereits veröffentlicht habe, und die besonders auch Rechenschaft über verschiedene Besuche Wackenroders bei Goethe geben.

Heinrich Wackenroder ist nicht nur durch die nach ihm benannte Wackenroder'sche «Flüssigkeit» in weiten Kreisen bekannt geworden, sondern auch durch seine Arbeiten über «Lipochrome», die schon in seiner Dissertation vom Jahre 1826 (Göttingen) behandelt wurden; gerade die jüngste Zeit wertet ihn wieder hoch als Entdecker des Carotins, des ersten typischen Lipochroms, welches zuerst in der Möhrenwurzel gefunden wurde.» [4])

Bemerkt sei ferner noch, daß der Chemiker Wackenroder anscheinend

---

[1]) Zeitschrift für angewandte Chemie 1924, Nr. 14, S. 185 und Zeitschrift für medizinische Chemie 1925, Nr. 2, S. 9.

[2]) Chemiker-Ztg. 50 (1926), Nr. 78, S. 596.

[3]) Verlag G. Fischer, Jena 1926.

[4]) Vgl. z. B. Grün, *Analyse der Fitte und Wachse*, Berlin 1925, S. 62.

nicht verwandt gewesen ist mit dem Romantiker Wackenroder, von dem Prof. Strich in München kürzlich eine interessante Schilderung in einer Tageszeitung brachte. Auch Friedrich von der Leyen hat ein Buch über «*Werke und Briefe*» von Wilhelm Heinrich Wackenroder, dem Romantiker, herausgegeben. Nach Auskunft des Goetheforschers Prof. Dr. Pniower und des Prof. von der Leyen stammt der Romantiker Wackenroder[1]) aus einer Berliner Beamtenfamilie und ist sehr jung und unverheiratet gestorben. Auch nach den mir von den genannten Herren erteilten Auskünften scheint eine Verwandtschaft mit dem Chemiker Wackenroder nicht bestimmt.[2])

Bezüglich der Einzelheiten des Lebenslaufes Heinrich Wackenroders sei auf meine bereits erwähnte Veröffentlichung verwiesen und daraus nur hervorgehoben, daß er am 8. März 1798 zu Burgdorf bei Hannover geboren und mit Luise Luden, einer Tochter des bekannten Goethefreundes und Geschichtsforschers Geh.-Rat Luden, verheiratet war. Nach kurzer Tätigkeit als Privatdozent in Göttingen wurde er 1828 als Professor nach Jena berufen und begründete dort das heute noch bestehende pharmazeutische Institut. Die Zwecke und Ziele dieses Instituts, die Wackenroder in einer eingehenden Schrift veröffentlicht hat, habe ich an anderer Stelle schon wiedergegeben. Außerdem hat Wackenroder noch mehrfach Berichte über die Tätigkeit des Instituts veröffentlicht, die meist in den Annalen der Chemie veröffentlicht sind.[3])

Schon im Jahre 1840 konnte er mitteilen, daß er 140 Herren dort ausgebildet habe, was für die damalige Zeit eine ganz stattliche Zahl bedeutet. Für die damaligen Geldverhältnisse ist es noch wissenswert, aus den Bedingungen für die Aufnahme in das Institut zu erfahren, daß das Gesamthonorar für ein halbes Jahr 13 Louisd'ors betrug, aber für Bedürftige Ermäßigungen zugestanden wurden. Zugrunde gelegt wurde im Unterricht die damals schon von Wackenroder herausgegebene *Anleitung zur chemischen Analyse*, Jena 1836, und seine *Chemischen Tabellen zur Analyse der unorganischen und organischen Verbindungen*, 4. und 5. Auflage, Jena, 1837 und 1841.

Hervorgehoben möge nur an dieser Stelle aus den Berichten werden, was Wackenroder über seinen Lehrer Stromeyer sagt:

> «Dieses System der Benutzung eines zum Unterricht dienenden Laboratoriums ist eine ununterbrochene Fortsetzung des Lehrsystems meines unvergeßlichen Lehrers und Freundes Stromeyer, welcher, soweit bekannt ist, zuerst in Deutschland eine vollständige umfassende Anweisung zu analytisch praktischen Arbeiten erteilte.»

Hierdurch werden übrigens die Angaben Henrichs[4]) bestätigt, nach welchen der Unterricht der damaligen Zeit gar nicht so abfällig zu beur-

---

[1]) Vgl. Georg Brandes, *Goethe*. 6. Auflage, Erich Reis-Verlag, Berlin 1922.

[2]) Herrn Prof. Strich, München, Prof. von der Leyen-Köln und Prof. Pniower, Berlin, sei auch an dieser Stelle für ihre freundlichen Auskünfte gedankt.

[3]) Vgl. auch Brandes-Archiv, Bd. 38, Heft 2; Archiv der Pharmazie 1838; ferner daselbst Band 21, Heft 2 (Februar 1837), Bd. 11, Bd. 23, Bd. 25 usw.; Annalen der Pharmazie, Bd. 9, Heft 1 usw.

[4]) Chem.-Ztg., Nr. 82, S. 586 (1923).

teilen ist, und gerade STROMEYER (lt. Angaben ED. O. v. LIPPMANNS[1]) auch von BUNSEN, der sein Schüler war, als ein guter Lehrer bezeichnet wurde.

Auch mit LIEBIG, mit dem er zusammen dessen Annalen herausgab, war WACKENRODER befreundet. LIEBIG war der Taufpate seines Sohnes, des späteren Chemikers BERNHARD WACKENRODER, meines Vorgängers in der Leitung des hiesigen Laboratoriums, der bekanntlich auch auf dem Gebiete der Zuckerchemie wiederholt durch Arbeiten hervorgetreten ist.

Von den sonstigen Arbeiten WACKENRODERS mögen hier noch seine historischen *Skizzen der Alchemie*, Hannover 1839, erwähnt werden, und daß er als erster Untersuchungen über das Bier veröffentlicht hat: «*De cerevisiae vera mixtione et indole chemica*», Jena 1850.[2])

Anläßlich des 25 jährigen Bestehens des von WACKENRODER errichteten pharmazeutischen Instituts, welches also bald das 100 jährige Bestehen feiern kann, wurde eine Festschrift von seinem Assistenten verfaßt, in welcher auch die Ehrungen, die WACKENRODER anläßlich dieser Feier erhielt, erwähnt wurden. Aus dieser Festschrift sei nur die Rede WACKENRODERS selbst, in welcher er auch über seine Beziehungen zu GOETHE spricht, ausführlich hier wiedergegeben, die ich in meiner ersten Veröffentlichung nur kurz streifen konnte.

> «Als ich zu Anfang November 1828 von der mir immer teuren Georgia-Augusta Abschied nahm, um dem Rufe nach Jena zu folgen, da wurde mir das Herz schwer und die Brust beklommen. Sollte ich doch eintreten in einen Kreis gelehrter, berühmter und ausgezeichneter Männer. Wie sollte ich mich wert machen und würdig ihnen mich anzureihen? – Noch erinnere ich mich des ersten Momentes, wo mich mit freundlichen und ermutigenden Worten unser hochgeachteter und verehrter Kollege HOFFMANN (Geh. Kirchenrat und Professor, damals Prorektor) in den neuen Kreis einführte und in das neue Lehramt einsetzte. Die Ermunterung, die Nachsicht, das Wohlwollen der übrigen Kollegen hat mich getragen und gefördert für und für. Manche dieser lieben, teuren Kollegen sind seitdem ins Grab gesunken, unter ihnen einer (der Historiker LUDEN), dem ich noch durch innigere Banden verknüpft wurde, als die der Freundschaft und Kollegialität. Ihr Gedächtnis werde ich bewahren bis ans Ende der Tage. – Auch in Weimar fand ich das Wohlwollen, das ich erst verdienen sollte, mannigfach. Mit schöner Erinnerung steht mir GOETHE vor der Seele, als er einst (an seinem wohlbekannten Schreibtische sitzend) in liebenswürdiger aber entschiedener Weise mich zurechtwies, eine Eiche sei in einem Tage nicht erwachsen.»

Auch der Verleger des Archivs der Pharmazie überreichte eine Gedenktafel, wie es in dem Festbericht heißt, ausgeführt von den Hofbuchdruckern Gebrüder JÄNEKE in Hannover, mit folgender Inschrift:

---

[1]) Ebenda, S. 856.

[2]) Vgl. J. KÖNIG, *Chemie der menschlichen Nahrungs- und Genußmittel*, Berlin 1903, I. Band, S. 1117.

«Zum 25jährigen Bestehen des pharmazeutischen Institutes zu Jena bringen dem verehrten Direktor desselben, Herrn Dr. H. Wackenroder, Großherzogl. Sächs. Hofrat, ordentlichem Professor der Chemie an der Universität Jena, Ritter etc. etc., ihren Glückwunsch der Hofbuchdruckerei Gebr. Jäneke, Drucker des Archivs der Pharmazie seit dem Jahre 1839. Hannover, den 12. November 1853.»

Erwähnt möge noch im Zusammenhange damit werden, daß Goethe als Vorsitzender der Mineralogischen Gesellschaft Heinrich Wackenroder zum Ehrenmitglied ernannte. Das Diplom hierüber fand sich noch in seinem Nachlaß vor.

Nachstehend folgt nun der gesamte Schriftwechsel zwischen Goethe und Wackenroder, soweit er überhaupt noch vorhanden ist bzw. in meinem Institut zunächst und dann im Goethe-Archiv[1]) sich vorfand, indem an dieser Stelle nun sämtliche Briefe wörtlich wiedergegeben werden.

Hochwohlgeborner, Insonders hochzuverehrender Herr Geheimer Rath!

Ew: Excellenz wollen gewogentlichst mir erlauben, Hochdenselben hiermit zwey so eben fertig gewordene Tabellen zu überreichen. Ich wage zu hoffen, daß Ew: Excellenz meiner Bemühung, sämmtliche binäre Verbindungen der einfachen Körper, als welche die Basis unserer chemischen Kenntnisse ausmachen, in einer kurzen, dem Standpuncte der Wissenschaft angemessenen Übersicht zusammenzufassen, einigen Beyfall schenken werden, da Ew: Excellenz stets auch den chemischen Forschungen Ihr Interesse geschenkt haben.

Da meine persönliche Aufwartung Ew: Excellenz gerade jetzt hätte ungelegen seyn können, so glaubte ich nur schriftlich die Verehrung wiederholt ausdrücken zu dürfen, mit welcher ich nie aufhören werde zu verharren

Ew: Excellenz gehorsamster Diener
Prof. Dr. Wackenroder.

Jena, Sonntag, d. 20. Juny.

Ew: Wohlgeboren,

nehme mir die Freyheit um einige chemische Gefälligkeiten zu ersuchen, die in beykommender kleiner Schachtel befindlichen, sehr kleinen Mineralstückchen bitte geneigt zu untersuchen und deren Gehalt zu erforschen. Mit dem Buchstaben A. sind Hornsteinkrystalle bezeichnet, mit dem Buchstaben b. ist die Gangart auf welcher sie ansitzen, oder vielleicht richtiger zu sagen: aus welcher sie sich durch freye Gestaltung entwickelten.

Die Hauptsache wäre wieviel Kalk beide Musterstückchen enthielten? besonders aber das Krystallisirte. Leider darf ich nicht wagen der sehr schönen Stufe mehr abzunehmen, da ihr durch brechen oder schlagen sehr großer Schade geschehen könnte.

Mein zweyter Wunsch bezieht sich aufs Pflanzenreich. Es wäre mir nämlich sehr interessant zu erfahren: ob die Blasen der Colutea arbo-

[1]) Herrn Prof. Dr. J. Wahle vom Goethe-Schiller-Archiv in Weimar sei an dieser Stelle für seine liebenswürdige Unterstützung verbindlichst gedankt.

rescens, welche wie bekannt nach der Befruchtung sich aufblähen, ob sie mit irgend einem besonderen und entschiedenen Gase angefüllt seien? Bisherige Untersuchende wollen nur atmosphärische Luft darin gefunden haben; dieses will aber mit meinen sonstigen Ueberzeugungen nicht zusammentreffen. Sollten Ew: Wohlgeb. es auch nicht anders finden, so muß ich mich wohl zufrieden geben. Für den Zweck einer solchen gefälligen Untersuchung liegt ein Blättchen an H. Hofgärtner Baumann bey, welcher auch schon mündlich von mir deshalb angegangen worden.

Hochachtungsvoll

J W v Goethe (eigenhändig).

Weimar den 17. Jul. 1830.

Der Brief und das Datum von der Hand des Schreibers John.

Das Blättchen an Baumann, ein Billet vom selben Tage, ist gedruckt (nach dem Konzept) in der Weim. Ausg. der Briefe 47, 148. Baumann wird darin ersucht, an Wackenroder so viel aufgeschwollene Blasen der Colutea arborescens abzugeben, als zu einem chemischen Versuch nötig sein möchten.

Hochwohlgeborner Herr,
Insonders hochzuverehrender Herr Geheime Rath!

Die von Euer Excellenz mir aufgetragenen chemischen Untersuchungen werde ich ehestens unternehmen und hege die Hoffnung, daß die Resultate den Anforderungen der Wissenschaft genügen werden. So sehr mich nun auch diese Untersuchungen selbst reizen und so sehr ich wünsche, mich bey Euer Excellenz schnell des ehrenvollen Auftrages zu entledigen, so erlaube ich mir doch, um einige Zeit für die Ausführung derselben zu bitten. Da ich nämlich wöchentlich ein und zwanzig Stunden Vorlesungen zu halten habe, welche außerdem noch mehr und weniger Vorarbeiten erfordern und da die mir übrig bleibende Zeit gerade jetzt zu einer versprochenen Arbeit verwendet wird, welche sich ihrer Beendigung nähert: so wäre es möglich, daß einige Tage mehr, als ich wünsche, darüber verstrichen, ehe ich die Ehre haben könnte, Euer Excellenz die Resultate meiner Analysen mitzutheilen. Sollte dieses der Fall seyn, so bitte ich gehorsamst, dieses Zögern keiner Lauigkeit von mir beyzumessen.

Vor nicht langer Zeit habe ich eine Untersuchung über die Luft in den Schoten der Colutea arborescens gelesen. Ich kann aber diese Abhandlung durchaus nicht auffinden, noch derselben mich genau erinnern.

Über den Hornstein erlaube ich mir die Bemerkung, daß dieses Mineral nicht homogen ist. Eine äußere Rinde umschließt den Hornstein. Jene hat ganz das Ansehen von Chalcedon; dieser hingegen enthält kleine Drusenräume, welche mit Quarz ausgekleidet sind, so wie auch kleine Krystalle, die sich nicht verschieden von denen zeigen, mit welchen das zweite Stückchen Hornstein reichlich besetzt ist. So viel die mikroskopische Kleinheit der Krystalle erkennen läßt, zeigen sie sich als rechtwinklige, vierseitige Prismen mit vierflächiger Zuspitzung. Ist dieses wirklich so, so wäre, soviel ich weiß, dieses das erste Mal, daß man den Hornstein eigenthümlich krystallisirt aufgefunden hätte: denn eine Gestaltung des Kieselfossils nach anderen Krystallen kann meiner Meinung nach hier nicht vorausgesetzt werden. indem sich die vierseitigen Prismen auch im Innern des Hornsteins ausgesondert zeigen. Indessen wird die chemische Analyse das Nähere ergeben. Es scheint mir. als könne die chemische Untersuchung des derben Hornsteins keine gute Vergleichung desselben mit dem krystallisirten Stücke geben, da jenes zu viel Chalcedon enthält. Vielleicht läßt sich noch ein kleines und homogenes Stück desselben von der größern Stufe absondern. wenn es sich zur Erlangung eines guten Resultates als nothwendig herausstellen möchte.

Mit vollkommensten Respect habe ich die Ehre zu verharren

Euer Excellenz unterthäniger Diener
H. Wackenroder. Prof.

Jena, d. 20. Jul. 1830.

Hochwohlgeborner Herr. Hochzuverehrender Herr Geheime Rath!

In voriger Woche habe ich das Gas in den Schoten der Colutea arborescens untersucht. und ich erlaube mir nun. das Resultat meiner Untersuchungen mitzutheilen. muß jedoch bemerken, daß. ungeachtet der täglich angestellten Versuche. welche zusammengenommen über funfzig an der Zahl sind, doch noch einige Fragen unbeantwortet haben bleiben müssen. indem es jetzt unserm Strauche an Schoten fehlt. Ich werde mich bemühen, zu seiner Zeit die noch fehlenden Versuche nachzuholen und dann Ew: Excellenz darüber berichten.

Die Resultate der vorgenommenen Untersuchungen fasse ich unter den folgenden Nummern zusammen.

1. Die Luft in den Schoten der Colutea arborescens besteht aus Sauerstoffgas. Stickgas und Kohlensäure und ist nur wenig von der atmosphärischen Luft in den quantitativen Verhältnissen ihrer Bestandtheile verschieden. Dieses scheint schon daraus sich zu erklären. daß das Zellgewebe der Schoten den Durchgang der atmosphärischen Luft nicht verhindern wird und daß sehr viele Schoten an ihrer Spitze eine kleine Öffnung haben, aus welcher das Gas bey einem sanften Drucke unter Wasser in kleinen Bläschen entweicht.

2. Das Gas in den Schoten enthält in 100 Volumen

a) 20.38 Vol. Sauerstoffgas. wenn die Schoten des Morgens um 7 Uhr gepflückt worden sind; hingegen

b) 19.34 Vol. desselben Gases. wenn die Schoten Nachmittags um 4 Uhr. nachdem sie den Tag über den Sonnenstrahlen ausgesetzt gewesen sind. von dem Strauche genommen werden.

Eine gleichzeitige Untersuchung der atmosphärischen Luft gab als Mittelresultat von 7 Versuchen 21.34 Vol. Sauerstoffgas in 100 Vol. derselben.

3. Das kohlensaure Gas beträgt in den Schoten vom Morgen 4.97 Proc.. vom Nachmittage 5.27 Proc. dem Vol. nach. Die Kohlensäure der atmosphärischen Luft. auf gleiche Weise bestimmt, betrug 1.89 Proc. Wird diese Bestimmung der Kohlensäure in dem Gase einstweilen richtig angesehen. obgleich sie nicht das Mittelresultat mehrerer Versuche ist. so enthält das

Gas in den Schoten vom Morgen fast und so viel Sauerstoffgas mehr, als das Gas vom Nachmittage Kohlensäure mehr enthält; denn 5.27 – 4.97 = 0.30. Nun aber ist 19.34 und 0.3 = 19.64, was von 20.38 um 0.74 abweicht.

Es ist mir wahrscheinlich, daß eine Umänderung des Sauerstoffgases in den Schoten in Kohlensäure während des Tages unter Einfluß des Sonnenlichtes und der Wärme stattfinde. Sollte man hierbey nicht auf eine Vergleichung mit dem Athmungsprocesse geführt werden? Auf jeden Fall ist aber die Untersuchung sehr delicat, und nicht anders, als nach mehreren Untersuchungen möchte ich mich mit Gewißheit für eine bestimmte Meinung entscheiden.

Nehmen wir indessen vorläufig die Menge der Kohlensäure für die wahre, so enthält das Gas in den Schoten

	vom Morgen.	vom Nachmittage.	Atmosphärische Luft.
Sauerstoffgas	20.38 Vol.	19.34 Vol.	21.34 Vol.
Kohlensäure	4.97 „	5.27 „	1.89 „
Stickgas	74.65 „	75.39 „	76.77 „
	100.00 Vol.	100.00 Vol.	100.00 Vol.

Hiermit übergebe ich nun Ew: Excellenz die Resultate meiner Versuche, so gut ich dieselben zu geben im Stande bin. Ist auch noch Manches daran unvollständig geblieben, so hoffe ich doch dieses noch nachholen zu können, um dadurch der Frage ihre völlige Erledigung zu geben. Auch wünsche ich dadurch zu zeigen, wie sehr mich dieser Gegenstand der Pflanzenphysiologie interessirt, und um wie sehr mein Interesse daran durch das Euer Excellenz gesteigert wird, auch abgesehen davon, daß ich mich mit einem ehrenvollen Zutrauen beschenkt sehe.

Genehmigen Euer Excellenz die Uebersendung einer kleinen Arbeit von mir, deren Veranlassung bekannt geworden ist.

Mit größter Verehrung, wie mit tiefstem Respect verharre ich

Ew: Excellenz gehorsamer Diener

H. Wackenroder.

Jena, d. 1. Aug. 1830.

Hochzuverehrender Herr Geheime Rath!

Auf das mir höchst erfreuliche Schreiben Ew: Excellenz erwidere ich sogleich, jedoch wegen beschränkter Zeit, nur mit ein paar Worten, welche Hr. Geh. Hfr. Luden die Gewogenheit haben wird Ew: Excellenz zuzustellen.

Die erwähnte Umänderung des Sandsteins in eine chalcedonartige Masse ist mir freilich nicht nach allen ihren Verhältnissen bekannt; indessen weiß ich doch soviel, daß der Sandstein durch Feuereinwirkung eine Verglasung zeigt in solchen Gegenden, wo ohne Zweifel Vulkane thätig waren. Ein solcher Sandstein ist derjenige, welcher in einzelnen Massen an dem Dransberge bey Dransfeld unweit Göttingen vorkommt, und von welchem ich Ew: Excellenz ein Handstück zu überschicken mir die Freiheit nehme. Der Dransberg ist ein schön geformter, eine parabolische Linie beschreibender

Basaltberg, welcher sich aus dem Muschelkalk erhebt. An demjenigen Abhange dieses Berges, welcher mit dem nahe gelegenen Hohenhagen ein schönes Thal bildet und in welchem bunter Sandstein zu Tage steht, findet sich das erwähnte Gestein in der Form von Geröllen. Eigentliche Gerölle können es aber nicht seyn, wenigstens ist es deutlich genug, daß die Sandkörner eine anfangende Schmelzung erlitten haben. Daher nennt der Hofrath Hausmann in Göttingen dieses Gestein auch Quarzfritte. Ist die Quarzfritte rein von Eisenoxyd, so erscheint sie in dünnen Stücken durchscheinend und sieht einer Schlacke täuschend ähnlich. Wer könnte anstehen, zu glauben, daß die Quarzfritte geschmolzener Sandstein wäre?

Der erwähnte zu Tage stehende Sandstein aber ist sehr locker, wenigstens an einigen Stellen, und hier sieht man ihn auf eine andere Weise fortwährend eine Veränderung erleiden. Die Quarzkörner verbinden sich mit dem Eisenoxyd, welches sich aus dem Sandsteine oder sonst auf irgend eine Weise ausscheidet, aufs neue zu einem neuen Gestein, einem Eisensandstein, wovon ich gleichfalls ein Handstück beifüge. Dieser Eisensandstein ist offenbar eine chemische Verbindung von Kieselerde oder Kieselsäure mit Eisenoxyd, die bald mehr, bald weniger vollendet sich darstellt. Die Chemie hat uns bereits gelehrt, daß die Kieselerde mit anderen Oxyden die Eigenschaft gemein hat, mit Salzbasen, wie Eisenoxyd, Kalk, Bittererde, Kali usw. auch durch bloße Einwirkung von Wasser sich zu verbinden. Hier haben wir das kieselsaure Eisenoxyd. Der von Ew: Excellenz erwähnte verglasete oder fettquarzähnliche Ueberzug von Sandstein ist ohne Zweifel auch ein kieselsaures Salz, dessen Basis eine andere, als Eisenoxyd ist. Es sollte mich in der That wundern, wenn das vom Bergrath Voigt bemerkte Fossil in unserer Gegend nicht kieselsaurer Kalk gewesen wäre, entstanden aus lockerem Sandstein und unserm Muschelkalk.

Dem Wunsche Ew: Excellenz gemäß werde ich auf diesen Gegenstand meine Aufmerksamkeit richten, und es wird mich unendlich freuen, wenn ich meine Meinung darüber aussprechen darf. Ehe ich zur Versammlung der Naturforscher nach Hamburg reise, was ich noch hoffe thun zu können, werde ich auch hoffentlich noch Zeit übrig behalten, Ew: Excellenz meine Aufwartung machen zu können und verharre mit vollkommenstem Respect

Ew: Excellenz gehorsamer Diener
H. Wackenroder.

Jena, d. 15. Aug. 1830.

Euer Excellenz

habe ich die Ehre, ein so eben erhaltenes Werk des Herrn Hofrath Dr. Brandes zu Salzuflen im Namen des Verfassers zu überreichen, und halte mich zu Gnaden empfohlen als

Euer Excellenz unterthäniger Diener
H. Wackenroder.

Jena, d. 6. September 1830.

Hochwohlgeborner Herr, Hochzuverehrender Herr Geheime Rath!

Ew: Excellenz sage ich meinen unterthänigen Dank für die mir gewogentlichst gestattete Erlaubniß, so wohl das kleinere Mineralienkabinet zu meinen Vorlesungen über Mineralogie in diesem Sommersemester benutzen zu dürfen, als auch die größere Mineraliensammlung mit meinen Zuhörern besuchen und sie denselben in den nicht seltenen Fällen zeigen zu dürfen, wo durch Anschauung größerer Exemplare der Mineralien und einer Reihenfolge von Fossilien dem Zuhörer das Studium und dem Lehrer der Unterricht in der Mineralogie erleichtert wird. Mit weit größerm Interesse werde ich daher auch einer Wissenschaft meine geringen Kräfte widmen, welche ungeachtet des Anziehenden, welches sie von jeher für mich gehabt hat, gleichwohl meiner persönlichen Verhältnisse wegen nicht eher mit mehr Zeitaufwand von mir bearbeitet werden konnte, als bis günstige Umstände mich mehr auf dieselbe anwiesen, und es sollte mich sehr freuen, wenn ich in einer innigern Verbindung mit der Mineralogie auch mehr für dieselbe arbeiten könnte, als bis jetzt durch einige kleine Beiträge von mir geschehen durfte aus Rücksicht auf meine übrigen Studien und Verhältnisse.

Für die gütige Zusendung der Tremella Nostoc bin ich Ew: Excellenz sehr verpflichtet. Dieses merkwürdige Naturproduct ist bereits von dem französischen Chemiker Braconnot chemisch untersucht worden. Man weiß aus den Untersuchungen desselben, daß diese Pflanze wie die Schwämme und ähnliche räthselhafte pflanzliche Organismen Stickstoff enthält, auch Phosphor und dergleichen Stoffe, welche man ehemals nur in thierischen Körpern enthalten glaubte. Diese Meinung hat die neuere Chemie aber als völlig irrig für das gesammte Pflanzenreich dargelegt; dennoch aber müssen wir zugestehen, daß die näheren Bestandtheile der niederen Pflanzen vorzüglich nur denen der thierischen Körper nahe stehen, während die näheren Bestandtheile (als die eigentlichen Producte des Lebens) der höher stehenden Pflanzen sich doch meistens merklich von den animalischen Stoffen unterscheiden, gesetzt auch, daß dieselben Elementarstoffe in beiden vorhanden sind. Unsere Wissenschaft hat noch wenig Einlaß in diese Werkstatt der Natur erlangt, wohin bis jetzt nur physiologische Speculation reichen konnte. Mit größtem Vergnügen werde ich die überschickte Tremella einer chemischen Untersuchung unterwerfen, sobald sich Material zusammenfindet, das zur Verfolgung einer bestimmten Idee auffordert; denn ohne diese möchte eine Wiederholung der Braconnotschen Untersuchung nicht die Befriedigung gewähren, auf welche man vielleicht hoffen dürfte, wenn der Untersuchung eine bestimmte Beziehung und Richtung gegeben worden.

In der Hoffnung, daß Ew: Excellenz auch schon lange Bekanntes gewogentlichst aufnehmen werden, wenn ich davon vermuthe, daß es Ew: Excellenz Aufmerksamkeit nicht unwerth sein möchte, erlaube ich mir einige große Krystalle des sauren chromsauren Kali, welche ich neulich von einem ehemaligen Zuhörer, den ich bey den berühmten Fabriken des Herrn Nathusius zu Althaldensleben bei Magdeburg placirt habe, erhielt. Dieses Salz wird zur Darstellung des schönen Chromgrünes und Chromgelbes benutzt und zeichnet sich durch die Schönheit seiner Farbe aus. Dasselbe enthält noch einmal soviel Chromsäure, als das neutrale chromsaure Kali, welches gelb gefärbt ist, und wird daher auch doppelt-chromsaures Kali genannt. Das Chromgrün ist das Oxydul des Chrommetalles und wird, so viel mir bekannt ist, in der enkaustischen Malerei allen übrigen grünen Farben vorgezogen und nicht weniger in der Ölmalerei hochgeschätzt und zu den feinern Lackfarben angewandt. Das Chromgelb ist chromsaures Bleioxyd, dessen Natur nur die Anwendung desselben zu Öl- und besonders Lackfarben gestattet. Auch von diesen beiden bin ich so frey zwei Proben beizufügen, welche ich gelegentlich dargestellt habe. Das künstliche Chromgelb hat dieselbe Zusammensetzung wie das Rothbleierz. Die Verschiedenheit der Farbe zwischen beiden leiten wir, wie gewöhnlich in solchen Fällen, von dem Aggregatzustande der Körper ab, das Einzige, was uns, man möchte fast sagen bei der Dunkelheit des Lichtes, übrig bleibt. Das chromsaure Quecksilberoxydul ist ebenfalls durch seine Farbe ausgezeichnet und besonders deswegen geschätzt, weil das Chromgrün mit Leichtigkeit daraus dargestellt werden kann. Um es zur Malerei verwenden zu können, müßte es dem Lichte wiederstehen, was aber ebenso wenig bei dieser, wie bei den meisten Verbindungen des Quecksilbers der Fall ist. Die reducirende Wirkung des Lichtes im Allgemeinen däucht mir das Unerklärlichste in der Lehre vom Lichte, so wie uns denn auch freilich die chemische Wirkung der Wärme ihrem Wesen nach unbekannt ist. Eine Probe des chromsauren Quecksilberoxyduls erlaube ich mir noch aus meiner chemischen Sammlung beizufügen.

Die Unwahrscheinlichkeit, Ew: Excellenz binnen Kurzem aufwarten zu können, hat mich zu diesem Briefe vermocht, dessen schon allzu große Länge ich nur noch durch die Bemerkung ausdehnen möchte, daß die beykommenden Stücke des Hallischen Porphyrs, welche ich erst vor einigen Tagen selbst auf dem Petersberge aufgenommen habe, zeigen, daß die leichte Zerstörbarkeit des Felsens, so wie auch die sonderbare Zerspaltung des Gemäuers des alten Klosters auf dem Petersberge vornämlich von der Umwandlung des Feldspathes in Thonhydrat abhängig ist. So treibt auch der gebrannte Gyps durch Aufnahme von Wasser die dicksten Mauern in der Stadt Lüneburg auf eine höchst merkwürdige Weise aus einander.

Mit größter Verehrung verharre ich

Ew: Excellenz gehorsamster
H. Wackenroder.

Jena, d. 30. April 1831.

Ew: Wohlgeboren

danke zum schönsten für die mir mitgetheilten Notizen und für die Musterstücke der Stearinsäure. Die aus dieser Materie gezogenen Lichter haben den Fehler, daß sie allzu brüchig sind; vielleicht ließe sich durch irgend eine chemische Operation diesem Mangel abhelfen.

Ich füge eine Partie Tremella Nostoc hinzu; sie hat sich in diesen Tagen häufig, auf den Sandwegen meines Gartens, an schattigen Stellen, gefunden und es ist Ihnen wohl interessant dieses problematische Wesen, nach

Ihrer so genauen vorsichtigen Art. zu analysiren, damit man seine Verwandtschaft näher kennen lerne.

Alles Gute wünschend und an Ihren Arbeiten aufrichtigen Theil nehmend, ergebenst

J W v Goethe (eigenhändig)

Weimar. d. 23. Apr. 1831.

Chemische Analyse
der Luft aus den Schoten der Colutea arborescens.

Die Versuche wurden zu Ende Julis und zu Anfang Augusts im Jahre 1830 und 1831 angestellt. Die Tage im Jahre 1830 waren heitere und fast ununterbrochen heiße Tage, während die im Jahre 1831 trübe, regnige und nur unterbrochen heiße Tage waren. Aus diesem Unterschiede der Tage in den beiden Jahren scheint auch die, obgleich sehr geringe, Abweichung in den Resultaten der Analyse der Luft aus den Schoten der Colutea arborescens abgeleitet werden zu müssen.

Mit Berücksichtigung der im vorigen Jahre mitgetheilten Resultate meiner Untersuchung dieser Luft ließe sich über die Mischung der letztern etwa Folgendes mit großer Wahrscheinlichkeit feststellen.

1. Die Luft in den Schoten der Colutea arborescens besitzt eine Mischung, welche von der Mischung der atmosphärischen Luft nur wenig abweicht und auch selbst nach den Tageszeiten und dem jedesmaligen Zustande der Atmosphäre geringe Abweichungen zeigt.

2. Im Jahre 1830 enthielt dieselbe im Mittel von vielen Versuchen, die im Voltaischen Eudiometer vorgenommen wurden,

	des Morgens	des Nachmittages
Sauerstoffgas in 100 Volumen des Gases.	20.38	19.34 Volumen

3. Im Jahre 1831 dagegen wurden in 100 Volumen desselben gefunden.

	des Morgens	des Nachmittags
Sauerstoffgas:	19.76 Vol.	19.94 Vol.
Stickgas:	79.44 „	79.33 „
Kohlensäure:	0.80 „	0.73 „
	100.00 Vol.	100.00 Vol.

Dr. H. Wackenroder,
Professor

Jena. d. 27. Aug. 1831.

Hochzuverehrender Herr Geheime Rath!

Ew: Excellenz überreiche ich hiermit einen kurzen Bericht über die vorgenommene chemische Zerlegung des Gases aus den Schoten der Colutea arborescens, und hege dabei die Hoffnung, daß die gewonnenen Resultate Ew: Excellenz zur Befriedigung gereichen mögen. Bei dem unverkennbaren Einflusse, welchen das organische Leben auf die Mischung der Körper ausübt, – und einen solchen Einfluß kann man nicht füglich abläugnen in Ansehung der in den Pflanzen eingeschlossenen Luft – ist es nicht möglich gewesen, eine absolute Übereinstimmung der Resultate von verschiedenen Versuchen zu gewinnen. Der Gehalt an Kohlensäure in der Luft dieser Schoten ist indessen ziemlich gleichförmig gefunden worden, und daß derselbe größer ausgefallen ist, als er sich bei der Analyse der atmosphärischen Luft zu ergeben pflegt, war schon im voraus zu erwarten. Uebrigens erhellet auch aus den Versuchen, daß die Luft in den Schoten nur unbedeutende Veränderungen durch das Leben der Pflanze so wohl, als auch durch atmosphärische Einwirkung erleide, und dieses Resultat däucht mir schon immer interessant genug, und kann wohl dazu dienen, daß nicht unbegründete Meinungen über die Luft in diesen Schoten aufgestellt und gehegt werden.

In der Hoffnung, Ew: Excellenz nicht mißfällig zu werden, erlaube ich mir noch einen Extraabdruck über das Imperatorin, einen von mir erst kürzlich neu aufgestellten Pflanzenstoff, beizufügen.

Da wir nicht die Freude haben können, Ew: Excellenz am heutigen Tage unsere innigsten und wärmsten Glückwünsche persönlich darzubringen, so bin ich umso mehr erfreuet, hiermit Ew: Excellenz meinen aufrichtigsten Glückwunsch aussprechen zu können.

Mit größter Verehrung verharre ich

Ew: Excellenz ganz gehorsamer

H. Wackenroder.

Weimar, d. 28. Aug. 1831.

Hochzuverehrender Herr Geheime Rath!

Auf einer erst vor einigen Tagen beendigten Ferienreise in meine Heimath habe ich in Göttingen unter mehreren anderen Mineralien auch die beiden beifolgenden Stücke von Strontianit und Galmei acquirirt, welche wohl an sich keinen großen Werth haben, von denen ich aber dennoch hoffe, daß sie Ew: Excellenz nicht ganz ohne Interesse seyn werden. Der Strontianit ist noch nicht lange vom Harze bekannt, und die Afterkrystalle des Galmeies dürften in der Reihe der metamorphosirten Mineralien eben nicht den letzten Platz einnehmen. Ew: Excellenz genehmigen es mir daher gewiß, daß ich mir dieselben zu überschicken erlaube, und es würde mir eine große Freude gewähren, wenn ich durch solche geringen Beweise meines beständigen Andenkens an Ew: Excellenz die innige Verehrung an den Tag legen könnte, welche ich gegenwärtig bei persönlicher Bekanntschaft noch um Vieles mehr für Ew: Excellenz hege, und mit welcher ich stets verharre als

Ew. Excellenz gehorsamster

H. Wackenroder.
Professor.

Jena, d. 24. Oktober 1831.

Hochwohlgeborner Herr, Hochzuverehrender Herr Geheime Rath!

Indem ich mir erlaube, den beifolgenden Abdruck einer, der Vervollkomnung der gerichtlichen Chemie gewidmeten Abhandlung Ew: Excellenz zu überreichen, darf ich hoffen, daß der abgehandelte Gegenstand Ew: Excellenz einiges Interesse darbieten werde, und daß, so geringfügig die Beweise meiner unbegränzten Verehrung auch sein mögen, sie sich dennoch stets einer gewogentlichen Aufnahme von Ew: Excellenz werden zu erfreuen haben.

Mit vollkommenstem Respect verharret

Ew: Excellenz gehorsamster
H. Wackenroder

Jena, d. 20. Nvbr. 1831.

Hochwohlgeborner Herr, Hochzuverehrender Herr Geheime Rath!

Ew: Excellenz erlaube ich mir in einigen Zeilen zu bemerken, was gestern Ew: Excellenz persönlich vorzutragen mir die Umstände nicht gestatteten, wovon ich aber glaube, daß es Ew: Excellenz Beachtung verdienen dürfte.

Aus meinen Untersuchungen über die Luft in den Schoten der Colutea arborescens hat sich, wie ich Ew: Excellenz mitzutheilen die Ehre gehabt habe, ergeben, daß diese Luft im Wesentlichen ein Gemisch aus Sauerstoff und Stickstoff sey und zwar fast in demselben Verhältnisse, als in welchem diese beiden Gasarten die atmosphärische Luft zusammensetzen. Der Sauerstoff in der eingeschlossenen Luft wurde beinahe immer noch etwas geringer darin gefunden, als in der atmosphärischen Luft, und ich glaubte daraus den Schluß ziehen zu dürfen, daß die Luft in den Pflanzen auf ähnliche Weise verändert werde, wie in den Lungen der Thiere.

Diese Ansicht scheint nun auch ihre Bestätigung durch die Versuche von Dutrochet gefunden zu haben, aus welchen hervorgeht, daß die in allen Theilen der Pflanzen mit Luft ausgefüllten Räume atmosphärische Luft enthalten, in der immer etwas weniger Sauerstoff vorhanden ist, als in der umgebenden Atmosphäre. Während also in den höheren Thieren die Respiration durch eigne Organe verrichtet wird, durchströmt die respirable Luft die niedern Thiere und die Pflanzen, und ohne Zweifel die letzteren noch allseitiger, als die ersteren. Die untere weiße Fläche der Blätter scheint ihre Farbe der zahllosen Menge von Poren, den Ausgängen der Respirationscanäle zu verdanken; denn wird ein Blatt, in Wasser getaucht, unter den Recipienten der Luftpumpe gebracht, so tritt Luft aus. Wird nun der äußere Luftdruck wieder hergestellt, so dringt Wasser in die Poren, wodurch die weiße Farbe des Blattes verloren geht und gegen die grüne der Oberfläche desselben vertauscht wird.

Bis jetzt habe ich die Abhandlung Dutrochet's nur in einem ganz kurzen Auszuge kennen gelernt, und ich muß daher noch ausführliche Belehrung aus der Einsicht in die Abhandlung selbst erwarten. Vielleicht kennen Ew: Excellenz die der Pariser Akademie mitgetheilte Abhandlung von

Dutrochet bereits schon näher, und für diesen Fall müßte ich um gewogentliche Entschuldigung bitten, eine mir interessant scheinende Beobachtung noch jetzt zu Ew: Excellenz Kenntniß bringen zu wollen.

Genehmigen Ew: Excellenz die Versicherung der unbegränzten Verehrung, mit welcher ich verharre

Ew: Excellenz unterthäniger
H. Wackenroder.

Jena, d. 23. Debr. 1831.

Ew: Wohlgeboren

bin ich für verschiedene Sendungen und Mittheilungen einen aufrichtigen Dank schuldig geblieben, welchen ich nicht länger, und wär es auch nur einigermassen, auszudrücken zaudern darf.

Lassen Sie mich daher bey dem Letztern verweilen und bey der Pflanzenchemie aufhalten. Es interessiert mich höchlich inwiefern es möglich sey, der organisch-chemischen Operation des Lebens beyzukommen, durch welche die Metamorphose der Pflanzen, nach einem und demselben Gesetz, auf die mannigfaltigste Weise bewirkt wird.

Daß die Steigerung, die wir bey Bildung der Pflanzen von Knoten zu Knoten gewahr werden, durch eine Sonderung und Mischung der aus der Wurzel ausgesogenen Feuchtigkeiten, verbunden mit dem [so] aus der Atmosphäre einwirkenden Ingredienzien bewirkt wird, glauben wir mit Augen zu sehen, indem eine immer vollkommenere Gestaltung sich zuletzt bis zu der neuen Fortpflanzung erhebt; dieß ist ein Factum das wir anstaunen, mit Augen sehen und doch kaum glauben können, denn wer wird die fünf bis sechs Fuß langen Stengelblätter des Heracleum speciosum, als identisch mit den kleinen Blättchen der letzten Quirlblumen sich denken können? Und wenn er sogar das Zusammenziehen jener und die Achsenstellung dieser nach und nach sich bekannt gemacht und ihre Folgen eingesehen hat, so müssen wir doch immer Einbildungskraft, Erinnerung, Urtheil, Vergleichung, alle Geisteskräfte beysammen haben, um das Unbegreifliche gewissermassen in die Enge zu bringen. Ich habe in meiner Darstellung der Metamorphose mich nur des Ausdrucks eines immer verfeinten Saftes bedient, als wenn hier nur von einem Mehr oder Weniger die Rede seyn konnte; allein mir scheint offenbar, daß die durch die Wurzel aufgesogene Feuchtigkeit schon durch sie verändert wird, und wie die Pflanze sich gegen das Licht erhebt, sich die Differenz immer mehr ausweisen muß. Da wir nun in Unterscheidung der greif- und wägbaren Elemente, so wie der gasartigen, durch die Chemiker immer weiter vorrücken, so bin ich geneigt zu glauben, es müsse sich eine Succession von Entwicklungen und Aneignungen noch bestimmter aneignen lassen: daher kam der Wunsch, dem Sie so freundlich entgegen arbeiten, die Luftart, wodurch die Schoten (der) Colutea arborescens sich aufblähen, näher bestimmt zu sehen.

Daß Sie sich immerfort mit dieser Aufgabe beschäftigen, ist mir von großem Werth; denn ob wir gleich gerne der Natur ihre geheime Encheiresis, wodurch sie Leben schafft und fördert, zugeben und, wenn auch keine Mystiker, doch zuletzt ein Unerforschliches eingestehen müssen; so kann der Mensch, wenn es ihm Ernst ist, doch nicht von dem Versuche abstehen das Unerforschliche so in die Enge zu treiben, bis er sich dabey begnügen und sich willig überwunden geben mag.

Fahren Sie fort mit allen dem[1]) was Sie interessirt mich bekannt zu machen, es schließt sich irgendwo an meine Beobachtungen an, und ich finde mich im hohen Alter sehr glücklich, daß ich das Neuste in den Wissenschaften nicht zu bestreiten nöthig habe, sondern durchaus mich erfreuen kann im Wissen eine Lücke ausgefüllt und zugleich die lebendigen Ramificationen der Wissenschaft sich anastomosiren zu sehen.

ergebenst
JWv Goethe.

Weimar, den 21. Jan. 1832.

Das Konzept dieses Briefes enthält noch folgende, in die Reinschrift nicht aufgenommene Sätze, die zwischen dem letzten und vorletzten Abschnitt ihre Stelle hatten:

Soviel, mein theuerster H. Professor, wozu ich allenfalls noch hinzufüge: Die Säfte des Schierlings sind giftig wie sie der Stengel enthält; wie hoch hinauf die atheniensischen Schergen den Stengel zu jenen Volksjustizmorden genutzt, findet vielleicht ein durchdringender Philolog in irgend einem Fragmente aufgezeichnet. Ob die Saamen giftig seyen, ist mir nicht bekannt geworden. Soviel aber kann ich sagen, daß die Ausdünstung derselben die aus einem langen verschlossenen Kistchen hervordrangen,[2]) einen widerwärtigen und augenblicklich betäubenden Dunst verbreitete.

In allen diesen Dingen scheint ein Allgemeines und Besonderes zu seyn. Die sogenannte Apfelsäure, an wieviel Stellen findet sie sich nicht? Der sogenannte Zuckerstoff, wo tritt er nicht hervor? Ich will nicht weiter gehen und auf die nächste Besprechung das Übrige, freylich Gränzenlose, verschieben.

Chemische Untersuchung
eines Kalkniederschlages aus der Quelle in dem Garten des Herrn Geheimen Rath von Goethe.

Dieser Kalkabsatz besteht in grauen Stücken mit feiner drusiger Oberfläche, auf welcher man unter dem Mikroskop die dreiflächig zugespitzten prismatischen Krystalle des Kalkspathes nur mit Mühe erkennen kann.

Auf dem Bruch erscheinen die Stücke krystallinisch-blättrig, ganz so wie feinkörniger Marmor und manche Arten von Kalkstalaktiten. Auch haben darin diese Stücke mit den Kalkstalaktiten noch Ähnlichkeit, daß parallele, schwach gezeichnete graue Streifen eine periodische Ablagerung des kohlensauren Kalkes bezeichnen.

[1]) so im Original. [2]) ebenfalls so im Original.

Im Glühfeuer verliert dieser Kalksinter seine graue Farbe und brennt sich vollkommen weiß, ohne dabei seine krystallinische Structur einzubüßen. Hieraus erhellet, daß die graue Farbe desselben von organischen Stoffen herrührt und daß kein Eisenoxyd in der Mischung desselben enthalten ist. Der gebrannte Kalk löscht sich mit Wasser und liefert dabei Kalkwasser.

In diluirter Salpetersäure löst sich der Sinter unter ständiger Entwicklung von kohlensaurem Gas auf, und die geringe Trübung der Flüssigkeit zeigt noch einen unbedeutenden und zwar zufälligen Gehalt von Kieselerde an, in der Form von Thon vielleicht.

Die Auflösung des Sinters verhielt sich als eine Kalksolution, in welcher nur eine sehr kleine Menge von Schwefelsäure, die wohl noch nicht Ein Procent des Ganzen betragen dürfte, aufgefunden wurde.

Dieser Prüfung zufolge besteht der Kalksinter dem Wesentlichen nach in:

Kohlensaurem Kalk,

welchem nur sehr kleine Mengen von schwefelsaurem Kalk oder Gyps, von organischer, die graue Farbe des Sinters bewirkender Substanz und von erdigen Theilen, welche aber nur mechanisch anhängen, beigemischt sind.

H. Wackenroder

Jena, d. 17. Febr. 32.

Hochzuverehrender Herr Geheime Rath!

Ew: Excellenz erlaube ich mir in der Beylage die zwar kurze, aber, wie ich hoffe, dem Zwecke entsprechende chemische Untersuchung des Kalkniederschlages aus dem Brunnenwasser, dessen chemische Mischung genauer kennen zu lernen wünschenswerth erschienen ist, mitzutheilen. Die gestrige lange, ebenso gütige und wohlwollende, als für mich belehrende, aufmunternde und belebende Unterhaltung Ew: Excellenz mit mir forderte mich auf, andere Arbeiten zurückzuschieben und sofort die Untersuchung des Sinters vorzunehmen, um wo möglich sogleich zu einem befriedigenden Resultate in dieser Sache zu gelangen.

Die vorgenommene Analyse zeigt nun, daß der Sinter nichts anderes als reiner Kalksinter ist, dessen krystallinische Structur einen ziemlichen Reichthum des Quellwassers an kohlensaurem Kalk voraussetzt, wobei jedoch auf die Länge der Zeit, in welcher sich der Sinter erzeugte, Rücksicht zu nehmen ist. Daß das Quellwasser nicht viel Gyps enthalte, da sich sonst derselbe gleichfalls mit abgelagert haben müßte, scheint nun allerdings eine gerechtfertigte Annahme; gleichwohl könnte aber doch der Gyps vermöge seiner größern Auflöslichkeit in reinem Wasser, als welche der kohlensaure Kalk besitzt, bei der Bildung des Kalksinters mit dem abfließenden Wasser fortgeführt seyn.

Und so bliebe denn zur Entscheidung dieser Frage weiter nichts, als eine Zergliederung des Wassers selbst übrig, welcher ich mich mit vielem Vergnügen unterziehen werde, sobald eine beinahe beendigte Untersuchung des Liebensteiner Mineralwassers bis ans Ende durchgeführt worden ist. Auch ist ein kleiner Aufschub dieser Arbeit bis zur wärmern und beständigern Jahreszeit um deswillen räthlich, weil man nicht mit Zuverlässigkeit weiß, ob nicht etwa der Zufluß fremder Wasser in der jetzigen Jahreszeit die Mischung des Quellwassers mehr und weniger abändert, sodaß man zu keinem genügenden Urtheil über die Eigenthümlichkeit des Quellwassers gelangen möchte.

Sollten Ew: Excellenz demnach den Wunsch hegen, über die Bestandtheile dieses Wassers etwas Gewisses zu erfahren, so will ich mir drei bis vier Flaschen desselben Ende Aprils oder Anfangs Mays ausbitten und werde demnächst nach vollendeter Untersuchung die Resultate vorlegen.

Genehmigen Ew: Excellenz die unbegränzte Verehrung, mit welcher ich stets zu verharren die Ehre habe

Ew: Excellenz ganz gehorsamer
H. Wackenroder.

Jena, d. 17. Febr. 1832.

Berzelius und Hwasser, ein Blatt aus der Geschichte der schwedischen Naturforschung.

Von

Henrik Gustav Söderbaum.

Über die Prinzipien einer rationellen Naturforschung dürften in unserer Zeit die Meinungen nicht sonderlich geteilt sein. Möglichst objektive Beobachtung der Erscheinungen, entweder in der Form, in der sie uns in der Natur unmittelbar entgegentreten, oder durch besondere experimentelle Anordnungen zu bestimmten Zwecken modifiziert —, das wird jetzt wohl allgemein als der einzige sicher gangbare Weg zu erweiterter Naturerkenntnis angesehen. Zwar verschmäht man keineswegs, daneben in weitem Maße Theorie und Hypothese zu verwenden, aber der Wert dieser Hilfsmittel wird doch in letzter Instanz von ihrer Übereinstimmung mit wissenschaftlich bewiesenen Fakta bedingt. Diese Auffassung ist der heutigen Naturforschergeneration tatsächlich so ins Blut übergegangen, daß man sich nur mit einer gewissen Schwierigkeit vorstellen kann, daß sie jemals ernsthaft hat bestritten werden können.

Und doch braucht man nicht mehr als 75 bis 80 Jahre zurückzugehen, um Repräsentanten — und noch dazu hervorragende — einer völlig entgegengesetzten Richtung zu finden. Diese meinten die Geheimnisse der Natur durch eine im überwiegenden Maße spekulative Methode erforschen zu können, wo die Beobachtung und das Experiment eine sehr untergeordnete Rolle spielten, wenn ihnen überhaupt gestattet wurde, irgendeine Rolle zu spielen.

Ich meine natürlich die sogenannte naturphilosophische Richtung, die sich in der ersten Hälfte des 19. Jahrhunderts besonders in Deutschland, aber auch in den skandinavischen Ländern geltend machte und in naher Beziehung zu der gleichzeitigen romantischen Strömung in der Literatur stand, in Schweden durch die «Phosphoristen» oder die sogenannte neue Schule vertreten. Als typische Repräsentanten dieser Richtung können genannt werden: in Deutschland Schelling und Oken, in Dänemark Ørsted, in Norwegen Steffens, in Schweden der ältere Agardh in Lund und Israël Hwasser[1]) in Uppsala und in Finnland Hwassers Schüler und Freund Ilmoni.

Zwischen zwei so entgegengesetzten Forschungsrichtungen, wie die exakt empirische und die spekulativ naturphilosophische es sind, konnten feindliche Zusammenstöße nicht gut vermieden werden. In Schweden fallen

[1]) Professor der theoretischen und praktischen Medizin, geb. 1790, gest. 1860.

diese Konflikte vorzugsweise in die Jahre 1830–40, also etwas später als in Deutschland, und sie sind sozusagen personifiziert im Antagonismus zwischen den vornehmsten schwedischen Vertretern beider Richtungen, Berzelius auf der einen Seite und Hwasser auf der anderen.

Dieser Antagonismus kam jedoch niemals direkt in einer gewöhnlichen wissenschaftlichen Polemik zum Ausdruck. Er hat sich daher nur verhältnismäßig geringe Aufmerksamkeit zugezogen und ist auch nicht immer leicht in allen seinen Einzelheiten zu verfolgen. Man kann alle gedruckten Schriften von Berzelius durchgehen und ebenso seine handschriftlichen Aufzeichnungen und Gutachten, ja, seine ganze hinterlassene Korrespondenz, ohne irgendwo Hwassers Namen auch nur genannt zu finden. Daraus jedoch zu schließen, daß ein Konflikt zwischen ihm und Hwasser nicht bestanden habe, wäre in hohem Grade übereilt. Berzelius befolgte zuweilen die Taktik, seine Gegner totzuschweigen, und niemals hat er diese Taktik so konsequent und so ausdauernd angewandt wie inbezug auf Hwasser.

Da sind Hwassers Schriften weit ergiebigere Quellen in dieser Beziehung. Berzelius' Name kommt hier vielfach vor und zwar unter Ausdrücken, die fast immer Mißbilligung enthalten, zuweilen direkt Nichtachtung. Es mag genügen, hier beispielsweise an eine einzige Stelle zu erinnern, nämlich die, wo Berzelius als ein wissenschaftlicher Charakter «niederer Ordnung» bezeichnet wird. «Es verhält sich», fährt Hwasser fort, «mit diesen niederen wissenschaftlichen Charakteren wie mit Nikodemus und dem Wind: sie hören seine Stimme und folgen ihr, aber sie wissen nicht, von wannen er kommt und wohin er fährt.»

Man bekommt schon hieraus den Eindruck, daß der Gegensatz zwischen diesen beiden wissenschaftlichen Koryphäen zu groß und zu tiefgehend war, um jemals ausgeglichen werden zu können, und daß jedem von ihnen die Voraussetzungen fehlten, um den anderen zu verstehen und zu schätzen.

Zu den ursprünglichen Verschiedenheiten in Anlage und Naturell kam noch die Verschiedenheit des geistigen Milieus, das für einen jeden von ihnen für die grundlegenden Eindrücke bestimmend war. Zwar waren beide, Berzelius sowohl als Hwasser, schwedische Predigersöhne, und der Altersunterschied zwischen ihnen betrug nicht mehr als elf Jahre. Aber die Zeitverhältnisse waren derart, daß dieser Unterschied nichtsdestoweniger recht viel bedeutete.

Berzelius war ein Kind des gustavianischen Zeitalters und hatte seine Bildung unter der Herrschaft des französischen Geschmacks erhalten. Seine Gedankentätigkeit ist vorzugsweise auf das Nüchtern-Sachliche gerichtet, und Klarheit und logische Ordnung sind die Eigenschaften, die er in seiner Darstellung vor allem erstrebt, die außerdem eines gewissen, vielleicht etwas trockenen Humors nicht ganz entbehrt. Seinen literarischen Geschmack kann man nach den Schriftstellern beurteilen, die er mit Vorliebe zitiert, z. B. in seinem Briefwechsel. Das sind vor allem: Molière, Carl Michael Bellman[1]) und Anna Maria Lenngren.[2]) Dagegen konnte er sich niemals

[1]) «Der schwedische Anakreon» genannt. Geb. 1740, gest. 1795.

[2]) Schwedische Dichterin, für ihre feine Launigkeit berühmt. Geb. 1755, gest. 1817.

mit den Phosphoristen aussöhnen, wozu vielleicht die im phosphoristischen Lager oft bezeugte Mißachtung der Naturwissenschaften in ihrer Weise beigetragen haben kann.

Als HWASSER heranwuchs, war die gustavianische Kultur bereits zur «alten Schule» gestempelt worden und teilte das Schicksal der meisten alten Schulen, von ihren nächsten Nachfolgern hart beurteilt zu werden. Statt dessen war es die aus Deutschland importierte Romantik und die damit eng verbundene Naturphilosophie, die für das junge Geschlecht zum Gegenstand des Enthusiasmus wurde. Durch kühnen Gedankenflug wollte man nun die Rätsel der Natur lösen, und wenn man sich dabei zuweilen in die Wolken verirrte und den Kontakt mit der erdgebundenen Wirklichkeit verlor, so nahm man sich das nicht allzusehr zu Herzen. Wohl hat HWASSER zuweilen von gewissen, recht phantastischen Auswüchsen der SCHELLINGschen Naturauffassung Abstand genommen; aber das hindert ihn nicht daran, in allen seinen Werken den unverkennbaren Einfluß von SCHELLINGs Naturphilosophie erkennen zu lassen und gleich jenem durch rein abstrakte Gedankenkonstruktionen die Grundkräfte begreifen zu wollen, die alles Geschehen in der Natur hervorrufen. Zugleich ist dies von einem gewissen Hang begleitet, die auf empirischem Wege gewonnene Erkenntnis als kraß oder materialistisch zu unterschätzen.

Nur so läßt es sich erklären, daß HWASSER, obgleich selbst Arzt, sich so herabsetzend über gewisse medizinische Disziplinen ausspricht, wie er es mitunter wirklich tut. So äußert er einmal in bezug auf die Anatomie, daß diese «keine selbständige Wissenschaft ist, sondern nur ein der Physiologie untergeordnetes Forschungsgebiet, das, von ihr getrennt, zu einer nackten Zusammenstellung von Daten herabsinkt», und er mißbilligt daher aufs schärfste, daß man am Karolinischen Institut in Stockholm eine rein anatomische Professur einrichtet. Über die Physiologie wiederum äußert er ein anderes Mal in seiner stets bilderreichen Sprache, daß sie «eines der Wüstengebiete in der Welt der Gedanken» sei.

Der erste Zusammenstoß zwischen BERZELIUS und HWASSER fand jedoch nicht auf rein wissenschaftlichem Gebiet statt, sondern wurde durch eine pädagogische Organisationsfrage veranlaßt. Diese betraf die praktische Ausbildung der Ärzte im Lande und besonders die Stellung des Karolinischen Instituts in Stockholm gegenüber den medizinischen Universitätsfakultäten in Uppsala und Lund. BERZELIUS war von der Gründung des Karolinischen Instituts an Mitglied des Lehrkörpers dort gewesen. Es war daher ganz natürlich, daß er alles zu tun versuchte, was in seinen Kräften stand, um das Beste dieser Lehranstalt zu fördern. Als Mitglied der großen Unterrichtskommission des Jahres 1825 beantragte er auch die Umorganisation des Instituts in eine wirkliche medizinische Hochschule mit den gleichen Rechten wie die medizinischen Fakultäten an den Landesuniversitäten. Es gelang ihm jedoch nicht, für seine Ansichten eine Majorität innerhalb der Kommission zu gewinnen, und die Resultate seiner Anstrengungen in dieser Richtung waren bei dieser Gelegenheit recht unbedeutend.

HWASSER war zu jener Zeit Professor der praktischen Medizin an der Universität Åbo. Er schien daher ziemlich außerhalb dieser Streitfrage zu stehen. So groß war jedoch sein Pflichteifer gegenüber den Institutionen, deren Interessen er durch Berzelius' Vorschlag bedroht sah, daß er sich des aktiven Eingreifens nicht enthalten konnte. Im Jahre 1829, nachdem die Unterrichtskommission schon ihre Arbeit abgeschlossen hatte, gab er seine bekannte Streitschrift «*Über das Karolinische Institut*» heraus, die er selbst für das Beste hielt, was er je geschrieben. Er legt hier ausführlich und nicht ohne ein gewisses schwungvolles Pathos alle Gründe dar, die ihm gegen die Errichtung einer selbständigen medizinischen Hochschule in der Hauptstadt zu sprechen scheinen.

Und nicht genug damit. Als der Professor der Medizin in Uppsala, Zetterström, am Schluß desselben Jahres starb, nahm Hwasser ohne Bedenken Abschied von seiner Professur in Finnland und bewarb sich um seine Stelle, um auf schwedischem Boden besser eine Maßnahme bekämpfen zu können, die ihm durch ihre Folgen nicht nur für die Universität Uppsala, sondern auch für die ganze schwedische Kultur verhängnisvoll zu sein schien. Daß er auf diese Weise aus rein ideellen Beweggründen einem sicheren Einkommen entsagte, während es noch unsicher war, ob er statt dessen einen anderen Broterwerb finden würde, ist vielleicht mehr als irgend etwas anderes für Hwassers in jeder Hinsicht ideal veranlagte Persönlichkeit bezeichnend.

Aber, wie es sich zeigte, hatte er diesmal Glück. Er bekam wirklich den Lehrstuhl nach Zetterström und konnte von dort aus mit vermehrter Kraft den Kampf gegen das Institut und «den Fürsten des Chemismus», wie er etwas ironisch Berzelius zu bezeichnen pflegte, fortsetzen. Es dauerte jedoch recht lange, bis Berzelius auf Hwassers Angriffe antwortete; seine eigentliche Antwort liegt im Protokoll des Gesundheitskollegiums vom 6. März 1837 vor, im Zusammenhang mit dem Gutachten des Kollegiums betreffs einer vorgeschlagenen neuen Instruktion für das Karolinische Institut. Er nimmt hier Hwassers Argument Punkt für Punkt zur Entgegnung auf; doch immer ohne seinen Namen zu nennen oder sonst auf irgendeine Weise merken zu lassen, daß eine Persönlichkeit wie Hwasser überhaupt existierte.

Es kann aber natürlich nicht meine Absicht sein, hier auf den, wenigstens in Schweden, allbekannten Konflikt zwischen dem Institut und den Universitätsfakultäten näher einzugehen, einen Konflikt, der übrigens beide, Berzelius und Hwasser, lange überlebte, und in dem der Einsatz dieser beiden Männer nur eine einzelne Episode bildete, wenn auch eine recht bedeutende.

Statt dessen will ich in Kürze über eine Meinungsverschiedenheit der beiden in einer rein wissenschaftlichen Frage zu berichten suchen. Diese Meinungsverschiedenheit ist nämlich in hohem Maße geeignet, ihre ungleiche Art in der Behandlung wissenschaftlicher Probleme zu charakterisieren und beleuchtet zugleich besonders scharf den Gegensatz zwischen den beiden Forschungsrichtungen, die damals noch miteinander um die Herrschaft kämpften.

Die betreffende Phase im Berzelius-Hwasserschen Antagonismus begann im Jahre 1834. Sie ist bis jetzt so gut wie völlig unbeachtet geblieben; jedenfalls wird sie mit keinem Wort in irgendeiner der vorhandenen BERZELIUS-Biographien erwähnt, was augenscheinlich darauf beruht, daß BERZELIUS' Einsatz hierbei in einem anonymen Artikel in einer kleinen Provinzzeitung besteht. Sonst pflegte er stets auch kürzere Aufsätze entweder mit seinem vollen Namen oder mit der durchsichtigen Signatur Bz zu unterzeichnen. Aber diesmal hat er aus irgendwelchem Anlaß es vorgezogen, ihn überhaupt nicht zu unterzeichnen. Die Anonymität ist jedoch nun aufgedeckt worden. Beim Durchgehen seines weitläufigen Briefwechsels mit Exzellenz TROLLE-WACHTMEISTER ist nämlich ein Brief aus demselben Jahr gefunden worden, in dem er ausdrücklich sich selbst als Verfasser jenes Artikels bezeichnet.

Es galt eine damals hochaktuelle Frage, nämlich ob die Cholera als ansteckend anzusehen sei oder nicht. Uns mag es seltsam erscheinen, daß eine solche Frage überhaupt zum Gegenstand einer Debatte gemacht werden konnte; aber zu jener Zeit war faktisch die gelehrte Welt, gerade in bezug auf diese Frage, in zwei scharf getrennte Lager geschieden, die Kontagionisten und die Non-Kontagionisten, die einander eifrig bekämpften.

Je mehr man immer vollständigere Nachrichten über die Verbreitung der Epidemie von Land zu Land und von Erdteil zu Erdteil erhielt, desto mehr wurde BERZELIUS seinerseits davon überzeugt, daß man es hier mit einem materiellen Ansteckungsstoff zu tun habe, der – mittelbar oder unmittelbar – von einem Individuum zum anderen übergeführt werden konnte. HWASSER dagegen, der von Anfang an ein entschiedener Non-Kontagionist gewesen war, bestritt nach wie vor beharrlich die Ansteckungsfähigkeit der Cholera.

Was uns hier in erster Linie interessiert, ist, uns darüber klar zu werden, wie HWASSER und seine Gesinnungsgenossen diese, unserer Auffassung nach recht sonderbare Ansicht motivierten. Hierüber erhält man in HWASSERS eigenen Schriften ausführliche Auskunft.

HWASSER erwähnt gern und zu wiederholten Malen den bekannten englischen Arzt und Schriftsteller SYDENHAM als seinen Lehrmeister. Er hat auch eine ausführliche Monographie geschrieben unter dem Titel: «*Sydenham, ein Beitrag zur Kulturgeschichte der Medizin*». Nach SYDENHAMS Epidemiologie hatten die Epidemien ihren Ursprung in der sogenannten tellurischen Luftkonstitution, oder, wie man sich auch ausdrückte, im «dynamischen Übergewicht des Tellurismus innerhalb des Spannungsverhältnisses zwischen den Einflüssen der Sonne und der Erde, das die Atmosphäre durchdringt». Diese eigenartige Beschaffenheit der Luft, von der man meinte, daß sie besonders die «herrschenden Konstitutionen der Fieber» hervorrief, beruhte nach SYDENHAM ihrerseits auf uns verborgenen und unerklärlichen Prozessen im Innern der Erde, *ab occulta et inexplicabili quadam alteratione in ipsis terrae visceribus*, wodurch die Atmosphäre mit krankheitserzeugenden Effluvien und Miasmen vermengt würde.

HWASSER schloß sich der SYDENHAMschen Theorie an, fand sie aber in gewisser Hinsicht einseitig und unvollständig, weshalb er seinerseits noch eine Krankheitsursache hinzufügte, nämlich eine von den erkrankenden Volksmassen selbst ausgehende pathogenetische Kraft, oder, wie es an einer anderen Stelle heißt, eine ihnen innewohnende «degenerative Diathese», die mit der allgemeinen Sittenverderbnis in nahem Zusammenhang steht. Diese Theorie Hwassers steht sichtlich in engster Beziehung mit seiner Auffassung von der Krankheit als einem Selbstzerstörungsakt des Individuums und mit dem stark betonten ethischen Moment in seiner ganzen Weltanschauung.

Was außerdem dazu beitrug, den Gegensatz zwischen den beiden verschiedenen Theorien über die Art der Entstehung und Verbreitung der Cholera zuzuspitzen, das waren die wichtigen praktischen Konsequenzen derselben, vor allem in prophylaktischer Beziehung. Die Kontagionisten mußten natürlich eine so weit als möglich effektive Isolierung der Kranken anstreben, um dadurch die weitere Verbreitung des Ansteckungsstoffes zu verhindern. Vor der kosmisch-ethischen Epidemiologie, die von Hwasser und den übrigen Non-Kontagionisten verfochten wurde, mußte dagegen jeder Versuch, durch Isolierung der Verbreitung der Seuche vorzubeugen, vollkommen sinnlos erscheinen, da ja auch die rigorosesten Maßnahmen in dieser Hinsicht niemals die das ganze Luftmeer durchdringenden Miasmen ausschließen konnten, ebensowenig wie sie die präexistierende Krankheitsanlage bei den demoralisierten Volksmassen vernichten konnten. Hwasser sprach zudem mit einer gewissen Überlegenheit vom «Aberglauben an einen Ansteckungsstoff, für dessen Vorhandensein alle positiven Beweise fehlten». Und er konnte diejenigen nicht genug tadeln, die «die nutzlosen Absperrungen und ein pedantisches Reinhaltungssystem als zuverlässige Mittel, den Gang der Seuche zu hemmen», anwandten.

Auf uns wirkt es unzweifelhaft recht sonderbar, daß ein Professor der praktischen Medizin noch 1845 gegen übertriebene Sauberkeit während einer Choleraepidemie eifert; aber jeder, der Hwassers gerade in diesem Jahr herausgegebene Monographie über Sydenham gelesen hat oder liest, kann bezeugen, daß es Tatsache ist.

Es geschah sonderbarerweise recht oft während der ersten europäischen Choleraepidemie, daß der Glaube an die Ansteckung der Krankheit abnahm oder sogar verschwand, wenn man Gelegenheit hatte, die nähere Bekanntschaft der Epidemie zu machen. Die Ursache dazu ist im Grunde nicht schwer zu verstehen. Dann traten nämlich die Nachteile des damaligen, meist übertriebenen und mißleiteten Absperrungssystems in ihrer ganzen Schärfe hervor, während man gleichzeitig gezwungen war, zu konstatieren, daß die tatsächliche Wirkung dieses Systems durchaus nicht immer den Erwartungen entsprach. Und es ist ohne weiteres ersichtlich, daß es gerade die Non-Kontagionisten, d. h. die Anhänger der spekulativen medizinischen Richtung waren, die hierdurch Wasser auf ihre Mühle bekamen.

So ging es auch in Schweden, wo die Cholera zuerst in Göteborg Ende Juli 1834 ausbrach. Trotz aller Sperrungsmaßregeln griff sie recht schnell nach Jönköping über, wo sie so heftig wütete, daß jeder siebente Einwohner gestorben sein soll. Ende August wurden die ersten sicheren Cholerafälle in Stockholm konstatiert. Dorthin kam die Ansteckung jedoch nicht über Land aus den obenerwähnten Städten, sondern aller Wahrscheinlichkeit nach auf dem Seewege durch ein englisches Schiff, das ohne genügende Quarantäne die Erlaubnis erhalten hatte, in Tegelviken unweit der Hauptstadt einzulaufen.

Berzelius nahm selbst energisch am Kampf gegen die Epidemie teil und fungiert von Ende August bis Anfang Dezember – also gerade während der allerschlimmsten Zeit – als Vorsitzender im Gesundheitsausschuß des Distrikts Adolf Fredrik, dessen Aufgabe es war, die kommunalen sanitären Anordnungen zu leiten und zu überwachen. Er unterschied sich hierdurch beachtenswert von seinen beiden Zeitgenossen und Kollegen, den Chemikern Wöhler und Mitscherlich, denn diese waren einige Jahre vorher, als die Seuche Mitteleuropa heimsuchte, Hals über Kopf aus Berlin geflohen beim bloßen Gerücht vom Nahen der Cholera.

Bei der Nachricht vom Wüten der Cholera in Stockholm und Göteborg brach an vielen Orten in der Provinz eine vollständige Panik aus. Einen lebhaften Eindruck von der herrschenden düsteren Stimmung erhält man durch einen an Berzelius gerichteten Brief seiner in Östergötland lebenden Stiefschwester Greta Ekmarck, geschrieben im September 1834. Darin werden zuerst die verschiedenen Hauskuren besprochen, die als Schutz gegen die Ansteckung empfohlen und versucht wurden. «Hier werden Anstalten getroffen», heißt es, «der schauerlichen Krankheit zu begegnen – sich solange als möglich vor ihr zu schützen durch Gebrauch von bitterem Branntwein, bitteren Wurzeln, Knoblauch usw. Auf der bloßen Brust werden Säcke mit Knoblauch, Schwefel, Kampfer und Chlorkalk getragen. In den Zimmern und an der Luft wird mit Teer, Schwefel, Salpeter, Wachholder. Wermut, Essig und dergleichen geräuchert.» Dann geht die Briefschreiberin zu Vorbereitungen von mehr makaberer Art über. «Mein Totengewand», schreibt sie, «ist in Ordnung. Der Sarg wird heute gebracht. Den Begräbnisplatz auf den Feldern haben wir ausgewählt. Das Hüttenwerk und das Gut (hiermit wird Boxholm gemeint) haben alle Anstalten getroffen, 20 Särge, Leinwand, Betten, Medikamente, Begräbnisplatz, Leichenträger, Bahren, Schaufeln, Totengräber, Krankenhäuser, Pflegerinnen, Speiseordnung.» «Ich gehe», schließt der Brief, «mit ruhiger Ergebung meinem Schicksal entgegen. Möge Gott uns in einem besseren und seligen Leben zusammenführen, wenn wir uns hier im Lande der Vergänglichkeit und der Trübsal nicht mehr wiedersehen sollten.»

Die Furcht vor der Ansteckung im Verein mit falschen Vorstellungen von der Art der Übertragung derselben führte hier und da zu völlig übertriebenen Sperrungsmaßnahmen, indem nicht nur die Städte, sondern auch einzelne Landgemeinden sich durch Wachtpostenketten zu schützen suchten, welche – wenn nötig, mit Gewalt – alle des Weges Fahrenden am Passieren hinderten. Dadurch wurde der Verkehr lahmgelegt, und die Zufuhr, besonders die von Lebensmitteln, wurde übermäßig erschwert.

Dieses mußte natürlich bei der Regierung und den gerade damals in Stockholm versammelten Vertretern der Stände ernste Besorgnis erregen. Da noch dazu kam, daß hervorragende medizinische Autoritäten des Insowohl wie des Auslandes auf theoretischer Grundlage offen die Ansteckungsfähigkeit der Cholera bestritten, so gewann begreiflicherweise bei vielen die Auffassung Eingang, daß alle Quarantänen, alle Zernierungsmaßnahmen, gleichviel welcher Art, im Grunde gänzlich nutzlos seien. Besonders ein Mitglied im Rat des Königs vertrat diese Ansicht mit großem Eifer, nämlich Gabriel Poppius, früher Präsident im Kommerzkollegium, übrigens ein intimer Freund von Berzelius und, nebenbei bemerkt, sein späterer Schwiegervater. Scharfe Meinungsäußerungen fanden in dieser Veranlassung zwischen Poppius und Berzelius statt; letzterer hielt zäh an seinem kontagionistischen Standpunkt fest und argwöhnte – vielleicht nicht ganz ohne Grund –, daß Poppius nicht so sehr aus eigener innerer Überzeugung Nonkontagionist geworden sei, als vielmehr daher, weil es der Regierung am bequemsten sei, wenn die Cholera nicht für ansteckend gehalten würde.

Das Gerücht, daß die Herren in Stockholm beabsichtigten, die Sperren aufzuheben, um, wie es hieß, dadurch die Handelsinteressen zu fördern, verbreitete sich schnell über das Land und erweckte in den noch cholerafreien Orten eine heftige Unzufriedenheit, die auf mehreren Stellen in offene Unruhen überzugehen drohte. Am aufgeregtesten scheint die Stimmung in Schonen und in Östergötland gewesen zu sein. Das ging so weit, daß der Landeshauptmann Hamilton in Linköping ernsthaft mit dem Gedanken umging, seinen Abschied einzureichen, um nicht gezwungen zu sein, bei einer in seinem Regierungsbezirk so unpopulären Maßnahme, wie die Aufhebung der Cholerasperre, mitzuwirken.

Die Frage, ob Quarantäne oder nicht Quarantäne, war noch unentschieden, als Berzelius auf die Idee kam, seine Gedanken hierüber, so wie sie sich während seiner Dispute mit Poppius geformt hatten, schriftlich zusammenzufassen. Unter dem Titel: «*Ist die Cholera ansteckend?*» ließ er den Artikel in der Linköping-Zeitung erscheinen, von wo er später in der von P. A. Wallmark herausgegebenen, allgemein verbreiteten Zeitung «Journalen» abgedruckt wurde.

Berzelius' Darstellungsart ist in diesem Artikel, wie gewöhnlich, überwiegend induktiv. Er konstatiert zuerst eine Menge unbestreitbarer Tatsachen betreffs der Wanderung der Cholera. Er legt viel Gewicht auf den bekannten Umstand, daß die Epidemie dem Laufe der schiffbaren Flüsse, dem Meeresufer von einem Hafen zum andern und auch den größeren Verkehrsstraßen zu Lande folgt. Er erinnert daran, daß sie, als sie im Dezember 1831 in Hamburg wütete, von dort durch ein Schiff nach Sunderland in Nordengland übertragen wurde. Er weist darauf hin, daß ferner ein englischer Schiffer, der Cholerakranke an Bord hatte, nach Kanada kam und in Quebec in Quarantäne ging. Hier erklärte jedoch die Quarantäneverwaltung, zu wissen, daß die Krankheit nicht ansteckend sei, und unterließ es daher, die ihr obliegenden Sicherheitsmaßnahmen zu ergreifen. Die Folge dieser Versäumnis war gewesen, daß die Epidemie sich von Quebec aus über große Gebiete von Nordamerika verbreitete und eine ungeheure Anzahl Menschenleben vernichtete usw.

Diese und ähnliche Fakta führten notgedrungen zum Schluß, daß der Stoff, der die Cholera verursacht, nicht nur die Eigenschaft haben müsse, zu wandern, sondern außerdem die spezifische Eigenschaft, gerade längs den großen allgemeinen Verkehrsstraßen zu Lande und zur See zu wandern. Fragt man dann, von welcher Art dieser Stoff denn sein könnte, so hat man, meint

Berzelius, zwischen zwei Alternativen zu wählen: entweder sind es gasförmige Effluvien aus dem Boden oder – wenn man will – aus dem Innern der Erde, die für die Gesundheit schädlich sind und daher beim Einatmen eine Art Vergiftung erzeugen, oder es ist ein, inbezug auf seine genauere Beschaffenheit noch unbekannter, wirklicher Ansteckungsstoff, der von kranken Menschen auf die gesunden übertragen wird.

Im ersten Falle jedoch ist es schwer zu verstehen, warum die vermeintlichen Effluvien nicht, gleich andern Gasen, vom Ausgangspunkt aus ungefähr gleichmäßig nach allen möglichen Richtungen hin diffundieren, sondern nur nach gewissen, und ferner, warum diese Richtungen gerade mit den großen Fahrstraßen des internationalen Verkehrs zusammenfallen müssen. «Es streitet,» sagt Berzelius, «völlig gegen alles, was Chemie und Physik von luftförmigen Körpern lehren, besonders von denen organischer Zusammensetzung, daß sie unvermengt und unzerstört vom Winde längs Flüssen und Landstraßen oder Hunderte von Meilen übers Meer von einem Hafen zum andern transportiert werden könnten.» Es bleibt also, meint er, nur die zweite Alternative übrig, daß nämlich die Cholera wirklick ansteckend sei, und daß es der Mensch selbst ist, der der eigentliche Vermittler der Krankheitsverbreitung ist.

Wie man sieht, vermeidet Berzelius sorgfältig alle vorgefaßten Meinungen; er hält sich streng an sicher bezeugte Beobachtungen, und er zieht aus ihnen nur die Schlußfolgerungen, die logisch notwendig sind, aber keine andern. Es ist ihm dadurch gelungen, sich eine so korrekte Auffassung von der Natur und der Verbreitungsart der Cholera zu bilden, wie sie überhaupt möglich war zu einer Zeit, wo die Bakteriologie noch eine ungeborene Wissenschaft war.

Aber wenn er gehofft oder erwartet hatte, durch seinen Artikel auf die sanitären Maßnahmen der Regierung einzuwirken, so irrte er sich. Auf Vorschlag des Reichstages wurden nämlich bald darauf die sogenannten Bewahrungseinrichtungen, d. h. die allgemeinen Sperren, aufgehoben, doch, wie es heißt, «mit Erlaubnis für jedermann, sich selbst zu schützen».(!) Dieser Zusatz sollte wohl eine Art Zugeständnis den Kontagionisten gegenüber bedeuten, aber er trug zu sehr den Charakter einer leeren Geste, als daß er sie hätte befriedigen können. Er wurde im Gegenteil von Berzelius «als Zeichen der Schwäche von seiten der Regierung aufgefaßt und als ein Beweis dafür, daß man nicht recht wußte, was man zu tun hatte». Was hätte auch der einzelne in einer solchen Sache ausrichten können ohne Beistand von seiten der Allgemeinheit?

Als Grund für die Aufhebung der Sperren wurde angeführt, daß, laut Aussage der medizinischen Autoritäten, die Krankheit durch die Luft verbreitet wurde. Augenscheinlich waren es also die Nonkontagionisten, die sich diesmal bei den Regierungsmächten Gehör verschafft hatten. Berzelius' und seiner Meinungsgenossen Gedankengang wurde von Hwasser abgefertigt als «einseitiger und verstockter Empirismus, der nur auf gedankenloses Sammeln von Beobachtungen und sensoriellen Perzeptionen ausgeht, die man kühn mit dem Titel Fakta ehrt».

Hwasser selbst gab einige Jahre später auch eine Schrift über die Cholera heraus unter dem Titel: «*Von der Cholera-Seuche. Pathologische Betrachtung.* Uppsala 1836–37.» Es ist eigentlich eine Serie von Dissertationen in zusammenhängender Folge, eine jede im Umfange von 16 Seiten nach der Sitte der Zeit und *pro gradu medico* von je einem Schüler Hwassers verteidigt, aber offenbar von ihm selbst verfaßt.

Er leitet hier die breit angelegte Darstellung mit einer Betrachtung über das Wesen des Krankheitsprozesses im allgemeinen ein. In Übereinstimmung mit der hippokratischen Schule unterscheidet er in jedem Krankheitsverlauf drei Hauptmomente, nämlich das protopathische, das deuteropathische und das kritische, entsprechend *cruditas*, *coctio* und *crisis* der Alten.

Das protopathische Moment wird definiert als der Zustand, der durch das Übergewicht des materiellen Substrates und seinen bestimmenden Einfluß auf den Reproduktionsprozess unmittelbar entsteht. Dieses Moment zerfällt seinerseits in zwei weitere: das degenerative oder idiopathische und das krampfartige oder sympathische. Von diesen bezeichnet das degenerative Moment «das Wachstum des Materiellen in einer die absolute Herrschaft des Lebens verneinenden und daher falschen Richtung». Das krampfartige Moment wiederum besteht in «der Verminderung oder Aufhebung der Tätigkeit, durch welche das Materielle unmittelbar besiegt, in ein Exkrement verwandelt und entleert wird».

Das deuteropathische Moment oder die *coctio* zerfällt gleichfalls in zwei Untermomente: das inflammatorische und das konvulsive. Von diesen steht das konvulsive im Gegensatz zum krampfartigen. Das inflammatorische Moment wiederum besteht in «einer krankhaften Steigerung des Respirationsfaktors im Reproduktionsprozeß».

Was endlich die *crisis* betrifft, so schildert er sie als «einen Zerstörungs- und Entleerungsakt des materiellen Substrates, der seinen Grund hat im degenerativen Moment der Krankheit; er setzt eine Spannung zwischen dem inflammatorischen und dem degenerativen Moment voraus, und sein unmittelbarer Grund besteht in einem Neutralisationsakt dieser Spannung». Die Krisis zerfällt in die vorbereitende und die entscheidende. Das «vollkommenste Exkret» der vorbereitenden Krisis ist der Eiter, «ein Produkt des Sieges der Reduktivität über die höchste und heftigste Form der Spannung». Der Stoff wiederum, der durch die entscheidende Krisis entleert wird, ist anzusehen «als die höchste Form von Exkrement, als das vollkommenste Produkt des Sieges der Reduktivität über die Materie».

Nach einer umständlichen Erörterung dieser allgemeinen pathologischen Ansichten ist der Rest der Darstellung der Aufgabe gewidmet, die verschiedenen Symptome der Cholera in alle die verschiedenen Momente und Untermomente einzuordnen. Die vorliegende Arbeit Hwassers scheint jedoch niemals beendet worden zu sein. Man vermißt z. B. vollständig – was uns vielleicht am meisten interessiert haben würde – eine Erörterung der Ätiologie der Cholera und muß, um Hwassers Auffassung in diesem Punkt kennen zu lernen, andere Quellen aufsuchen, z. B. die oben zitierte Abhandlung über Sydenham, die Abhandlung über die Ehe, die Briefe an Ilmoni usw.

Die angeführten Auszüge dürften jedenfalls ohne weitere Kommentare genügen, um eine Vorstellung zu geben von Berzelius' und Hwassers verschiedener Art, ein und dasselbe Thema zu behandeln. Sie können auch dazu dienen, den wesentlichen Unterschied hervorzuheben zwischen den beiden Forschungsrichtungen, für welche diese beiden Männer der Wissenschaft, jeder in seiner Stadt, vollwichtige Vertreter waren.

Während des Zeitpunktes, um den es sich hier handelt, scheint die spekulativ dogmatische Richtung innerhalb der Naturforschung an einigen Stellen noch eine recht große Autorität genossen zu haben. Wir haben ja gesehen, wie Hwassers Meinung in der Frage der Cholerasperre für die Handlungsweise der Staatsmächte ausschlaggebend wurde. Es dauerte jedoch nicht lange, bis die Verhältnisse sich änderten, und sie änderten sich dann recht schnell, so daß Hwasser, als er 1860 das Zeitliche segnete, nicht ohne Grund als «der letzte schwedische Naturphilosoph» bezeichnet werden konnte.

Überhaupt ist man jetzt ganz allgemein zu der Auffassung gekommen, daß der große Einfluß, den Hwasser unstreitig auf seine Mitwelt ausübte, nicht so sehr auf der Stärke seiner wissenschaftlichen Argumente beruhte, als vielmehr auf der Macht seiner Persönlichkeit und den hohen ethischen Idealen, für die er immer, auf dem Katheder sowohl als auch am Schreibtisch, als ein Ritter ohne Furcht und Tadel eintrat.

Über die tiefe Kluft in Auffassung und Anschauungsweise, die den Dogmatiker Hwasser und den Empiriker Berzelius voneinander trennte, haben die Jahre allmählich eine vermittelnde Brücke geschlagen. Und die spätere Zeit, der man in so vieler Hinsicht vorwerfen kann, zersplittert zu haben, was vorher vereint war, kann sich wenigstens darin rühmen, vereinigt zu haben, was früher zersplittert war, daß sie sowohl die Tiefe des Gedankens als auch die Schärfe der Beobachtung als unentbehrliche, zusammenwirkende und einander regulierende Hebel für das Fortschreiten der Wissenschaft anerkennt.

Über die Anfänge der deutschen Zementfabrikation.

Von

GÜNTHER BUGGE.

Die von H. BLEIBTREU im Jahre 1855 in Züllchow bei Stettin begründete Stettiner Portland-Cement-Fabrik wird häufig als die erste deutsche Zementfabrik bezeichnet[1]). Daß diese Angabe nicht zutrifft, daß ferner die Stettiner Fabrik auch nicht, wie gleichfalls behauptet worden ist[2]), die erste Portlandzementfabrik Deutschlands oder gar des Kontinents gewesen ist, hat schon FR. QUIETMEYER[3]) in seiner verdienstvollen Schrift «*Geschichte der Erfindung des Portlandzementes*» betont. BLEIBTREU hat allerdings seinerzeit die erste größere Portlandzementfabrik errichtet: aber schon vor dieser Gründung ist in Deutschland Portlandzement fabrikmäßig an anderen Orten, so 1850 von der Firma BRUNCKHORST & WESTPHALEN in Buxtehude[4]), und Romanzement noch früher hergestellt worden. Durch diese Feststellung wird selbstverständlich das Verdienst, das sich BLEIBTREU als Pionier auf dem Gebiete der Zementfabrikation erworben hat, nicht im geringsten geschmälert.

QUIETMEYER erwähnt in seinem Buch, daß Dr. GUSTAV LEUBE aus Ulm sich schon 1838 mit der Fabrikation von Romanzement beschäftigt habe, hält es aber nicht für ausgeschlossen, daß in der Kgl. Ziegelei in Joachimsthal in der Uckermark schon früher Romanzement[5]) gebrannt worden ist. G. LEUBE ist anläßlich der hundertsten Wiederkehr seines Geburtstages von seinem Enkel OTTO LEUBE[6]) der «Vater der deutschen Zementindustrie» genannt worden, und auch eine an seinem Wohnhause in Ulm (Kronengasse 5) angebrachte Gedenktafel[7]) verleiht ihm diesen Ehrentitel. Später

---

[1]) Siehe K. GOSLICH: *Einhundert Jahre Portlandzement.* Z. f. angew. Chem. 37, 265 (1924); H. NEUMANN: *Die Entstehung der deutschen Zementindustrie und ihre heutige Lage.* Diss. Tübingen 1913; HART: *100 Jahre Portland-Zement.* Das Techn. Blatt (Beil. z. Frankf. Ztg.), Nr. 18 v. 29. 8. 1924.

[2]) Z. f. angew. Chem. 18, 1169 (1905).

[3]) Berlin 1912; S. 147.

[4]) FR. QUIETMEYER: Tonindustrie-Ztg. 35, 506 (1911).

[5]) Wahrscheinlich handelt es sich hier nicht um Zement im eigentlichen Sinne, sondern um einen aus Kalk und Ziegelmehl hergestellten hydraulischen Mörtel.

[6]) Bauzeitung für Württemberg, Baden, Hessen, Elsaß-Lothringen, Bd. 5 (1908), Nr. 4, S. 166–170.

[7]) Inschrift: «Hier wohnte und wirkte von 1832–1881 Dr. Ernst Gustav Leube, Apotheker zur Krone, Begründer der deutschen Zementindustrie, geb. 23. Mai 1808, gest. 15. November 1881. – Montibus eripuit lapides. Urendo et molendo munera nova dedit urbi et orbi simul.»

hat Oberrechnungsrat WEIL, Heilbronn, LEUBES Priorität angefochten [1]) und das Verdienst, als erster in Deutschland Zement gewerbsmäßig hergestellt zu haben, für seinen Großvater JOHANN DANIEL WEIL in Blaubeuren in Anspruch genommen. Die Anfänge der deutschen Zementfabrikation sind also geschichtlich noch keineswegs aufgeklärt. Die Widersprüche und die Dürftigkeit der hierüber vorliegenden, meist auch in wenig zugänglichen Zeitschriften veröffentlichten Nachrichten lassen es erwünscht erscheinen, sich eingehender mit dieser Frage zu beschäftigen und, wenn möglich, neue Unterlagen zu ihrer Entscheidung beizubringen.

Der Ulmer Apotheker Dr. GUSTAV LEUBE [2]) hat im Jahre 1838 mit seinem Bruder Dr. WILHELM LEUBE die Firma Gebr. LEUBE in Ulm begründet, die aus dem Kalkmergel in Gerhausen bei Blaubeuren hydraulischen Kalk (Romanzement) herstellte. Der in Gerhausen gewonnene Mergel wurde [3]) nach Ehrenstein bei Ulm gebracht und dort in einem Kalkofen mit offenem Holzfeuer bis zum völligen Entweichen der Kohlensäure gebrannt. Die gebrannten Steine wurden in einem Stampfwerk zerkleinert und auf gewöhnlichen Mahlgängen fein gemahlen. Im Jahre 1841 wurde eine Siebvorrichtung erstellt, wodurch ein gleichmäßigeres Erzeugnis erzielt wurde, das bald zu zahlreichen größeren Bauten in Ulm und Umgebung Verwendung fand [4]). Später wurden bei Gerhausen mehrere Schachtöfen gebaut, die nunmehr eine rationellere Fabrikation ermöglichten. Außer der 1838 erworbenen Wasserkraft in Ehrenstein wurden im Blautal weitere Wasserkräfte bei Söflingen (mit 40 PS), Gerhausen (mit 35 PS) und Weiler (mit 30 PS) in den Dienst der Zementgewinnung gestellt. Als in Allmendingen ein zur Erzeugung von Portlandzement geeignetes Rohmaterial aufgefunden wurde, ging LEUBE 1864 auch zur Herstellung von Portlandzement über. Zu diesem Zweck wurden dort neben den schon 1846 erbauten Schachtöfen für die Romanzementherstellung mehrere neue große Schachtöfen für das Brennen von Portlandzement errichtet.

Das genaue Gründungsdatum der Firma Gebr. LEUBE festzustellen, ist leider noch nicht gelungen; sowohl eine Anfrage bei dem Schultheißenamt in Gerhausen wie Nachforschungen im Ulmer Handelsregister waren erfolglos. Die Durchsicht der sorgfältig geführten, teilweise aber schwierig zu entziffernden Tagebücher GUSTAV LEUBES [5]) ergab zwar auch kein sicheres Resultat, wohl aber einen gewissen Anhaltspunkt für die Datierung. Am

---

[1]) Industrie, Technik u. Handwerk, Beilage zum Stuttgarter Neuen Tagblatt, Nr. 11 vom 11. 11. 1922.

[2]) Veröffentlichungen über GUSTAV LEUBE sen.: VEESENMEYER: Jahreshefte des Vereins f. vaterländische Naturkunde in Württemberg, Jahrg. 1883, S. 36–47; OTTO LEUBE: Bauzeitung für Württemberg, Baden, Hessen, Elsaß-Lothringen, Bd. 5 (1808), Nr. 21, S. 166 bis 170; vgl. auch: *100 Jahre Ulmsche Gewerbegeschichte* 1826–1926 (Ulm 1926), S. 54–56.

[3]) Nach dankenswerten privaten Aufzeichnungen von Kommerzienrat PAUL WIGAND, Blaubeuren.

[4]) Die Firma Gebr. LEUBE hat über die Eigenschaften und Verwendungsmöglichkeiten ihrer Erzeugnisse in den Jahren 1880 u. 1881 zwei kleine Schriften veröffentlicht.

[5]) Freundl. zur Verfügung gestellt von Herrn OTTO LEUBE, Ulm, durch Vermittlung von Herrn H. GIES, Konstanz. – Die Tagebücher enthalten mancherlei technologisch interessante Notizen, u. a. zahlreiche Angaben über eine von LEUBE mitbegründete Zuckerfabrik in Ulm.

6. März 1838 schreibt LEUBE: «... Ich fuhr morgens $5^1/_2$ Uhr mit Julius über Ehrenstein, dort Wasserkraft angesehen, und Arnegg nach Pappelau, dorten angekauften Anteil Acker ... eingesehen und graben lassen, ob rechte Steinmasse vorhanden sei, was sich richtig so verhielt, darauf Kreideablagerung eingesehen ... Ferner Kontrakte abgeschlossen wegen der Steine ...» Eine weitere Eintragung vom 26. April 1838 berichtet von einem Ausflug nach Blaubeuren, wo eifrig «mineralisiert» wurde; hier wird auch der Besuch des «Oefele», der Stelle, wo sich der geeignete Mergel vorfand, erwähnt. Am 20. Mai 1838 heißt es: «Julius war mit Berlinger in Ehrenstein und hat auf seinen Namen die Wasserkraft dorten von Zimmermann Berlinger überschreiben lassen zu f. 800.– Wilhelm und ich bezahlten jeder f. 400.–.» Am 23. Mai 1838 schreibt er: «... Auch fing ich an Versuche zu machen mit hydraulischem Kalk, $26^1/_4$ % Thon enthaltendem Kalk vom Oefele, Gerhausen ... glänzend ausgefallen die Versuche ...» Am 2. Juli 1838 ist er laut Eintrag wieder in Ehrenstein gewesen und hat sich «dorten den Kgl. Steinbruch angesehen». Im November des Jahres 1838 beruft er den Mechaniker HONEGGER aus Zürich nach Ehrenstein, wo nun ein Stampfwerk errichtet wird. Am 23. März 1839 wird der «Platz besehen, wo der Kalkbrennofen gebaut werden soll», am 24. Juni 1839 wird in Ehrenstein «das Dach der Mühle aufgerichtet», am 5. Juli 1839 zeigt er «Vater unser Etablissement», am 22. August 1839 besichtigt er den Ofen und läßt ihn «austragen» («es war teils gute, teils ungebrannte Masse da»), am 17. September 1839 zeigt er auf einer Apothekerversammlung in Stuttgart seinen «Cement», am 14. Oktober 1839 nimmt er sich vor, «wegen des Siebens eine andere Vorkehrung treffen zu lassen», am 8. November 1839 hat er «am Münster die Ausbesserungen mit hydraulischem Kalk gesehen»; am gleichen Tag berichtet er weiter: «Mein hydraulischer Kalk, den ich in hiesigen Lokalblättern noch bekannt machte, findet ... ziemlichen Absatz, ich selbst mache eine Menge Versuche, anwelche alle sehr erfreulich ausfallen, vor meiner Apotheke wird ... ein kleines Trottoir ... gemacht ... nachdem ein guter Grund gemacht war, $1^1/_2$'' dicke Schichte von 1 Simri hydraulischem Kalk und 2 Simri Kies; nach ganz kurzer Zeit erhärtete das Ganze und ohne Zweifel wird die Anwendung ... allgemein in der Stadt werden ...»

Über die weitere Entwicklung des LEUBEschen Unternehmens ist in der schon zitierten Arbeit von OTTO LEUBE Näheres nachzulesen. Aus den oben mitgeteilten Daten läßt sich jedenfalls entnehmen, daß zwar die Gründung des Unternehmens und die Vorarbeiten für die Inbetriebsetzung in das Jahr 1838 gefallen sein dürften, daß aber von der eigentlichen Zementherstellung erst von 1839 ab die Rede sein kann.

LEUBE hat 1839 eine *Geognostische Beschreibung der Umgegend von Ulm* (J. EBNERsche Buchhandlung) veröffentlicht, in der er – in dem Abschnitt über den grauen Kalkmergel (S. 31 ff.) – folgende Angaben macht: «Nachdem ich die Analyse des Kalkmergels von Gerhausen beendigt hatte, schloß ich aus dem Ergebnisse derselben, daß er sich zu einem hydraulischen Kalk eignen müsse, und in der That, meine Vermutung hat sich in von mir im Kleinen angestellten Versuchen auf eine sehr entschiedene Weise bestätigt ...

Später haben Versuche im Großen, welche Werkmeister Weil in Blaubeuren auf meine Veranlassung, und die Anwendung, die ich selbst in meinem eigenen Hause von ihm machte, ebenfalls so vollkommen befriedigende Ergebnisse gewährt, daß die künftige technische Benützung dieses hydraulischen Kalks entschieden gesichert ist.» In der 1843 erschienenen Schrift von Wilhelm und Gustav Leube «*Untersuchungen über das mineralische Material der Umgegend von Ulm in Betreff seiner Verwendbarkeit für Bauzwecke und insbesondere seiner Bedeutung für den Festungsbau*» geben die Brüder Leube eine interessante Geschichte der Brüche von Gerhausen; sie machen es wahrscheinlich, daß der dort vorkommende Mergel schon im Altertum gebrochen und gebrannt wurde, und daß die Römer ihn gekannt und für Straßenbauzwecke verwendet haben. «Die weitere Geschichte der Brüche ist ganz neu. Vor etwa vier Jahren gab eine von uns gemachte Analyse des Mergels vom Oefele Anlaß zur Erkenntnis seiner Natur und ausgezeichneten Tauglichkeit für die Bereitung von hydraulischem Kalke. Seitdem haben wir, desgleichen zwei Unternehmer von Blaubeuren, die Äcker, welche ihn enthalten, angekauft, und wir in Ehrenstein ein größeres Fabrikgeschäft mit mehreren Öfen und einem eigenen Wasserwerke zur Bereitung von hydraulischem Kalke aus ihm etabliert, und bereits sind mehrere tausend Zentner desselben verwendet worden.»

Diese Angaben aus den beiden Leube'schen Schriften stehen mit der oben gegebenen Datierung des Beginnes der Zementfabrikation Leubes im Einklang. Sie gewinnen dadurch an Interesse, daß hier der Name des Werkmeisters Johann Daniel Weil auftaucht, dem nach Veröffentlichungen von W. Weil[1]) der Ruhm gebühren soll, vor Leube in der Gegend von Blaubeuren Zement hergestellt zu haben. Für die Richtigkeit dieser Behauptung lassen sich folgende, dokumentarisch belegbare Daten anführen:

1834 wurde Weil, wie er in einer späteren Eingabe an den König von Württemberg (vom 24. Februar 1843) schreibt, «auf den Gedanken geleitet, mit dem schwarzen Kalk, wie er sich bei Jebenhausen vorfindet, und später mit dem Basalt und Traß Versuche zur Gewinnung eines neuen Bindungsmittels anzustellen». Später machte er dann «mit den in der Blaubeurer Gegend brechenden Kalkfelsarten verschiedene, aber immer vergebliche Versuche», bis er schließlich auf den auf der Beininger Höhe brechenden Kalkmergel geführt wurde, dessen äußere Merkmale ihm nach allem, was er «bis dahin teils aus Büchern, teils aus Erfahrung gelernt hatte, das passendste Material darzubieten schienen». Von den ersten sieben Bränden, die er in einem selbstgebauten Ofen mit diesem Material anstellte, mißraten vier, schließlich gelingt es ihm, einen hydraulischen Kalk

[1]) *Wer ist der Begründer der deutschen Zementindustrie?* (Industrie, Technik, Handwerk, Techn. Beilage z. Stuttgarter Neuen Tagblatt, Nr. 11 v. 11. 11. 1922); ferner: *Johann Daniel Weil, Werkmeister u. Zementfabrikant in Blaubeuren. Ein Beitrag z. Entstehungsgeschichte d. Zementfabrikation in Württemberg.* (Für Bauplatz u. Werkstatt, Beiblatt (Stuttgart), 8. Jahrg., Nr. 9, Sept. 1913; Nr. 10, Okt. 1913); außerdem wurde mir das von Nachkommen (Oberrechnungsrat Wilhelm Weil, Heilbronn, dessen Bruder, Stadtbaumeister Weil, in Ulm, und dessen Vetter, Bürgermeister Dr. Sigloch in Stuttgart gesammelte Material über deren Großvater J. D. Weil, darunter Abschriften aus den Akten des Ministeriums des Innern in Stuttgart, freundlichst zur Verfügung gestellt.

herzustellen, der allen Anforderungen entspricht. Am 10. Dezember 1838 schickt er Proben des Rohmaterials und des Zements an den Vorstand der Stuttgarter Gewerbeschule, Baurat FISCHER, am 28. Dezember desselben Jahres gehen Proben an den Stuttgarter Ausschuß der Gesellschaft für Beförderung der Gewerbe, am 20. Januar 1839 wird der WEIL'sche Zement öffentlich in Zeitungen angekündigt.[1])

WEILS Gesuch, in dem er den König um eine Unterstützung bat, die ihm den Bau einer mit Wasserkraft betriebenen Mühle ermöglichen sollte, wurde nach der Begutachtung durch den Kreisbaurat v. BÜHLER (vom 13. Februar 1844) abschlägig beschieden. Baurat v. BÜHLER äußert sich über WEIL folgendermaßen: «Obwohl ich denselben als einen soliden und tätigen Mann schildern hörte, dem vieles Verdienst in Auffindung des nützlichen Bindungsmittels beigemessen wird, und der die ersten Versuche zur Auffindung desselben auf eigene Kosten machte, so wird es doch nicht mehr im Interesse der Staatsverwaltung liegen, dessen Unternehmen weiter zu unterstützen, nachdem andere inzwischen aufgetretene Konkurrenten die Zubereitung des hydraulischen Kalks in jener Gegend im Großen betreiben, und dem diesfälligen Bedürfnis genügend entsprochen ist.»

Also auch dieses amtliche Schriftstück, das zugleich ein bezeichnender Beitrag zum Kapitel «Erfinderschicksal» ist, bestätigt – wenn auch mit etwas gewundenen Ausdrücken – einwandfrei die Priorität WEILS gegenüber LEUBE. Übrigens hat OTTO LEUBE später[2]) – unter Bezugnahme auf die Veröffentlichung von W. WEIL – zugegeben, daß JOH. DAN. WEIL v o r GUSTAV LEUBE Zement gebrannt hat; nach wie vor glaubt er allerdings G. LEUBE als den Begründer der deutschen Zementindustrie bezeichnen zu dürfen, weil er industriell erfolgreicher war als sein Konkurrent WEIL. Eine objektive Geschichtsschreibung der Technik wird sich dieser Auffassung nicht ganz anschließen können und auf Grund des bis jetzt vorliegenden Materials in der Kontroverse LEUBE-WEIL zu dem Ergebnis kommen, daß JOH. DAN. WEIL kurze Zeit vor G. LEUBE die Verwendbarkeit des in der Gegend von Blaubeuren vorkommenden Kalkmergels zur Zementfabrikation erkannt und auch kurze Zeit vor ihm – 1838 – Zement fabrikmäßig hergestellt hat. Ob – wie es eine mündliche Überlieferung in der Familie WEIL wissen will[3]) – LEUBE durch eine von WEIL ihm zur Analyse eingesandte Probe des hydraulischen Kalks auf den Gedanken gebracht wurde, selber in Blaubeuren die Zementfabrikation aufzunehmen, oder ob – wie G. LEUBE behauptet[4]) – WEIL erst durch LEUBE zur Vornahme größerer Versuche veranlaßt worden ist, soll hier nicht näher untersucht werden. Es ist an sich wohl denkbar, daß sowohl WEIL – durch seinen Beruf und durch seine für einen Maurermeister ungewöhnlichen theoretischen Interessen und Kenntnisse – wie auch LEUBE – als vielseitig interessierter Chemiker und Mineraloge – aus eigener Initiative

[1]) Vgl. Der Blaumann, Amtsblatt f. d. Bezirk Blaubeuren, Nr. 7 v. 12. 2. 1839 und Nr. 47 v. 21. 4. 1885.

[2]) Schwäbischer Merkur, Nr. 44 v. 22. 2. 1923.

[3]) Privatmitteilung von W. WEIL.

[4]) *Geognostische Beschreibung* usw., S. 31.

auf das Problem der Zementfabrikation gekommen sind, und daß die parallel gerichteten Bemühungen der beiden sich erst kurz vor dem Ziel gekreuzt haben, wobei dem einen die handwerksmäßige Praxis, dem anderen die wissenschaftliche Schulung zugute kamen.

Mit der Entscheidung dieses Prioritätsstreites ist aber die Frage, wer zuerst in Deutschland Zement hergestellt hat, noch nicht gelöst. In der zuletzt angeführten Veröffentlichung von O. Leube findet sich die kurze Angabe, daß ein gewisser Geyssel in Tuttlingen schon vor 1838 Zement hergestellt habe. Eine Anfrage beim Tuttlinger Archiv brachte keine Aufklärung. Es ließ sich zwar in Tuttlingen ein Nachkomme dieses Zementfabrikanten, der Kaufmann Friedrich Jakob Geyssel, ermitteln, dem die Tatsache bekannt ist, daß sein 1796 geborener Großvater Zement fabriziert hat; nähere Daten ließen sich aber bis jetzt nicht beibringen.

Unter den deutschen Forschern, die sich zu Anfang des 19. Jahrhunderts mit der Aufklärung der Natur des Zements befaßt haben, sind vor allem Johann Nepomuk von Fuchs [1]) (1774 – 1856) und Johann Friedrich John [2]) (1782 – 1847) zu nennen. Ihre Schriften, besonders eine Abhandlung des ersteren «*Über Kalk und Mörtel*» [3]), haben seinerzeit in allen Kreisen, die sich für das Zementproblem interessierten, berechtigtes Aufsehen erregt und Wissenschaft und Technik neue Anregungen gegeben.[4]) Die an diese Arbeiten unmittelbar anknüpfende Literatur ergibt wichtige Fingerzeige für die Erforschung der frühesten deutschen Zementgeschichte und verdient deshalb der Vergangenheit entrissen zu werden. In Bayern war es vor allem der am 16. November 1854 in München als Oberbaurat gestorbene Ingenieur Friedrich Panzer [5]), der, den Anregungen von Fuchs folgend, an das Aufsuchen des Rohstoffes für die Zementherstellung, an die Fabrikation des hydraulischen Kalks und an seine bautechnische Anwendung heranging. Er hat 1832, in einer Zuschrift an die Redaktion des Kunst- und Gewerbeblattes [6]), über die Ergebnisse der Verwendung von Zement bei 25 Bauten im Untermainkreise unter Mitteilung von Zeugnissen und Gutachten berichtet. Panzer entdeckte u. a. bei Bamberg mehrere Mergellager, die sich zur Herstellung von Zement eigneten; den besten Kalk fand er auf den

[1]) Biographisches: Quietmeyer, *Zur Geschichte der Erfindung des Portlandzementes*, S. 175 – 178; vgl. ferner Nekrolog von C. G. Kaiser in dem Werke: *Gesammelte Schriften des Joh. Nep. v. Fuchs* (München 1856).

[2]) Vgl. Quietmeyer, *Dr. med. Johann Friedrich John* (Zement 14 [1925], S. 710 – 712) und Neumann, *Dr. med. Johann Friedrich John im Urteil seiner Zeitgenossen* (Zement 14 [1925], S. 878 – 880).

[3]) Erschienen 1829 in Erdmanns Journal f. technische u. ökonomische Chemie, Bd. 6, S. 1 – 26 u. 132 – 162.

[4]) Sowohl Weil wie Leube kannten nachweislich die grundlegenden Arbeiten von Fuchs.

[5]) Schriften: «*Anleitung über die Bereitung des Mörtels aus hydraulischem Kalke in Beziehung auf die Auffindung des vorzüglich hiezu sich eignenden Mergels* usw., bei Jos. Lindauer in München, 2. Auflage 1823» und: «*Über das Vorkommen des hydraulischen Kalkes in der Keuperformation, über die Dauerhaftigkeit, absolute und rückwirkende Festigkeit desselben und der Steine, als Beitrag zu dem Bau des Kanales zur Verbindung der Donau mit dem Main*». Mit zwei Steintafeln gr. 8°, München 1836 bei Jos. Lindauer.

[6]) *Den hydraulischen Kalk betreffend*: Kunst- und Gewerbeblatt, 18. Jahrg. (10. Bd.), München 1832, S. 111 – 144.

Höhen zwischen dem Regnitz- und Aurachtal. Auf seine Veranlassung wurde im Werkstadel der Bamberger Bauinspektion eine Mühle mit Tretscheibe eingerichtet, die er in seiner Schrift «*Über das Vorkommen des hydraulischen Kalkes*» (S. 13 ff.) eingehend beschreibt. Da Panzer in seiner Eigenschaft als Königlicher Baubeamter den unter seiner Anleitung hergestellten Zement nicht gut vertreiben konnte, wurde auf seinen Antrag ein Privatmann, Karl Zelger in Bamberg, mit der Fabrikation und dem Vertrieb des Zements betraut. Am 13. Februar 1834 hat Zelger im «Korrespondenten von und für Deutschland» die Übernahme dieses Geschäftes mit folgenden einleitenden Worten angezeigt: «Da der hydraulische Kalk bisher mit dem besten Erfolge angewendet worden ist, so habe ich die durch die Königliche Bauinspektion hergestellte Maschinerie übernommen und bin dadurch in den Stand gesetzt, dieses überaus nützliche Material um billigen Preis abzugeben ... Der hydraulische Kalk wird sowohl im Wasser als auch in freyer Luft steinhart und übertrifft den gewöhnlichen Kalk an Kohärenz uud Bindekraft in hohem Grade; in dieser Beziehung kommt er dem Traß von Andernach, dem römischen Mörtel der Alten und dem Cäment, welchen die Engländer gebrauchen, vollkommen gleich.» Das Königliche Kreisbaubureau in Bayreuth nahm diese Ankündigung am 27. Februar 1834 in das «Kreis-Intelligenzblatt» auf und fügte noch eine Empfehlung hinzu, in der sie betonte: «Es wäre sehr zu wünschen, daß der in diesem Kreise gewonnene und nach der Anweisung des Königlichen Bezirksingenieurs Panzer in Bamberg bereitete vortreffliche hydraulische Kalk viele Abnehmer finden möge und dadurch die Veranlassung gegeben werde, die Bereitung dieses Materiales ins Große zu treiben, die wiewohl gegenwärtig nicht bedeutende Kosten desselben noch mehr zu verringern und auf solche Weise gemeinnütziger zu machen». Gleichzeitig wurde, um den Transport des hydraulischen Kalkes in die oberen Gegenden des Kreises zu erleichtern, auch die Errichtung einer Niederlage des Materiales in Bayreuth angekündigt.

Aus den Zeugnissen über die Brauchbarkeit des hydraulischen Kalkes, die Panzer im Kunst- und Gewerbeblatt veröffentlichte [1]), sind noch einige weitere Angaben bemerkenswert. Schon im Anfange des Jahres 1830 konnte Panzer in einer Sitzung der Würzburger philosophisch-medizinischen Gesellschaft kleine Proben seines «wunderbaren Bindemittels» vorzeigen. Am 23. Juli 1830 ist eine Lieferung von Zement (an den Gutspächter J. A. Schlier in Würzburg) belegbar. Mehrere Privatpersonen wurden durch die guten Erfahrungen, die sie mit dem neuen Baustoff machten, angeregt, selbst die Fabrikation aus geeignetem Rohmaterial aufzunehmen, so der Ziegler Georg Adam Burkarth in Marktsteinach, der im eigenen Kalkofen Zement aus den in dieser Gegend vorkommenden «Steinen» brannte. Panzer rügt übrigens, daß der neue Baustoff zu teuer verkauft und daß insbesondere beim Mahlen des gebrannten Materials, das meist in Gipsmühlen geschah, «verwerflicher Wucher getrieben» werde. Er hat, um diesem Wucher vorzubeugen, «den Müller Kaspar Schubert zu Würzburg im July 1831 zu einer Fixierung des Preises zu 9 kr. per Malter hydraulischen Kalk zu mahlen

[1]) l. c.

und zu einer desfallsigen öffentlichen Bekanntmachung veranlaßt, welche man in dem Intelligenzblatte des Untermainkreises vom Jahre 1831, Stück 76, Seite 1279 findet, so zwar, daß das Malter Kalkpulver, alle Kosten inbegriffen, nur auf 33 kr. zu stehen kommt, ein Preis, wobey sowohl die Kalkbrenner als auch die Müller gut bestehen können».

MARTIN BALD. KITTEL, Rektor der Kgl. Bayerischen Landwirtschafts- und Gewerbeschule in Aschaffenburg, hat 1836 als Anhang zum Jahresbericht dieser Schule für 1835/36 eine Schrift[1]) veröffentlicht, die ebenfalls geschichtlich verwertbare Hinweise auf die Zementfabrikation zu Anfang der 30er Jahre des 19. Jahrhunderts enthält. KITTEL erwähnt (S. 4), FUCHS habe «für Bayern und insbesondere für den Isar-, Ober- und Unterdonaukreis das Nöthigste gethan, und schon seit fünf Jahren wird natürlicher Cäment-Kalk in hydraulischen oder Wassermörtel verwandelt, in diesen Kreisen zu allen Wasserbauten, so wie zu Bewürfen, welche der Feuchtigkeit des Bodens und dem zerstörenden Ungestüm der Wetter-Seite trotzen sollen, angewandt. Für den Unter- und Ober-Mainkreis hat, durch die von FUCHS herausgegebene Anleitung selbst belehrt, sich der Kgl. Ingenieur F. PANZER, in Aufsuchung, Behandlung und Verwendung des in Franken nicht seltenen hydraulischen Kalks ein bleibendes Verdienst erworben.» Weiter heißt es (S. 4): «Ganz in der Nähe hiesiger Stadt, zu Hanau, wird von der KOCHschen Cämentfabrik aus Mergel ein Cäment bereitet und damit ein ansehnlicher Handel, selbst auch nach Bayern getrieben, während dieses doch alle Welt damit versehen könnte.» Dann beschreibt KITTEL zahlreiche Fundorte von Zementkalk im Bereich des vormaligen Fürstentums Aschaffenburg und des Spessarts und gibt nähere Anweisungen für die Verarbeitung dieses Materials zu Zement und dessen Verwendung zu Bauten aller Art.

Die von KITTEL angeführte Hanauer Zementfabrik wird auch in einer 1844 erschienenen Arbeit von ENGELHARD[2]) «*Über den Casseler Zement*» erwähnt. Ein mir von Dr. M. W. NEUFELD freundlichst zur Verfügung gestellter Auszug aus dieser Veröffentlichung besagt, daß der «Casseler Zement» schon seit etwa 1833 auf der Pulvermühle und Gipsmühle bei Cassel von dem Fabrikanten ERNST KOCH bereitet worden sei und seinerzeit schon weitgehende Anwendung in Deutschland gefunden habe. Als Lieferanten werden angeführt: ERNST KOCH, Pulvermühle bei Cassel, und ERNST KOCHsche Cementfabrik in Hanau.[3])

Zusammenfassend darf man also sagen, daß schon zu Beginn der 30er Jahre des 19. Jahrhunderts — also geraume Zeit vor der Aufnahme der Zementfabrikation durch WEIL und LEUBE in Blaubeuren — Zement (Romanzement) an mehreren Orten Deutschlands gewerbsmäßig hergestellt worden ist.

---

[1]) «*Der hydraulische oder Cäment-Kalk aus der Umgegend von Aschaffenburg und dessen Benützung*», Aschaffenburg 1836. Gedr. bei M. J. WAILANDT's Wittib u. Sohn.

[2]) Journ. f. d. Baukunst, Bd. 20 (1844), S. 165—188, 189—199.

[3]) Über die Geschichte dieser Fabrik und ihre vermutbaren Zusammenhänge mit jetzt noch bestehenden Firmen sind weitere Nachforschungen im Gange.

Zur Stellung von Karl Gustav Bischof (Bonn) in der Chemie des 19. Jahrhunderts.

Von

PAUL DIERGART.

Im Folgenden soll versucht werden, die chemischen Leistungen von KARL GUSTAV BISCHOF, dem ersten Chemieprofessor in Bonn, der auch als Geologe einen Namen hatte, kurz zu umgrenzen, um die Erinnerung an ihn für die Geschichtsbücher der Chemie wachzurufen, die ihn nicht oder kaum erwähnen.

Geboren wurde er am 28. Januar 1792 in Wörth bei Nürnberg. Als Achtzehnjähriger bezog er die Universität (wahrscheinlich Erlangen) im Jahre 1810, nachdem ihn sein Vater, der Schulrektor war, selbst dazu vorbereitet hatte. Nach seiner 1814 erfolgten Promotion wurde er im Alter von 23 Jahren in Erlangen 1815 als Privatdozent zugelassen, und zwar nach einer gefl. Mitteilung von Herrn Professor FERDINAND HENRICH in Erlangen vor einigen Jahren, als der erste für Chemie daselbst. 1819 wurde er in Bonn außerordentlicher und 1822, also 30jährig, ordentlicher Professor für Chemie daselbst. Dort ist er im hohen Alter von fast 79 Jahren am 29. November 1870 heimgegangen und infolge letztwilliger Verfügung in aller Stille beigesetzt worden. Eine große Gedenktafel nahe der Kapelle des berühmten Bonner alten Friedhofs zeigt die Stelle, unter der seine sterblichen Überreste ruhen.[1]) Er hat also reichlich 50 Jahre seines arbeitsreichen Lebens in Bonn zugebracht, wo er von 1819 bis 1843 im Poppelsdorfer Schloß Hörsaal und Laboratorium sowie auch seine Wohnung mit Familie inne gehabt hat.[2]) Im Winterhalbjahr 1843/44 wird als seine Wohnung ein von ihm umgebautes Gartenhaus an der Poppelsdorfer Allee 14 benannt. Daß seine geistigen Belange mit den Naturwissenschaften durchaus nicht erschöpft waren, beweist das Dantekränzchen, das er und seine Gattin zu Hause abzuhalten pflegte, und an dem sich Männer wie der große Philologe RIETSCHL und andere beteiligten. In Bonn war damals die Dantetradition besonders in Pflege.[3]) Sehr befreundet war er mit dem damaligen Bonner Berghauptmann VON DECHEN und dem dortigen Mineralogen NÖGGERATH, auch mit ERNST MORITZ ARNDT und A. W. VON SCHLEGEL ver-

---

[1]) POGGENDORFFS Biogr.-Litterar. Hdwb., Bd. III, 1898, auch Bd. I, 1863, ferner Bonner Ztg. v. 30. November, 1. und 3. Dezember 1870 (Abend), Sterbeurkunde.

[2]) Amtl. Verzeichnis des Personals und der Studierenden in Bonn (Stadtarchiv).

[3]) Bonner Ztg., 28. Juni 1921, nach dem «Romanischen Jahresbericht» 1911, XI, 4.

band ihn gute Freundschaft.[1]) So viel zur kurzen Kennzeichnung seines äußeren Lebensganges.

Als 25jähriger brachte er sein wohl erstes Buch heraus, und zwar zusammen mit seinem Fakultätskollegen AUGUST GOLDFUSS unter dem Titel «*Physikalisch-statistische Beschreibung des Fichtelgebirges*».[2]) GOLDFUSS sagt im Vorwort vom 27. September 1816 über BISCHOF, daß die Höhenmessungen und die daraus abgeleiteten Verschiedenheiten des Klimas, die Berechnung des Flächeninhalts usw., die Untersuchung der Mineralquellen, die Analyse des grünen Fossils im Bronzite, die physikalische Untersuchung der polarischen Steine, die Bestimmung der Höhen- und Längenverhältnisse des Profilrisses und besonders die Aufnahme und Zeichnung der Karte BISCHOFS Werk seien, wozu ihm seine guten mathematischen Instrumente sowie seine praktischen Kenntnisse, die er sich als ehemals verpflichteter Geometer erwarb, ersprießliche Dienste leisteten. Nur durch seine, d. i. GOLDFUSS' Ortskenntnis, durch Herbeischaffung der Hilfsmittel und durch Übernahme der Situationszeichnung, habe er (GOLDFUSS) ihm bei dieser Arbeit Hilfe geleistet. Die beiden Bändchen bringen mehr, als ihr Titel erwarten läßt, so auch alles, was mit den Bewohnern und ihrer Tätigkeit zusammenhängt, Viehzucht, Jagd, Fischerei, Bienenzucht, Sagen vom Metallreichtum des Gebirges, ehemaliger Zustand des Bergbaues (Gold, Silber, Edelgestein), über den dortigen Bergbau um 1816 (Eisen), ferner über die Fabriken (u. a. elf Hochöfen, drei Blaufeuer, 24 Frischfeuer), seit über 300 Jahren Knopf- und Patterleinhütten im Gange, das sind Glashütten im Kleinen, in denen Korallen und Hemdenknöpfe aus einer Glasmasse hergestellt werden. Die Technik wird beschrieben, Anfertigung sehr schöner Glasperlen; drei Glashütten, sechs Alaun- und Vitriolwerke mit statistisch-technischen Angaben über Verbrauch an Rohstoffen und Erzeugung. Es wird das chemische Laboratorium in Redwitz als Musteranstalt für die Darstellung aller Arten vorzüglicher pharmazeutischer Präparate im Großen gelobt, und die Leinwand-, Baumwoll- und Schafwoll-Manufakturen erfahren nähere Berücksichtigung. Auch Teil II über die besondere Gebirgsbeschreibung enthält noch mancherlei für die damalige Technik jenes Landes Wichtige. Man sieht, chemisch ist auch dieses wohl erste Buch BISCHOFS lehrreich, trotzdem man es dem Buchtitel nach kaum vermuten kann. Schon in diesem Buche führt sich der junge Erlanger Privatdozent als gründlicher und vielseitiger, zugleich hoffnungsvoller Forscher ein. ZITTEL bespricht dasselbe in seiner «*Geschichte der Geologie*»[3]) anerkennend.

Gleich nach der Berufung BISCHOFS nach Bonn tritt dieser 1819 mit seinem wesentlich die anorganischen Körper behandelnden *Lehrbuch der Stöchiometrie*[4]) als Anhang zu weil. FRIEDR. HILDEBRANDTS «*Lehrbuch der Chemie als Wissenschaft und Kunst*» hervor. Das Vorwort vom April 1819 (Bonn)

---

[1]) Mündliche Mitteilung seines mehrjährigen Assistenten, Dr. HOEDT, der später etwa 28 Jahre an der Oberrealschule zu Krefeld gelehrt und seinen Lebensabend bis zum Tode in Bonn verbracht hat.

[2]) Nürnberg 1817, zwei Teile: I. Allgemeine, II. Besondere Gebirgsbeschreibung. Die allermeisten von BISCHOFS Arbeiten befinden sich in der Bonner Universitätsbibliothek.

[3]) München 1899, S. 126. [4]) Erlangen, bei PALM 1819.

besagt u. a., daß Bischof das Hildebrandt'sche Lehrbuch nach dessen Tode vollendet hat. Er spricht auch von den Analysen des verdienstvollen Wenzel. Laut Vorrede sei es das erste Lehrbuch der Stöchiometrie aus streng mathematischem Gesichtspunkte. Der erste Abschnitt behandelt auf 212 Seiten die «Historisch-kritische Darstellung der Stöchiometrie» und ist ein Muster von Gründlichkeit und kritischem Sinn mit einer Unmenge genauer Literaturangaben. Er umfaßt den halben Band und enthält vieles zur besseren Würdigung der Chemiker jener Zeit. Im 2., 3. und 4. Abschnitt werden die Grundlehren der Stöchiometrie (der Name Stöchiometrie), chemische Analysen als Grundlagen derselben und die Berechnung stöchiometrischer Verhältniszahlen aus den genauesten Analysen dargelegt.

Gleichzeitig mit dem «*Lehrbuch der Stöchiometrie*» war Bischofs Buch über «*Die Entwicklung der Pflanzensubstanz*»[1]) im Druck, wie wir aus dem Vorwort des zuerst genannten Werkes erfahren. Gemeinsam mit dem Bonner Botaniker Chr. G. Nees von Esenbeck und dem Erlanger Mathematiker H. Aug. Rothe wird das Thema auf 232 Quartseiten physiologisch, chemisch und mathematisch erörtert, mit kombinatorischen Tafeln der möglichen Pflanzenstoffe und den Gesetzen ihrer stöchiometrischen Zusammensetzung. Während Bischof sich in der «*Stöchiometrie*» im wesentlichen mit den unorganischen Körpern auseinandersetzt, entwickelt er hier seine Meinungen über die Gesetze der organischen, aus den Elementen Sauerstoff, Wasserstoff, Kohlenstoff und Stickstoff bestehenden Körper. Die Ausführungen bieten namentlich für den Vergleich mit den Ansichten von Berzelius über die organischen Verbindungen zu jener Zeit großes Interesse. Die Form der Arbeit ist so, daß der Leser die Untersuchungen an Hand der unter den drei Verfassern gewechselten zahlreichen Briefe sich entwickeln sieht. Erheblich gefördert wurde diese Arbeit durch den um die Wissenschaft verdienten Minister Freiherrn von Stein zum Altenstein. Seite 25–60 gibt Bischof einen geschichtlichen Überblick über das, was in der Pflanzenchemie bis damals (1819) auf experimentellem Wege erreicht war. Wir erfahren die Ansichten von Watt, Cavendish, Lavoisier, John, Proust, Chevreul, Gay-Lussac, Thenard, Saussure und anderen, vor allem aber von Berzelius, Gehlen, Fourcroy, Prout, van Helmont, Boyle, Eller, du Hamel, Bonnet, Hofmann, Braconnet, Crell. Auf Seite 171 finden wir Analysenangaben der verschiedensten organischen Substanzen nach mehreren Forschern vergleichsweise nebeneinander gestellt. Seite 60 kündigt Bischof ein einfaches, von ihm erdachtes Instrument für genaue Bestimmungen des spezifischen Gewichtes organischer Körper an, worüber er später mehr mitteilen wolle. Die Arbeit ist wert festgehalten zu werden, weil sie ein wichtiger Beitrag zur Beurteilung des Standes der organischen Chemie bis April 1819 darstellt. In Hjelt's «*Geschichte der organischen Chemie*» (1916) suchte ich nach einer Würdigung G. Bischofs vergebens, das hier fehlende Sachverzeichnis erschwert die Benutzung des Werkes.

Auch seine gemeinsam mit den beiden Nees von Esenbeck und Nöggerath

---

[1]) Erlangen 1819, 232 S. Quart.

1823 verfaßte Monographie über «*Die unterirdischen Rhizomorphen, ein leuchtender Lebensprozeß*» in den Verhandlungen der Kais. Leopoldin.-Karolin. Akademie der Naturf., 110 Quartseiten [1]), enthält chemisch manches Fortschrittliche, z. B. chemische Analysen der Bergwerksluft durch BISCHOF und seine Versuche über das Verhalten der Rhizomorphen im Sauerstoff und in anderen Gasarten, sowie im luftleeren Raum, seine Prüfung der leuchtenden Pflanze auf ihre Elemente, sowie im Teil 4 weitere eigene Beobachtungen und chemische Untersuchungen. Die prächtigen Kupfertafeln enthalten Stücke und Ästchen der Rhizomorphen mit ihren leuchtenden Spitzen und eine von BISCHOF ersonnene pneumatische Vorrichtung mit Beschreibung zur Untersuchung eines Wassers und einer Luft, die sich zusammen in einer Flasche befinden, wozu der gewöhnliche pneumatische Wasserapparat nicht verwandt werden konnte.

Einige Zeit darauf kündigt BISCHOF in SCHWEIGGERS Journal 44 (1825), S. 253 bis 256 den 1. Band seines «*Lehrbuchs der reinen Chemie*», 368 S., an und zeigt, worin sich das Werk von ähnlichen unterscheidet, indem er die Inhaltangabe folgen läßt [2]). Nach einer Einleitung wird hier die allgemeine Chemie und die Lehre von den Imponderabilien (Licht, Wärme, Elektrizität und Magnetismus) behandelt und das Ganze «dem großen Chemiker der neueren Zeit, J. JACOB BERZELIUS, gewidmet». Trotz der nicht geringen Zahl neuerer chemischer Hand- und Lehrbücher fand BISCHOF, wie er im Vorwort sagt, keines, das die chemischen Lehren in einer Ordnung behandelte, die ihm zusagte, und in einem Umfange, der dem Bedürfnisse der Studierenden und der Dauer der akademischen Semester angemessen schien. Von der Herausgabe eines weiteren Bandes dieses Buches konnte ich nichts ermitteln.

Daß unser Freund einen außerordentlich praktischen Sinn besaß, hörten wir bereits ein paarmal. Er benutzte als erster das kohlensaure Gas der Mineralquellen zur Bleiweißdarstellung und gründete darauf eine Fabrik in Burgbrohl im Brohltal, worüber GUSTAV ADOLF WALTER in seiner *Geschichtlichen Entwicklung der rheinischen Mineralfarben-Industrie* (Essen 1922), S. 88 Näheres berichtet hat. Er ersann auch eine einfache Vorrichtung, Schmelzversuche in einer Stickstoffatmosphäre anzustellen, auch das Volumen des aus einem Körper sich entwickelnden kohlensauren Gases zu bestimmen. [3]) Er beschreibt ein einfaches Knallgasgebläse nach HERMANN, die Bedingungen zum Vorlesungsversuch betr. Ammoniakbildung bei Auflösung von Eisen in verdünnter Salpetersäure, die große Ähnlichkeit des Hammerschlags mit dem Magneteisenstein. [4]) Oder er bespricht DANIELLS thermometrisches Hygrometer [5]), erfindet ein tragbares Hausfilter zur Reinigung des Trinkwassers mittelst Eisenschwamm, das aus Steingut gefertigt ist und durch Kugelhahn gefüllt wird. [6]) Dann sind es Verbesserungen des Eudiometers anläßlich seiner Untersuchungen der Luftart, welche der Fisch *Cobitis fossilis*

---

1) Bd. 21 (1823), S. 603–712, mit zwei Kupfertafeln, Bonn.

2) Bonn bei EDUARD WEBER, 1824.

3) SCHWEIGGERS Journal 24 (1818), S. 213–221.

4) SCHWEIGGERS Journal 56 (1829), S. 123–126.

5) KASTNERS Archiv 2 (1824), S. 442–444.

6) Chem. Ztg. 1879, S. 95, vgl. auch S. 190; Holzschnitt mit Beschreibung.

abgibt [1]) oder Versuche über künstliche Kälteerzeugung mittelst schwefelsauren Natrons und verdünnter Schwefelsäure [2]) und anderes.

Auch der Metallurgie gehört sein Interesse, wie aus einer Mitteilung über das Polieren der Erze auf Silber mit gekörntem Blei auf trockenem Wege hervorgeht, das er von einem Harzer Hüttenbeamten erfahren hat und mit Anregungen zur anderweitigen Verwendung des Verfahrens versieht.[3]) Über das mehrere tausend Pfund schwere Meteoreisen von Bitburg in der Eifel schreibt er mit Nöggerath eine historisch-physikalisch-chemische Abhandlung.[4]) Auch fördert er die Kupfergewinnung aus kupferarmen Erzen (Das Ausland, 1870, S. 1216 ff.).

Ein mit Vorliebe von ihm gepflegtes Gebiet war die Untersuchung von Mineralquellen. Im Jahre 1826 erscheint sein Buch über «*Die vulkanischen Mineralquellen Deutschlands und Frankreichs, deren Ursprung, Mischung und Verhältnis zu den Gebirgsbildungen, chemische Untersuchung der Mineralwasser zu Geilnau, Fachingen und Selters im Herzogtum Nassau*», 413 S. Kleinoktav.[5]) Es behandelt die physikalischen und historischen Verhältnisse, sowie die chemische Analyse dieser drei Quellen unter Vergleich mit älteren Untersuchungen, dann die geognostischen Verhältnisse. In einem besonderen Abschnitte werden darauf die Mineralquellen des Laacher Sees, des Siebengebirges, des Westerwalds und des Taunus, des Habichtwaldes, des Meißners, Vogelsgebirges und der Rhön, des Fichtelgebirges, Erzgebirges, Böhmischen Mittelgebirges, Riesengebirges, der Auvergne und des Vivarais in Frankreich, der Pyrenäen erörtert. Zum Schluß äußert er seine Ansichten über den Wert der chemischen Analyse und künstlichen Nachbildung von Mineralwassern (Struve). Im Vorwort erfahren wir von den ausführlichen Analysen des Wassers von Selters durch Westrumb vor damals 38 Jahren und durch Döbereiner vor damals 7 Jahren und von Mineralwasser-Analysen durch Kastner (vordem Bonn, damals Erlangen), und Berzelius (Karlsbader Wasser), kurz: sehr beachtenswerte Studien! Schweigger nennt diese Schrift in seinem Journal 45 (1825) «durch Unbefangenheit und Gründlichkeit sich auszeichnend, wie alle Arbeiten dieses verdienten Chemikers».

Auch 1826 bringt Bischof eine physikalische und chemische Untersuchung, und zwar die der Mineralquellen zu Roisdorf heraus [6]), sowohl des Trinkbrunnens als auch des sogenannten Stahlbrunnens, ihre Vergleiche mit ähnlichen Quellen, ärztliche Gutachten vom März 1826 über die medizinischen Wirkungen der Roisdorfer Quellen von Chr. Friedr. Harless-Bonn, Nasse-Bonn und anderen, und über das Brunnengeschäft.

Mit Harless zusammen veröffentlicht er 1827 in Kleinoktav 106 Seiten über «*Die Stahlquelle zu Lamscheid*» auf dem Hunsrück.[7]) Der 3. Abschnitt «Physikalische und chemische Untersuchung des Lamscheider Mineralwassers

---

[1]) Schweiggers Journal 22 (1818), S. 89 ff.

[2]) Schweiggers Journal 52 (1828), S. 370–372.

[3]) Schweiggers Journal 22 (1818), S. 230–235.

[4]) Schweiggers Journal 43 (1825), S. 1–20.

[5]) Bonn 1826, 413 S., Kleinoktav, enthält Namen- und Sachverzeichnis, ersteres ohne Seitenzahlen.

[6]) Bonn 1826, 131 Seiten, Kleinoktav.

[7]) Bonn 1827, 106 Seiten, Kleinoktav.

ist von Bischof verfaßt, S. 32–75: Prüfung durch Reagentien an der Quelle selbst (Lakmus, Kurkuma, Kalkwasser u. a.), quantitative Bestimmung der fixen Bestandteile (in Wasser lösliche Salze, in Wasser unlösliche Bestandteile, Analyse des Rückstandes), quantitative Bestimmung der gasförmigen Bestandteile, Vergleichung mit früheren Analysen und allgemeinen Bemerkungen. Der 2. Abschnitt behandelt die Geschichte des Brunnens v. J. 1565 ab mit einer Schrift des Trierischen Leibarztes Johann Winther von Andernach, später Professor in Paris. Laut Vorwort haben die beiden Verfasser, Chemiker und Arzt, mit dieser Veröffentlichung die Absicht gehabt, der Lamscheider Quelle ihrer Bedeutung gemäß den alten Ruf wieder zu verschaffen, und sie dürfen dieselbe auf Grund ihrer Untersuchungen unter die starken kohlensauren Stahlwasser rechnen.

Ohne Jahrangabe (wohl bald nach 1836) erschien in Koblenz gemeinsam mit Wegeler, Harless und Klein von ihm eine Schrift über «*Das Tönnissteiner Mineralwasser*, eine Würdigung», 34 S. Oktav. Das ehemalige Kloster Tönnisstein, nach dem Wasser so benannt, lag bei Brohl nahe dem Laacher See unterhalb Koblenz. Der Abschnitt II behandelt chemische Analysen von Bischof, auch Vergleiche derselben aus den Jahren 1827 bis 1836. Die Analysenergebnisse von Mohr sind in manchem von denen Bischofs verschieden, was dieser darauf zurückführt, daß sich dieses Mineralwasser in seinem chemischen Bestande innerhalb neun Jahren sehr wesentlich verbessert hat.

Wertvoll ist auch die Schrift von Bischof und seinem Sohn Karl über «*Die neue Mineralquelle zwischen Ahrweiler und Heppingen im Ahrthale und der Apollinarisbrunnen*» [1]) vom Jahre 1854. Es erfolgt hier die genaue Festlegung der Verdienste von Georg Kreuzberg, dem zu Ehren später ein Denkmal in Bad Neuenahr errichtet worden ist, und den beiden Bischofs. Als am 28. Juli 1883 dieses Denkmal übergeben war, hat diese Tatsache den Wirkl. Geh. Rat von Dechen in Bonn zu einer Ehrenrettung Bischofs veranlaßt: Gustav Bischof habe sowohl die Quellen des Apollinarisbrunnens als auch die des Bades Neuenahr, von wissenschaftlichen Grundsätzen geleitet, aufgefunden; vgl. auch Bischofs *Lehrbuch der chem. und physikal. Geologie*, 2. Ausgabe, Bd. I, S. 261–264, worauf wir noch zurückkommen werden. Von Dechen berichtet teils nach dem in der untenstehenden Anmerkung mitgeteilten Bericht, teils aus eigener Kenntnis der Verhältnisse, da er mit Bischof enge befreundet war. Bei der Entstehungsgeschichte des Bades Neuenahr müsse daher des Namens Gustav Bischof vor allem gedacht werden, und nicht zuerst und gar allein G. Kreuzbergs, in dessen Weinberg sich Kohlensäureexhalationen ereigneten und auch etwas «Sauerwasser» vorfand. In einem der Schächte wurde eine Mineralquelle von 19,50° C. angetroffen. Hier nun wurde auf den Rat von G. Bischof gebohrt und zehn Fuß unter der Sohle des Schachtes eine mächtig aufsteigende kohlensäurereiche Quelle von 20,6° C. angetroffen. Von da ab geschah alles unter

[1]) Verhdlgn. d. Naturhist. Ver. d. preuß. Rhlde. und Westf., Bonn 1854, Jahrg. 11, S. 365–371. Sein genannter Sohn Karl ist der Verfasser des bekannten Werkes über «*Die feuerfesten Thone*», 359 S., Leipzig 1877. Vergleiche auch den Nachruf auf ihn u. a. in der Österreich. Chem.-Ztg., 1911, 230.

besonderer Leitung von Gustav Bischof und seinem Sohne Karl Bischof. Im Winter 1851/52 erfolgte die Niederbringung des Bohrloches auf 49 Fuß tief, wo eine aufsteigende Quelle von 21,1 ° C. angetroffen wurde. Auch in der Nachbarschaft wurden auf Bischofs Rat Quellen erbohrt unter seiner und seines Sohnes stetiger Leitung. G. Bischof beteiligte sich auch mit Geld an dem Unternehmen.[1])

Von seinen anderen guten Arbeiten greifen wir noch heraus *Über die absoluten und spezifischen Gewichte von etwa 24 Gasarten*[2]), *Zur Analyse der Gasgemenge aus Wasserstoff-, Kohlenoxyd-, Kohlenwasserstoff- und ölerzeugendem Gas* (betrifft Analyse brennbarer Gasgemenge)[3]), *Über die Luft in den Blasen am Dünndarm eines Schweines.* nämlich Sauerstoff und Stickgas ohne Kohlensäure[4]), *Allgemeine Bemerkungen über die pneumatische Chemie*, eine besonders klare Arbeit, mit der bei Bischof üblichen Zusammenfassung am Schluß[5]), *Über die Irrlichter oder Irrwische*[6]), nämlich nicht verbrennender Phosphorwasserstoff nach Volta, eher Folge von Phosphoreszenz organischer Substanzen, mit Literatur zum Gegenstand. Weitere Beiträge von ihm zur analytischen und apparativen Chemie, auch der technischen, finden sich in Erdmanns «Journal für praktische Chemie», worauf wir hier nicht näher eingehen können.[7]) Auch die Arbeiten über Schwefelkristalle aus Chlorinschwefel[8]), über die Niederschläge aus den sauren Metallauflösungen durch Schwefelwasserstoff[9]), über die Fällung des Bleioxyds durch Schwefelsäure und schwefelsaure Salze[10]), eine besonders klare Arbeit mit analytischen Anregungen, dann seine nachträglichen Bemerkungen «über Analyse organischer Substanzen»[11]), Versuche und Betrachtungen über die Zersetzung des Ammoniakgases durch oxydiertes Stickgas[12]), über Verschluckung der Gasarten durch Schwefelkali[13]), die Verbindung des Schwefels mit Wasser (betrifft Schwefelhydrat)[14]), über Alkalität des Glases und die chemischen Wirkungen des Lichtes[15]), über ein ziemlich empfindliches Reagens auf Platin (nämlich Wasserstoffgas) nach Döbereiner, über Färbung der Mosel- und Rheinweine durch Mineralwasser (betrifft die Ursache der schwärzlich-violetten Färbung), über Entstehung der Mineralquellen durch einen einfachen Auflösungsprozeß, – letztere Beiträge finden sich in Schweiggers Journal 45 (1825), – ferner über elektrische Funken aus

---

[1]) Verhdlg. d. Naturhist. Ver. d. preuß. Rhlde. u. Westf., Jahrg. 40 (1883), Korrespondenzblatt, S. 108, Bericht über die Hauptversammlung des Vereins in Bonn am 7. Oktober 1883.

[2]) Kastners Archiv f. Naturlehre V (1825), S. 129 – 145.

[3]) Schweiggers Journal 37 (1823), S. 133 – 175.

[4]) Schweiggers Journal 42 (1824), S. 240.

[5]) Kastners Archiv f. Naturlehre I (1824), S. 179 – 220.

[6]) Kastners Archiv f. Naturlehre V (1825), S. 178 – 180.

[7]) Vgl. Generalregister zu Bd. 1 – 30, Leipzig 1844, zu Bd. 31 – 60, Leipzig 1854. Siehe auch weitere Angaben in Poggendorffs Handwörterbuch.

[8]) Schweiggers Journal 36 (1822), S. 270 – 276.

[9]) Schweiggers Journal 39 (1822), S. 38 – 64.

[10]) Schweiggers Journal 51 (1827), S. 228 – 237.

[11]) Kastners Archiv IV (1825), S. 117 – 220.

[12]) Schweiggers Journal 43 (1825), S. 257 – 275.

[13]) Schweiggers Journal 43 (1825), S. 137 – 151.

[14]) Schweiggers Journal 43 (1825), S. 392 – 398.

[15]) Kastners Archiv I (1824), S. 442 – 447.

positiv und negativ elektrisierten Konduktoren [1]), über das elektrochemische Verhalten des arseniksauren Kali im Kreise der Voltaschen Säule [2]) und anderes sind recht beachtenswert. Sehr viele seiner geologisch-chemischen Arbeiten sind im Register zu den Jahresberichten der Fortschritte der Chemie usw. von LIEBIG und KOPP für 1847 bis 1856 (Gießen 1858), S. 13 verzeichnet, auch die über das Wasser des Bades Oeynhausen.

Biographisches aus BISCHOFS Feder liegt in seinem Nekrolog auf seinen Erlanger Fakultätsgenossen GG. FRIEDR. HILDEBRANDT (1764 – 1816) vor, es betrifft 31 Schriften medizinischen und 74 chemischen Inhaltes [3]). In alten Vorlesungsverzeichnissen fand ich, daß unser BISCHOF im Winterhalbjahr 1823 – 24 eine Vorlesung über «Geschichte der Chemie» und in den Sommerhalbjahren 1826, 27 und 28 eine solche über die «Geschichte der Chemie von LAVOISIER bis auf die neueste Zeit» angekündigt hat.

Seine große Kenntnis der englischen und französischen Sprache kam u. a. der deutschen Chemie dadurch zu Nutzen, daß er Übersetzungen wichtigerer Arbeiten, z. B. von CHEVREUL (Margarine), VAUQUELIN, LESLIE, BERZELIUS, GAHN, BRACONNET (Spiersäure), GAY-LUSSAC, THOM. THOMSON (über CAVENDISH) und von andern Forschern, soweit ich sehe, nur in den Jahrgängen 1815 – 18 von SCHWEIGGERS Journal den deutschen Chemikern leicht zugänglich gemacht hat.

BISCHOFS Hauptarbeitsgebiet liegt aber wohl in der chemischen und physikalischen Geologie. Von seinen diesbezüglichen Hauptwerken sei hier nur sein großes zweibändiges «*Lehrbuch der chemischen und physikalischen Geologie*» [4]) genannt, das 1854 bis 1859 seitens der Cavendish Society auch in großer englischer Ausgabe erschienen ist.

An der Bonner Universität waren um die Mitte des 19. Jahrhunderts eine Reihe von Forschern vereinigt, wie NÖGGERATH, BISCHOF, GOLDFUSS, FERD. RÖMER, MOHR, GERH. VOM RATH, VOGELSANG, ZIRKEL und H. VON DECHEN, so daß Bonn mit Berlin in der Geologie eine Zeitlang wetteiferte. «BISCHOFS berühmtes *Lehrbuch der chemischen und physikalischen Geologie* eröffnete in origineller Weise ein neues, fast noch unbebautes Gebiet. Von Bonn ging auch die moderne Reform der Petrographie in Deutschland aus». So schreibt v. ZITTEL in seiner *Geschichte der Geologie* 1899, S. 218. Und über das Lehrbuch selbst äußert sich v. ZITTEL an gleicher Stelle S. 306, daß BISCHOF nach Vorabeiten von BROGNIART, DE LA BECHE, TURNER und R. BLUM für das ganze Gebiet der chemischen Wirkungen des Wassers auf Gesteine eine wissenschaftliche Grundlage geschaffen hat, womit er die chemische Geologie zu einem neuen selbständigen Wissenszweig erhoben habe. Ich will über BISCHOF als Geologen hier nichts weiter sagen, hoffe aber, daß seine diesbezüglichen Arbeiten von geologischer Seite eine eingehende Darstellung finden möchten, in der auch die Entwicklung der Meinungen über BISCHOF in der seitherigen geologischen Literatur ihren Platz findet.

---

[1]) KASTNERS Archiv II (1824), S. 207 – 208.

[2]) KASTNERS Archiv VI (1825), S. 438 – 441.

[3]) SCHWEIGGERS Journal 25 (1819), S. 1 – 16.

[4]) Bonn bei ADOLF MARCUS, Bd. 1 (1847), Bd. II (1851 – 55), in zweiter, ganz umgearbeiteter Ausgabe, Bd. 1 – 3 (1863 – 1866).

Ohne mein Thema an dieser Stelle erschöpfend behandeln zu können, sei es doch noch gestattet, darauf hinzuweisen, daß unser Freund sich viel bemüht hat, seine Kenntnisse in gemeinverständlicher Form weiteren Kreisen zu vermitteln. Im Vorwort seiner «*Populären Vorlesungen über naturwissenschaftliche Gegenstände*» [1]) lesen wir, daß Anfang 1842 ARGELANDER, G. BISCHOF, v. DECHEN, GOLDFUSS, NÖGGERATH und A. W. v. SCHLEGEL sich vereinigten, um öffentliche Vorlesungen mit transparenten Bildern vor dem gebildeten Publikum zu halten. BISCHOF hat im obigen Buch einige seiner Vorträge allgemeinem Wunsche entsprechend zum Abdruck gebracht: Geologisches, dann über die Anziehung von Feuchtigkeit aus der Luft durch alle Körper bei der Erkaltung, über die Ansichten der Bildung des Taus zu allen Zeiten und seine Entstehung durch die Wärmeausstrahlung der Pflanzen im besonderen, über die Beruhigung der Wogen durch Öl seit ARISTOTELES, über die Geyser von Island und anderes mehr. In den Jahren 1848 und 1849 erschienen seine «*Populären Briefe an eine gebildete Dame über die gesamten Gebiete der Naturwissenschaften*».[2])

Im Vorstehenden glaube ich, KARL GUSTAV BISCHOF als Chemiker uns etwas näher gebracht zu haben. Er hat die Zurücksetzung oder gänzliche Übergehung in den gebräuchlichen Geschichtsbüchern der Chemie nicht verdient, weil er, wie wir sahen, ein ganzes Stück auf vielen Gebieten der Chemie erfolgreich mitgearbeitet hat.[3]) Und so möchte er denn künftig in der Geschichtschreibung der Chemie und in den geschichtlichen Zusätzen der chemischen Hand- und Lehrbücher, auch in den Büchern geringeren Umfanges und in den fremdsprachigen, den Ehrenplatz einnehmen, der ihm gebührt.

---

[1]) Aus den Gebieten der Geologie, Physik und Chemie, im J. 1842 und 1843 gehalten vor den gebildeten Bewohnern von Bonn, Ertrag zum Besten des Münsters zu Bonn; Bonn bei ADOLF MARCUS, 1843, ohne Register und Überschriften.

[2]) 1. Bändchen 1848 in Pforzheim, 16 Briefe, 368 S., 2. Bändchen 1849 in Bonn, 17.–32. Brief, 382 S., ohne Register.

[3]) Laut Generalregister 1868–77 der «Berichte d. dtsch. chem. Gesellschaft» ist in dieser Zeitschrift kein Nachruf auf diesen Bonner Chemiker gebracht worden. Gemäß Register zu Bd. 121–150 von POGGENDORFFS Ann. d. Physik und Chemie (Leipzig 1875, S. 17) hat BISCHOF hier eine große Anzahl seiner Arbeiten gebracht von Bd. 1–60 (1824–43). Mancherlei über BISCHOF findet sich auch in der prächtigen Arbeit «*Der chemische Unterricht in Bonn vor Kekulé*» von ALFRED BENRATH im Archiv f. d. Geschichte d. Naturw. u. d. Technik, Bd. 7 (1916), S. 56 ff.

Einfluß und Schicksal der mechanistischen Theorien in der Chemie.

Von

Ernst Bloch.

Die Eignung der Wissenschaftsgeschichte, Standpunkt und Maßstab zu liefern für die Beurteilung der Gegenwart, wird besonders aktuell bei Problemen, die noch keine abschließende Lösung gefunden haben.

So in der modernen Atomtheorie und ihren chemischen Anwendungen. Die Atomistik, in den beiden letzten Jahrzehnten sprunghaft fortgeschritten und noch überreich an ungelösten Fragen, ist von der Chemie entscheidend befruchtet worden und hat ihrerseits unentbehrliche Voraussetzungen geliefert für die neuen Antworten, welche nun auf die jahrhundertealten Fragen nach dem Wesen der Affinität und Valenz gegeben werden können. Grundfragen der theoretischen Chemie wurden gewaltig gefördert, ohne daß auch hier von einem vorläufigen Abschluß gesprochen werden könnte.

In dieser Lage erscheint es angebracht, die theoretischen Richtungen in der gegenwärtigen Entwicklung geschichtlich zu analysieren. Denn ist auch die zugrundeliegende Atomenlehre eine andere geworden – die ganze Fülle der jeweiligen chemischen Kenntnisse hat in den früheren theoretischen Ansichten ihren Ausdruck gefunden und sie muß in den gegenwärtigen fortwirken. Gelingt es, die früheren Hauptströmungen von ihren Erfahrungs- und sonstigen Grundlagen her zu verstehen, so wird die Anwendung ihrer Erkenntnis auf die noch in der Entwicklung befindlichen Theorien die Orientierung im ungeklärten Gebiet zu fördern vermögen.

Verfasser hat in einer gedrängten Veröffentlichung[1]) versucht, die Entwicklung der Anschauungen über die Wesensart der chemischen Affinität zu skizzieren. Es zeigt sich, daß die Antworten zu verschiedenen Zeiten ganz verschieden lauteten; denn so drängend war das Problem, daß die jeweils herrschenden Vorstellungen, sei es weltanschaulicher Art, sei es aus den Nachbarwissenschaften, an das chemische Tatsachengebiet Hypothesen formend herangebracht wurden. Nach Überwindung der animistischen Vorstellungen im siebzehnten Jahrhundert haben nacheinander mechanistische Theorien, die alle chemischen Erscheinungen auf Berührungswirkungen zurückführten, dann – seit Newton – Attraktionstheorien vorgeherrscht, welche die Affinität als eine Anziehungskraft beschrieben, ana-

---

[1]) *Das chemische Affinitätsproblem, geschichtlich betrachtet.* Isis 1926, Bd. 8, Heft 1.

log mit der Gravitation zuerst, dann mit der Elektrizität. Alle diese Anschauungen wurden mit voller Bestimmtheit vorgetragen, bis von etwa 1840 an eine große Unsicherheit in der Beantwortung der Grundfrage eintrat, sehr im Gegensatz und doch wohl in ursächlichem Verhältnis zum Aufschwung der Wertigkeits-, Struktur-, Isomerie- und Ionenlehre. Unitarische und dualistische Affinitätstheorien verschiedener Art wurden geäußert, auch die Mechanistik kehrte wieder. Die Unbestimmtheit und der Eklektizismus dieses Zeitalters waren, wie nunmehr zu hoffen ist, Vorläufer der beginnenden Klärung im zwanzigsten Jahrhundert.

Die Entwicklung seit Jahrhundertbeginn und insbesondere in den letzten fünfzehn Jahren beweist in der Tat, daß vorher unentbehrliche Unterlagen fehlten, um die reiche Tatsachenkenntnis zu einer zulänglichen Theorie der chemischen Kräfte zu formen. Andrerseits kommt die hohe Entwicklung der Tatsachenforschung um 1900 zum Ausdruck, indem alle vordem wichtigen theoretischen Strömungen auch bei der neuen Sachlage eine gewisse Lebensfähigkeit erweisen und um Geltung ringen. Eine neue Richtung, die quantentheoretische, ist hinzugetreten.

Hier soll eine der theoretischen Grundanschauungen herausgelöst und ihre Sonderentwicklung bis zum Jahrhundertanfang, dann in ihren Beziehungen zu der neuen quantentheoretischen Richtung in kurzen Zügen geschildert werden: die mechanistischen Theorien. Und zwar werden hier im Sinne der obigen Einteilung nur diejenigen Hypothesen als mechanistisch bezeichnet, welche die chemischen Vorgänge auf Berührungswirkungen, also auf Zug, Druck und Stoß kleiner Körperteilchen zurückführen, die Mannigfaltigkeit der chemischen Erscheinungen auf Verschiedenheiten der Größe, Gestalt, gegenseitigen Lage und des Bewegungszustandes dieser Teilchen.

Diese mechanistischen Theorien, aus der antiken Naturphilosophie herübergekommen, haben in der Neuzeit zunächst die geschichtliche Aufgabe erfüllt, den mystischen und animistischen Vorstellungen der Chemiker den Todesstoß zu versetzen. In England hat R. Boyle von 1660 an die Erklärung der chemischen Vereinigung und Trennung durch Sympathie und Antipathie der Stoffe mit Erfolg bekämpft und sie beseitigt. In Frankreich war es Nicolas Lémery, der die mystischen und psychologischen Erklärungen seiner Vorgänger, z. B. seines unmittelbaren Vorgängers Nicolas Lefêbre, endgiltig aus der Chemie verbannte.

Ihre Autorität verdankten die mechanistischen Theorien zum Teil dem großen Ansehen der antiken Vorgänger, Demokrits und Epikurs, zum Teil alsbald (in Frankreich) dem vollen Sieg der Descartesschen Naturphilosophie in der Physik und Kosmogonie. Die Grundlage der mechanistischen Chemie jener Zeit bildet zum Teil die antike Atomistik, zum anderen Teil die Korpuskulartheorie des Descartes. Vom Anfang an wirkte die Chemie so auf die Theorie der Materie zurück, daß sie die Annahme einer endlichen Anzahl von unveränderlichen Atomgestalten begünstigte. Schon war die Herstellung zahlreicher wohlpräzisierter chemischer Substanzen gelungen; die Konstanz der Eigenschaften eines Stoffes auch bei verschiedener Herstellung, die sprungweise Änderung von Stoff zu Stoff, ferner die allmählich bekannt werdende Wiederkehr der Grundstoffe bei Analysen, erforderten die Annahme einer materiellen Grundlage mit unstetiger Zusammensetzung aus unveränderlichen Teilchen. Dadurch wurde neben Animismus und Mystik auch die aristotelische Physik betroffen. «Man kann geradezu sagen, die Theorie der chemischen Verbindungen ist auf Grundlage der aristotelischen Prinzipien unmöglich» (Lasswitz).

Diese Rückwirkung hatte bereits in den zwanziger Jahren des siebzehnten Jahrhunderts begonnen. In Deutschland waren es Daniel Sennert und besonders Joachim Jungius, in Frankreich Sebastian Basso und Étienne de Claves, welche sich unter dem Einfluß der chemischen Tatsachen schrittweise von den älteren Lehren entfernten, zur Mechanistik hin.[1]) Basso unterschied bereits Atomgruppen zweiter und dritter Ordnung, deren verschiedene Zusammensetzung die abweichenden Eigenschaften der Körper erklären soll.

In dieser Entwicklung bedeutet die umfassende, erfolgreiche Naturphilosophie René Descartes'[2]) einen Rückschlag. Wohl ist der kühne Versuch, das Ganze des Weltprozesses physikalisch und logisch zu erklären, in seinen Grundgedanken streng mechanistisch im oben definierten Sinn. Aber er ist an der Astronomie und Physik orientiert; in der Chemie, wo die Überwindung der älteren Elementenlehre eine Mission des Zeitalters bildet, übernimmt Descartes kritiklos eben diese Elementenlehre. Seine Korpuskeln sind ferner unendlich mannigfaltig an Größe und Gestalt, sie bilden nicht einzelne wohldefinierte Stoffe ab, sondern eine stetige Reihe verschiedener Stoffe, zwischen denen es alle Übergänge gebe.

Die Errungenschaften von Bassos Molekulartheorie waren vergessen, Jungius Lehre, die u. a. eine klare Vorwegnahme des Begriffs der Isomerie («Metasynkrise»)[3]) in sich schloß, war fast verschollen, der Aufbau einer chemischen Mechanistik mußte in Frankreich von vorne beginnen. Als die siegreiche Descartessche Naturphilosophie die Chemie in ihren Bannkreis zog, da feierte sie allerdings durch den berühmten Lémery[4]) einen neuen Triumph. In den „Remarques" zu seinen Schilderungen chemischer Verfahren erklärt Lémery, wie er selbst angibt, die so sehr verborgene Natur der chemischen Eigenschaften in der Weise, daß er den Teilchen des chemischen Stoffes jene Gestalten zuschreibt, die allen beobachteten Wirkungen entsprechen. So entstehen die naiven Bilder von den spitzen Säure- und vertieften Alkali- und Metallteilchen, von ihrem Zusammenstoßen und Steckenbleiben, Verwickeltsein und Zerbrechen – Bilder, welche man wohl als Beweise für die absurde Denkart des Zeitalters angeführt hat, die aber verständlich werden als getreue Folgerungen aus Descartes' Grundlehren. Beachtenswert ist an ihnen die Fortbildung der letzteren zu einer primitiven Atom- und Molekulartheorie: die Gleichheit der Teilchen, aus denen ein reiner Stoff besteht, und die Scharung der

[1]) Vgl. K. Lasswitz, *Geschichte der Atomistik vom Mittelalter bis Newton*, 1890, I. Band, und E. Wohlwill, *Festschrift d. naturforsch. Vereins in Hamburg*, 1887.

[2]) *Principia philosophiae*, 1644.

[3]) Vgl. Wohlwill, a. a. O. S. 44.

[4]) *Cours de Chimie*, Paris 1675.

Säure- und Alkaliteilchen zu Gebilden, die wieder einander gleichen, sind in Lémerys Annahme implicite enthalten.

Andere Cartesianer hatten freilich eine weniger glückliche Hand, z. B. der vielgelesene Steven Blankaart[1]), der immerhin als Merkmal der «Grundstoffe», von welchen er nur die drei cartesischen gelten läßt, die Gleichheit ihrer Partikel betrachtet; oder John Mayow, bei dem die Verbrennungstheorie im Mittelpunkt des Interesses steht, die ihn ebensowenig wie vordem Descartes auf die quantitativen Sondergesetzlichkeiten chemischen Geschehens hinweisen konnten.

Viel fruchtbarer mußten für die Chemie die Hypothesen des großen englischen Forschers werden, welcher in engerer Anlehnung an die antike Atomistik den energischesten Vorstoß mechanistischer Denkart unternommen hat: Robert Boyle.[2]) Er ist mehr als nach Descartes nach dessen wissenschaftlichem Gegner Pierre Gassendi, dem Verteidiger der Lehre Epicurs orientiert.

Die Erhaltung der Materie ist für Boyle eine Selbstverständlichkeit[3]); für Descartes war sie zur Erhaltung der Raumerfüllung verblaßt. Die Erhaltung der chemischen Grundstoffe als solcher hat Boyle beim Quecksilber durchschaut, dessen Teilchen nach seiner Auslegung so fest zusammenhängen, daß sie unter verschiedenen Formen und Verkleidungen – er kennt das Oxyd und Salze – die gleichen bleiben und zurückgewonnen werden können.[4]) Aber es gebe andere Zusammenhäufungen, deren Teilchen nicht so innig verbunden sind, und diese können durch Zusammentreffen mit Teilchen, die zur Vereinigung mit den einen Bestandteilen geeigneter sind, zur Trennung veranlaßt werden. Auch solche losere Art der Vereinigung verleihe den Körpern neue Eigenschaften.

So äußert Boyle in seiner zurückhaltenden und bei der Verallgemeinerung zögernden Art eine Atom- und Molekulartheorie. Welcher Art aber sind die Kräfte, welche die Korpuskel zusammenhalten? Da muß betont werden, daß die seit Hermann Kopps Äußerung[5]) oft gehörte Meinung, Boyle führe die Affinität auf Anziehung zurück, in des letzteren Schriften keine Stütze findet. Anziehung in dem nicht psychologischen Sinne, den ihr Newton gab, kennt Boyle nicht. Auch sein nachgelassenes Werk *General History of the Air* (1692) erklärt die chemischen Vorgänge rein kontakt-kausal.

Chemische Affinität ist ihm gleichbedeutend mit einer geometrischen Übereinstimmung *(congruity)*, durch welche sich das eine Körperteilchen mehr oder minder genau in die Poren des anderen fügt.[6]) Durch Zusammentreten oder Trennung ihrer Teilchen ändern die Korpuskel notwendiger-

[1]) *«Die neue, heutiges Tags gebräuchliche Scheidekunst oder Chymia, nach den Gründen des trefflichen Cartesii und des Alcali und Acidi eingerichtet».* Fünf deutsche Auflagen, ursprünglich 1685 zu Amsterdam in holländischer Sprache erschienen.

[2]) Ich zitiere nach der Gesamtausgabe: *The Works of the honourable Robert Boyle*, edited by Thomas Birch (Quartausgabe, 6 Bde., London 1772).

[3]) *The Sceptical Chemist*, Works I, p. 475.

[4]) *Origin of Forms and Qualities*, Works III, S. 30.

[5]) *Geschichte der Chemie*, II (1844), S. 308.

[6]) Vgl. *Natural History of Human Blood*, Works IV, 632.

weise Gestalt und Bewegungszustand; ihre Poren können dann anderen Korpuskeln angemessen sein, mit denen sie bis dahin nicht übereinstimmten *(were incongruous)*. Nur wenn die spitzen Säureteilchen mit jenen der Metalle übereinstimmen, vermögen sie diese aufzulösen.[1]) Die Zersetzung der Ammoniumsalze durch Basen wird so erklärt, daß die Teilchen der letzteren sich an die einen des Salzes hängen, mit denen sie besser übereinstimmen.[2])

Unter den vielen Beispielen rein mechanistischer Auffassung der Affinität bei Boyle ist wohl das merkwürdigste jenes, wo er, die beiden Quecksilberchloride erklärend, die Säureteilchen mit Messerklingen vergleicht, die das eine Mal nur an einem Ende von der Scheide umhüllt, das andere Mal auch mit dem zweiten Ende in ein Heft gesteckt würden.[3]) Hier haben wir ein deutliches Bild von den multiplen Proportionen, hundertdreißig Jahre vor Daltons Konzeption. Da wird es nicht verwundern, wenn Boyle in ebenso klarer Weise wie Jungius die Isomerie voraussieht.[4])

Diese Beispiele genügen wohl, um die Behauptung zu rechtfertigen, daß die Mechanistik als Arbeitshypothese der Chemiker näher an die Eigengesetzlichkeit ihres Tatsachengebiets heranführte als die im folgenden Zeitalter zur Herrschaft kommende Newtonsche Attraktionslehre.

Die überragend große Entdeckung Newtons von der mathematischen Darstellbarkeit der Planetenbewegung im Gravitationsgesetz – eine Errungenschaft, die auf mechanistischem Weg lange Zeit vergeblich angestrebt worden war, ja der mechanistischen Annahme eines welterfüllenden Äthers widersprach – beeinflußte, wie die gesamte Physik, so auch die theoretische Chemie aufs tiefste – und hier war die Wirkung eine ungünstige. Denn Newton nimmt zwar noch wie Boyle, Gassendi und ihre antiken Vorgänger die unteilbaren, vielgestaltigen Atome als real an, aber die chemischen Wirkungen zwischen ihnen führt er auf Anziehungskräfte zurück, und zwar auf solche, die anderen Gesetzen folgen als die Schwerkraft.[5]) Auf diesen Weg konnte das chemische Experiment nicht folgen und so bricht die angebahnte fruchtbare Wechselwirkung zwischen Korpuskulartheorie und chemischem Versuch plötzlich ab. Der volle Sieg der Newtonschen Lehre führt in England zu einem vollen Stillstand der chemischen Forschung in der ersten Hälfte des achtzehnten Jahrhunderts.[6])

Der Einfluß der Gravitationslehre vertiefte sich im achtzehnten Jahrhundert immer mehr und im gleichen Maße wurde die chemische Theorie von der Mechanistik abgedrängt. Buffon glaubte die chemischen Vorgänge auf die Gravitation selbst zurückführen zu können, deren Wirkungen bloß durch die Atomgestalten modifiziert seien, und bei Guyton de Morveau, T. Bergman u. a. findet man ähnliche Ansichten wieder. Kant aber wurde bis zu einer abstrakten Attraktions- und Repulsionslehre und zu einer scharfen Verurteilung der Atomistik geführt.

---

1) Works IV, 314.

2) Works IV, 304. «Being more congruous to the fixed salt than to the volatile.»

3) Works IV, 322.

4) *Physiological Essays*, Works I, 372.

5) *Newtons Optik* (1704). (Ostwalds Klassiker, Nr. 97), S. 126 ff.

6) Vgl. Thomson, *Système de chimie*, traduit par Riffault (1809), p. XV.

Zur gleichen Zeit kehrt ein unabhängiger Denker unter den Chemikern, nur an den Tatsachen der reich aufgeblühten Chemie orientiert, zur Mechanistik zurück: KARL FRIEDRICH WENZEL.[1]) Die auflösende Wirkung der Flüssigkeiten (auch auf Metalle) ist ihm eine natürliche Folge der Figur und Beweglichkeit ihrer kleinsten Teile; diese seien als einfache Werkzeuge zu betrachten, die den Gesetzen der schiefen Fläche und des Hebels folgen.[2]) Eine Anziehungskraft könne es nicht sein (s. S. 22). Bekanntlich war WENZEL imstande, die chemische Massenwirkung als erster richtig zu beschreiben.

WENZELS Denkergebnisse bleiben unbeachtet. Auf mühsamen Umwegen kehrt die Chemie von einer Denkrichtung, die eine Resultierende aus Phlogistontheorie und Attraktionslehre war, zurück. Als eine reife Frucht erntet LAVOISIER fast unvermerkt die Erneuerung des Erhaltungsgesetzes der Materie. Eine neue Nomenklatur gibt endlich der Erhaltung der Grundstoffe in den Verbindungen Ausdruck. DALTON stellt die bestimmten und mehrfachen Gewichtsverhältnisse fest. Das letztere Gesetz, den entscheidenden Fortschritt zur Erkenntnis der unstetigen Gesetzmäßigkeit chemischen Geschehens, findet er nicht auf induktivem, sondern auf deduktivem Wege, durch Anlehnung an NEWTONS Atomistik.[3]) So fängt DALTON den Strom antik-atomistischen Denkens dort auf, wo er am Versanden war, und leitet ihn in das Bett der Chemie des neunzehnten Jahrhunderts. Die Zeit ist nunmehr reif, um die Gleichheit der Atome eines Grundstoffs und der Moleküle einer Verbindung mühelos zu erkennen.

Während in den folgenden Jahren die neuentdeckten Tatsachen der Elektrochemie ihre epochalen Wirkungen auf die chemische Theorie entfalteten, vollzog sich abseits davon die Erforschung von Tatsachenreihen, die zu einer Erneuerung der Mechanistik neben den anderen großen Strömungen chemischen Denkens führen mußten. Es waren dies neben dem einfachen chemisch-quantitativen Verhalten der Gase und den allmählich bekannt werdenden Isomerieerscheinungen die Gesetze, welchen die Kristalle in ihrem Bau und bei ihrer Spaltung folgen. Ihr Einfluß auf die Theorienbildung der Chemiker ist bis nun nicht beachtet worden.

RENÉ JUST HAÜY (1743–1822) hatte in seinem «*Versuch einer Theorie der Kristallstruktur*»[4]) als erster die Konstanz der Spaltform eines jeden kristallisierenden Stoffes und die multiplen Achsenverhältnisse der Kristalle erkannt. Er leitete daraus seine bekannte Molekulartheorie des Kristallbaues ab. Die nahe Beziehung zu den stöchiometrischen Gesetzen der Chemie ist klar; so vermochte HAÜY schon 1801 die konstanten Gewichtsverhältnisse bei chemischen Vereinigungen zu erschließen.[5]) Seine Lehre übte einen mächtigen Einfluß auch auf die Nachbarwissenschaften, und diese Lehre ist eine mechanistische. Jeder Kristall besteht bei ihm aus

---

[1]) *Lehre von der Verwandtschaft der Körper*, Dresden 1782.

[2]) Daselbst, S. 13, 14.

[3]) Vgl. ERNST V. MEYER, *Geschichte der Chemie*, 4. Aufl. 1914, S. 174.

[4]) *Essai d'une théorie sur la structure des crystaux, appliquée à plusieurs genres de substances crystallisées*, Paris 1784.

[5]) *Traité de minéralogie*, S. 103.

einem «Kern», der durch Spaltung gewonnen werden kann und die konstante Spaltgestalt aufweist, und aus einer «einhüllenden Materie» aus ebenso gestalteten Molekeln, die in gesetzmäßiger Weise aufgelagert sind.

Unter dem Einflusse Haüys steht eine Reihe von bedeutenden, insbesondere französischen Chemikern in den ersten Jahrzehnten des Jahrhunderts. Die der chemischen Molekulartheorie vorauseilende Kristallographie veranlaßt die Vorstellung, daß die Moleküle desselben Stoffes aus denselben Grundstoffen in gleichem Mengenverhältnis und gleicher Anordnung bestehen: eine Vorstellung, welche durch Mitscherlich und Chevreul intensiv auf Pasteur einwirkte [1]) und direkt zu des letzteren Entdeckungen und Theorien überleitet.

Eine andere Entwicklungslinie führt über Auguste Laurent. In seiner *Thèse* von 1837 hat er seiner Kerntheorie der organischen Verbindungen eine mechanistische Fassung gegeben, welche sich genau an Haüys Kerntheorie des Kristallbaues anlehnt. Der Kern wird als ein geometrischer Körper aus Atomen dargestellt, welche wohl ausgewechselt, aber nicht ganz entfernt werden dürfen, wenn der Kern nicht zerfallen soll. Außerhalb des Kerns können «sekundare Hüllen» gesetzmäßig aufgelagert sein, die leichter abgespalten werden können als die Bestandteile des Kerns. – Auf Laurents Kerntheorie in dieser Fassung fußt die Benzoltheorie, nicht nur bei dem Vorläufer Josef Loschmidt (1860), der dies ausdrücklich angibt [2]), sondern auch bei August Kekulé, der der Kerntheorie der Benzolderivate zum Siege verhalf (1865 u. f.). Denn Kekulés Darstellung der eigenen Benzoltheorie [3]) stimmt mit der von ihm selbst gegebenen Inhaltsangabe von Laurents *Thèse* [4]) getreu, zum Teil wörtlich überein.

Die Zurückführung chemischer Beobachtungen auf die Lage der kleinsten Teile kommt ferner zur Geltung in der Regel von Avogadro, welche die einfachen Volumverhältnisse bei den Reaktionen der Gase aus der gleichen Entfernung der Moleküle in allen Gasen erklärt, und in der allmählich wiedererstehenden Isomerielehre. Die letztere und die Molekulartheorie bedingen sich gegenseitig so sehr, daß, wie oben erwähnt, bereits Basso und Boyle, in der Molekulartheorie weit vorgeschritten, im siebzehnten Jahrhundert jene voraussahen. Gegen Ende des achtzehnten Jahrhunderts, noch vor Daltons Konzeption der chemischen Atomistik also, hat A. v. Humboldt eine viel konkretere Definition der einschlägigen Möglichkeiten gegeben und ihre Aufklärung im neunzehnten Jahrhundert gefordert. [5]) Die ersten beobachteten Fälle von Isomerie in den zwanziger Jahren mußten umgekehrt die Chemiker in der mechanistischen Auslegung des Molekülbaues bestärken. Gay-Lussac [6]) äußert sich alsbald dahin, «daß sich die nämlichen Bestandteile nach mehreren verschiedenen Weisen zu verbinden vermöchten»; Berzelius geht einige Jahre später weiter und spricht von

---

1) Vgl. darüber Pasteur selbst, Ostwalds Klassiker, Nr. 28, S. 12.
2) Ostwalds Klassiker, Nr. 190, S. 6.
3) *Lehrbuch der organischen Chemie*, 2. Bd. 1866, S. 495; Liebigs Ann. 137, 132 (1866).
4) *Lehrbuch der organischen Chemie*, I. Bd., 2. Abdr. 1867, S. 69.
5) Vgl. E. O. v. Lippmann, *Abhandlungen und Vorträge*, II, Leipzig 1913, S. 450 ff.
6) Ann. de Chimie, Bd. 27, S. 199.

Körpern, die «aus einer gleichen Atomenanzahl derselben Elemente zusammengesetzt seien, diese aber auf ungleiche Weise zusammengelegt enthalten» [1]; die heutige isomere Umlagerung erklärt er [2]) aus einer Umlegung der Bestandteile in den Verbindungen. DUMAS [3]) aber spricht ganz scharf von ungleicher relativer Lage der Atome in den isomeren Verbindungen.

Die Notwendigkeit, die Isomerie zu erklären, war daher auch eine der stärksten Triebfedern zur Entwicklung der Strukturlehre; sie ist es auch, die LOUIS PASTEUR zu seinen anschaulichen Theorien geführt hat, die sich in ganz ähnlichen Denkbahnen bewegen wie die mechanistischen Theorien des siebzehnten Jahrhunderts. «Ich glaube nicht», sagt er von der optischen Isomerie, «daß irgendeine frühere Entdeckung so tief in die Mechanik des Problems der Entstehung chemischer Verbindungen eingedrungen ist.» [4]) Sein Bild vom Hineintreiben rechts- und linksgedrehter Schrauben in schraubig gewundene Hölzer zeigt am deutlichsten, wie er sich die Wirkungsweise der chemischen Affinität denkt.

Hieran schließen sachlich die zeitlich späteren Bilder, zu denen sich EMIL FISCHER behufs Erklärung der Enzymwirkung veranlaßt sah.[5]) Die chemischen Agentien der Hefezelle können danach nur in diejenigen Zucker eingreifen, mit denen sie verwandte Konfiguration besitzen. Nur bei ähnlichem geometrischem Bau könne jene Annäherung der Moleküle stattfinden, welche zur Auslösung des chemischen Vorgangs erforderlich ist. Und FISCHER gebraucht hier das Bild, daß Enzyme und Glukoside wie Schloß und Schlüssel zusammen passen müssen, um chemisch aufeinander zu wirken: ein Bild, das man bei der Analogie der obigen Gedankengänge mit solchen BOYLES nicht überrascht sein wird ebenfalls schon bei BOYLE zu finden [6]).

Die mechanistischen Bilder der Strukturlehre, wie einfache und mehrfache Bindung, Verkettung, Verzweigung der Kette sind im vollen Bewußtsein ihrer bloß symbolischen Bedeutung gebraucht worden. Manche Forscher allerdings sprachen sie in bestimmterem physischem Sinn aus, z. B. LOTHAR MEYER [7]), der in seinem Bestreben, die damals neue Strukturlehre deutlich darzulegen, von einem Einhängen der einen Ketten in andere, von Verästelung und Verzweigung, von dem gegenseitigen Zukehren bestimmter Seiten der Molekeln usw. sprach. Wie KEKULÉ bei der Konzeption der Strukturlehre von mechanistischen Bildern sich leiten ließ, hat er in einem berühmt gewordenen Selbstbekenntnis erzählt [8]). Wohl war das Zeitalter, durch kritische und positivistische Philosophie geschult und mit anders gearteten chemischen Tatsachen vertraut, nicht geneigt, die Affinität rein mechanistisch aufzufassen. Aber wenn es wahr ist, daß ein Großmeister der bildlichen Darstellung, KEKULÉ, der die Architektur auf die Chemie

---

[1]) *Jahresbericht über die Fortschritte der physischen Wissenschaften.* Übersetzt v. Wöhler, 11. Jahrg. 1830, Tübingen 1832, S. 46.

[2]) Daselbst, 12. Jahrg. (für 1831), Tübingen 1833, S. 64.

[3]) Ann. de Ch. et de Ph., Bd. 47, S. 324 (1831).

[4]) PASTEUR, *Recherches sur la dissymetrie moléculaire*; OSTWALDS Klassiker, Nr. 28, S. 30.

[5]) Ber. d. d. chem. Ges., Bd. 27, S. 2985 ff. (1894).

[6]) *The Origin of Forms and Qualities* (1664), Works III, S. 15.

[7]) *Die modernen Theorien der Chemie*, Breslau 1864, S. 87, 118.

[8]) Ber. d. d. chem. Ges., Bd. 23, S. 1306 (1890).

anwendete[1]), Schlußfolgerung auf Schlußfolgerung bestätigt sah, so darf dies als Beweis dafür gelten, daß die Wiederkehr mechanistischer Denkmethoden mit Zwangsläufigkeit erfolgte.

Die Affinität wird in dieser Zeit fast allgemein als eine Anziehungskraft betrachtet. Da ist es denn ein wichtiger Schritt zweier den Gedanken weiter führender Forscher, eine planetarische Bewegung der Atome im Molekül als unvereinbar mit der Tatsache der Atomverkettung zu erklären.[2]) Das war ein Schritt über die Attraktionslehre hinaus zu einer modernen Mechanistik, ein Schritt, der bereits ins zwanzigste Jahrhundert hinüberweist.

Der Ausbau der Stereochemie im letzten Viertel des Jahrhunderts ist zu bekannt, als daß er hier eingehenderer Schilderung bedürfte. J. H. VAN 'T HOFFS und J.-A. LE BELS Theorie vom asymmetrischen Kohlenstoffatom kann zurückgeführt werden auf Anordnung der Atome im Molekül als eines Systems von Massenpunkten mit konstanten Mittellagen; auch diese vorsichtigste Deutung schließt ein Fortschreiten von den Strukturformeln zu größerer räumlicher Bestimmtheit in sich. Und dieser Fortschritt überträgt sich auf die chemische Affinität durch die Annahmen, Doppelbindung hebe die freie Drehbarkeit der Atome um ihre Verbindungslinie auf; benachbarte Karboxylgruppen neigen zur Anhydridbildung, entferntere nicht; Raummangel am Molekül hindere chemische Reaktionen und vermöge selbst den Kohlenstoff zu dreiwertigem Verhalten zu zwingen.

Was in diesem Zeitalter die Vermutungen über das Wesen der Valenz betrifft, so werden die verschiedensten Ideen mehr oder minder unbestimmt geäußert. Gestalten der Atome, Elastizität, Magnetismus, Elektrizität, Gravitation und Kinetik werden herangezogen, meist mit dem Bestreben, eine Lokalisierung der Wertigkeitseinheiten an der Atomoberfläche zu begründen. Wir haben es mit einer Übergangszeit zu tun.

Durch Einfachheit, Eleganz und Leistungsfähigkeit zeichnet sich vor allen anderen ALFRED WERNERS Theorie des Kohlenstoffatoms aus.[3]) Die chemische Affinität eine Zentralkraft gleich der Gravitation, ihre Wirkung auf vier Bindeflächen am Atom symmetrisch verteilt: das genügte, um die Tatsachen der Stereochemie des Kohlenstoffs einfacher als bis dahin und zwanglos zu erklären. Der zweite Gedanke enthält rein mechanistische Komponenten, die Festhaltung der vier Liganden[4]) in gleicher Entfernung und ihre maximale Raumerfüllung.

Der große Züricher Chemiker hat dann für eine Reihe von Metallen die Notwendigkeit nachgewiesen, sterischen Bau der Verbindungen anzunehmen; er und andere dehnten die räumliche Betrachtung auch auf Stickstoff, Silicium, Selen, Phosphor und Bor aus. WERNERS Koordinations-

---

[1]) So urteilt COHEN in dem Werke: *Jacobus Henricus van 't Hoff*, Leipzig 1912, S. 60, 61.

[2]) KEKULÉ, Lieb. Ann., Bd. 162, S. 77 (1872). VAN 'T HOFF, *Lagerung der Atome im Raume*, 2. deutsche Aufl., Braunschweig 1894, S. 4 ff.

[3]) *Beiträge zur Theorie der Affinität und Valenz.* Vierteljahrsschrift der Naturforsch. Ges. in Zürich, Jahrg. 36, S. 129 (1891). Vgl. auch ERNST BLOCH, *Alfred Werners Theorie des Kohlenstoffatoms* usw., Wien und Leipzig 1903.

[4]) Nach der Ausdrucksweise STOCKS.

lehre mit ihrer Annahme einer «ersten Sphäre» der Bindung und einer zweiten Zone baut seine Affinitätstheorie im unitarischen Sinne weiter aus.

Eine besondere Gruppe bilden dann die von der Molekül- und Atombewegung ausgehenden kinetischen Theorien. Der älteren Mechanistik durchaus vertraut, wurden sie durch AL. WILLIAMSON [1]) sehr bald nach Aufstellung der kinetischen Wärmetheorie auch in die Chemie wieder eingeführt. Die Atombewegungen werden herangezogen, um den chemischen Zerfall zu erklären und die Annahme einer abstoßenden Kraft der Atome, wie sie den «Dynamikern» seit KANT selbstverständlich war, entbehrlich zu machen. Von da ab haben kinetische Betrachtungen eine Rolle in der Affinitäts- und Valenztheorie gespielt; R. CLAUSIUS wurde mit ihrer Hilfe zum Vorläufer der elektrolytischen Dissoziationslehre; L. PFAUNDLER [2]) gab eine sinnreiche kinetische Erklärung der Wärmedissoziation; GULDBERG und WAAGE gründeten auf die Molekularbewegungen eine Ableitung des Massenwirkungsgesetzes [3]), die in der chemischen Literatur Heimatrecht erworben hat; K. LAAR [4]) vermochte die Erscheinungen der Tautomerie durch kinetische Hypothesen anschaulich und sinngemäß darzustellen. Daß die Atome im Molekül unausgesetzt Wärmeschwingungen ausführen, welche auch das chemische Verhalten beeinflussen, wurde zur Selbstverständlichkeit.

Struktur- und Isomerielehre, Kerntheorie der zyklischen Verbindungen und Kinetik bieten das Bild einer Wiederkehr der Mechanistik auf höherer Stufe, besonders für die Theorien der organischen Chemie.

Als nun zu Beginn des neuen Jahrhunderts eine einschneidende Umwälzung der physikalischen Atomenlehre kam, welche es nötig machte, das bis dahin Atom genannte Gebilde als ein System von Elektronen aufzufassen, da brach auch für die Affinitätstheorie eine neue Epoche an. Alle bisherigen Theorien erscheinen nun als vorläufige Induktionen, denen trotz der reichen chemischen Erfahrungen die notwendige Grundlage fehlte, die Kenntnis des Atombaues.

Die neue Entwicklung ging bekanntlich, nachdem wichtige Prämissen geschaffen waren, von der in RUTHERFORDS Laboratorium gemachten Beobachtung aus, daß rasche α-Strahlen beim Durchdringen von Materie knickförmige Ablenkungen erfahren. Es wurde dadurch nötig, eine positive Ladung im Kern des Atoms vereinigt zu denken, um welchen die Elektronen rotieren. Die chemischen Prozesse aber sollten nur durch Vorgänge zwischen den äußeren Elektronen veranlaßt sein, der Atomkern durch sie unberührt bleiben.

Dieser Sachverhalt konnte den Anschein erwecken, als seien alle unitarischen und damit auch die mechanistischen Ansichten über die chemische Affinität widerlegt, diese sei nur eine besondere Äußerung elektrischer Kräfte, wie es hundert Jahre früher schon DAVY und BERZELIUS geschlossen hatten.

[1]) LIEBIGS Ann. d. Chemie, Bd. 77, S. 37 (1851).
[2]) POGGENDORFFS Ann. d. Physik, Bd. 131, S. 55 (1867).
[3]) Journal f. prakt. Ch. [2], Bd. 19, S. 75.
[4]) Ber. d. d. chem. Ges., Bd. 18, S. 648 (1885).

In der Tat hören wir diese Ansicht von bedeutenden Forschern, z. B. von keinem Geringeren als W. Kossel.[1])

Die Grundgedanken des alten elektrochemischen Dualismus sind aber bereits verlassen durch die Annahme eines diskreten Baues der Elektrizität selbst, gemäß dem zweiten Faradayschen Gesetz, mit dem die Lehre Berzelius' unvereinbar war. Ein Gedanke der alten Mechanistik war hier auf physikalischem Gebiet durch die Tatsachen bestätigt worden.

Aber auch in dieser Form blieb die elektrochemische Theorie nicht unwidersprochen. Sie ist insbesondere nicht vereinbar mit den Tatsachen der organischen Chemie, welche ungeheure Gebiete ausgesprochen unitarischen Geschehens beschreibt. Der alte Gegensatz zwischen organischer und anorganischer Chemie lebt wieder auf. So heißt es in einer Abhandlung von Schlenk und Mark[1]), die heutige Physik suche begreiflicherweise die chemische Bindung durch altbekannte physikalische Kräfte – die elektrostatischen – zu erklären, aber dies treffe zunächst nur eine Seite des Gegenstands. Kossels Ausführungen können den erfahrenen Chemiker deshalb nicht befriedigen, weil sie die zweite Seite der Natur des Impulses zur Bildung einer chemischen Verbindung allzusehr außer acht lassen, nämlich das rein chemische Moment, die «chemische Verwandtschaft».

Es wäre leicht, aus der zeitgenössischen chemischen Literatur weitere Beispiele dafür zu erbringen, daß zum Verständnis der chemischen Wirkungen außer den elektrostatischen Kräften noch ein unitarisches Prinzip herangezogen werden muß.[2])

Unter diesem Gesichtspunkt gewinnt der Umstand große Bedeutung, daß in der Elektronentheorie des Atombaus, also in der Lehre von jenen Kräften, welche den chemischen recht eigentlich zugrunde liegen, der Sachverhalt ein ganz ähnlicher ist. Das Planetensystem-Modell ist unzureichend, solange es auf den Gesetzmäßigkeiten der klassischen Mechanik und Elektrodynamik fußt, ja es steht mit diesen Gesetzmäßigkeiten in Widerspruch. A. Sommerfeld sagt darüber in einer vor der Preußischen Akademie der Wissenschaften gehaltenen Rede[3]): «Im allgemeinen hat man den Eindruck, daß das Verhalten der Atome viel einfacher und fundamentaler ist, als unsere komplizierten Modelle und die unübersehbaren Störungen zwischen den einzelnen Elektronenbahnen erwarten lassen. Die Schalen der Atome scheinen fester in sich geschlossen und unabhängiger voneinander zu sein, als die Mechanik es verantworten könnte». In der Tat läßt sich die Beständigkeit der Atome anders nicht erklären. Und dasselbe gilt für die Anwendung der klassischen Elektrodynamik auf den Atombau.[4])

Es waren zunächst optische Erscheinungen, welche zur Modifikation des planetarischen Atommodells führten. Niels Bohr wendete im Jahre 1913 die Plancksche Quantentheorie auf die Atomistik an und seine so gewonnenen Berechnungen der unstetigen Gesetzmäßigkeiten der Linienspektren stimmten mit den Tatsachen überein. Die Quantentheorie aber bedeutet, daß die

---

1) Ber. d. d. chem. Ges., Bd. 55, S. 2294 (1922).

2) Vgl. Bloch, Isis, Bd. 8, S. 152/3.

3) Abgedruckt in der «Umschau» 1924, S. 501.

4) Vgl. Bohrs Nobelpreisrede. «Die Naturwissenschaften» 1922. S. 606.

Energie «gewissen geheimnisvollen, gleichsam atomistischen Gesetzen unterliegt», daß sie «eine Art von Atomstruktur» bekommt (BREDIG).[1] Von den beiden «Postulaten» BOHRS aus der Abhandlung von 1913 fordert das erste die Annahme einer Anzahl von stationären Zuständen, deren Stabilität aus der klassischen Mechanik nicht erklärbar ist. Jede dauernde Veränderung in der Bewegung des Systems müsse in einem vollständigen Übergang von einem stationären Zustand zu einem anderen bestehen. Das Elektronensystem im Atom und ein Planetensystem sind wesensverschieden. Im Gegensatz zum letzteren wird ersteres durch äußere Einwirkungen nicht bleibend verändert.[2]

So hatten die Tatsachen der Chemie und insbesondere der Spektroskopie – durchaus Gesetzmäßigkeiten unstetiger Art – ihren Ausdruck in einem Atommodell gefunden, welches straffere örtliche Bestimmtheit der Elektronen aufwies, als der klassischen Physik entsprach; ähnlich wie die Anordnung der Atome im Molekül schon Jahrzehnte früher nicht als planetarische aufgefaßt werden durfte, sondern viel beständigere gegenseitige Lage aufwies als der klassischen Mechanik entsprach (s. S. 214). Damit war auch die Entwicklung weit genug fortgeschritten, um eine Wechselwirkung des periodischen Systems der chemischen Grundstoffe mit der Atomtheorie zu gestatten. Noch im Jahre 1913 konnte VAN DEN BROEK wahrscheinlich machen, daß die positive Kernladung des Atoms, ausgedrückt in elektrischen Elementarquanten, gleich ist der Ordnungszahl des Elements.

Physikalische und besonders chemische Tatsachen führten dann dazu, den von BOHR beschriebenen Schalenaufbau des Atoms so zu deuten, daß die Alkalimetalle *ein* Elektron in der äußersten Schale besitzen, die Erdalkalimetalle deren zwei u. s. f., die Edelgase eine vollständige äußere Achterschale, die eine besondere Stabilität aufweist. Fast gleichzeitig (1916) erkannten dann W. KOSSEL[3] und G. N. LEWIS[4] die Ursache des elektropositiven wie des elektronegativen chemischen Charakters in der *Tendenz zum Edelgaszustand.*

KOSSEL lehnt sich bei der genaueren Darlegung der Bindungsverhältnisse, ungeachtet seiner dualistischen Richtung, enge an WERNER an. Er idealisiert die Atome als glatte Kugeln, was mit der sehr raschen Rotation der äußeren Elektronen in gutem Einklang steht.[5]

Wenn elektropositives und elektronegatives Atom sich binden, so deshalb, weil sie infolge Abgabe bzw. Aufnahme von Elektron tatsächlich elektrisch geladen sind und sich elektrostatisch anziehen. Jene Abgabe und Aufnahme aber *dient der Herstellung des stabilen, edelgasähnlichen Zustandes.* Selbst hier also erfolgt die Bindung durchaus nicht bloß nach den Gesetzen elektrischer Anziehung, sondern nach weiteren Gesetzmäßig-

[1] *Denkmethoden der Chemie*, Leipzig 1923, S. 26.

[2] BOHR, *Über den Bau der Atome*, Nobelpreisrede, «Die Naturwissenschaften» 1923, S. 608.

[3] Ann. d. Physik, Bd. 4, S. 49, 229 (1916). Die Naturwissenschaften, Bd. 7, S. 339 u. 360 (1919).

[4] Journ. Amer. Chem. Soc., Bd. 38, S. 762 (1916).

[5] Man vergleiche die spätere Darstellung in NERNST, *Theoret. Chemie*, 11.–15. Aufl. 1926.

keiten, welche ihre Analogie in den mechanistischen Lehren früherer Zeit finden. Die bestimmte Zahl der Valenzen, früher in wechselnden, mit der Physik schwer vereinbaren Hypothesen über Atomformen oder Lokalisierung an der Atomoberfläche erklärt, findet nun ihre Aufhellung durch den Bau der äußersten Elektronenschale; die Stabilität der Achterschale ist ebenfalls physikalisch nicht erklärt, ist aber eine durch viele übereinstimmende Tatsachen geforderte These. Und sie bedeutet, wie die mechanistischen Hypothesen, wenngleich ohne deren physikalische Grundlage, die Bevorzugung bestimmter räumlicher Anordnungen unter vielen, die nach den Attraktionshypothesen möglich, ja notwendig wären.

Gesetzmäßigkeiten dieser Art treten dann viel stärker hervor bei der Erklärung der «homöopolaren» Bindung, der Bindung zwischen gleichen Atomen, also derjenigen in den mehratomigen Elementmolekülen und in den Kohlenstoffketten und -ringen: einer Bindungsart, die theoretisch wie praktisch nicht minder wichtig ist als die heteropolare. Hier die benachbarten Atome als verschieden geladen zu betrachten, führt zu großen Schwierigkeiten, in den organischen Molekülen insbesondere zu ungezählten nicht beobachteten Isomeriefällen.

Es liegt nahe, für die Beurteilung dieser Bindungen vom einfachsten Fall auszugehen, vom Wasserstoffmolekül. BOHR [1]) hat für dieses ein Modell geschaffen, gegen welches sich zwar schwerwiegende Bedenken erhoben haben, das aber trotzdem die größte Aufmerksamkeit verdient, weil darin «offenbar der Keim einer künftigen physikalischen (nicht nur valenzschematischen) Theorie der chemischen Bindung zwischen gleichgeladenen Atomkernen zu erblicken ist».[2]) Danach kreisen die beiden Elektronen der Wasserstoffatome um die Verbindungsachse der beiden Kerne. Die beiden Atome sind nicht der elektrostatischen Anziehung wegen zusammengetreten – diese wäre im Atom ebenso befriedigt – als vielmehr wegen des Stabilitätszustandes, welchen das Molekül als ein überatomares Gebilde aufweist.

Ähnlich denken sich insbesondere englische Chemiker[3]) die gleichpolige Bindung der Kohlenstoffatome. Die Atome fließen gleichsam zu einem stabilen Verband der äußeren Elektronen zusammen: ein Bild, dessen innige Beziehung zu den früheren mechanistischen Bildern offenbar ist. Hier haben wir allem Anschein nach die Ursache der Vereinigung von Kohlenstoffatomen zu Ketten und Ringen. Das Eindringen in Einzelheiten ist zunächst unmöglich, auch sind Grundfragen wie die, woher die Ausnahmestellung des Elements Kohlenstoff rühre, ungelöst. Aber so viel scheint festzustehen, daß die Entscheidungen von quantentheoretischen Untersuchungen zu erwarten sind.

Ein eigenartiger Übergang vollzieht sich in der Geschichte dieser chemischen Probleme. Dieselben Gruppen von Tatsachen, welche schon im siebzehnten Jahrhundert zu mechanistischen Hypothesen geführt haben, die zwei Jahrhunderte später zu einer Renaissance der chemischen Atomistik und

---

[1]) Philos. Magazine 1913, S. 857.

[2]) A. NERNST, *Theoret. Chemie* (11.–15. Aufl. 1926), S. 328.

[3]) Vgl. z. B. den Bericht von SIDGWICK, Chem. News, Bd. 127 (1923) und CAMPBELL, Nature, Bd. 111, (1923), Nr. 2791.

Mechanistik Ursache gaben, sie treten nun zur Quantentheorie in innigste Beziehung. In diesem Werdegang spricht sich der Wandel der Zeiten deutlich aus. Die ältere Mechanistik ging von dem antiken Vorbild, außerdem aber von Vorstellungen aus dem Alltagsleben aus. Das «Eingekeilt»- und «Eingehülltsein», die Wirkung von Spitzen und Klingen, von Stoß und Druck wurden unter dem deutlichen Einfluß der Handwerke herangezogen. Die Mechanistik des neunzehnten Jahrhundert wählt ihre Bilder bereits mit viel genauerer Anlehnung an die zu erklärenden Tatsachen und muß bei der offenbaren Unzulänglichkeit dieser Bilder und den höheren Anforderungen der Methodik vorsichtiger und abstrakter sein. Aber diese Bilder, wie Benzolring, asymmetrisches Kohlenstoffatom u.s.f., sind immer noch die anschaulichsten und fördern eben dadurch kräftig die Wechselwirkung zwischen Theorie und Experiment. Im zwanzigsten Jahrhundert scheinen diese anschaulichen Theorien überzugehen in Anwendungen des «seinem Wesen nach völlig dunklen» Quantenansatzes. Ist das quantenmäßige Verhalten der chemischen Energie so wenig erklärt wie das anderer Energien, so sind doch seine Folgen zumeist sehr anschauliche und sind geeignet, sowohl in der Rückwirkung auf die Atommodelle selbst als in der Aufklärung interatomarer Vorgänge vereinfachend und wegweisend zu dienen. Die geschichtliche Rolle der mechanistischen Theorien früherer Jahrhunderte findet hier ihre wesensverwandte Fortsetzung.

Historiochemisches Allerlei.

Von

Max Speter.

I. Merkwürdige Bleivergiftung. Der russische Kayserl. Hofrath Dokt. Joh. Georg Model erzählt in seinen 1773 erschienenen «*Kleinen Schriften*» [1]) eine Begebenheit, wie ein Backofen mit einem, mit Bleifarbe gestrichen gewesenen alten Gartengeländer beheizt wurde, und wie das in diesem Ofen gebackene Brot, infolge Bleigehaltes aus jenem Brennmaterial, neun Personen vergiftete, von denen zwei verstarben. Für Landleute kann diese Begebenheit auch heute noch sehr wohl zur Warnung dienen.

II. Asbestfilter. Allem Anscheine nach hat ein Dr. J. Joss [2]), als erster, «um Substanzen zu filtrieren, welche in Berührung mit organischen Stoffen sich außerordentlich leicht oxydieren, wie z. B. Chromsäure, Mangansäure oder manche Jodpräparate» sich «schon seit vielen Jahren mit dem glücklichsten Erfolge eines Filters von Asbestpapier» bedient. Joss reinigte das gebrauchte Filter von flüchtigen Substanzen durch Ausglühen, von feuerbeständigen aber vermittelst verdünnter Säuren. War die Anwendung von Asbestpapier nicht praktikabel, z. B. bei größeren Quantitäten von Filtrierflüssigkeit, so brachte Joss in den Filtriertrichter-Hals einige größere Glasscherben ein, auf die er dann eine dichte Lage von «zerklopftem Asbest» verteilte. Wir haben hier bereits das Prinzip des Gooch-Tiegels vorliegen!

III. Thermostat. Der vielseitige J. J. Becher kann wohl auch als der Erfinder des Thermostats angesprochen werden. In seinem Werke «*Närrische Weisheit und weise Narrheit*» 1707, 45. Abschnitt, S. 87, ist folgendes ausgeführt: « . . . und ich habe 2 Usus von der Thermoscopia erfunden. Eines / dasz damit in einem Chymischen Ofen gantz gleiche Wärme regieren kann / dann dasz Thermoscopium selbsten ziehet das Ventil / wodurch die Hitze in den Ofen gehet / nach verlangter Proportion auff und zu / lässet also mehr oder weniger Hitze hinein / welcher gestalt man sehr stet Feuer geben kann . . . »

---

[1]) «Bestehend in Ökonomisch-Physikalisch-Chymischen Abhandlungen.» St. Petersburg, gedruckt in der Buchdruckerey des Kayserl. Adel. Artillerie und Ing. Kadettenkorpes, und verlegt von J. H. Schnoor.

[2]) Journ. f. prakt. Chemie 1834, Bd. I, S. 126.

Wie dieser Thermostat in den Details gebaut oder vielleicht nur gedacht war, ist jedoch nicht ersichtlich.

IV. Mayow und Lavoisier. Seit J. R. FORSTER im Vorwort seiner 1780 erschienenen englischen Übersetzung von SCHEELES Schrift «*Über Luft und Feuer*» auf den Wesenszusammenhang von MAYOW's hypothetischem Spiritus Nitro-aereus mit der «dephlogistisirten Luft» PRIESTLEY-SCHEELES hingewiesen hatte, entstand eine umfangreiche historiochemische Literatur über MAYOW als Vorläufer LAVOISIERS.[1]) Es ließ sich nichts anführen, was die Kenntnis LAVOISIERS von den Schriften MAYOWS erweisen könnte. Aus einer Briefstelle wäre zu entnehmen, daß MAGELLAN, der Korrespondent LAVOISIERS in London, sich vergeblich noch nachträglich bemüht hätte, LAVOISIER ein Exemplar der MAYOWschen Schriften zu beschaffen.

Daß LAVOISIER aber nicht ohne Kenntnis des Namens MAYOW gewesen sein kann, geht aus zwei Stellen von HALES' Statik hervor, die von der gesamten Forschung bisher in diesem Zusammenhange übersehen worden sind. HALES erwähnt in seiner 106. Erfahrung[2]) wörtlich: Der Doctor MAYOW findet überhaupt, daß der ausgedehnten Luft Raum oder Umfang um den dreyßigsten Theil vermindert werde. Er saget aber nicht, wie groß sein Glas gewesen, darunter er das angesteckte Licht gebracht. De spir. Nitr. Aereo, pag. 101.» Und in seiner 106. Erfahrung führt HALES wörtlich an: «Der Doctor MAYOW hat ausgefunden, daß einer Maus Respiration den vierzehnten Theil der in dem gläsernen Geschirr, darein die Maus gestecket war, sich enthaltenden Luft zu nichte machte. De spir. nitr. aereo. pag. 164.»

LAVOISIER hat für seine 1774 erschienenen «*Opuscules*» die HALESsche Statik in gründlichster Weise durchgearbeitet und zum Teil tabellarisch vereinfacht dargestellt. In diesem Werke von HALES ist, wie eben angeführt, MAYOW zweimal zitiert und zwar mit Versuchdetails, die HALES kritisch erwähnte, und die LAVOISIER ebenfalls bei seinen Versuchen nacharbeitete. Daß LAVOISIER über den Namen MAYOWS bei HALES einfach hinweggelesen oder für jene wichtigen Versuchdetails von MAYOW keinerlei Interesse hätte aufbringen können, fällt schwer sich vorzustellen. Es liegt hier vielmehr ein nicht von der Hand zu weisender Indizienbeweis vor, daß LAVOISIER von dem Namen MAYOW Kenntnis gehabt hat, von MAYOW, dessen Namen er in keiner seiner Schriften auch nur andeutungsweise erwähnt.

V. Lavoisier und Lavoisien. In der Chemiker-Zeitung, Jahrg. XXXIII (1909), S. 1353 berichtete ich, wie JOH. FRIEDR. GMELIN 1795 eine Arbeit aus den Turiner Akademieberichten, die einen gewissen BONVOISIN zum Verfasser hatte, fälschlich, infolge Namensverwechslung, LAVOISIER zuschrieb; die Namensverwechslung hatte insofern eine gute Folge, als A. VON HUMBOLDT daraufhin zu Licht-Reduktionsversuchen in geschlossenen

---

[1]) Vgl. z. B. SPETER, *Lavoisier und seine Vorläufer,* Stuttgart 1910, S. 56 – 72 bzw. S. 96 bis 108 die Anm. 136 – 203 und Chemiker-Zeitung (Cöthen), 1910, S. 946, 953 u. 962.

[2]) Ich zitiere aus der 1748 in Halle erschienenen deutschen Übertragung der von BUFFON stammenden französischen Übersetzung des englischen Originals. Vide l. c. pag. 134 et 135.

Gefäßen veranlaßt wurde. Wegen dieser nicht ganz verständlichen Namensverwechslung mußte Gmelin einen bissigen Seitenhieb von A. N. Scherer, dem literarischen Cerberus jener Zeit, einstecken, den er nur schwach erwidern konnte.

Neuerdings kam ich hinter eine auffälligere und fast selbstverständliche Lavoisier-Namensverwechslung, wenn auch nur in einem Kataloge einer größeren Berliner Bibliothek (K. W. A.). Beim Studium dieses Kataloges stieß ich auf ein «*Dictionnaire portatif de médecine, d'anatomie, de chirurgie, de pharmacie, de chymie, d'histoire naturelle, de botanique et de physique.* 2. éd. Paris 1771», als dessen Verfasser im Katalog J. F. Lavoisier zweimal angegeben ist. Mein langjähriges Lavoisier-Gemüt erschauerte beim Lesen dieses Titels zuerst in Freude, denn es schien hier ein völlig unbekanntes Lexikon von einem unbekannten Angehörigen der Familie Lavoisier vorzuliegen. Doch schon in kurzer Zeit stellte sich die gewohnte Skepsis bei mir ein; und ich behielt mit der Skepsis recht. Denn als ich das eiligst von der Bibliothek erbetene Buch endlich in Händen hielt, schälte sich der richtige Verfassername als Jean-Fr. Lavoisien (nicht Lavoisier) heraus. Die Familiennamen sind also nur durch das Schluß-n bzw. r unterschieden!

Dieses zweibändige *Dictionnaire* des Jean-Fr. Lavoisien, eines «ancien Chirurgien des hôpitaux des Armées du Roi, et Maître en Chirurgie à Eu», das schon 1763 in Erstauflage erschienen war, ist aber auch an und für sich interessant durch Stichwort-Erklärungen, von denen folgende hier Platz finden mögen:

«*Alkooliser*, v. act. subtiliser, réduire un corps en un poudre très-subtile, et presque impalpable, et purifier les esprits, et les essences des impuretés et du phlegme qu'ils pourroient avoir. M. M. James & Harris écrivent alcohol et alcoholiser. Je ne vois pas pourquoi ajouter une *h*, dit un des auteurs du Dictionnaire de Trévoux; car ce mot vient de l'arabe, *kol.* qui signifie diminuer, devenir menu, se subtiliser; et à la troisieme conjugaison, *kaal*, diminuer, rendre subtil, subtiliser; et ce mot vient originairement de l'hebreu, qui signifie, être ou devenir léger. Or cette étymologie ne donne point d'*h*; mais, parce qu'en anglois ces deux *oo* de suite se prononceroient comme notre *ou*, on les sépare en ajoutant une *h*, pour en faire deux syllabes.»

«*Phlogistique*, adj. et s. m. inflammable; de φλέγω, je brûle, j'allume, je' enflamme. La liqueur nommée *ether* est appellée *phlogistique*, à cause de sa grande inflammabilité.»

Von der Becher-Stahlschen Phlogistontheorie ist auch sonst nicht die geringste Andeutung in diesem «Dictionnaire» zu finden!

VI. Antiphlogistisches. In dem Lavoisienschen *Dictionnaire* (s. oben) findet sich bereits der Ausdruck «Antiphlogistiques», aber nicht in dem Sinne als Kampfausdruck gegen die Becher-Stahlsche Phlogistontheorie, sondern als terminus technicus der Medizin: «Antiphlogistiques, adj. et s. m. plur. antiphlogistica, d'αντὶ contre et de φλόγιστος inflammable; épithete que l'on donne aux remedes contre l'inflammation.» Erst Sage gebraucht 1787 den Ausdruck «Antiphlogistiker». im Sinne der Gegner der Phlogistontheorie [1]).

In einem Aufsatz «*Kritisches über die Entstehung von Lavoisiers System*» [2]) erwähnte ich, daß H. Kopp in seinem Werke: *Die Entwicklung der Chemie in der neueren Zeit* (München 1873, S. 53) einen gewissen G. F. Stabel als einen noch zu Lebzeiten Stahls in Halle auftretenden Widersacher der Phlogistontheorie anführe, jedoch ohne Quellenangabe «für den sonst sehr wenig bekannten» Autor. In der Zwischenzeit konnte ich diesen Autor eruieren. Es handelt sich um den Stadtarzt und Stadtphysikus der «Civit. Halensis», Georg Friedrich Stabel, der in seinem *Chimiae-dogmatico-experimentalis*, Halae Magdeb. 1728, *Tomus* prior §§ XXI – XXII auf die Phlogistontheorie als eine «sententia Becheri» – Stahl ist dabei gar nicht erwähnt! – eingeht und diese als nicht annehmbar zurückweist, unter anderem sub 5. «quia experimenta ista, quae ad probationem hujus hypothes. proferuntur, false explicantur, v. g. quod sub calcinatione metallorum ignobiliorum principium phlogiston exustione separetur, sub reductione autem substantiarum istarum hoc iterum hisce uniatur: si enim hoc contingeret, necessario sub priori actu pondus rei calcinatae multum imminui deberet, in primis cum substantificae illius partes tum copiose exhalant, sed hoc non observamus, sub posteriori autem actu reductum metallum pondere superare deberet calcem reducendam. quia materiale quoddam principium (juxta mentem illorum) hisce tum accederet et quantitas materiae hac ratione augeretur, sed experientia contrarium docet . . . » Wir haben hier die erste logische Zurückweisung der Becher-Stahlschen Theorie über das Entweichen des Phlogiston-Prinzipes beim Verbrennen der Metalle usw. Diese Stimme blieb ungehört. Es ist Kopps Verdienst, auf diesen Mann zuerst, wenn auch nur andeutungsweise. hingewiesen zu haben.

VII. «Entfremdwortetes» Chemie-Deutsch. Es wird manchem noch in Erinnerung sein, wie 1910 in der «Zeitschrift des Deutschen Sprachvereins» in Vorschlag gebracht wurde, die chemischen Fachausdrücke durch rein-deutsche Bezeichnungen zu ersetzen, und wie daraufhin in der Cöthener Chemiker-Zeitung einige humoristische Beispiele solcher reinen Deutsch-Chemie-Sprache zusammengestellt wurden. Z. B. war vorgeschlagen

für das Fremdwort:	das Reindeutsch-Wort:
Chemie	Scheide- und Fügekunst
Chemiker	Scheide- und Fügekünstler
Organiker	Kohlenstoffverbindungsscheide- und Fügekünstler
Anorganiker	Nicht-Kohlenstoffverbindungsscheide- und Fügekünstler
Analytiker	Scheidler
Atom	Kleinchen
Molekül	Doppelkleinchen oder Kleinchengruppe
oxydieren	versauerstoffen

[1]) Vgl. dazu M. Speter, *Lavoisier und seine Vorläufer*, Stuttgart 1910. S. 43 bzw. S. 90, Anm. 101.

[2]) Z. f. angew. Ch., 39. Jahrg.. 1926. S. 581. Anm. 16a.

für das Fremdwort:	das Reindeutsch-Wort:
reduzieren	entsauerstoffen
nitrieren	versticksauerstoffen
Katalysator	Scheidungskitzler
Elektrochemie	Funken-Scheide- und Fügekunst
Emulsion	Hängeschleim
Explosion	Plötz-Zersetzung
Qualitative Analyse	Was-drin-Scheidung
Quantitative Analyse	Wieviel-drin-Scheidung
Isolieren	Bloßstellen
Eisenoxyd	Dreifach versauerstofftes Doppeleisen
Spektroskop	Brechlichtlinienrohr
	usw.

Diese Vorschläge sind gewollt humoristisch. Wenn man die Bestrebungen älterer und neuerer deutscher Autoren verfolgt, in der chemischen Sprache an Stelle anerkannter internationaler, rein deutsche Bezeichnungen einzuführen, so stößt man hierbei manchmal auf Sprachgebilde, die in ihrem unfreiwilligen Humor recht ergötzlich sind. Als Beispiel hierfür möge der «*Versuch einer deutschen chemischen Benennung der in die Chemie gehörigen Körper*», von einem «Herrn D. RUDOLPH BRANDES, aus Salz-Uffeln» (in J. B. TROMMSDORFFS Neuem Journal der Pharmacie, Bd. II (1818), S. 1 – 21 abgedruckt) der Vergessenheit entrissen werden.

Trotzdem BRANDES in die deutsche Sprache keine andere noch lebender Völker eingeführt wissen will, folgt er mit Vergnügen den Vorschlägen des Dänen(!) OERSTED (vgl. SCHWEIGGERS Journal, Bd. 12, S. 113), der z. B. statt *Chlorine* die Bezeichnung *Aetsel* habe, wofür er jedoch *Störel* als passender erachte (von Zerstören). *Aetsel* wolle er aber lieber den das Glas ätzenden Stoff (unser Fluor) nennen. OERSTEDS Benennungen *Elt* und *Brint* (NB! noch heute gültige Bezeichnungen im Dänischen) für Sauerstoff und Wasserstoff, ändere er in *Eltel* und *Brintel* um. Für Stickstoff wäre wohl die Bezeichnung *Stickel* angängig, besser sei aber dafür *Twielet*, aus dem altniederdeutschen vertwielen (entzweien, verwirren, in Unordnung bringen; NB! vom Lachgase hergeleitet, das die Sinne in Verwirrung bringe). Jod solle nach dem Ausgangsmaterial (Tang!) *Tangel*, das Silizium und Kalium gemäß der OERSTEDschen Bezeichnung *Flintel* und *Tannaer* heißen. In Vorschlag wären zu bringen *Lichtel* für den Phosphor; *Lookel* (von der skandinavischen Gottheit Looke, Feindseliges, Verderben bringendes) für Arsen (von OKEN damals *Geff* genannt); *Herthanel* (von der nordischen Göttin Hertha) für Tellur; *Wodanel* (von Wodan, dem nordischen Gott-König) für Platin; *Heimdanel* (vom nordischen Regenbogen-Gott) für Iridium; *Rosel* für Rhodium; *Fostanel* (von der nordischen Blüten-Göttin Fosta) für Cer; *Mithanel* für Molybdän; *Fahlel* für Antimon.

BRANDES begnügt sich aber nicht mit der Reinigung der Nomenklatur, sondern er macht sich tapfer und forsch auch an ein chemisches System heran. Nach ihm «zerfallen uns demnächst alle Einzelwesen, die die Chemie in ihr Gebiet zieht, in 2 Ordnungen: I. Ordnung *Urer*, II. Ordnung *Körper*.» Die *Urer* (Urstoffe, «Urthätigkeiten») umfassen die Imponderabilien Licht, Wärme, Elektrizität und Magnetismus, wogegen die II. Ordnung, die *Körper*, alle wägbaren Stoffe einbeziehe. Die Körper teilten sich «nach dem Grade ihrer Zusammensetzung in 3 Reiche: 1. Reich *Elemente*; 2. Reich *Folger* und 3. Reich *Ausfolger* ein.» Im 1. Reich wären 2 Kreise, nämlich die *Lufter* (luftförmige Elemente; AMPÈRES «Gazolyten») und die *Fester* (starre Elemente) zu unterscheiden. Zum 1. Kreise, den *Luftern*, gehörten der *Eltel* (O)[1], *Störel* (Cl), *Tangel* (J), *Aetzel* (Fl), *Blutel* (Cyanogen? S), *Lichtel* (P), *Lookel* (As), *Herthanel* (Te), *Kohlel* (C), *Borel* (B), *Flintel* (Si), *Twielel* (N), *Brintel* (H). Zum 2. Kreise, den *Festern*, gehörten *Fahlel* (Sb), *Zinnel* (Sn), *Zinkel* (Zn), *Wismutel* (Bi), *Bleiel* (Pb), *Merkurel* (Hg), *Silbel* (Ag), *Goldel* (Au), *Wodanel* (Pt), *Rosel* (Rh), *Heimdanel* (Ir), *Palladel* (Pd), *Nickel* (Ni), *Osmel* (Os), *Titanel* (Ti), *Kupfel* (Cu), *Eisel* (Fe), *Kobel* (Co), *Uranel* (U), *Manganel* (Mn), *Fostanel* (Ce), *Tantanel* (Ta), *Wolfel* (W), *Mithanel* (Mo), *Chromel* (Cr), *Tannel* (K), *Tronel* («Trona?» Na), *Ammonel* (NH_3), *Barel* (Ba), *Stronel* (Sr), *Kalkel* (Ca), *Talkel* (Mg), *Thonel* (Al), *Zirkonel* (Zr), *Süssel* (Glucium, Be), *Ittel* (Y).

Das II. Reich der 2. Ordnung, nämlich die *Folger*, gehen gemäß BRANDES «aus den einfachen Verbindungen der Elemente unter sich hervor und theilen sich ebenfalls in zwey große Kreise: 1. Kreis *Leiber* und 2. Kreis *Steiner*». Die Leiber, d. s. «alle aus dem Thier- und Pflanzenreiche, überhaupt aus dem Organischen, abstammende und nach deren Zusammensetzung gebildete Körper», zerfallen in 4 Reihen, in die *Zündleiber*, *Stammleiber*, *Blutleiber* und *Sauerleiber*. Betrachten wir nur die 4. Reihe, die *Sauerleiber*, i. e. Säuren «aus dem Organischen», so haben wir die «Schaaren» der Elt- und der Brinsäuren (NB! O- und H-Säuren!) usw. Im 2. Kreis haben wir die *Steiner*, und dabei 2 Reihen, die *Aeschsteiner* und die *Sauersteiner* zu unterscheiden, als Untergruppen wären «Banner» wie «Eltsäuren» und «Brintsäuren» zu unterscheiden. «Eltsäuren» des «I. Bannes» wären z. B. die «*Lookesäurig*» (NB! arsenige Säure!) «*Twielesäure*» (Salpetersäure), *Mithanesäure* (Molybdänsäure) usw.; «Brintsäuren» des «II. Bannes» wären z. B. *Störebrintsäure* (HCl!), *Tangebrintsäure* (HJ!) usw.

Und das III. Reich, die *Ausfolger* (Salze) wären «alle Verbindungen, die aus der Einung der Aeschsteiner mit Sauerleiber und Sauersteiner hervorgehen, oder die Aeschsteiner mit der gehörigen Aufnahme von Eltel oder Brintel», die in 2 Kreise zerfielen usw. Sapienti sat!

Daß der überlegte und überlegene TROMMSDORFF diesen Sprach-Reinigungserguß in sein Journal kritiklos aufnahm, zeigt, daß er dem Einflusse seiner Zeit unterstand – man schrieb damals 1818! – anderseits aber, daß ihm nicht ganz wohl bei der Sache war.

VIII. «Zeichen und Wunder». Unter diesem Titel machte ein gewisser JULIUS BREDE, in einer aus Altona, vom August 1846 datierten Zuschrift an die damals schon vielgeltende WEBERsche Illustrirte Zeitung, Leipzig (Nr. 165 des Jahrg. 1846, Seite 139) darauf aufmerksam, daß, wie bei einem Kreise und dem diesem umschriebenen Quadrat, bzw. dessen Flächen die Beziehung $3{,}14 : (4 - 3{,}14) = 78^1/_2 : 21^1/_2$ herrsche, sich auch bei den Bestandteilen der

[1]) Die chemischen Symbole sind von mir in Klammern hinzugefügt!

Atmosphäre, hinsichtlich des Volumens des Stickstoffgases zum Sauerstoffgase, dasselbe Verhältnis zeige. Hiernach scheine «also der Stickstoff in runden sich berührenden Strahlen verbreitet, während der Sauerstoff den

N O

übrigen Raum ausfüllt». (Siehe die beiden Abb.)   Der Einsender meint, daß es nicht uninteressant wäre, «wenn man untersuchen könnte, ob die beiden Gasarten den von mir (sc. Brede) formell nachgewiesenen Aggregatzustand in meßbaren Dimensionen behaupten können, obgleich das dazu erforderliche Experiment stets verunglücken muß, weil dabei die mathematische Genauigkeit sich nie so weit als erforderlich sein wird, treiben läßt. Man müßte nämlich zwei Glasröhren, die eine innere rund, die äußere, eng anschließende, quadratförmig begrenzt, jene mit Stickstoffgas, letztere mit Sauerstoffgas anfüllen, und nach sorgfältigster Entfernung der inneren untersuchen, ob beide Gasarten ineinander flössen? Allein schon die Bewegung bei Entfernung der inneren Röhre, so wie die Räumlichkeit ihrer Wände, muß das Experiment stets scheitern machen». Trotzdem ist der Einsender der Ansicht, daß «in der zufällig von mir (sc. Brede) entdeckten merkwürdigen Verwandtschaft zwischen Stickstoff und Sauerstoff mit Kreis und Quadrat ein unsichtbarer Geist auf ähnliche Weise zum Menschen gesprochen und wie in allen seinen unendlichen Werken eine Offenbarung niedergelegt hat, die wohl jede andere an Bestimmtheit des Ausdrucks und Allgemeinverständlichkeit weit hinter sich zurückstehen läßt». Man muß gestehen, daß diese Offenbarung Bredes ebenfalls alles andere auf diesem Gebiete zurückstehen gelassen hat und muß staunen, daß die Redaktion jener Zeitschrift diesen famosen Auslassungen, im Zeitalter Liebigs, überhaupt Raum geben konnte.

IX. Aus ungarischen Handschriften des 16., 14. und 17. Jahrhunderts. Im Jahre 1897 veröffentlichte Armánd Desidér Herzfelder in ungarischer Sprache eine kleine Schrift «*A Kolozsvári Codex. Egy a XVI, századbeli chemiai kézirat ismertetése* d. h. deutsch: «Der Klausenburger Codex. Die Bekanntmachung einer chemischen Handschrift des 16. Jahrh.», die für die Historiochemie einiges Interesse hätte. Die chemische Handschrift, worüber Herzfelder berichtet, befindet sich in der Handschriftenabteilung des Ungarischen Nationalmuseums in Budapest. Der Verfasser der Handschrift schreibt sich als Cementarius Johann von Klausenburg, ist vermutungsweise 1525 geboren und 1586 wahrscheinlich gestorben. Seine Tätigkeit ist mehr oder weniger als die eines Münzwardeins zu betrachten. Als solcher hat er verschiedene Rezepte und Arbeitsweisen in etwas wirrer Schreibweise, teils ungarisch, teils im Küchenlatein, zusammengeschrieben. Trotz mehrfacher Ähnlichkeiten in gedanklicher und sprachlicher Hinsicht zwischen dieser Handschrift und Druckwerken von Albertus Magnus (*Libellus alchymicus*), Libavius, Thurneysser u. a., ist diese Handschrift nach Ansicht Herzfelders genetisch prior. Es wäre interessant, hierüber eine genaue kritische Untersuchung anzustellen.

Herzfelder stellt aus einer anderen, ebenfalls im Besitze des Ungarischen

Nationalmuseums befindlichen, jedoch aus dem 14. Jahrhundert stammenden Handschrift, die als *Codex alchymicus* bezeichnet wird, eine kleine Worterklärungstabelle gegenüber, die hier wiedergegeben sei:

Ablatio	waschung	Congelatio	zusammenflössung
Liquefactio	weichmachung	Coagulatio	keck gestandung
Decoctio	siedung	Consolidatio	befestung
Calefactio	wermung	Transmutatio	verwandlung
Fusio	ausgießung	Compositio	zusammenlegung
Coniunctio	zusammenfügung	Proiectio	fürwerfung
Sublimatio	aufgeziehung	Completio	Erfüllung
Calcinatio	zu calch machung	Confirmatio	vollbringung
Infixatio	gestackung	Productio	ausgang
Solutio	schmelzung	Producere	zu dem wesen kommen
Resolutio	wiederschmelzung	productus	her für bracht.
Dissolutio	zerflissung		

Zum Vergleich mit diesen Worterklärungen führt HERZFELDER im Anschluß daran noch aus einer im Besitze der Budapester Universitäts-Bibliothek befindlichen, aus dem 17. Jahrhundert stammenden und als *Labyrinthus Alchymicus* bezeichneten Handschrift (E 25) an: 1. solvirung, 2. die Waschung (das man das schwarze mache lauter und weiss), 3. die reduzierung (das ist einführung, daß man feucht trocken mache), 4. fixierung (das flüchtige beständig und dürr mache). Auf dem Titelblatt dieses «*Labyrinthus Alchymicus*» ist übrigens folgender hübscher Zweizeiler vorangesetzt:

«Hic Labyrinthus adest, in quem si laberis intus
Non Labyrinthus erit, sed Labor intus erit».

Und auf dem Blatt 23 dieser «*Labyrinthus Alchymicus*»-Handschrift findet sich eine Aufstellung der Kosten für alchymistische Laboratorien, nach Gulden und Groschen (gemäß HERZFELDER wären 40 Groschen = 1 Gulden):

Mein eigener Phosfor und Tiegel	2	30
5 Pfund antimon	–	50
5 Pfund mercurium	12	–
1 Pfund nitrium	–	18
$1\,^2/_2$ Pfund vitrioli	–	36
3 kurze tiegel	1	3
Retorte	1	–
Kohlen	1	24
Eiserne Stange zum Ofen	1	–
Lampe	–	10
Ziegl	–	15
Sand capelle	–	10
Die eisernen Instrumente	–	45
	24	1

Man kauft Salitro 1 Pfund 18 gr
" " " 1 " 12 "

Bemerkenswert ist in dieser Aufstellung der hohe Preis für das Quecksilber!

X. Aus einem Apparaten-Verzeichnis von 1853. Dem 2. Heft des II. Bandes (1853) der von Dr. G. C. WITTSTEIN s. Zt. herausgegebenen Vierteljahresschrift für praktische Pharmacie war ein «Circulair»-

Großfolio-Blatt der Heilbronner Fa. F. A. Wolff & Söhne über «Chemische und physikalische Apparate» beigefügt, das einige interessante Abbildungen und Preisdaten enthält. Den Hauptteil dieses «Circulairs» (übrigens bereits eine «6. Ausgabe») nehmen natürlich die Dampfdestillationsapparate nach Beindorf und Mohr usw., für dest. Wasser, Branntwein-Destillation im großen ein. Dann werden «Kleine Dampf-Destillir- und Dampf-Koch-Apparate zu Weingeistfeuer oder Leuchtgas» angeboten. Eine Weingeistlampe mit Stativ, Sperrhähnen, Scala, Winde und Kamin kostete Thlr. 5.13 Sgr, – fl. 9,30» eine «ditto mit Sperrhähnen, neu konstruierter Winde, welche nie mit Weingeist in Berührung kommt, dauerhaft und praktisch, Thlr. 4.17 Sgr. – fl. 8» und «einfach, ohne Winde, um 2.17 Sgr. – fl. 4.30». «Um statt dem Weingeistfeuer Leuchtgas zum Kochen benützen zu können» dienen «Elastische Gasröhren mit Vorrichtung», die Thlr. 1.27 Sgr. – fl. 3.20 kosten. Diese «Elastische Gasröhren von vulkanisirtem Cautschuk zu ca. 4 Linien (10 mm) weit» kosten p. Fuß 40 Kr.» und «ditto 2 Linien (5 mm) weit, p. Fuß 20 Kr.». Die Fa. bot angelegentlichst an «Apparate von chemisch reinem Blei für chemische Fabriken, Papier- und Schwefelsäurefabriken, Öl-Läuterungs-Maschinen usw. als Retorten, Kessel, Pfannen, Helme, Abdampfschalen usw. in allen Größen und Formen, aus dicht gewalzten, reinen Bleitafeln in jeder Dicke, welche mit Sauerstoffgas und atmosphärischer Luft mit Blei so vollkommen zusammengelöthet und vereinigt sind, daß die Löthstellen so dicht als gewalztes Blei selbst erscheinen». Wir haben hier autogen geschweißtes Blei vorliegen! Es werden «Holzgefässe, Tonnen, Kisten usw. mit dünnen Bleitafeln ausgeschlagen und nach dieser Löthmethode gelöthet» angezeigt, «die an Dauer alle Erwartungen übertreffen» sollen und «eine außerordentliche Ersparniß gegen massive Bleigefässe» bedeuteten. Per Pfund würden 3 – 6 Sgr. = 10 – 20 Kr., je nach Größe, Gewicht und Form dieser Gegenstände berechnet. Ein «Apparat zur Erzeugung von Fluor-Wasserstoffgas im Kleinen» aus Blei kostete fl. 7.30. Ein «Apparat zur Darstellung von Wasserstoffgas (Knallgas-Gebläse), Löthapparat zur innigen Vereinigung der Bleitafeln mit Blei für Bleikammern, so wie für Bleigefässe aller Art, von dem dicksten bis zum dünnsten Tafelblei, mit hohem Gasdruck, neu construirtem belastbarem Gebläse, Gasometer zu 10 Maas, Sicherheitskammern, einer bequemen und praktischen Vorrichtung zur steten, genauen Regulirung des Gases und der comprimirten Luft nebst vulkanisirten luftdichten Gasröhren» wurde angeboten mit Thlr. 65.22 = fl. 115, ohne Gebläse und Sicherheitskammern mit nur fl. 70; ein Gasmesser zu 8 Maas, allein, mit Thlr. 28.17 = fl. 50. Es gab auch billigere Ausführungsformen bis herunter zu 20 fl. Man sieht jedenfalls auch aus dieser Preisliste, daß man damals, wie heute, Geld in seinen Beutel tun mußte, wenn man Bedarf an chemischen Apparaten hatte.

XI. Holzkohle als Desodorans. F. Ehrhart, der originelle Botanikus, veröffentlichte im Hannöverschen Magazin, Mai 1795, über «Holzkohlen, das vortrefflichste Mittel, stinkendes Wasser u. d. m. wieder gut und unriechbar zu machen» folgende Notiz: «Kels und Lowitz, zwei unserer besten Chemisten, fanden, daß Kohlen, welche mit stinkendem Wasser vermischt werden, solches in kurzer Zeit nicht nur von allem Gestanke befreien, sondern sogar genießbar machen, ein Inventum, das den Dank aller Nationen verdient, zumal da man seinen Nutzen schon bei so vielen andern Dingen gesehen hat, und noch täglich zu sehen bekommt. Wer eigentlich unter diesen zwei Chemikern der erste war, der das Glück hatte, diese Eigenschaft der Kohlen zu entdecken, kann ich nicht sagen; wie es scheint, hat keiner vor dem andern vieles zum voraus. Etwas muß ich aber doch bemerken, nämlich daß die *Geoponici* schon wußten, daß man mit Kohlen den bösen Geruch vertreiben könne. Und in der Schweiz sahe ich schon vor 40 Jahren, daß wenn unsere Mägde die Nachttöpfe von dem gewöhnlichen bösen Gestanke befreien wollten, so gossen sie ein wenig Wasser hinein, schmissen sodann etwas ausgebrannte Kohlen vom Herde dazu, und in kurzer Zeit war alles, was sie wünschten erfüllt.» Die «Geoponici», jene bekannten griechischen Schriftsteller über den Feldbau, waren für Ehrhart auch sonst eine immerwährende Fundgrube. Übrigens war Ehrhart ein gebürtiger Schweizer, worauf er bei allen sich nur bietenden Gelegenheiten – selbst der vorliegenden Art – mit Stolz hinwies.

XII. Runkel-Rüben-Commiß-Assessor. Im Jahre 1827 erschien in Ulm ein 116 Seiten starkes Büchlein mit dem Titel: «*Krähwinkelsche Briefe, Gesamm. v. d. quiesc. Runkel-Rüben-Commiß-Assessor Sperling*». Der angebliche Verfasser (in Wirklichkeit Fr. A. Steinmann?) kreiert den hübschen neuen Stand des Runkelrüben-Assessors. Vielleicht kommt dieser Titel wieder in Aufnahme?

VIII. Zum Einhundertjährigen Jubiläum der Rübenzucker-Industrie brachte die Webersche «Illustrirte Zeitung»-Leipzig in Nr. 166 von 1846 einen hübschen Jubiläumsartikel, in dem, von Marggraf ausgehend, der Werdegang dieser Industrie anschaulich geschildert ist. «Um diesen Gewerbezweig auch in der Ausdehnung und Vervollkommnung, welche er heutzutage (NB! 1846) erreicht hat, kennen zu lernen» sind zwei Abbildungen der bei Grieg in Schlesien durch die Nationalzuckerkompagnie errichteten großen Zuckersiederei, welche durchweg auf rationelle Grundsätze und auf die neuesten Ergebnisse der Wissenschaft und Erfahrung gegründet, eine Normalfabrik für die ganze Provinz Schlesien zu werden scheint» gebracht, aus denen zu ersehen ist «wie die Rüben aus der Waschtrommel nach den scharfgezahnten Reibern, von da als Brei in den unteren Stock auf die Pressen wandern, von wo der Saft in die Läuterungskessel steigt, von welchen er zu den Filtern und Einkochpfannen läuft, um zuletzt in den Achsenpatentformen als Tafelzucker krystallinisch zu erstarren. Etwa 800 bis 1000 Ctr. Runkelrüben werden auf diese Weise täglich verarbeitet und bis zum Abend in schön weiße Zuckerbrote umgewandelt, die binnen wenigen Tagen dem Handel und dem Verbrauch überliefert werden können!»

Der Verfasser findet jene Leistungen und Ergebnisse großartig. Eine Vergleichsziehung zum 200jährigen Jubiläum der Rübenzucker-Industrie, anno 1946, wird nicht uninteressant sein.

Verzeichnis der von Edmund O. von Lippmann veröffentlichten Bücher und der Arbeiten zur Geschichte der Naturwissenschaften und der Technik.

Von

ERNST VON LIPPMANN.

I. Selbständige Bücher.

1. Der Zucker, seine Derivate und sein Nachweis. Wien 1878.
2. Die Zuckerarten und ihre Derivate. Braunschweig 1882.
3. Geschichte des Zuckers, seiner Darstellung und Verwendung, seit den ältesten Zeiten bis zum Beginne der Rübenzuckerfabrikation. Leipzig 1890.
4. Die Chemie der Zuckerarten, 2. Aufl. Braunschweig 1895.
5. Die Entwicklung der deutschen Zuckerindustrie von 1850 bis 1900. Festschrift zum fünfzigjährigen Bestehen des Vereins der Deutschen Zuckerindustrie. Leipzig 1900.
6. Rohstoffe. Erzeugnisse und Hilfsprodukte der Zuckerfabrikation. (In G. Lunge, Chemisch-technische Untersuchungsmethoden.) Berlin 1900.
7. Gemeinverständliche nationalökonomische Vorträge; geschichtliche und eigene Forschungen, von weil. Prof. Dr. Wilhelm Neurath. Herausgegeben von Prof. Dr. Edmund O. von Lippmann. Braunschweig 1902.
8. Die Chemie der Zuckerarten. 3. Aufl., 2 Bände. Braunschweig 1904.
9. Rohstoffe, Erzeugnisse .... 2. Aufl. Berlin 1905.
10. Abhandlungen und Vortäge zur Geschichte der Naturwissenschaften I. Leipzig 1906.
11. Die beiden Grundschriften der Rübenzuckerfabrikation: A. S. Marggraf (1747) und C. F. Achard (1803). Leipzig 1907.
12. Rohstoffe. Erzeugnisse .... 3. Aufl. Berlin 1911.
13. Abhandlungen und Vorträge zur Geschichte der Naturwissenschaften II. Leipzig 1913.
14. Entstehung und Ausbreitung der Alchemie. Mit einem Anhange: Zur älteren Geschichte der Metalle. Berlin 1919.
15. Zeittafeln zur Geschichte der organischen Chemie. Berlin 1922.
16. Beiträge zur Geschichte der Naturwissenschaften und Technik. Berlin 1923.
17. Rohstoffe, Erzeugnisse .... 4. Aufl. Berlin 1924.
18. Geschichte der Rübe (Beta) als Kulturpflanze. Berlin 1925.

II. Abhandlungen und Vorträge.

Ch. = Chemiker-Zeitung. D. Z. = Die Deutsche Zuckerindustrie. Z. = Zeitschrift des Vereins der Deutschen Zuckerindustrie. Z. ang. = Zeitschrift für angewandte Chemie. Z. N. = Zeitschrift für Naturwissenschaften. – Bei den Zitaten bedeutet die erste Ziffer die Bandbezeichnung, alle folgenden bedeuten Seitenzahlen. Wo die Bandbezeichnung nicht durch die Jahreszahl ausgedrückt ist, folgt diese in Klammern.

1. Zur Geschichte der Rübenzuckerindustrie. Z. 1886, 598.
2. Irrtümer über die Geschichte des Zuckers. D. Z. 1891, 603.
3. Zur Geschichte des Mais. Ch. 1892, 1396, 1477.
4. Bemerkung zu einer Stelle in A. W. Hofmanns Rede «Ein Jahrhundert chemischer Forschung unter dem Schirme der Hohenzollern». Ch. 1894, 67.
5. Zur Lehre von der Herkunft und Rolle der pflanzlichen Aschenbestandteile. Ch. 1894, 443.
6. Zur Geschichte des Thermometers. Ch. 1896, 19.
7. Der heilige Augustinus über den Ätzkalk. Ch. 1896. 304.
8. A. S. Marggraf, ein «angewandter» Chemiker des vorigen Jahrhunderts. Ch. 1896, 380.
9. Welches Patenthonorar hat der Erfinder des Vakuums erhalten? D. Z. 1896, 2124.
10. Zur Geschichte des Strontianits. D. Z. 1897, 681.
11. Robert Mayer und das Gesetz von der Erhaltung der Kraft. Z. N. 70, 1847 (1898).
12. E. Mitscherlich und das fünfzigjährige Jubiläum des Polarisationsapparates. D. Z. 1897, 903.
13. Verzeichnis von Mitteln zur Reinigung, Entfärbung und Klärung zuckerhaltiger Säfte. D. Z. 1897, 1279.
14. Zur Geschichte des Aluminiums. Ch. 1897, 857.
15. Baco von Verulam. Z. N. 70, 258 (1898).
16. Zur Geschichte der Kältemischungen. Z. ang. 1898, 739.
17. Zur Geschichte des Schießpulvers und der älteren Feuerwaffen. Z. N. 70, 295 (1898).
18. Naturwissenschaftliches aus der «Chronologie der alten Nationen» des Albîrûnî. Ch. 1899, 245.
19. Einige geschichtliche Notizen aus C. F. Leuchs «10000 Erfindungen und Ansichten aus meinem Leben von 1797 – 1897». D. Z. 1899, 623.
20. Die Zuckerraffination zu Amsterdam vor hundert Jahren. Z. 1899, 348.
21. Zur Geschichte der Konserven und des Fleischextrakts. Ch. 1899. 449.
22. Zur Erinnerung an die erste große Rübenzuckerfabrik. D. Z. 1899, 978.
23. Die Zuckerindustrie um 1830. Z. 1899. 573.
24. Gedächtnisrede zum dreihundertjährigen Geburtstage René Descartes'. Z. N. 72, 1 (1899).
25. Lionardo da Vinci als Gelehrter und Techniker. Z. N. 72, 291, (1899).
26. Die Rübenzuckerindustrie am Ende des 19. Jahrhunderts. Ch. 1900, 139.
27. Überblick über die technischen Fortschritte der Zuckerindustrie von 1850 – 1900. D. Z. 1900, 873.
28. Rübenbau und Zuckerfabrikation in den Niederlanden um 1800. Z. 1900, 896.

29. Chemische Kenntnisse vor tausend Jahren. Z. ang. 1901, 640.
30. Ein merkwürdiger Verdampfapparat. D. Z. 1904, 1503.
31. Alchemistische Poesie aus dem 13. Jahrhundert. Ch. 1905, 323.
32. Zur Geschichte des Wismuts. Ch. 1905, 719.
33. Wer hat die Verbrennung einer Uhrfeder in Sauerstoffgas zuerst ausgeführt? Ch. 1905, 849, 1185.
34. Zur Geschichte des diabetischen Zuckers. Ch. 1905, 1197.
35. Zusatz hierzu. Ch. 1906, 55.
36. Wie ist der Ausdruck «Caput mortuum» für Eisenoxyd zu erklären? Ch. 1906, 323.
37. Zusatz hierzu. Ch. 1906, 925.
38. Über Rübenzucker im Mittelalter. Ch. 1907, 67.
39. Encheiresis naturae. Ch. 1907, 461.
40. Die spezifische Gewichtsbestimmung bei Archimedes. Ch. 1907, 616.
41. Chemisches und Physikalisches aus Platon. Journal für prakt. Chemie [2], 76, 513 (1907).
42. Wer hat die Verbrennung einer Uhrfeder in Sauerstoffgas zuerst ausgeführt? Ch. 1908, 161.
43. Justus Liebig über Robert Mayer. Ch. 1908, 341.
44. Zur Geschichte des Wasserbades. Kahlbaum-Gedenkschrift 142 (1908).
45. Zur Geschichte der Pottasche und ihres Namens I. Ch. 1908, 977.
46. Die Anfänge der elektrischen Beleuchtung 1883. Ch. 1908, 1185.
47. A. v. Humboldt als Vorläufer der Lehre von der Isomerie. Ch. 1909, 1.
48. Verzeichnis von Mitteln zur Reinigung, Entfärbung und Klärung zuckerhaltiger Säfte. D. Z. 1909, 9.
49. Wann und wofür erscheint zuerst die Bezeichnung Ammoniak? Ch. 1909, 117, 186.
50. Zur Geschichte der Vergiftung durch Kohlenoxydgas. Ch. 1909, 633.
51. Ein Vorläufer des Papinschen Dampftopfes. Ch. 1909, 1097.
52. Chemisches aus Papyrus Ebers. Archiv f. d. Geschichte d. Naturw. u. d. Technik. 2, 87 (1909).
53. Zur Geschichte des Namens «Gas» I. Ch. 1910, 1.
54. Briefe über die Zuckerindustrie aus der Zeit von 1827 bis 1845. D. Z. 1910, 9.
55. Zur Geschichte der Tautomerie. Ch. 1910, 49.
56. Zur Würdigung Jean Reys. Ch. 1910, 313.
57. Chemisches und Alchemisches aus Aristoteles. Ch. 1910, 237.
58. Über J. J. Reesses Werk «Der Zuckerhandel Amsterdams 1600–1813». Z. 1910, 1055.
59. Berichtigungen hierzu. D. Z. 1910, 817.
60. Bemerkung betreffs der Destillation bei Aristoteles. Z. ang. 1910. 2206.
61. Zur Geschichte der Pottasche und ihres Namens II. Ch. 1910. 1217.
62. Zur Geschichte der Kälteerzeugung. Ch. 1910, 1257.
63. Die Herkunft des Namens Hallore. Saale-Zeitung 1. I. 1910.
64. Zur Geschichte des Namens «Gas» II. Ch. 1911. 41.
65. Über das Präservieren in Zucker. Ch. 1911. 397.
66. Das Alter der Erdöl-Feuerung. Ch. 1911. 537.

67. Die «Entsalzung des Meerwassers» bei Aristoteles. Ch. 1911, 629.
68. Dto. Ein Nachtrag. Ch. 1911. 1189. 1267.
69. Notiz betr. Olivier de Serres. La sucrerie indigène et coloniale 78. 446 (1911).
70. Aldebrandino di Sienas «Régime du Corps». Ch. 1912. 2. Z. ang. 1912, 310.
71. Notiz über Markasit. Wiedemanns «Beiträge ...». 15, 98 (1911).
72. Zur Geschichte des Saccharometers und der Senkspindel. Ch. 1912, 385.
73. Zur Geschichte der Verlötung von Bleiröhren. Ch. 1912, 437.
74. Zur Geschichte des Saccharometers und der Senkspindel; erster Nachtrag. Ch. 1912, 629.
75. Notiz über Caffetin-Zucker. Journal des fabricants de sucre, 1912, Nr. 22.
76. Einige Bemerkungen zur Geschichte der Destillation und des Alkohols. Z. ang. 1912, 1680.
77. Zum hundertjährigen Jubiläum des Vakuum-Apparates (erfunden 1812 von E. C. Howard). Ch. 1912, 981, 998, 1010, 1021.
78. Zur Geschichte des Alkohols und seines Namens. Z. ang. 1912, 2061.
79. Zur Geschichte des Saccharometers und der Senkspindel; zweiter Nachtrag. Ch. 1912, 1201.
80. Zur Geschichte der Destillation und des Alkohols. Ch. 1913. 1.
81. Die A. Helle'sche Zuckerfabrik in Sudenburg-Magdeburg 1835/36. D. Z. 1913, 14.
82. Einige Bemerkungen zur Geschichte der Destillation und des Alkohols. Z. ang. 1913, 46.
83. Notiz betr. Olivier de Serres. Journal des fabricants de sucre, 1913. Nr. 24.
84. Selbstentzündung von Heu und Sägespänen. Ch. 1913. 757.
85. Chemische Papyri des 3. Jahrhunderts. Ch. 1913, 933, 962, 1002, 1014.
86. Die Entwicklung der Zuckerindustrie 1888–1913. Magdeburger Zeitung 15. 6. 1913 (Kaiser-Nummer). D. Z. 1913, 792.
87. Vorläufige Mitteilung zur Geschichte des Alkohols. Ch. 1913, 1073.
88. Der Essig des Hannibal. Ch. 1913. 1290.
89. Beiträge zur Geschichte des Alkohols. Ch. 1913. 1313, 1346, 1358, 1419, 1428.
90. Petrarca über die Alchemie. Archiv f. d. Gesch. d. Naturw. u. d. Technik 6, 236 (1913).
91. Verwendung des Petroleums im frühen Mittelalter. Ch. 1914, 473.
92. Thaddäus Florentinus über den Weingeist. Archiv f. Gesch. d. Medizin. 7, 379 (1914).
93. Über das erste Vorkommen des Namens Chemie. Ch. 1914, 685.
94. Zum hundertjährigen Geburtstag Robert Mayers. Ch. 1914, 1213.
95. Zur Geschichte der ununterbrochenen Kühlung bei der Destillation. Ch. 1915, 1.
96. Zur Geschichte der Volumgewichts-Ermittlung. Ch. 1915. 985.
97. Chemisches und Technologisches aus kunstgeschichtlichen Quellenschriften. I. Heraklius. Ch. 1916. 3. 26. 48.

98. Zur Geschichte der Quecksilber-Verbindungen. Archiv f. d. Gesch. d. Naturw. u. d. Technik. 7, 82, 312 (1916).
99. Zur Entdeckung des Traubenzuckers. Geschichtsblätter 2, 259 (1915).
100. Über das Zeitalter der Alchemisten J. J. und J. Hollandus. Ch. 1916, 606.
101. Zur Geschichte des Vakuum-Apparates. Ch. 1916, 945. Z. 1917, 28.
102. Chemisches und Technologisches aus kunstgeschichtlichen Quellenschriften. II. Theophilus Presbyter. Ch. 1917, 1, 30,
103. Geschichte der Bronze und Erklärung ihres Namens. Ch. 1917, 44.
104. Einige Mitteilungen über die mittelalterliche Zuckerindustrie. Z. 1917, 66. D. Z. 1917, 119.
105. Bemerkung zur Geschichte des Zuckers und des Schießpulvers. Ch. 1917, 278.
106. Über den Namen Berzelius. Ch. 1917, 429, 483, 620.
107. Über chemische Papyri des 3. Jahrhunderts n. Chr. Ch. 1917, 589.
108. Neue Beiträge zur Geschichte des Alkohols. Ch. 1917, 865, 883, 909.
109. Notiz über Olivier de Serres. De Suikerindustrie 1917, 384.
110. Ein kleiner Beitrag zur Liebig-Biographie. Ch. 1918, 157.
111. Ein Brief Achards. Ch. 1919, 1.
112. Goethe und die Zuckerfabrikation. D. Z. 1919, 5.
113. Zur Geschichte des Erdöls. Ch. 1919, 136.
114. Über die unter dem Namen der «Hollandi» bekannten Alchemisten. Ch. 1919, 265, 286, 301.
115. Zur Geschichte des diabetischen Zuckers. Ch. 1920. 1.
116. Aus dem Briefwechsel Achards. D. Z. 1920, 11.
117. Zur Geschichte des Alkohols. Ch. 1920, 625.
118. Geschichtlicher Beitrag zur Erkenntnis der Verbrennungs-Vorgänge. Z. ang. 1920, 301.
119. Diamant und Bocksblut; ein Beitrag zur Volkskunde. Ch. 1921, 2, 42, 62.
120. Zuckermonopole im Mittelalter. D. Z. 1921, 7.
121. Notiz zur Geschichte des Zuckers. D. Z. 1921, 185.
122. Einige Worte zum Andenken Achards. D. Z. 1921, 210.
123. Achards «Anweisung zur Anfertigung des Rübensirups» von 1812. D. Z. 1921, Sonderheft, 20.
124. Noch einmal «Caput mortuum». Ch. 1921, 801.
125. Chemisches und Technologisches bei Dante. Ch. 1921, 901. Archivio di storia della scienza 1921, 45.
126. Zur Geschichte des Alkohols. Ch. 1922, 4.
127. Das Sammelbuch des Vitalis de Furno und seine Bedeutung für die Geschichte der Chemie. Ch. 1922, 25.
128. Eine «Anleitung zum Rübenbau» vor hundert Jahren. (Vor 100 Jahren I). D. Z. 1922, 6.
129. Technologisches aus dem «Mittelalterlichen Hausbuch» (1480?). Ch. 1922, 341.
130. Zur Geschichte der Alchemie. Z. ang. 1922, 529.
131. Vor hundert Jahren II. D. Z. 1923, 11.
132. Name und Geschichte des Galizensteins. Ch. 1923, 2.

133. Über den Dschâbir des 8. und den sog. Geber (Pseudo-Geber) des 13. Jahrhunderts. Ch. 1923, 321, 429.
134. Zur Geschichte des Alkohols. Ch. 1923, 757.
135. Berichtigungen (betr. Geber und Robert Mayer). Ch. 1923, 807.
136. Technologisches und Kulturgeschichtliches aus Herodot. Ch. 1924, 1.
137. Vor hundert Jahren III. D. Z. 1924, 11.
138. Über die angebliche Entdeckung des Rohrzuckers in der Rübe durch Olivier de Serres. D. Z. 1924, 525.
139. Über einige neue Beiträge zur Geschichte der Alchemie. Sudhoff-Festschrift 1924, 89.
140. Kleine Beiträge zur Geschichte des Zuckers. D. Z. 1924, 1015.
141. J. Ruskas neue Untersuchungen über die Anfänge der arabischen Alchemie. Ch. 1925, 2.
142. Vor hundert Jahren IV. D. Z. 1925, 17.
143. Achards Luftballon von 1783. D. Z. 1925, 967. Ch. 1925, 313.
144. Zur Entdeckung des Sauerstoffs. Ch. 1925, 335, 419.
145. Eine vergessene Abhandlung über einen vergessenen Fortschritt der Zuckerfabrikation. Magdeburger Zeitung 23. V. 1925.
146. Über die Herkunft des Namens Luzerne. Ch. 1925, 517,
147. Zur Geschichte der «Kristallisation in Bewegung». D. Z. 1925, 1245.
148. Technologisches und Kulturgeschichtliches aus dem «Arthasâstra» des Kautilya. Ch. 1925, 941.
149. Pontats «Raffination» (Vor hundert Jahren V.) D. Z. 1926, 4.
150. Samuel Hahnemann, der Begründer der Homöopathie, als Chemiker. Ch. 1926, 4.
151. Berichtigung betr. Beta. Ch. 1926, 36.
152. Berichtigung zur Geschichte des Alkohols. Handwörterbuch der Staatswissenschaften III, 1043 (1926).
153. Abbildung des ersten Rübenbauers. D. Z. 1926, 169.
154. R. Graßmann als Verkünder «neuerer» physiko-chemischer Ideen. Zeitschrift f. physik. Chemie 119, 279 (1926).
155. Zur ehemaligen Gewinnung des Salpeters. Z. ang. 1926, 401.
156. Weiteres zur Geschichte des Alkohols. Ch. 1926, 237.
157. Kleine Beiträge zur Geschichte des Zuckers. D. Z. 1926, 532.
158. Quellen zur Geschichte der Chemie und Alchemie in Italien. Isis 8, 465 (1926).
159. Eine Kohlenoxyd-Vergiftung aus dem 16. Jahrhundert. Tschirch-Festschrift, 155 (1926).

I. Verzeichnis griechischer Fachwörter.

Dieses Verzeichnis enthält als Hauptinhalt eine Auswahl von technischen Ausdrücken, die den Text des chemischen Handbuchs S. 58–70 kennzeichnen.

II. Allgemeines Wort- und Sachverzeichnis.

Ausgeschlossen sind die arabischen und lateinischen Titel der Siebzig Bücher des Ǧābir ibn Ḥajjān und die Wortlisten S. 221. 222. 223 und 225.

III. Namenverzeichnis.

C. F. Wintersche Buchdruckerei, Darmstadt.

GPSR Compliance

The European Union's (EU) General Product Safety Regulation (GPSR) is a set of rules that requires consumer products to be safe and our obligations to ensure this.

If you have any concerns about our products, you can contact us on ProductSafety@springernature.com

In case Publisher is established outside the EU, the EU authorized representative is:

Springer Nature Customer Service Center GmbH
Europaplatz 3
69115 Heidelberg, Germany

Batch number: 10684222

Printed by Printforce, the Netherlands